文科应用数学

主　编 ◎ 段耀勇　王松敏　王丙参

副主编 ◎ 刘丽芳　安晓伟　李育安

西南交通大学出版社
·成　都·

图书在版编目（C I P）数据

文科应用数学 / 段耀勇，王松敏，王丙参主编. — 成都：西南交通大学出版社，2021.8
ISBN 978-7-5643-8220-9

Ⅰ. ①文… Ⅱ. ①段… ②王… ③王… Ⅲ. ①应用数学 – 高等学校 – 教材 Ⅳ. ①O29

中国版本图书馆 CIP 数据核字（2021）第 171580 号

Wenke Yingyong Shuxue
文科应用数学

主编　段耀勇　王松敏　王丙参

责任编辑　孟秀芝
封面设计　原谋书装

出版发行　西南交通大学出版社
　　　　　（四川省成都市金牛区二环路北一段 111 号
　　　　　西南交通大学创新大厦 21 楼）
邮政编码　610031
发行部电话　028-87600564　028-87600533
网址　　　http://www.xnjdcbs.com
印刷　　　成都蜀通印务有限责任公司

成品尺寸　185 mm×260 mm
印张　　　27.25
字数　　　613 千
版次　　　2021 年 8 月第 1 版
印次　　　2021 年 8 月第 1 次
定价　　　59.00 元
书号　　　ISBN 978-7-5643-8220-9

随着 21 世纪知识经济时代和信息时代的到来，人文领域中许多研究对象的数量化趋势越发明显，加上计算机的普及和应用，给人们一个现实的启示：每一个想成为有较高文化素质的现代人都应当具备较高的数学素质，数学教育对文科大学生来说必不可少。马克思在几百年前就曾指出："一种科学只有在成功地运用数学时，才算达到了真正完善的地步。"可见，数学的基础作用，无不体现在其他学科的深入研究中。

对研究生教育而言，数学是重要的基础课。通过相应的数学课程的学习，学生可为自己后续的科学研究、学术论文及毕业论文中的理论推导和科学计算打下坚实的基础，这点在理工科专业尤为突出。国外高校在这方面的意识更早，体制也更健全，很多非数学专业的学生都要选修大量的数学课。在我国，目前随着大数据时代的到来，大家越来越意识到数学的重要性，国内高校对文科研究生的数学教育也越来越重视，很多高校都针对性地开设了一些数学课程。

"文科应用数学"是中国人民警察大学于 2013 年针对边管、警卫、维和、法学、政工、情报与战术等文科硕士研究生开设的公共基础课程。2013 年被称为大数据元年，大数据的数学基础是统计学。统计学的一个典型特点是利用一定的资料对所关心的问题做出尽可能精确可靠的预测，依据所做预测，并考虑到行动的后果而制订一种行动方案，这使得它在人文社会科学中的应用越来越广泛和深刻。另外，博弈论既是现代数学的一个新分支，也是运筹学的一个重要学科，它在国际关系、政治学、军事战略、法学等学科都有广泛的应用。基于社会大背景，结合学校研究生的专业方向，我们选取统计学和博弈论两部分内容来讲述这门课，并借助数学软件完成统计学中的相关计算。经过这几年的实践，从早期借助 Excel 完成相关计算，到现在利用 SPSS 完成相关统计分析，从没有统一的讲义和课件，逐步过渡到较成型的教学理念、课件和详细的讲义，在此基础上编写了本书。

本书具体编写分工如下：第 1 章"统计学基础"由王丙参编写；第 2 章"数据的整理与显示"和第 3 章"数据分布的描述与分析"由安晓伟编写；第 4 章"相关与回归分析"和第 9 章"完全信息静态博弈"由刘丽芳编写；第 5 章"时间序列分析"和第 7 章"博弈论导引"由王松敏编写；第 6 章"多元统计分析"由李育安编写；第 8 章"博弈论的表述方式"由李秀林编写；第 10 章"完全信息动态博弈"由姜春艳编写。第 11 章"附录"由段耀勇和张聪编写。

中国人民警察大学（原中国人民武装警察部队学院）的学员在智慧警务学院数据科学教研室（原基础部数学教研室）的教师们的指导下共同参加了全国大学生数学建模、全国研究生数学建模以及全国军事数学建模等竞赛活动，警大学子不畏强手，奋力拼搏，成绩斐然。近 20 年来荣获全国大学生数学建模竞赛一、二等奖；全国研究生数学建模竞赛一、二、三等奖；军事数学建模特等奖和一、二、三等奖以及其他赛事奖项。为了表扬和记住这些辛勤汗水浇灌出来的果实，本书最后附上部分学员获奖论文。

该书的优点是方便阅读，书中注重数学思想的讲解与方法的应用，理论的推导没有过多展开，复杂烦琐的数学计算由 SPSS 完成（SPSS 的界面与 Excel 类似，且可以直接打开 Excel 文件，不涉及编程，方便操作，比较适合文科类专业学生使用）。整体来看，该书适合文科类专业的研究生或本科生使用。由于作者水平所限，不足之处在所难免，希望广大读者多提宝贵意见，以便今后再版时修订。

天水师范学院统计系统计学博士王丙参作为主编参与该书的编写，使得本书无论是从学术水平还是应用价值上都大有增色。该书的出版得到了中国人民警察大学研究生院、国家自然科学基金（11701446）和科技部重点研发项目（2017YFF0207400）的资助，防灾科技学院基础课教学部王福昌教授审读全稿并提出了宝贵的修改意见，由王松敏统稿完成，在此一并致谢！

编　者

2020 年 12 月 20 日于中国人民警察大学

目录

第 1 章　统计学基础

1.1　统计学简介 …………………………………………… 002

1.2　数据的分类、来源与质量 …………………………… 014

1.3　统计调查方法 ………………………………………… 022

1.4　统计调查的组织方式 ………………………………… 028

1.5　统计计算工具 ………………………………………… 036

第 2 章　数据的整理与显示

2.1　数据的预处理 ………………………………………… 044

2.2　品质数据的整理与显示 ……………………………… 048

2.3　数值型数据的整理与显示 …………………………… 055

2.4　统计表 ………………………………………………… 065

第 3 章　数据分布的描述与分析

3.1　集中趋势的测度 ……………………………………… 070

3.2　离散程度的测度 ……………………………………… 079

3.3　偏度和峰度的测度 …………………………………… 083

3.4　利用 SPSS 计算统计量 ……………………………… 085

第 4 章　相关与回归分析

4.1　相关与回归分析概述 ………………………………… 092

4.2　相关分析 ……………………………………………… 095

4.3　一元线性回归分析 …………………………………… 101

4.4　多元线性回归分析 …………………………………… 107

4.5　非线性回归模型 ……………………………………… 110

4.6　Logistic 回归 ………………………………………… 115

第 5 章　时间序列分析

5.1　时间序列分析概述 …………………………………… 128

5.2　趋势线拟合法 ………………………………………… 130

5.3　移动平均法 …………………………………………… 142

5.4　指数平滑法 …………………………………………… 152

5.5　ARIMA 模型 …………………………………………… 168

第 6 章　多元统计方法

6.1　主成分分析 ……………………………………… 188

6.2　因子分析 ………………………………………… 195

6.3　聚类分析 ………………………………………… 200

6.4　判别分析 ………………………………………… 207

第 7 章　博弈论导引

7.1　博弈论的基本概念 ……………………………… 226

7.2　经典案例 ………………………………………… 231

7.3　博弈中的随机行动 ……………………………… 237

7.4　有趣的智力游戏 ………………………………… 240

7.5　合作中的博弈 …………………………………… 244

7.6　合理制度促进社会进步 ………………………… 245

第 8 章　博弈论的表述方式

8.1　标准式表述 ……………………………………… 254

8.2　扩展式表述 ……………………………………… 261

8.3　两者之间的转换 ………………………………… 264

第 9 章　完全信息静态博弈

9.1　占优均衡 ………………………………………… 270

9.2　重复剔除的占优均衡 …………………………… 274

9.3　纳什均衡 ………………………………………… 286

9.4　混合策略的纳什均衡 …………………………… 291

9.5　多重纳什均衡及其甄别 ………………………… 300

第 10 章　完全信息动态博弈

10.1　完全且完美信息动态博弈 …………………… 306

10.2　完全非完美信息动态博弈 …………………… 314

10.3　重复博弈 ……………………………………… 319

10.4　博弈中的承诺行动 …………………………… 324

附　录　获奖建模论文选编 ………………………… 333

参考文献 ……………………………………………… 428

第 **1** 章 统计学基础

在日常生活中，我们经常与"数"打交道，网络、电视、报纸上数据无处不在，例如，北京房价下跌 10%、上证指数上涨 8%、就业率升高 6%等。要使这些数据变为对你有用的信息，帮你决策，就需要对这些数据进行处理与分析。统计学就是一套处理与分析数据的基本方法和技术，统计学知识是正确阅读并理解数据、图表等的基础。在很多领域中，统计学都有应用且成绩斐然。下面是统计研究得到的一些结论：

（1）吸烟有害健康，吸烟男性减少寿命 2 250 天。

（2）身高高的父母，其子女的身高也高。

（3）第一个出生的子女比第二个出生的子女聪明。

（4）"怕老婆"丈夫得心脏病的概率较大。

（5）上课坐在前面的学生平均考试分数比坐在后面的学生高。

这些结论正确吗？你相信吗？

理解并掌握一些统计学知识对于普通大众是必要的，因为我们每天都关心生活中的一些事情，这其中就包含了很多统计学知识。比如，在外出旅游时，需要关心一段时间内的详细天气预报；在观看世界杯时，了解各球队的技术统计，等等。理解并掌握一些统计学知识对于制定决策的人更为重要，因为在他们做出决策时，如果不懂统计，就可能闹出笑话，甚至损失巨大。

在终极的分析中，一切知识都是历史；在抽象的意义下，一切科学都是数学；在理性的基础上，所有的判断都是统计学。总有一天，统计思维会像读与写一样成为一个有效率公民的必备能力。

本章主要介绍统计学的基本问题，包括统计学简介、数据的分类与来源、统计调查方法与组织方式等，最后简要介绍统计计算工具。

1.1 统计学简介

本节将详细介绍统计与统计学的概念,给出统计学的研究对象、分类及统计的应用领域,最后回顾了统计学的基本概念,以供读者参考。

1.1.1 统计与统计学的概念

人们在日常生活中经常接触"统计"一词,但很多人对其一知半解,甚至存在很多误区。"统计"一词起源于国情调查,最早意为国情学,且历史悠久,可以说,自从有了国家就有了统计实践活动。最初,统计只是为了统治者管理国家的需要而搜集资料,弄清国家的人力、物力和财力,作为国家管理的依据。

(1)中国:公元前22世纪的夏禹时代,中国分为九州,人口约1 352万人,由此可见人口统计历史久远;《书经·禹贡篇》记述了九州的基本土地情况,被西方经济学家推崇为"统计学最早的萌芽";西周建立了较为系统的统计报告制度;秦时《商君书》中提出"强国知十三数",其中包括粮食储备、各国人数、农业生产资料及自然资源等。

(2)国外:公元前27世纪,埃及为了建造金字塔和大型农业灌溉系统,曾进行过全国人口和财产调查;公元前15世纪,犹太人为了战争的需要进行了男丁的调查;公元前约6世纪,罗马帝国规定每五年进行一次人口、土地、牲畜和家奴的调查,并以财产总额作为划分贫富等级和征丁课税的依据。

一般认为,统计学的学理研究始于古希腊的亚里士多德时代,迄今已有两千多年的历史。今天,"统计"一词已被人们赋予了多种含义,很难给出一个简单的确切定义。人们给统计学下的定义很多,比如,"统计学是收集、分析、表述和解释数据的科学";"统计是一组方法,用来设计试验、获得数据(data),然后在这些数据的基础上组织、概括、演示、分析、解释和得出结论"。综合地说,统计学(statistics)就是收集、处理、分析、解释数据并从数据中得出结论的科学。这一定义揭示了统计学是一套处理数据的方法和技术。与物理学的假说类似,统计学的模型仅仅是对现实的近似,没有任何模型是"正确"的,也无法证明任何模型是正确的。只能够说,在某些可能有争议的准则下,某些模型比另外一些模型更合适一些。在数学逻辑中存在的确定性在统计学中完全不成立,针对不同学科问题而发展的统计学中的数学完全不成为一个封闭的体系,也没有成为一个数学体系。切记,是否解决问题是评价统计方法的最终标准。

在不同场合,"统计"一词具有不同的含义,它可以是统计数据的搜集活动,即统计工作;也可以是统计活动的结果,即统计数据资料;还可以是分析统计数据的方法和技术,即统计学。

(1)统计工作是指搜集、整理、分析和研究统计数据资料的工作过程。统计工作在人类历史上出现的比较早，随着历史的发展，统计工作逐渐发展和完善，统计成为国家、部门、事业和企业、公司和个人及科研单位认识与改造客观世界和主观世界的一种有力工具。我国各级政府机构基本上都有统计部门，比如统计局，它们的主要职能是从事统计数据的收集。大多数企业也有专门从事统计工作的人员，负责企业生产和销售数据的记录、积累以及向上级部门报送数据的任务。统计工作，可以简称为统计。

（2）统计数据是统计工作进行搜集、整理、分析和研究的主体及最终成果。数字无言，却最有说服力；数字简洁，却最适合描画过去与未来的轨迹。我们经常会看到专门出版统计数据的出版物，如《统计年鉴》，在网络、报纸、杂志上也常常见到大量统计数据。当你看到或听到"据统计……"这样的说法时，这里的统计一词指的是统计数据。由于统计数据（statistics）在英文中以复数形式出现，表明统计数据不是指单个数字，而是指同类的较多数据。因为单个数据如果不和其他数据比较，是不能说明问题的。例如，某学生在统计学考试中得 86 分，如果仅凭这一数字，我们很难对这位学生的知识和能力做出判断和评价。因为 86 分在班级中可能是最高分，也可能是中间分，还可能是最低分。

（3）统计学是对研究对象的数据资料进行搜集、整理、分析和研究，以显示其总体的特征和规律性的学科，亦可简称为统计。例如，我们所学的课程"统计"，实际上指的是"统计学"课程。

正确理解"统计"概念是必要的，一提到"统计"，就想到统计工作的思维习惯是片面的、狭隘的，而要针对具体情况具体分析，同时三者相辅相成，不可分割。具体关系如下：

（1）统计数据和统计学的基础是统计工作，统计工作的成果是统计数据，统计学既是统计工作经验的理论概括，又是指导统计工作的原理、原则和方法。原始的统计工作，即人们收集数据的原始形态，已经有几千年的历史，而它作为一门科学，则是从 17 世纪开始的。在英语中，统计学家和统计员是同一个单词，但统计学并不是直接产生于统计工作的经验总结。每一门科学都有其建立、发展的客观条件，统计学是统计工作经验、社会经济理论、计量经济方法融合、提炼、发展而来的一种边缘性学科。

（2）统计数据的收集是取得统计数据的过程，是进行统计分析的基础。离开了统计数据，统计方法就失去了用武之地，因此如何取得所需的统计数据是统计学研究的基本内容之一。整理数据是对统计数据的加工处理过程，目的是使统计数据系统化、条理化，符合统计分析的需要，它是介于数据收集与数据分析之间的一个必要环节。

（3）统计数据的分析是统计学的核心内容，它是通过统计描述和统计推断的方法探索数据内在规律的过程。如果不用统计方法分析，统计数据仅仅是一堆数据，甚至杂乱无章，不能得出任何有益的结论。

因此，统计研究的过程描述，如图 1.1.1 所示。

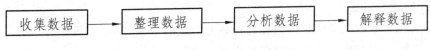

图 1.1.1 统计研究的过程

统计作为一门科学，随着其应用的发展和深入，涉及大量的数据和复杂的模型，因此也需要越来越先进的计算机和数学。事实证明，数学和计算机的大量运用加速了统计学的发展，更新了统计的面貌。当前，统计是计算机数值计算的最重要用户之一。

1.1.2　统计学的研究对象与分类

1. 统计学的研究对象

一般来说，统计学的研究对象是自然、社会客观现象总体的数量关系。不论是自然领域还是社会经济领域，客观现象总体的数量方面都是统计学所要分析和研究的。统计学基本上是寄生的，靠研究其他领域内的工作而生存，这并不是对统计学的轻视，因为对很多寄主来说，如果没有寄生虫就会死；对有的动物来说，如果没有寄生虫，它就不能消化食物。因此，人类奋斗的很多领域，如果没有统计学，虽然不会死亡，但一定会变弱，这也从侧面要求统计工作者要知识渊博，最好是某一领域的专家。

统计学研究对象的特点有：

1）数量性

统计学的研究对象是自然、社会经济领域中现象的数量方面，故统计学是定量分析学科，数字是统计的语言，数据资料是统计的原料。事物的数量是我们认识客观现实的重要方面，通过分析研究统计数据资料，研究和掌握统计规律性，就可以达到统计分析的研究目的。

2）总体性

统计的数量研究是对总体普遍存在着的事实进行大量观察和综合分析，得出反映现象总体的数量特征和资料规律性。一般统计分析的目的并不局限于某个个体或者小团体，而是反映更大范围的群体在某个方面的特征和属性，比如通过抽查部分大学毕业生的就业来推断大学生的就业状况。一般情况下，自然、社会经济现象的数据资料和数量关系等是在一系列复杂影响因素下形成的，有些因素起主要作用，有些因素起次要作用。由于各种原因，每个个体具有一定的随机性质，而对于有足够多个体的总体来说又具有相对稳定的共同趋势，显示出一定的统计规律性。例如，人的身高有高低之分，各不相同，但经分析可发现，高个子父母的子女一般比矮个子父母的子女要高。

3）具体性

统计研究的是具体现象的数量方面，而不是纯数量的研究，它具有明确的现实含义，这一特点也是统计学与数学的分水岭。数学是研究事物的抽象空间和抽象数量的科学，而统计学研究的数量是客观存在的、具体实在的数量表现，统计学研究的这一特点也决定了它的实用性。

4）变异性

统计研究对象的变异性是指构成统计研究对象的总体各单位，除了在某一方面必须是同质的以外，在其他方面又要有差异，而且这些差异并不是由某种特定的原因事先给定的，否则就没有必要进行统计分析研究了。例如，学生作为统计数据资料对象，每个学生在性别、年龄、身高等方面会有不同表现，这样统计分析研究才能对其表现出来的差异探索统计规律性。

思考：什么是社会现象？什么是自然现象？

提示：社会现象与自然现象是一个相对的概念。太阳东升西落，四季轮回等都被称为自然现象，而社会现象强调人的参与，是指人类活动的产生、发展、变化密切联系的现象，例如农村儿童留守现象、欺诈现象、腐败现象等。

2. 统计学的分类

统计方法已被应用到自然科学和社会科学的众多领域，统计学也发展成为由若干分支学科组成的学科体系。依照不同的标准，统计学的分类也不同。

1）按统计方法的构成分类

（1）描述统计学（descriptive statistics），是通过图表或数学方法，对数据资料进行整理、分析，并对数据的分布状态、数字特征和随机变量之间关系进行估计和描述的方法。描述统计是一套处理和分析数据的基本方法和技术，可分为集中趋势分析、离散趋势分析及相关分析三大部分。

（2）推断统计学（inferential statistics），是研究如何根据样本数据去推断总体数量特征的方法，它是在对样本数据进行描述的基础上，对统计总体的未知数量特征做出以概率形式表述的推断。例如，我们想研究教育背景是否会影响人的智力测验成绩。可以找100名24岁大学毕业生和100名24岁初中毕业生，采集他们的智力测验成绩。用推断统计方法进行数据处理，最后会得出类似这样的结论："研究发现，大学毕业生组的成绩显著高于初中毕业生组的成绩，二者在0.05水平上具有显著性差异，说明大学毕业生组的智力测验成绩优于中学毕业生组。"值得注意的是，智力测试成绩是智商的主要标志，在相同条件下，成绩越高，智商也越高。如果条件不同，则没有可比性，因此，虽然大学毕业生组的智力测试成绩比初中毕业生组的高，但我们不能说这些大学毕业生的智商比初中毕业生的智商高，因为他们的教育背景不同。

思考：智商到底是什么？如何客观评估自己与竞争对手的智商？

2）按统计方法的研究和应用分类

（1）理论统计学，也称数理统计，指统计学的数学原理，主要研究统计学的一般理论和统计方法的数学理论。数理统计学家对目前广泛应用的大量统计模型有着重要贡献，然而这些似乎脱离某一两个具体应用领域的表面现象及使用的复杂数学工具，使得有些人认为统计（或数理统计）就是数学或数学的一个分支。实际上，从思维方式来说，统计和数学在研究目标和思想方法上是有差异的。数学以公理系统为基础，以演绎为基本思想方法的逻辑体系。它属于少数可以和世界具体事物无关的自成体系的学科。数学可以完全脱离实际而存在，而其他科学均是以实际事物为研究对象的。统计为各个领域服务，它以归纳为基本思想方式，而且归纳和演绎并用。现代统计学几乎用到了所有方面的数学知识，由于概率论是统计推断的数学和理论基础，广义地讲，统计学也应该包括概率论在内。理论统计学是统计方法的理论基础，没有理论统计学的发展，统计学就不可能发展成为像今天这样一个完善的科学知识体系。因此，作为从事统计理论和方法研究的人员必须要有坚实的数学基础，否则将寸步难行，这也是很多人不喜欢理论统计学的原因之一。

（2）应用统计学，是研究如何应用统计方法去解决实际问题的方法。在统计研究领域，相对来说，从事理论统计学研究的人是很少一部分，而大部分则是从事应用统计学研究的。

没有概率论，我们无法真正理解统计，没有理论统计学，我们也无法真正掌握应用统计学。理论牢固了，知识系统了，我们才能应用统计学解决复杂的问题。可见，要想掌握统计软件实现数据分析，就要掌握基本的概率统计理论。可能有人会说，专业的事情找专业人士做，但只有你懂点专业，你才能和专业人士交流。

1.1.3 统计规律

统计学是探索数据内在规律的一套方法。那么，什么是统计数据的内在规律呢？为什么统计方法能通过对数据的分析找到其内在的数量规律呢？下面我们通过几个例子进行说明。

1. 人口性别

众所周知，就单个家庭而言，新出生婴儿的性别可能是男，也可能是女。如果不限制生育，多个子女的家庭可能全部是男孩，也可能全部是女孩。表面看，新生婴儿的性别好像没有任何规律，但如果对大量家庭的新生婴儿进行统计分析，就会发现：新生婴儿的男孩略多于女孩，男女比例大概为 107：100。为什么男婴的出生率会高于女婴呢？拉普拉斯从概率论的观点解释说：这是因为含 X 染色体的精子与含 Y 染色体的精子进入卵子的机会不完全相同。其实，从某种角度而言，女人 XX 染色体比男人 XY 染色体的可靠性高，这是因为 XX 可以看作并联系统，而 XY 可以看作串联系统。另外，由于雄性激素的作用，男人更易具有危险动作，如打架斗殴、酗酒。这样，在自然状态下，男人的死亡率会略高于女人，即使男婴出生率高点，但到了结婚年龄，二者比例很接近。进入中老年后，男性的死亡率仍然高于女性，导致男性的平均寿命低于女性，老年男性人数反而少于女性。

由于生育人口在性别上保持大致平衡，保证了人类社会的进行和发展，所以对人口性别的研究是统计学的起源之一，也是统计方法探得的数量规律之一。中国在社会主义初级阶段的某时期，重男轻女思想与计划生育政策的存在，导致了性别比例失调，希望我们能认真对待并解决这个问题。

2. 掷硬币游戏

在投掷一枚硬币时，既可能出现正面，也可能出现反面，预先做出确定的判断是不可能的，但是假如硬币均匀，直观上看，出现正面与反面的机会应该相等，即在大量的试验中出现正面的频率应接近 50%。历史上有不少人做过抛硬币试验，其结果见表 1.1.1，从表中的数据可看出，随着试验次数的增加，出现正面的频率逐渐稳定于 0.5。

表 1.1.1　抛掷硬币试验记录

实验者	抛硬币次数	出现正面的次数	频率
德莫根（De Morgan）	2 048	1 061	0.518 1
蒲丰（Buffon）	4 040	2 048	0.506 9
费勒（Feller）	10 000	4 979	0.497 9
皮尔逊（Person）	12 000	6 019	0.501 6
皮尔逊	24 000	12 012	0.500 5

3. 英语字母的频率

在生活实践中，人们逐渐认识到：英语中某些字母出现的频率要高于其他字母。有人对各类典型的英语书刊中字母出现的频率进行统计，发现各个字母的使用频率相当稳定。这项研究对计算机键盘的设计（在操作方便的地方安排使用频率较高的字母键）、信息的编码（用较短的码编排使用频率最高的字母键）等都是十分有用的。

4. 最佳施肥量

在进行农作物试验时，如果其他试验条件相同，我们会发现某种粮食作物的产量会随着某种施肥量的增加而增加。在最初增加施肥量时，粮食产量的增加较快，以后增加等量的施肥量，粮食产量的增加逐渐减少。当施肥量增加到一定量时，粮食产量最高，这时如果继续增加，粮食产量反而会减少。粮食产量与施肥量的这种数量关系（边际效用递减）就是我们要探索的数量规律。如果我们从大量的试验数据中，用统计方法找到粮食产量与施肥量之间的数量关系，就可得到最佳施肥量，进而实现效益最大化。

上述例子说明：就一次观察或试验而言，其结果往往是随机的，但大量试验往往呈现出某种规律性，这种规律性称为统计规律性。利用统计方法可以探索出其内在的数量规律，因为客观事物本身是必然性与偶然性的对立统一，必然性反映了事物的本质特征和规律，偶然性反映了事物表现形式上的差异。如果客观事物仅有必然性的一面，则它的表现形式就会很简单，正是偶然性的存在，才使得事物的表现形式和必然的规律性之间产生偏差，从而形成了表面的千差万别，使得事物的必然性被掩盖在表面的差异中。这正如恩格斯所指出的："在表面上是偶然性在起作用的地方，这种偶然性始终是受内部隐藏着的规律支配的，而问题只是在于发现这些规律。"概率论的任务是要透过随机现象的随机性揭示其统计规律性；统计学的任务则是通过分析带随机性的统计数据来推断所研究的事物或现象固有的规律性。二者的研究目的都是随机现象的统计规律，但其研究方法存在一定差异，概率论主要利用演绎方法，统计学主要利用归纳方法。

思考：你认为下面命题正确吗？请给出原因。

（1）父亲对性格的遗传更多。

（2）父亲与母亲对身高的遗传一样大。

1.1.4　统计的应用领域

学者不能离开统计而治学，政治家不能离开统计而施政，事业家不能离开统计而执业。目前，统计方法已被应用到自然科学与社会科学的众多领域，统计学已发展为由若干学科分支组成的学科体系。可以说，统计学几乎用到所有研究领域，比如政府部门、学术研究领域、日常生活中、企业管理中，因而也形成了众多的具有统计学应用性质的学科，如社会统计学、经济统计学、工业统计学、农业统计学、物理统计学、生物统计学、医药统计学、人口统计学、空间统计学，等等。现在，连纯社科领域的法律、历史、语言、新闻等也越来越重视对统计数据的分析，国外的人文和社会学科普遍开设统计学的课程。可以说，统计方法与数学、哲学一样成为所有学科的基础。

例 1.1.1（用统计识别作者）　1787—1788 年，三位作者 Alexander Hamilton，John Jay 和 James Madison 为了说服纽约人认可宪法，匿名发表了 85 篇著名的论文。这些论文中的大多数作者已经得到了识别，但是，其中的 12 篇论文的作者身份引起了争议。通过对不同单词的频数进行统计分析，得出的结论是：James Madison 最有可能是这 12 篇论文的作者。现在，对于这些存在争议的论文，认为 James Madison 是原创作者的说法占主导地位。

"红楼梦"后 40 回是否为曹雪芹所写？1985—1986 年，复旦大学李贤平教授带领他的学生做了这项工作，他们创造性的想法是将 120 回看成 120 个样本，然后确定与情节无关的虚词作为变量。为什么要抛开情节？这是因为在一般情况下，同一情节大家描述的都差不多，但由于个人写作特点和习惯的不同，所用的虚词（即变量）是不一样的。然后，统计出每一回里变量出现的次数，作为数据，利用多元分析中的聚类分析法进行分类。分析结果然表明，120 回分属两类，即前 80 回为一类，后 40 回为一类，有说服力地证实了全书不是出自同一人的手笔。那么后 40 回是否为高鹗所写？同样，论证结果推翻了"后 40 回是高鹗一个人所写"。这个论证在红学界引发轰动，支持了红学界观点，但《红楼梦》的作者仍存在争议。

下面将给出统计在工商管理中的部分应用：

（1）产品质量管理。质量是企业的生命，是企业持续发展的基础。统计质量管理已是质量管理的重要手段，在一些知名的跨国工商，6σ 准则成为一个重要的管理概念，统计质量控制图已广泛应用于检测生产过程。

（2）市场研究。企业要在激烈的市场竞争中取得优势，首先必须了解市场，而要了解市场，则需要做广泛的市场调查，取得所需的信息，并对这些信息进行科学的分析，以便作为生产和营销的依据，这些都需要统计的支持。

（3）经济预测。企业要对未来的市场状况进行预测，经济学家常常要对宏观经济或某一行业进行预测，在进行预测的时候，最常用的方法就是利用各种统计信息和统计方法。比如，企业要对市场的潜力进行预测，调整生产计划，最大化利润，这就需要利用市场调查取得数据，并进行统计分析。

（4）人力资源管理。利用统计方法对员工的年龄、性别、受教育程度、工资等进行分析，并作为制订工资计划、奖惩制度的依据。

当然，统计不仅仅在工商管理中有用，它已经渗透到自然科学和社会科学的各个领域，为多个学科提供通用的数据分析方法。从某种意义上说，统计仅仅是数据分析方法，必须与其他学科结合才能发挥作用，于是，统计工作者的知识面要宽广，最好擅长某一方面，比如生物、医学、农业、教育、经济等。

下面列出统计的一些应用领域（见表1.1.2），让读者简单浏览并形成一个概念"统计学非常有用"。

表1.1.2　统计的应用领域

精算	金融	农业	动物学	考古学
医学	生态学	教育学	计量经济学	管理学
人类学	赌博	地质学	心理学	质量控制
工业	工程	水文学	军事科学	物理学
市场营销学	地理学	语言学	分类学	宗教研究

统计应用上的两个极端是：不用或几乎不用统计、简单问题复杂化。在统计应用中，这两个极端都是不可取的。简单的方法不一定没用，复杂的方法也不一定有用。正如有的学者所说的，最简单的模型往往是最有用的，统计应该恰当地应用到它能起作用的地方。同时，我们不能把统计神秘化，更不能歪曲统计，把统计作为掩盖事实的陷阱。统计是一种从数量上认识客观世界的有力工具，但是若运用不当，即使是科学技术也有可能得出错误的结论，甚至会成为谬论的护身符。实际上，在我们周围，误用统计数字或滥用统计方法的现象不乏其例，这不能不影响到统计科学的严肃性和统计分析的准确性。因为曾经对国家统计局公布的居民收入增长数据表示不解，某网友在某大网站的博客上发明了一个"被增长"的新词。所谓"被增长"，即实际没有增长，但在统计数据中却增长了，使我们都被统计数字"幸福"地笼罩着。这一感受得到了绝大多数人的认同，同时也得到了央行最新城镇储户问卷调查结果的印证。这是因为居民收入的均值往往显著高于中位数。精心设计的模型从根本上说，是经过审慎挑选的有关现实的一组谎言，或者说是经过审慎挑选的有关现实的部分真理。更一般地讲，世界上存在着三种谎言：谎言，该死的谎言，统计数字。下面举例介绍统计欺骗中常用手法供读者鉴别。

（1）有偏样本：有一个装着红、白两色小球的箱子，如果你想要准确知道这个箱子中两种小球的数量，你唯一能做的只有一颗一颗地数小球。用一种更简单的方法也可以估计红球的数量：抓一把小球，假定手中红球所占比例与箱子中红球所占比例相同，只要数一数手中的小球即可。如果你的样本足够大且选择方法正确，在大多数情况下，它能够很好地代表整体。但是，如果以上两个条件不满足，这样的样本就不值得一提。不幸的是，我们所看到的，或者我们自以为了解的许多事物，往往都是根据类似样本所得出的结论，这种样本由于选择方式的不合理或者容量过小，抑或两种情况同时存在，导致样本有偏。通过一个极端的例子可以马上看到如何形成有偏的样本。假设你向同学发放问卷，问卷中包含这样一个问题："你乐意回答调查问卷吗？"整理所有的答案，你很有可能得到下面的结论：多数的人选择了"乐意"。为了具有说服力，你还可以详细列出这个比例，直至精确到最后一位小数。事实上，大多数持否定意见的人已经随手将你的问卷丢进垃圾篓中，从样本中自动除名了。哪怕最初的样本中，100 个里面有 88 个会当这种"投手"，在宣布你的结果时，你仍然会遵从惯例，忽略他们。第二次世界大战时英国空军希望增加飞机的装甲厚度，但如果全部装甲加厚则会降低灵活性，所以最终决定只增加受攻击最多部位的装甲。后工作人员经过对中弹飞机的统计，发现大部分飞机的机翼弹孔较多，所以决定增加机翼的装甲厚度。后来一个专家说："可是机头中弹的那些飞机就没有飞回来。"这个故事里本应是对全部飞机进行分析，但统计样本没有包含已经损毁的飞机，所以得出的结论只是根据部分数据，或者根据具有同样特征（受伤）的某一类数据推论出的，并不能代表全部类型的数据，所以得出的结果很可能是错误的。

（2）数字欺骗：主要是通过刻意强调"有利指标数据"，而回避"不利指标数据"，隐瞒事实。如果每天早上用 99 元买来 1 个东西，再 100 元卖掉，那只有 1% 的销售收益率，不过 1 年下来，他赚了 365 元，而成本只有 99 元。这样他对外宣称很穷，赚得很少（销售收益率很低），其实通过各种名目的数据转换，隐瞒了很多利润。数字欺骗另一种手法是杜撰数据，如"对著名医生的大样本调查结果显示：27% 的医生抽的是××牌子的香烟"，其实这个数据是虚构的；浙江某电子商务有限公司发布的网络虚假广告更是具体，"专注电动牙刷工艺 66 年，给儿童贴心呵护""5 600 次/分钟带来更高洁净力，清洁菌斑不留死角"等，但数据未标明出处，并且无法提供有效证明材料加以证实。

（3）误导性图表："图表欺骗"主要是通过对图表中"不利指标数据"进行隐藏、过滤、更换颜色、更改图表类型、更改比例等手段实现。比如，改变图表宽度与高度，影响性能趋势理解；改变图表默认显示方式，干扰读者理解数据图表。

（4）故意曲解：事实上，统计数据本身并无罪，可人们往往喜欢滥用统计工具来支撑自己的立场，而不是反映真实情况。统计最重要的功能是数据分析，不同的人对数据分析的理解大不一样，曲解数据是常有的现象。在某些人的心目中，数据分析就是寻找证据支持自己的结论，这恰恰曲解了数据分析的本质。对于同样的增长率，解读方式不同可以带来完全相反的结论，比如：去年咖啡价格上涨了 2%，今年咖啡价格上涨了 3%，A、B 对此解读如下，你觉得 A 和 B 到底谁说得对呢？

A：仅仅多上涨了 1% 而已，这样的上涨幅度还是很稳定的嘛。

B：不对，今年的上涨率是去年的 1.5 倍，意味着上涨率提高了 50%，不是小数目。

另一个例子是：发生故障的 A 车有 10 辆，远大于 B 车的 5 辆，因此 A 车故障率是 B 车的 2 倍。但是，进一步分析，我们发现 A 车一共卖出去 1 万辆，有 10 辆出现了问题。B 车一共卖出去 10 辆，出现了 5 辆有问题。其实，A 车故障率只有 1/1 000，而 B 车为 50%。

数据分析的真正本质是从数据中寻找规律，从数据中寻找启发，而不是寻找支持。真正的数据分析是没有事先结论的，而是通过数据分析得出某种结论。不管对于什么统计数字，在不知道它们是怎么得出的情况下只靠直观感觉理解远远不够，还要仔细分析才可以得到符合实际情况的结论。

最后请切记，统计不是万能的，它不能解决你面临的所有问题。统计是分析数据的一门通用工具，虽然可以帮助你进行数据分析，并从分析中得出某种结论，但是如果要对统计结论进一步分析，则需要你的专业知识。比如，吸烟可以增加患肺癌的概率，但要解释吸烟为什么能引起肺癌，这不是统计学家的任务，需要更多的医学知识才能解释。

1.1.5　统计基本概念回顾*

统计学中的基本概念很多，这些概念包括总体与样本、参数、统计量、变量等。（如果读者对相关知识比较熟悉，可跳过此节。）

1. 总体与个体

在一个统计问题中，把研究对象的全体称为总体（population），构成总体的每个元素称为个体（element，individual，unit）。比如，在考察某批手机质量时，该批手机的全体组成一个总体，而其中每个手机就是个体。对于实际问题，总体中的个体是一些实在的人或物。比如我们要研究某大学的学生身高情况，则该大学的全体学生构成了问题的总体，而每个学生就是个体，切记该大学全体学生包括已经毕业及将要录取的同学，一般可认为具有无限多个。事实上，每一个学生有许多特征：性别、年龄、身高、体重等，而在该问题中，我们关心的只是该校学生的身高如何，对其他的特征暂不考虑。这样每个学生（个体）所具有的数量指标"身高"就是个体，而所有身高全体构成总体。如果研究对象的观测值是定性的，我们也可以数量化。比如考察出生婴儿性别，其结果可能为男、女，是定性的，如果分别以 1、0 表示男、女，那么试验结果就可用数来表示了。这样，抛开实际背景，总体是一堆数，这堆数中有大有小，有的出现机会大，有的出现机会小，因此用一概率分布去描述和归纳总体是合适的，从这个意义上说，总体是一个分布，而其数量指标就是服从这个分布的随机变量，个体就是总体对应随机变量的一次观察值。

在统计问题中，我们研究有关对象的某一数量指标时，往往需要考察与这一数量指标相联系的随机试验。这样，总体是试验的全部可能观测值，即总体就是随机变量 X，个体就是随机变量 X 的一次观测值，对总体的研究就是对一个随机变量 X 的研究。今后，我们不区分总体与相应的随机变量，统称为总体 X。

总体中所包含个体的个数称为总体的容量。容量有限的总体称为有限总体，容量无限的总体称为无限总体。对于无限总体，每次抽取一个单位，并不影响下一次的抽样结果，因此每次抽取可以看作是独立的。对于有限总体，抽取一个单位后，总体元素就会减少一个，前一次的抽样结果往往会影响后一次的抽样结果，因此每次抽取不是独立的。这些因素会影响到抽样推断的结果。

为了解总体的分布，必须从总体中进行抽样观察，即从总体 X 中随机地抽取 n 个个体，记为 $X_1,\cdots,X_n$，称为总体的一个样本（sample），n 称为样本容量（sample size），简称样本量。样本具有二重性：一方面，由于样本是从总体中随机抽取的，抽取前无法预知它们的数值，因此样本也是随机变量，用大写字母 $X_1,\cdots,X_n$ 表示；另一方面，样本在抽取以后就有确定的观测值，称为样本观测值，用小写字母 $x_1,\cdots,x_n$ 表示。我们对样本及其观测值不加区分，一律采用 $x_1,\cdots,x_n$ 表示。（读者可根据上下文进行区分。）

例 1.1.2 瓶装白酒规定净含量为 500 g，由于随机性，不可能每瓶白酒净含量为 500 g，现从某酒业生产的白酒中随机抽取 10 瓶，观测结果如下：

$$496 \quad 498 \quad 500 \quad 502 \quad 501 \quad 496 \quad 497 \quad 503 \quad 502 \quad 499$$

这是一个容量为 10 的样本观测值，对应的总体是该厂生产瓶装白酒的净含量。

例 1.1.3（分组样本） 考察某厂生产电子元件的寿命，我们选了 100 个进行试验，由于某些原因，我们不可能每时每刻进行观测，而只能定期进行观测，比如规定每天早上 8 点进行观测。对每个元件，我们只能观测到其寿命落入某个范围，这就产生了分组样本，见表 1.1.3。

表 1.1.3　100 个电子元件的寿命数据　　　　　单位：天

寿命范围	元件数	寿命范围	元件数	寿命范围	元件数
（0，1]	4	（8，9]	6	（16，17]	4
（1，2]	8	（9，10]	3	（17，18]	4
（2，3]	6	（10，11]	3	（18，19]	1
（3，4]	5	（11，12]	5	（19，20]	2
（4，5]	3	（12，13]	5	（20，21]	2
（5，6]	4	（13，14]	3	（21，22]	3
（6，7]	5	（14，15]	5	（22，23]	1
（7，8]	4	（15，16]	1	>23	13

表 1.1.3 的样本观测值没有具体数值，只有一个范围，这样的样本称为分组样本。相应的，例 1.1.2 中的数据称为完全数据。分组数据与完全数据相比，在信息上总有缺失，但有时我们只能获取分组数据且分组数据成本低、方便。在实际问题中，如果样本容量特别大，常用分组样本代替完全样本。

从总体中抽取样本有不同的抽取方法，为了能对总体做出较可靠的推断，总希望样本能很好地代表总体，即要求抽取的样本能很好地反映总体的特征且便于处理，这就需要对抽样方法提出一些要求，最常用的是简单随机抽样，满足：

（1）随机性。每一个个体都有同等机会被选入样本，即每一样本 X_i 与总体 X 有相同的分布，也称为代表性。

（2）独立性。每一样本的取值不影响其他样本的取值，即 $X_1,\cdots,X_n$ 相互独立。

若样本 $X_1,\cdots,X_n$ 是 n 个独立性分布的随机变量，则称该样本为简单随机样本，简称样本，即满足上述随机性、独立性两条性质的样本称为简单随机样本。除特别说明，本书中样本皆指简单随机样本。对于无限总体，随机性和独立性很容易实现，困难在于排除有意或无意的人为干扰。对于有限总体，只要总体个数很多，特别与样本量相比很大，则独立性基本可以满足。

2. 参数

参数（parameter）是用来描述总体特征的概括性数字度量，是研究者想要了解的总体的某种特征值。在统计中，研究者所关心的参数通常有总体平均数、总体标准差、总体比率等，通常用希腊字母表示。字面上理解，参数是指可供参考的数据，但有时又不全是数据。在指定应用时，它可以是赋予的常数值；在泛指时，它可以是一种变量，用来控制随其变化而变化的其他量。简单地说，参数是给我们提供参考的。由于总体数据通常是不知道的，所以参数是一个未知的常数。比如某地区所有人的平均年龄，一个国家所有家庭的收入差异，一批产品的合格率，等等。正因为如此，才要进行抽样，根据样本计算出某些值去估计总体参数。

3. 统计量

统计量（statistic）是用来描述样本特征的概括性数字度量。它是根据样本数据计算出来的一个量，由于抽样是随机的，故统计量是样本的函数且不含未知参数。其作用是把样本中有关总体的信息汇集起来。当样本给定时，统计量就是已知的。抽样的目的是根据样本统计量去估计总体参数，比如用样本均值 $\bar{x}$ 估计总体均值，用样本标准差 s 去估计总体标准差 σ，用样本比例 p 去估计总体比例 π，等等。

4. 变量

变量（variance）是统计学研究中对象的特征，用来说明某种特征的概念。其特点是从一次观察到下一次观察结果会呈现出差别或变化。变量的取值称为变量值。在数量标志（标志用来说明总体单位特征或属性）中，不变的数量标志称为常量或参数，可变的数量标志称为变量。由可变标志构造的各种指标也称为变量，它可以是定性的，也可以是定量的，一个定量变量要么是离散的，要么是连续的。社会科学中研究变量的关系，通常把一个变量称为自变量（独立变量），另一个变量称为因变量（依赖变量）。统计数据就是统计变量的某些取值。变量可以分为以下类型。

（1）分类变量（categorical variable）是说明事物类别的一个名称，其取值是分类数据。如"性别"就是一个分类变量，其变量取值为"男"或"女"。

（2）顺序变量（rank variable）是说明事物有序类别的一个名称，其取值是顺序数据。顺序变量是既无相等单位又无绝对零点的变量，其变量值仅仅是依据事物的某一属性的大小或多少按次序将事物排列，并用数字作为名次的标志。如学生百米赛跑排名次，速度最快的定为第 1 名，次快的定为第 2 名，以此类推，所得 1，2，3，…就是顺序变量。对这类数据不能用简单的四则运算进行统计处理。

（3）数值型变量（metric variable）是说明事物数字特征的一个名称，其取值为数据型数据。如产品质量、年龄、时间、商品销售额等。数值型变量按其取值的特点，可分为离散变量与连续变量。离散变量（discrete variable）是指其数值只能用自然数或整数单位计算的变量，它的取值都以整位数断开，可以一一列举。例如，企业个数、职工人数、设备台数等，只能按计量单位数计数，这种变量的数值一般用计数方法取得。反之，在一定区间内可以任意取值的变量称连续变量（continuous variable），其数值是连续不断的，不能一一列举，相邻两个数值可作无限分割，可取无限个数值。例如，生产零件的规格尺寸、人体测量的身高、体重、胸围等为连续变量，其数值只能用测量或计量的方法取得。如果离散变量取值很多，可近似认为连续变量进行处理。由于大部分统计方法所处理的都是数值型变量，因此有时也把数值型变量简称变量。

变量这一概念经常用到，当然，也可从其他角度对变量进行分类，比如随机变量和非随机变量、经验变量和理论变量等。经验变量（empirical variable）描述的是周围环境中可以观察到的事物。理论变量（theoretical variable）是由统计学家用数学方法构造出来的变量，比如后面介绍的 t 统计量、F 统计量等。

有了变量的概念，什么是数据呢？就掷骰子来说，掷骰子会得到什么值，这是一个随机变量，每次取得 1～6 点中的任意某点的概率为 1/6（假定骰子正常）。而在实际掷骰子过程中，如果掷 100 次，会得到 100 个由 1～6 点组成的数字串，再掷 100 次，又得到了一个数字串，且多半和前一个数字串不一样。这些试验结果就是数据，所以数据是关于变量的观测值。通过数据可以验证有关理论或假定，比如通过掷多次骰子可验证每个点出现的概率是不是 1/6。

1.2 数据的分类、来源与质量

统计对客观事物的数量方面进行研究，因此它离不开统计数据。统计数据是对客观现象进行计量的结果，比如，对股票价格变动水平进行计量可以得到股票价值指数；对学生考试结果进行计量可得考试分数；对经济活动总量的计量可以得到国内生产总值（GDP），等等。因此，在收集数据之前，我们总是要先对现象进行计量或测度，这就涉及计量尺度的问题。

1.2.1 数据的计量尺度

计量尺度（levels of measurement）是指对计量对象量化时采用的具体标准，如千克、米、美元、人民币等。由于客观事物有的比较简单，有的比较复杂；有的特征和属性是可见的（如人的外貌体征），有的则是不可见的（如人的偏好、道德、信仰）；有的表现为数量差异，有的表现为品质差异。有些事物只能对它的属性进行分类，比如人口性别和文化程度等；有的可以采用比较精确的数字加以计量，比如物体的长度、产品的质量等。因此，对于不同事物，我们能够计量或测度的程度是不同的，统计计量也有定性计量和定量计量的区别，并且可分不同的层次。从对事物计量的精确程度来看，采用数字计量比采用分类计量精度更高，按照计量的精度，从低级到高级，从粗略到精确可分为三个层次：定类尺度、定序尺度、定距尺度和定比尺度。采用不同的计量尺度可以得到不同的统计数据，进而采用的统计分析方法也是不同的。

1. 定类尺度

定类尺度（nominal scale）也称类别尺度，它将数字作为现象总体中不同类别或不同组别的代码，这是最低层次的计量尺度，也是其他计量尺度的基础。这种计量尺度只能按照事物的某种属性对其进行平行的分类或分组，不同的数字仅表示不同类（组）别的品质差别，而不表示它们之间量的顺序或大小。这种尺度的主要数学特征是" = "或"≠"。例如，人口按照性别可分为男（1）、女（0）两类，不能因为1 > 0，就说男人大于女人，而是应该说男人不等于女人；国民经济按其经济性质可以分为国有经济、集体经济、私营经济、个体经济等类，用代码（01）表示国有经济，（02）表示集体经济，（03）表示私营经济，（04）表示个体经济，其中用（011）表示国有经济中的国有企业，（012）表示国有联营企业；用（021）表示集体经济中集体企业，（022）表示集体联营企业；用（031）表示私营经济中的私营独资企业，（032）表示私人合伙企业，（033）表示私营有限责任公司；用（041）表示个体经济中的个体工商户，（042）表示个人合伙等。其中，前两位代码表示经济大类，而第三位代码则表示各类中的构成。代码的位数与类别数目有关，如果类别数目多，则代码位数也多。本例中，国民经济最多分为99大类，每一大类中最多分为 9 小类。不同代码反映同一水平的各类（组）别，并不反映其大小顺序。各类中虽然可以计算它的单位数，但不能反映第一类的一个单位可以相当于第二类的几个单位等。对于定类尺度的计量结果，可以通过计算每一类别中各个元素或个体出现的频数或频率来进行分析。

在使用定类尺度对事物进行分类时，必须符合穷尽和互斥的要求，即对事物进行无交完备分解。类别穷尽是指在所有全部的分类中，必须保证每一个元素或个体都归属于某一类别，不能遗漏；类别互斥是指每一个元素或个体只能归属于一个类别，不能在其他类别中重复出现。比如，按照自然两分法，一个人要么是男性，要么非男性，总有所归属，而且只能属于其中一个类别。

2. 定序尺度

定序尺度（ordinal scale）也称顺序尺度，它是对事物之间等级差或顺序差别的一种测度，不但可以用数表示量的不同类（组）别，也可反映量的大小、顺序关系，从而列出各单位、各类（组）的次序。定序尺度对事物的计量要比定类尺度精确一些，但它只是测度了类别之间的顺序，而未测量出类别之间的准确差值，因此这种尺度的主要数学特征是">"或"<"，其计量结果不仅能对事物分门别类，还可以比较大小，但不能进行加、减、乘、除。例如，对合格产品按其性能和好坏，分成优等品、一等品、合格品等，这种尺度虽然也不能表明一个单位一等品等于几个单位二等品，但明确表示一等品性能高于二等品，而二等品性能又高于三等品等。定序尺度除了用于分类（组）外，在变量

数列分析中还可以确定中位数、四分位数、众数等指标的位置。

3. 定距尺度与定比尺度

定距尺度（interval scale）也称间隔尺度，是对事物类别或次序之间间距的计量，它通常使用自然或度量衡单位作为计量尺度，如收入、人民币。定距尺度是比定序尺度高一层次的计量尺度，它不仅能将事物区分为不同类型并进行排序，而且可以准确地指出类别之间的差距是多少，可以进行加、减运算。例如，学生"统计学"课程的考分，可以从高到低分类排序，形成80分、70分、60分，直到0分的序列。它们不仅有明确的高低之分，而且可以计算差距，80分比70分高10分，比60分高20分等。定距尺度的计量结果表现为数值，可以进行加或减的运算，但不能进行乘或除的运算，其原因是在等级序列中没有固定的、有确定意义的"零"位。例如，学生甲得分90分，学生乙得0分，可以说甲比乙多得90分，却不能说甲的成绩是乙的90倍或无穷大。因为"0"分在这里不是一个绝对的标准，并不意味着乙学生毫无知识，恰如我们不能说40℃比20℃暖和2倍一样。没有确定的标准的"零"位，但有基本的确定的测量单位，如学生成绩的测量单位是1分，质量价差的测量单位是1元，温度的测量单位是1℃等，这是定距尺度的显著特点。

定比尺度（ratio scale）也称比率尺度，是在定距尺度的基础上，确定可以作为比较的基数，将两种相关的数加以对比，而形成新的相对数，用以反映现象的构成、比重、速度、密度等数量关系。由于它是在比较基数上形成的尺度，所以能够显示更加深刻的意义，但我们一般认为它与定距尺度属于同一层次，不做区分。定比尺度的计量结果也表示为数值，主要数学特征是"÷"或"×"。例如将某地区人口数和土地面积对比计算人口密度指标，说明人口相对的密集程度。甲地区人口可能比乙地区多，但甲地区的土地更广阔，用人口密度指标就可以说明相对来说甲地区人口不是多了，而是少了。又如将一个国家（地区）的国内生产总值与该国（地区）居民对比，计算人均国内生产总值，可以反映国家（地区）的综合经济能力。2010年，中国国内生产总值（GDP）约占世界生产总值的9.5%，列世界第二位，堪称世界经济大国，但我国人口占世界总人口的19%，如果按人均国内生产总值计算，在世界各国中又居于比较落后的位次，这说明我国仍属于发展中国家。

上述计量尺度对事物的计量层次是由低级到高级、由粗略到精确逐步递进的。高层次的计量尺度具有低层次计量尺度的全部特性，但不能反过来。显然，我们可以很容易地将高层次计量尺度的测量结果转化为低层次计量尺度的测量结果，比如将考试成绩的百分制转化为五等级分制。在统计分析中，一般要求测量的层次越高越好，因为高层次的计量尺度包含更多的数学特性，可运用的统计分析方法也越多，分析时也就越方便，因此应尽可能使用高层次的计量尺度。

1.2.2 数据的分类

采用不同的计量尺度会得到不同类型的统计数据，它可以是数字的，也可以是文字的。按照采用的计量尺度不同，统计数据分为分类数据、顺序数据和数值型数据；按照统计数据的收集方法，分为观测数据和实验数据；按照被描述对象与时间的关系，分为截面数据和时间序列数据。

1. 分类数据、顺序数据和数值型数据

（1）分类数据（categorical data）是离散数据，是反映事物类别的数据，分类属性具有有限个（可能很多）不同值，值之间无序。例如，地理位置、工作类别和商品类型等。

（2）顺序数据（rank data）也是对事物分类的结果，但这些类别是有顺序的，是由定序尺度计量形成的，也可用数字代码来表示。例如，考试成绩等次可分为优（4）、良（3）、中（2）、差（1）；商品按其好坏分为一等品（3）、二等品（2）、三等品（2）；一个人对某一事物的态度可分为非常同意（5）、同意（4）、中立（3）、不同意（2）、坚决不同意（1）等。

（3）数值型数据是直接使用自然数或度量衡单位进行计量的具体的数值。如用人民币度量收入、消费，用百分制度量考试成绩，用克度量物体的质量，用米度量物体的长度，等等。对于数值型数据，我们可再细分为间隔数据和比率数据，它们分别是由定距尺度和比率尺度计量形成的。

分类数据和顺序数据说明的是事物的品质特征，通常用文字来表述，其结果均表示为类别，因此也称为定性数据（qualitative data）或品质数据。数值型数据说明的是现象的数量特征，通常用数值来表示，因此也称为定量数据（quantitative data）或数量数据。

2. 观测数据和实验数据

（1）观测数据（observational data）是通过调查或观测而收集到的数据。这类数据是在没有对事物人为控制的条件下得到的。有关社会经济现象的统计数据几乎都是观测数据，因为个人几乎不可能控制社会经济现象。

（2）实验数据（experimental data）是在实验中控制实验对象而收集到的数据。比如，对新药疗效的实验数据，对农作物品种的实验数据等。自然科学中的数据大多是实验数据。

3. 截面数据和时间序列数据

（1）截面数据是在相同或近似相同的时间点上收集到的数据。这类数据是在不同空间上获得的，用来描述现象在某一时刻的变化情况。例如，2010 年中国各地区的国内生产总值即截面数据。

（2）时间序列数据是在不同时间上收集到的数据。这类数据反映了某一事物、现象等随时间的变化状态或程度。如中国国内生产总值从 1949 年到 2020 年的变化即时间序列数据。时间序列数据可作季度数据、月度数据等细分，其中具有代表性的季度时间序列模型就是因为其数据具有四季一样的变化规律，虽然变化周期不尽相同，但是整体的变化趋势是按照周期变化的。

1.2.3 数据的来源

从数据来源看，统计数据最初都来源于直接调查或科学实验。但从使用者角度看，统计数据来源主要有两种渠道：一是来源于直接调查或科学实验，称为第一手或直接的统计数据；二是来源于别人调查或科学实验的数据，称为第二手或间接的统计数据。

1. 统计数据的间接来源

对大多数人而言，亲自去调查或实验往往是不可能的，也可能是不必要的，所用数据大多是别人调查或科学实验得到的数据，这些数据对使用者而言称为二手数据。二手数据主要是公开出版或公开报道的数据，当然，也有些是尚未公开出版的数据。常见的二手数据有：由国家和地方的统计部门以及各种报刊媒介提供的社会经济统计数据，如公开出版的《中国统计年鉴》《中国统计摘要》、各省市区的统计年鉴等；各类专业期刊、报纸、图书所提供的文献资料；各种会议，如博览会、展销会、交易会以及专业性、学术性研讨会上交流的有关资料；尚未公开出版的合作单位的实验数据，等等。目前，计算机网络快速发展，我们也可以从网络上获取所需的各种数据资料，但是网络数据的质量参差不齐，我们务必慎重甄别。根据二手数据的来源，可将其分为内部二手数据和外部二手数据。

（1）内部二手数据指来自人们正为之进行市场研究的企业或组织内部的数据，如果它们是以其他一些目的而收集的（即最初不是为解决现在的问题而收集），就是内部二手数据。内部二手数据可分为直接可用的数据和需要进一步整理才能使用的数据，主要指来自为之进行市场调研的部门内部的资料。内部二手数据包括会计账目、销售记录和其他各类报告等。

（2）外部二手数据指从公司外部获得的二手数据。外部二手数据可以有多种不同的分类方法，这里将其分成三个来源：由政府数据和普通商业数据所组成的公开资料、计算机数据库、辛迪加数据。

辛迪加数据指一种具有高度专业化，从一般数据库中所获得的外部次级资料，信息供应商把信息卖给多个信息需要者，这样使得每一个需要者获得信息的成本更为合理。辛迪加数据的优点是可以分摊信息的成本，且信息需要者可以非常快地获得所需的信息，原因在于信息供应商总在不间断地收集有关的营销信息。辛迪加数据的主要应用在于：测量消费者态度以及进行民意调查、确定不同的细分市场、进行长期的市场跟踪。

对二手数据的收集和处理是有严格要求的，最基本的要求是：真实性、及时性、同质性、完整性、经济性和针对性。收集步骤主要是：① 确定希望知道主题的那些内容及已经知道的内容。② 列出关键术语和姓名。③ 通过一些图书馆信息源开始搜寻。④ 对已找到的文献进行编辑和评价。⑤ 如果资料收集者对所发现的信息感到不满意或者有困难，而且图书管理员也不能确定合适的信息源时，可请教权威人士。

二手数据是相对于原始数据而言的，是指那些并非为正在进行的研究而是为其他目的已经收集好的统计资料。与原始数据相比，这种二手资料的搜集比较容易，采集数据的成本低，并且能很快得到，从开始到结束可能要几个月、几周或更短的时间。简单地说，就是省时、省力和省钱，因此，搜集二手资料是研究者首先考虑并采用的，分析也应该先从二手资料开始。但是二手资料也有很大的局限性，因为二手资料并不是为你特定的研究问题而产生的，所以其针对性是可能有欠缺的，比如资料相关性不够，计算口径不一致，数据不准确、过时，可靠性低，等等。因此，对二手资料进行评估是必要的，要注意统计数据的含义、计算口径和计算方法，避免滥用、误用。同时，在引用二手数据时，要注明数据来源，以尊重别人的劳动成果。

2. 统计数据的直接来源

统计数据的直接来源主要有两个渠道：一是调查或观察；二是实验。通过这两种渠道得到的数据分别称为观测数据与实验数据。

调查是为了了解情况而进行考察的，其中，统计调查是根据调查的目的与要求，运用科学的调查方法，有计划、有组织地搜集数据信息资料的统计工作过程。如统计部门进行的统计调查，其他部门和机构为了特定的目的而进行的某种调查（如市场调查）。调查通常是对社会现象而言的，例如经济学家通过搜集经济现象的数据来分析经济形势、某种经济现象的发展趋势以及经济现象之间的联系和影响，社会学家通过搜集有关人的数据以了解人类行为。

实验是科学研究的基本方法之一，也是取得自然科学数据的主要手段。例如，医学家通过实验验证新药的疗效，农学家通过实验了解水分、温度、品种对产量的影响。实验数据是指在实验中控制实验对象而搜集到的变量的数据。例如，对在一起饲养的一群相同质量的小鸡，分别喂养不同的饲料以检验不同饲料对小鸡增重的影响。实验也是检验变量间因果关系的一种方法。在实验中，研究人员要控制某一情形的所有相关方面，操纵少数感兴趣的变量，然后观察实验结果。市场实验调查法是指市场实验者有目的、有意识地通过改变或控制一个或几个市场影响因素的实践活动，来观察市场现象在这些因素影响下的变动情况，认识市场现象的本质和发展变化规律。

实验法的基本逻辑是：有意识地改变某个变量的情况（不妨设为 A），然后看另一个变量变化的情况（不妨设为 B）。如果 B 随着 A 的变化而变化，就说明 A 对 B 是有影响的。为此，需要将研究对象分为两组：实验组和对照组。实验组是指随机抽选实验对象的子集，在这个子集中，每个单位接受某种特别的处理，即加入研究因素的对象组，或者自然状态下对研究因素进行实验处理的对象组。而在对照组，每个单位不接受实验组成员所接受的某种特别处理，即不加入任何研究因素的对象组，或者自然状态下不对研究因素做任何实验处理的对象组。一个好的实验，实验组与对照组的产生不仅是随机的，而且是匹配的，即将情况类似的每对单位分别随机分配到实验组和对照组。

在对照实验中，主要采用以下几种对照方法：

（1）自身对照，指实验与对照在同一对象身上进行，不另设对照组。自身对照实验，方法简便，判断的标准是：实验处理前的对象状况为对照组，实验处理后的对象变化则为实验组。例如，在"探究鱼鳍在游泳中的作用"实验中，不管是将鱼鳍剪掉，还是捆绑住，都是将鱼的前后泳姿作对比，通过比对得出各种鳍的作用。处理前（正常状态）是对照组，处理后（加入研究目的的非正常状态）为实验组。

（2）空白对照。实验中最经常遇到、最麻烦的就是这类对照方法。在对照实验中，采用的方法大都是空白对照。例如，"植物生长需要哪些无机盐"的实验，是探究缺氮、缺磷、缺钾情况下生长的植物叶片状况。分别将对象组除去研究的因素——氮、磷、钾，这和常态相比是经过处理的，因此它们是实验组，而没有经过任何处理的对象组是对照组。研究的因素是氮、磷、钾。

（3）条件对照，指虽然给对象施以某种实验处理，但这种处理不是针对实验假设所给定的实验变量，而是作为一种相反意义的对照，使得实验结果更具说服力。例如"动物激素饲喂小动物"实验，其实验设计方案是：

甲组：不饲喂药剂（空白对照组）；

乙组：饲喂甲状腺激素（实验组）；

丙组：饲喂甲状腺抑制剂（条件对照组）。

因此，在自然的未被控制的条件下观测到的数据称为观测数据（observational data）；在人工干预和操作的情况下收集的数据称为实验数据（experimental data），也称试验数据。

虽然二手数据具有搜集方便、成本低等优点，但一手数据也具有自身的优点，同时可以克服二手数据的缺点：一手数据针对性强，可以回答二手数据不能回答的具体问题，特别是以前从没研究过的新问题；一手数据更加及时和可信；一手数据是自己单位收集的，是属于自己的，便于保密。

1.2.4 数据的质量

统计是将原始数据整理转化为二次加工数据或信息的一个过程。统计数据的质量是统计数据的一组品质标志满足用户需求的能力的综合。在这个定义中，质量的主体是数据，客体是用户，质量控制的本质是主体满足客体能力的综合。收集统计数据是统计研究的第一步，如何保证统计数据的质量是数据收集阶段重点解决的问题，因为数据的质量直接决定了结论的客观性和真实性。如果统计数据质量的概念是片面的或残缺的，那么一切统计数据质量的控制方法或改革思路，都可能与提升统计数据质量"南辕北辙"。

1. 统计数据的误差

统计数据的误差通常是指统计数据与客观现实之间的差距，误差的来源主要有登记性误差和代表性误差。差距如果在人们的允许范围之内，则为误差；但如果超出了人们的允许范围，则为错误，这也是误差与错误的区分。

（1）登记性误差是调查过程中由于调查者或被调查者的人为因素所造成的误差。从理论上讲，登记性误差是可以消除的。产生的原因主要是：由于计量手段的局限性所带来的难以绝对符合实际而出现的误差；由于登录、计算、抄报、汇总错误及被调查者所报不实或调查者有意虚报瞒报等所带来的误差；被调查者因人为因素干扰形成的有意虚报或瞒报调查数据，这种误差在统计调查中应予以重视。

（2）代表性误差：在统计调查中，由于非全面调查只从调查现象总体中抽取一部分单位进行观察，如果用这部分单位算出来的指标值来推算总体的指标值，就会与总体的实际指标值间有一定的差别。这就产生了代表性误差。代表性误差分为两种：一种是偏差，另一种是抽样误差。产生的原因主要有：抽取样本时没有遵循随机原则；样本结构与总体结构存在差异；样本容量不足。

假定某一专业的班级中女性占的比例为60%。如果在这个班级中抽取一些随机样本，这些随机样本中女性的比例不一定刚好是60%，可能稍微多点或少些。这是很正常的，因为样本的特征不一定和总体完全一样。这种差异不是错误，而是必然会出现的抽样误差（sampling error）。当然，在抽样过程中，一些人因种种原因没有对调查做出反应（或回答），这种误差称为未响应误差（nonresponse error）；而另一些人因各种原因回答时并没有真实反映他们的观点，这种误差称为响应误差（response error）。和抽样误差不一样，未响应误差和响应误差都会影响对真实世界的了解，应该在设计调查方案时尽量避免。

2. 统计数据的质量要求

数据质量（data quality）是指数据满足明确或隐含需求程度的指标。就一般的统计数据而言，质量评价标准主要有6个方面：

（1）适用性，指收集的统计信息是否有用，是否符合用户的需求。统计信息是为政府、企业以及社会各阶层服务的一种"商品"，因此怎样使统计信息最大化地满足用户，就是保证统计信息适用性的根本。

（2）准确性，即最小的非抽样误差或偏差，主要指统计估算与目标特征值即"真值"之间的差异程度。实际上所谓"真值"是不可知的，一般通过分析抽样误差、范围误差、时间误差、计数误差、加工整理差错、方法误差、人为误差、模型设计误差等影响数据准确性的各个因素，测算统计估算值的变动系数、标准差、曲线吻合度、假设检验偏差等，将统计误差控制在一个可以接受的置信区间内，以保证统计信息的准确性。

（3）精度，即最低的抽样误差或随机误差。

（4）时效性，即在最短时间里取得并公布数据，主要指调查基准期与统计数据发布时间的间隔时间。时效性是缩短统计信息从搜集、加工整理到数据传输的整个过程，缩短调查基准期与数据结果发布时间的间隔时间。另外，应预先公布各项统计数据发布日期，并按时发布数据，建立和规范统计信息发布制度，使用户及时掌握使用统计信息。

（5）一致性，即保持时间序列的可比性。

（6）最低成本，即在满足上述标准的前提下，以最经济的方式取得数据。

此外，统计数据质量还包括可衔接性、可取得性、可解释性、客观性、健全性等几个原则，可见统计数据质量是多方面的综合体现。

统计数据质量不高的主要原因是：

（1）统计观念缺乏创新。统计手段和方法不科学，造成统计数据的及时性、准确性、权威性"弱化"，指导决策和服务管理的职能作用"淡化"。

（2）统计基础工作薄弱。有些基层单位不重视统计工作，统计队伍不稳定，或统计人员兼任其他多项工作，造成一心多用，严重影响统计工作质量。有的企业单位的基础核算资料、原始记录、统计台账不健全，甚至有的根本没有原始记录、统计台账，统计数据缺乏可靠的依据。有的企业原始记录、统计台账不完善、不规范，凭印象填报数据，甚至有的连报表都没有，靠工作人员估报，统计数据随意性较大，这就更难保证统计数据的准确性。

（3）统计队伍素质不高。在基层统计人员中存在业务素质偏低、新手多、外行多、复合型人才少、尖子人才少的问题。由于基层统计人员缺乏必要统计知识，不能运用科学方法搜集、整理、论证统计数据，仍然沿用过去的统计方法；同时，一些统计人员认为自身社会地位较低，待遇较差，从而缺乏较强的事业心和责任感，造成基层统计队伍不稳，人才外流问题严重，统计岗位调换频繁；还有一些单位根本没有固定的统计人员，临时抽人填报，工作中完全凭感觉、靠估计。

（4）盲目追求政绩造成了对数据质量的负面影响。通常，人们把工作业绩作为衡量管理者任职期间工作能力的尺度。统计数字作为一定时期经营成果的客观反映，被赋予极为特殊的色彩。人为干扰也可使统计数据的客观性、准确性、真实性受到严重影响。

结论：区分测量的层次和数据类型很重要，因为对不同类型的数据，需要采用不同的统计方法进行处理和分析。比如，对分类数据，通常计算各组的频数或频率，计算其众数，进行列联表分析和卡方检验等；对顺序数据，可以计算中位数、四分位数、等级相关数等；对数值型数据，可以使用更多的统计方法进行分析，如计算各种统计量、参数估计和假设检验等。一手数据和二手数据各有其优缺点，研究者应扬长避短，根据实际情况选择适合自己的数据。现在，人们对统计数据质量要求越来越高，这就要求我们在统计调查分析中的各个环节，都应注意保证数据的质量，以便得出切合实际的客观结论。如果数据的质量出了问题，就算是研究者再有本事，也难以得到科学准确的结果和结论。

1.3 统计调查方法

统计调查是按照预定的目的要求和统计任务，运用科学的方法，有组织、有计划地向客观实际搜数据集资料的过程。本节主要介绍统计调查的要求、种类。

1.3.1 统计调查的基本要求

统计调查在整个统计工作中具有重要的地位。从统计工作的全过程看，统计调查处于基础阶段，是统计数据收集的直接来源，是直接获得统计数据的重要手段，也是开展统计整理和统计分析的基础环节。准确的统计资料是制定正确的方针政策和正确检验方针政策执行情况的依据，是编制和检验计划的基础。如果统计调查做得不好，搜集的资料就可能出现残缺或错误，必然给各项工作带来不良影响，甚至造成严重后果。任何组织和个人所提供的统计资料都应实事求是，不应弄虚作假、虚报、瞒报，不允许伪造和篡改。统计调查的基本任务是取得反映社会经济现象总体全部或部分单位、以数据资料为主体的信息，它的基本要求是准确性、时效性和完整性。

（1）统计资料的准确性即如实地反映客观实际。统计数据的准确性是一个国家统计机构的"生命"，也是整个统计工作的"生命"。数据是否准确，不仅影响到一个国家统计机构的形象，而且对以此数据为决策依据的后果起着至关重要的作用。统计工作者应当本着对本职工作高度负责的精神，进行全过程的、全员参加的、以预防为主的统计数据质量控制。要加强对统计人员的职业道德和专业水平培训以及加大统计执法力度等，以保证源头数据的准确性，使我们的统计工作更好地为现代社会经济服务。

（2）统计资料的时效性即在统计调查规定的时间内尽快地提供规定的调查资料，以满足研究问题的需要。资料一旦丧失了时效性，就会丧失其应有的作用。失去时效性的情报也就变成了新闻。

（3）统计资料的完整性即无论是全面调查还是非全面调查，都应按调查方案的要求，尽可能全面地搜集反映事物发展过程中各方面的情况和问题。

统计调查的三项基本要求是相互结合的，力求做到"准中求快，快中求准，数据完整"。为保证统计数据的基本要求，统计法应从以下方面做出规定：

（1）明确要求统计调查对象要依法申报统计资料。统计调查对象依法申报统计资料是统计机构、统计人员准确、及时、全面获得统计资料的前提。

（2）明确要求统计机构、统计人员要准确及时完成统计工作任务，保证数据质量。对于强令或者授意篡改统计资料或者编造虚假数据的行为，统计机构、统计人员应当拒绝、抵制，依法如实报送统计资料，并对所报送的统计资料的真实性负责。

（3）赋予统计机构、统计人员一定的职权，以保证统计资料的提供能够准确、及时。

（4）明确要求统计人员应当坚持实事求是，恪守职业道德，具备执行统计业务所需要的专业知识。

我国统计调查方法体系是：建立必要的周期性普查作为基础，以经常性的抽样调查为主体，同时辅之以全面统计报表、重点调查和科学的统计推算综合运用的统计调查方法体系。

1.3.2 统计调查的种类

统计调查从不同的角度有着不同的区分方法。

1. 统计调查按组织形式，可分为统计报表和专门调查

（1）统计报表是国家统计系统和专业部门为了定期取得系统、全面的统计资料而采用的一种搜集方式，目的在于掌握经常变动的、对国民经济有重大意义的指标的统计资料。统计报表是由政府主管部门根据统计法规，以统计表格形式和行政手段自上而下布

置，而后由企、事业单位自下而上，层层汇总上报逐级提供基本统计数据的一种调查方式。统计报表要以一定的原始数据为基础，按照统一的表式、统一的指标、统一的报送时间和报送程序进行填报。统计报表具有以下三个显著的优点：

第一，来源可靠。它是根据国民经济和社会发展宏观管理的需要而周密设计的统计信息系统，从基层单位日常业务的原始记录和台账（即原始记录分门别类的系统积累和总结）到包含一系列登记项目和指标，都可以力求规范和完善，使调查资料具有可靠的基础，保证资料的统一性，便于在全国范围内汇总、综合。

第二，回收率高。它是依靠行政手段执行的报表制度，要求严格按照规定的时间和程序上报，因此，几乎达到100%的回收率；而且填报的项目和指标具有相对的稳定性，可以完整地积累形成时间序列资料，便于进行历史对比和社会经济发展变化规律的系统分析。

第三，方式灵活。它既可以越级汇总，也可以层层上报、逐级汇总，以便满足各级管理部门对主管系统和区域统计资料的需要。

（2）专门调查是为了了解和研究某种情况或问题而专门组织的统计调查。它包括抽样调查、普查、重点调查和典型调查等几种调查方法。

2. 统计调查按研究总体的范围，可分为全面调查和非全面调查

（1）全面调查是对构成调查对象的所有单位进行逐一的、无一遗漏的调查，包括全面统计报表和普查。这种方法在以前的计划经济时期被广泛使用，现如今由于社会主义市场经济的发展，社会呈现多元化，全面调查已经不太适应当前的形势，只是作为一种补充性的统计调查方法，目前主要运用于各类规模以上的企业调查中。

全面调查调查对象范围广，单位多，内容比较全面，但一般需要耗费大量的人力、物力和时间，因此调查内容不宜太多，一般应限于必须掌握的、能够编制与检查国民经济和社会发展计划所必需的全社会的基本情况的指标。应逐步改变一切都要依靠全面统计报表搜集资料的习惯，尽量采用一些非全面调查的方法。全面调查的缺点为：第一，全面调查只能反映事物的一般状况，不利于对事物做深入细致的调查和研究；第二，全面调查需调查总体即全部单位，涉及面广，所需要的人力、物力、时间都较多，组织起来也较困难；第三，全面调查不够灵活；第四，全面调查的局限性，有些只适合非全面调查。

（2）非全面调查是对调查对象中的一部分单位进行调查，包括非全面统计报表、抽样调查、重点调查和典型调查。

运用非全面调查，一方面可以节省人力、物力、财力；另一方面可解决有些无法全面调查或没有必要进行全面调查的情况。例如，要对某大学新生性别比调查，可以进行全面调查，即对所有大学新生调查；也可以进行非全面调查，即随机抽查。

3. 统计调查按调查登记的时间是否连续，分为连续调查和非连续调查

（1）连续调查指对研究对象的变化进行连续不断的登记，如工业企业总产值、产品产量、原材料消耗量等，在观察期内连续登记。连续调查所得资料是现象在一段时间内的总量。例如，某企业对销售收入的调查、针对销售成本的调查等，就是每天或每月进行的。

（2）不连续调查指间隔一段相当长的时间对研究对象某一时刻的资料进行登记。如人口数、机器设备台数等资料短期内变化不大，没有必要连续登记资料。不连续调查所得资料能够体现现象在某一时刻所具有的水平。

4. 统计调查按搜集资料的方法，主要分为观察与实验、询问调查等

（1）观察与实验，是调查者通过直接的调查或实验以获得数据的一种方式。

观察法是指研究者根据一定的研究目的、研究提纲或观察表，用自己的感官和辅助工具去直接观察研究对象，从而获得资料的一种方法。科学的观察具有目的性和计划性、系统性和可重复性。观察法由于调查人员不是强行介入，受访者无须任何反应，因而常常能够在被观测者不察觉的情况下获得信息资料。

实验法是研究者有意改变或设计的社会过程中了解研究对象的外显行为。实验法的依据是自然和社会中现象和现象之间普遍存在着一种相关关系——因果关系。室内实验法可用于广告认知的实验等，比如在同一天的同一种报纸上，版面大小和位置相同，分别刊登 A、B 两种广告，然后将其散发给各位读者，以测定其反应。市场实验法可用于消费者需求调查等，比如新产品的市场实验，企业对一种新产品，让消费者免费使用，以得到消费者对新产品看法的资料。

（2）询问调查法，是调查人员以询问为手段，从调查对象的回答中获得信息资料的一种方法，它是市场调查中最常用的方法之一。询问调查法在实际应用中，按传递询问内容的方式以及调查者与被调查者接触的方式不同，可分为访问调查、问卷调查、座谈会、个别深访等。

访问调查是通过指派调查员对被调查者询问、采访，提出所要了解的问题，借以获取资料。

访问调查的优点主要有：第一，访问程序是标准化和具体的。第二，访问具有较好的灵活性。由于调查者和被调查者双方面对面交流，交谈主题可以突破时间限制，同时对于一些新发现的问题，尤其是那些争议较大的问题，调查者可以采取灵活委婉的方式，迂回提问，逐层深入。第三，可以在访问过程中使用图解材料，直观明了。第四，调查资料的质量较好。在访问过程中由于调查者在场，既可以对访问的环境和被调查者的表情、态度进行观察，又可以对被调查者回答问题的质量加以控制，从而使得调查资料的准确性和真实性大大提高。

访问调查的缺点主要有：第一，每次访谈的成本是所有调查法中最高的，其成本主要包括调查者的培训费、交通费、工资以及问卷及调查提纲的制作费等；第二，对调查者的要求较高，调查结果的质量很大程度上取决于调查者本人的访问技巧和应变能力；第三，匿名性差，因而对一些敏感性问题，往往难以用个人访问收集资料；第四，访问调查周期较长，因而在大规模市场调查中，这种收集方式较少见；第五，拒访率较高，

为 5%～30%。

问卷调查是假定研究者已经确定所问的问题，以问卷（questionnaire）形式提问，编制成书面的问题表格，交由调查对象填写，然后收回整理分析，从而得出结论。问卷调查的运用关键在于编制问卷，选择被试对象和结果分析。问卷调查是社会调查常用的一种数据收集手段，当一个研究者想通过社会调查来研究一个现象时（比如什么因素影响顾客满意度），他可以用问卷调查收集数据。注意，在面对面调查时，调查者的选择也很重要。

问卷调查根据载体的不同可分为纸质问卷调查和网络问卷调查。纸质问卷调查是传统的问卷调查，调查公司通过雇佣工人来分发这些纸质问卷，并回收答卷。这种形式的问卷存在一些缺点，分析与统计结果比较麻烦，成本比较高。网络问卷调查是用户依靠一些在线调查问卷网站，这些网站提供设计问卷、发放问卷、分析结果等一系列服务。这种方式的优点是无地域限制，成本相对低廉，其缺点是答卷质量无法保证。目前，国外的调查网站有 SurveyMonkey 等，国内的有问卷网、问卷星、调查派等。电话调查指调查者按照统一问卷，通过电话向被访者提问，笔录答案。电话调查速度快，范围广，费用低，回答率高，误差小；在电话中回答问题一般较坦率，适用于不习惯面谈的人，但电话调查时间短，答案简单，难以深入，受电话设备的限制。注意，电话调查的问题数量不宜过多。当然，为了给被调查者一定激励，在问卷调查完成后可以赠送一些小礼物或发放一定数额的红包。另外，随着生活节奏的加快，被调查人对无关利益的调查越来越不耐烦，这也是调查工作面临的一个新问题。

（3）座谈会，是由训练有素的主持人以非结构化的自然方式对一小群调查对象进行的访谈。主持人引导讨论，主要目的是从适当的目标市场中抽取一群人，通过听取他们谈论研究人员所感兴趣的话题来得到观点。这一方法的价值在于自由的小组讨论经常可以得到意想不到的发现，是最重要的定性研究方法。这种方法很常用，国内著名的定性研究机构包括思纬市场研究、新力市场研究等。

主持人是小组座谈会的核心，至关重要。一个优秀的主持人可以点石为金，一个素质不够的主持人会把座谈会变成聊天会。小组座谈会主持人须具备以下三种基本能力：

第一，互动亲和能力。在小组座谈会中，一群完全陌生的人集中到一起，要畅所欲言，这是相当有难度的。首先要建立大家之间的信任感，特别是要建立主持人与参会人员之间的信任感。这要求主持人要有热情，要让大家感到信赖和亲切。具有了合作意向，才能使大家结合在一起共同合作，才能更好地达成会议目标。

第二，会议过程控制能力。首先是语速控制，不快不慢，既不让大家感到压抑，又不让大家听不清楚。其次要能够控制与会人员的谈话脉络，保证会议按照既定主题发展。有人跑题或拖堂时，主持人不要突兀地打断，而要顺着发言者的意思自然轻松地牵到下一个主题。再次是时间进度管理：会前要有提纲准备，将会议主题划分为几个相关步骤，有一条时间线，在规定时间内完成既定访谈任务。如果时间控制出现了问题，应及时调整话题方向和过程，加快节奏，不能仓促结束；如果需要，可以适当延长访谈时间。

第三，提问和倾听能力。为使访谈成果不停留在表面，主持人要掌握基本的提问技巧，懂得借助专业知识和恰当的提问挖掘出问题的本质和核心；要能认真倾听发言者的真实意思表达，包括表面意思和隐性意思，在充分理解的基础上展开下一步的讨论；也要能识别小组成员的非语言行为，更好理解每个成员的真实意见和态度。

（4）深度访问是一种一次只有一名受访者参加的特殊定性研究。它是一种无结构的个人访问，调查人员运用大量的追问技巧，尽可能让受访者自由发挥，表达他的想法和感受。这一方法最适用于研究隐蔽的问题（如个人隐私问题）或敏感问题（如政治性问题）。对于一些不同人观点差异大的问题，也可采用深度访问法。

（5）文献调查法也是常用的一种统计方法，是通过第二手资料来收集信息、了解情况。文献是前人调查研究的成果，主要有：出版物（易受原文作者的影响）、政府和社会团体的档案、个人文献（如私人信件、日记、笔记、账目、契约、回忆录等）。

（6）凭证调查是以各种原始和核算凭证为调查资料来源，依照统一的表格形式和要求，按照隶属关系，逐级向有关部门提供资料的方法。

（7）网上调查法。网上调查始于 20 世纪 90 年代，起步虽晚，但发展迅速。有些调查只能借助网络进行，比如，2016 年 11 月 11 日，天猫单日成交额达 1207 亿元，创造了全球零售史上新纪录。网上调查法的优点是：组织简单，执行便利，辐射范围广；网上速度快，信息反馈及时；匿名性好；费用低，不受时间和空间的限制。网上调查的不足主要有：难进行定性调查；网络的安全性不容忽视，真实性受到质疑；网民的代表性存在问题；受访对象难以限制，针对性不强。

5. 根据调查工作时间周期的长短，分为经常性调查和一次性调查

（1）经常性调查是指结合日常登记和核实资料，通过定期报表而进行的一种经常的、连续不断的调查。这种调查不必专门组织调查机构，而是利用原有的机构和力量，通过层层上报和汇总资料取得全面资料。经常性调查在我国适用范围非常广，大至全国，各省市、地区，小至一个部门、一个行业、一个单位，凡有经常登记、记录的地方，都可以用经常性调查方式调查。调查的内容很丰富，如职工人数、工资总额、婚育状况，以至产品产量、原材料消耗、资金周转、能源消耗等，都可以用经常性调查方式取得资料。利用报表进行经常性调查的优点是便于积累资料，同时只需利用原有机构的人力、物力，节省了额外开支。但其也有局限性：一是统计报表只提供最基本的数字资料，反映社会经济生活的概貌，不能提供多样的实际情况；二是有时由于对调查项目的理解和要求不一致，被调查单位错误理解，而产生登记性错误；三是表格形式相对固定，较难适应新情况；四是需要有一支经过训练的基层统计工作人员队伍，才能保证经常调查的顺利进行。

（2）一次性调查是间隔一定时间而进行的调查，一般间隔时间相当长，如一年以上，它是对事物在一定时点上的状态进行的登记，如工业普查、设备普查等。一次性调查的主要目的在于获得事物在某一时间点上的水平、状态的资料。比如，人口普查、经济普查等。通常我国人口普查每 10 年进行一次，经济普查每 5 年进行一次。

综合分析方法指在广泛利用现有的统计资料的基础上，根据事物之间的内在联系和发展趋势，采取科学推算、科学测算和专家评估等形式，对统计数据的准确性进行分析研究和综合评价的一种统计方法。其实，统计学上一些方法相互交叉，没必要也不可能分得那么清楚。例如，连续调查与不连续调查类似于经常性调查与一次性调查、网上调查法与网络问卷调查等。我们没必要对这些概念分得那么清楚，而应以解决问题作为首要目标。

1.4　统计调查的组织方式

统计调查是取得社会经济数据的主要来源，也是获得直接数据的主要手段。实际中常用的统计调查方式主要有抽样调查和普查。

1.4.1　抽样调查

抽样调查（sampling survey）是根据随机原则从总体中抽取部分实际数据进行调查，并运用概率估计方法，根据样本数据推算总体相应的数量指标的一种统计分析方法。全面调查是对调查对象的所有单位一一进行调查的调查方式。各种普查和多数定期统计报表都属于全面调查。全面调查需要耗费较多的人力、物力、财力和时间，因此通常只用来反映最基本最重要的社会经济现象资料。由于抽样调查指从研究对象的总体中抽取一部分单位作为样本进行调查，据此推断有关总体的数字特征，所以它具有以下特点：

（1）经济性好。由于抽样调查的样本单位通常是总体单位中的很小一部分，调查的工作量小，因而可以节省人力、物力、财力和时间，调查费用低。

（2）时效性强。抽样调查可以迅速、及时地获得所需要的信息。由于工作量小，调查的准备时间、执行时间、数据处理时间大大缩减，从而提高了数据的时效性。与全面调查相比，抽样调查可以频繁地进行，随着事物的发展及时取得有关信息，以弥补普查等全面调查的不足。比如，在两次人口普查之间各年份的人口数据都是通过抽样调查得到的。

（3）适应面广。抽样调查可以调查全面调查能够调查的现象，也可以调查全面调查不能调查的现象，特别适合对一些特殊现象的调查，如产品质量检验、医药的临床试验等。

（4）准确性高。因为抽样调查工作量小，可以使得各个环节的工作更细致，误差往往也小。当然，用样本推断总体，不可避免地会有推断误差，但这种误差的大小是可以计算和控制的。

抽样调查的适用范围为：第一，不能进行全面调查的事物。有些事物在测量或试验时有破坏性，不可能进行全面调查，如楼房的抗震试验，灯泡的耐用时间试验，导弹的命中率等；第二，有些总体从理论上讲可以进行全面调查，但实际上不能进行全面调查的事物，如了解某个森林有多少棵树，职工家庭生活状况如何等；第三，抽样调查方法可以用于工业生产过程中的质量控制；第四，利用抽样推断的方法，可以对于某种总体的假设进行检验，来判断这种假设的真伪，以决定取舍。

抽样调查的方式很多，主要分为概率抽样和非概率抽样两大类。

1. 概率抽样

概率抽样（probability sampling）又称随机抽样，以概率理论和随机原则为依据来抽取样本，总体中的每个单位都有一个事先已知的非零概率选入样本。它具有以下几个特点：第一，抽样是按照一定的概率以随机原则抽取样本。所谓的随机原则，是在抽取样本时排除主观有意识地抽取调查单位，使得每一个样本都有一定的概率被抽中。注意"随机不等于随便"，随机有着严格的科学含义，可以用概率来描述，而随便有人为的主观因素。第二，每个抽样单位被抽中的概率是已知的，或者是可以计算出来的。第三，当用样本对总体目标进行估计时，要考虑到每个样本单位被抽中的概率。就是说，估计量不仅与样本单位的观测值有关，也与其入样概率有关。

注意，概率抽样不等于等概率抽样，概率抽样是指总体中的每个单位都有一定的非零概率被抽中，单位之间被抽中的概率可以相等，也可以不等。若为前者，称为等概率抽样；若是后者，称为不等概率抽样。进行概率抽样，需要抽样框，抽样框通常包括所有总体单位的信息，如企业名录（抽选企业）、学生名册（抽选学生）等。抽样框的作用不仅在于提供备选单位的名单以供抽选，还在于它是计算各个单位入样概率的依据。在调查实践中，常用的概率抽样有以下几种。

（1）简单随机抽样（simple random sampling）：又称等概率抽样，具体方法有直接抽选法、抽签法和随机数法。这是一种最简单的一步抽样法，它是从总体中选择出抽样单位，从总体中抽取的每个可能样本均有同等被抽中的概率，样本的每个单位完全独立，彼此间无关联性和排斥性。利用随机数法抽样时，处于抽样总体中的抽样单位被编排成 $1 \sim n$ 编码，然后利用随机数确定处于 $1 \sim n$ 之间的随机数，那些在总体中与随机数吻合的单位便成为随机抽样的样本。一个可行的操作是，以当前时间为种子，利用随机数函数直接抽样。这种抽样方法简单，误差分析较容易，但是需要样本容量较多，适用于各个体之间差异较小的情况。

（2）分层抽样（stratified sampling）：又称分类抽样，先将总体各单位按主要标志分成相对相似或相对齐次的个体组成的类，而后在各类中按随机的原则抽取若干样本单位，由各类的样本单位组成一个样本，是一种不等概率抽样。分层抽样利用辅助信息分层，各类内应该同质，各类间差异尽可能大。这样的分层抽样能够提高样本的代表性、总体估计值的精度和抽样方案的效率，抽样的操作、管理比较方便，但是抽样框较复杂，费用较高，误差分析也较为复杂。此法主要适用于母体复杂、个体之间差异较大、数量较多的情况。

（3）系统抽样（systematic sampling）：将总体中的所有单位按某一标志排队，然后按照事先规定好的规则确定其他样本单位。典型的系统抽样是等距抽样，又称机械抽样，它是将总体的全部单位按某一标志排队，而后按固定的顺序和相等间隔在总体中抽取若干样本单位，构成一个容量为 n 的样本。系统抽样的主要优点是简便易行，且当对总体结构有一定了解时，充分利用已有信息对总体单位进行排队后再抽样，则可提高抽样效率和估计的精度，在调查实践中有广泛的应用。系统抽样的缺点是对估计量方差的估计比较困难。

（4）整群抽样（cluster sampling）：将总体各单位划分为若干群，然后以群为单元，从总体中随机抽取一部分群，对被抽中的群内所有单位进行全面调查。整群抽样对总体划分群的基本要求是：第一，群与群之间不重叠，即总体中的任一单位只能属于某个群；第二，全部总体单位毫无遗漏，即总体中的任一单位必须属于某个群。整群抽样的主要应用就是所谓的区域抽样（area sampling），此时，群就是县、镇、乡村或者其他适当的关于人群的地理划分。在两级整群抽样中，先随机地从这些群中抽取几个群，然后再在抽取的群中对个体进行简单随机抽样。比如，在某县进行调查，首先在所有村子中选取若干村子，然后只对这些选中的村子的人进行全面或抽样调查。显然，如果各村情况差异不大，这种抽样还是比较方便的，否则就会增大误差。

（5）多阶段抽样（multistage sampling）：当总体很大时，可把抽样过程分成几个过渡阶段，最后才具体抽到样本单位。具体方法是：先抽取若干群，再在其中抽取若干子群，甚至再在子群中抽取子群，等等，最后只对最后选定的最下面一级进行调查。比如在全国调查时，先抽取省，再抽取市，再抽取县区，再抽取乡、村直到户，在多阶段抽样中的每一阶段都可能采取各种抽样方法，因此，整个抽样计划可能比较复杂，也称为多阶段混合型抽样。多阶段抽样的样本分布集中，能够节省时间和经费。调查的组织复杂，总体估计值的计算复杂。

概率抽样的基本原则是：样本量越大，抽样误差就越小，而样本量越大，则成本就越高。根据数理统计规律，样本量增加呈直线递增的情况下（样本量增加一倍，成本也增加一倍），而抽样误差只是样本量相对增长速度的平方根递减。因此，样本量的设计并不是越大越好，通常会受到经济条件的制约。

2. 非概率抽样

非概率抽样（nonprobability sampling）是调查者根据自己的方便或主观判断抽取样本的方法。它不是严格按随机抽样原则来抽取样本，所以失去了大数定律的存在基础，也就无法确定抽样误差，无法正确地说明样本的统计值在多大程度上适合于总体。虽然根据样本调查的结果也可在一定程度上说明总体的性质、特征，但不能从数量上推断总体。非概率抽样的方式有许多种，可归纳为以下几个类型。

（1）目的抽样（purposive sampling）：由研究人员主观地选择对象。比如在民意调查中，在该城市的开发区、中心区及老城区的街道中各取一个样本，样本的多少依赖于预先就有的知识。

（2）方便抽样（convenience sampling）：调查人员本着方便原则去选择样本的抽样方式，常被用于探索性研究、初期评估，研究人员以较少的花费得到对客观情况的近似。最常见的方便抽样是偶遇抽样，即研究者将在某一时间和环境中所遇到的每一总体单位均作为样本成员。"街头拦人法"就是一种偶遇抽样。某些调查对被调查者来说是不愉快的、麻烦的，这时，为方便起见，采用以自愿被调查者为调查样本的方法，即自愿抽样。方便抽样是非随机抽样中最简单的方法，省时省钱，但样本代表性因受偶然因素的影响太大而得不到保证。一般在调查总体中每一个体都是同质时才能采用此类方法。

（3）判断抽样（judgment sampling）：研究人员根据主观经验从总体样本中选择那些被判断为最能代表总体的单位作样本的抽样方法。例如，要对北京市旅游市场状况进行调查，有关部门选择八达岭长城、故宫等旅游风景区作为样本调查，这就是判断抽样。实施时，根据目的不同，判断抽样可分为重点抽样和典型抽样，与之对应的调查方法是重点调查和典型调查。

重点调查是一种专门组织的选中的重点单位进行的非全面调查方式，它是对所要调查的全部单位选择一部分重点单位进行调查，其中重点单位是指在调查的数量特征上占有较大比重的单位。重点调查的关键是选择好重点单位，所谓重点单位是从标志量的方面而言的，尽管这些单位在全部单位中只是一部分，但这些单位的某一主要标志量占总体单位标志总量的绝大比重。对这些单位进行调查，可以了解调查对象的基本情况。例如，要了解全国钢铁企业的生产状况，可以选择产量较大的几个企业，如鞍本钢、首钢、宝武钢铁、河北钢铁、山东钢铁等，作为重点单位进行调查，以便对钢铁产量有一个大致的了解。在重点调查中，重点单位的选择着眼于标志量的比重。重点调查可以定期进行，也可以不定期进行，重点调查实际上是范围比较小的全面调查。

典型调查是根据调查的任务和要求，在对被研究总体作全面分析后，有意识地从中选择若干具有代表性的单位进行调查的一种非全面调查方式，借以认识事物发展变化的规律。例如，选取部分企业进行调查，以了解企业股份制改革后的成果及问题。要研究工业企业的经济效益问题，可以在同行业中选择一个或几个经济效益突出的单位作为典型，做细致深入的调查，从中找出经济效益好的原因和经验。典型调查的特点为：一是深入细致的调查，既可以搜集数字资料，又可以搜集不能用数字反映的实际情况；二是调查单位是有意识地选择出来的若干有代表性的单位，它更多地取决于调查者的主观判断和决策。

典型调查和重点调查相比，前者调查单位的选择取决于调查者的主观判断，后者调查单位的选择具有客观性。

（1）自愿抽样（self-selection sampling）：被调查者自愿参加，成为样本中的一分子，向调查人员提供信息。例如，参与报刊上和互联网上刊登的调查问卷活动，向某类节目拨打热线电话等，都是自愿抽样。自愿抽样与随机性无关，样本的组成往往集中在某一特定的人群，尤其集中在对该调查活动感兴趣的人群，因此样本是有偏的，我们不能依据样本信息对总体进行估计。

（2）滚雪球抽样（snowball sampling）：先随机选择一些被访者并对其实施访问，再请他们提供另外一些属于所研究目标总体的调查对象，根据所形成的线索选择此后的调查对象。例如，要研究退休老人的生活，可以清晨到公园去结识几位散步老人，再通过他们结识其朋友，不用很久，你就可以交上一大批老年朋友。但是这种方法偏误（总体平均值和样本平均值之间的数差）很大，那些不好活动、不爱去公园、不爱和别人交往、喜欢一个人在家里活动的老人，你就很难"滚雪球"，而他们代表着另外一种退休生活方式。这虽然减少了花费，但可能产生较大的偏差。

（3）配额抽样（quota sampling）：配额抽样类似概率抽样中的分层抽样，它首先将调查总体中的样本按一定标志分类或分层，确定各类（层）单位的样本数额，在配额内采用方便抽样或判断抽样方式选择样本。它与分层抽样的区别：分层抽样是按随机原则在层内抽选样本，而配额抽样则是由调查人员在配额内主观判断选定样本。

实际上的抽样通常可能是各种抽样方法的组合，既要考虑精确度，又要根据客观情况考虑方便性、可行性和经济性，不能一概而论。

1.4.2　普查

普查是为了某种特定的目的而专门组织的一次性的全面调查。普查一般是调查属于一定时点上的社会经济现象的总量，但也可以调查某些时期现象的总量，乃至调查一些并非总量的指标。普查涉及面广，指标多，工作量大，时间性强。为了取得准确的统计资料，普查对集中领导和统一行动的要求最高。普查作为一种特殊的数据搜集方式，具有以下几个特点：

（1）普查通常是一次性的或周期性的：由于普查涉及面广、调查单位多，需要耗费大量的人力、物力和财力，通常需要间隔较长的时间，一般每隔几年进行一次。如目前我国的人口普查从 1953 年至 2020 年共进行了七次。今后，我国的普查将更加规范化、制度化。例如，人口普查逢"0"的年份进行，每 10 年进行一次；经济普查逢"3""8"年进行，每 5 年进行一次；农业普查逢"6"年进行，每 10 年进行一次。

（2）规定统一的标准时点：标准时点是指对被调查对象登记时所依据的统一时点，一般定为调查对象比较集中、相对变动较小的时间上。调查资料必须反映调查对象在这一时点上的状况，以避免调查时因情况变动而产生重复登记或遗漏的现象。例如，我国人口普查的标准时点为普查年的 11 月 1 日 0 时，就是要反映这一时点上我国人口的实际状况；农业普查的标准时点定为普查年份的 1 月 1 日 0 时。

（3）规定统一的普查期限：在普查范围内各调查单位或调查点尽可能同时进行登记，并在最短的期限内完成，以便在方法和步调上保持一致，保证资料的准确性和时效性。

（4）规定普查的项目和指标：普查时必须按照统一规定的项目和指标进行登记，不准任意改变或增减，以免影响汇总和综合，降低资料质量。同一种普查，每次调查的项目和指标应力求一致，以便于进行历次调查资料的对比分析和观察社会经济现象发展变化情况。

（5）普查的数据一般比较准确，规范化程度也较高，因此它可以为抽样调查或其他调查提供基本依据。

（6）普查的使用范围比较窄，只能调查一些最基本及特定的现象。

下面重点谈一谈人口普查。人口普查是指在国家统一规定的时间内，按照统一的方法、统一的项目、统一的调查表和统一的标准时点，对全国人口普遍地、逐户逐人地进行的一次性调查登记。人口普查工作包括对人口普查资料的搜集、数据汇总、资料评价、分析研究、编辑出版等全部过程，它是当今世界各国广泛采用的搜集人口资料的一种最基本的科学方法，是提供全国基本人口数据的主要来源。人口普查的重要性主要体现在以下三个方面：

（1）为政府服务。第一，政府是人口普查最大的用户，美国人口普查的产生是因为政府要进行管理，或者要进行选举。我国第一次人口普查也是为了这个目的而进行的。第二，政府需要根据人口普查的数据确定行政区划，包括现在城乡划分，都要通过人口普查的数据来科学地予以确定和划分。第三，国家社会经济发展的中长期规划需要人口普查数据。比如我们的"十二五"规划，在20个规划目标里，与人口有直接联系的目标占了1/3以上。还有一些特殊的政策，比如国家关于教育、卫生、三农工作等的政策，都要以人口信息为依据。

（2）为科学研究服务。第一，普查可以为研究人口的一些社会经济问题提供丰富的资料。人口普查的数据汇总向社会公开发布，为社会各界，特别是为政府、科研机构开展社会问题研究，制定政策提供了直接的服务。

（3）为工商企业界服务。社会各界对这一点的理解越来越深刻了，比如企业要建厂、开商店，或者是销售一些特定的消费品，必须有一个目标人群。只有知道目标人群在哪里，才能更好地规划在哪里建厂、开店，在哪里销售他的产品。所以工商界对人口普查数据的需要，也是非常大的。又如金融保险行业非常看重通过人口普查数据计算人的期望平均寿命，进而确定各项商业人寿保险的保金。随着社会的不断发展，社会各阶层对人口普查的需求会越来越高、越来越多，人口状况与社会发展的联系也越来越紧密，如果这方面的信息掌握不准的话，影响是很大的。

总之，普查既是一项技术性很强的专业工作，又是一项广泛性的群众工作。我国历次人口普查都认真贯彻群众路线，做好宣传和教育工作，得到群众的理解和配合，因而取得令世人瞩目的成果。

1.4.3　调查方案的设计

调查方案是统计调查前所制订的实施计划，是全部调查过程的指导性文件，它是调查工作有计划、有组织、有系统进行的保证。调查方案设计的好坏直接影响到调查数据的质量。不同的调查方案在内容和形式上会有一定的差别，但大体上都包含以调查目的、调查对象、调查单位、调查项目等。设计调查方案一般可采用如下步骤：

1. 确定调查目的

在调查方案中首先应明确本次调查的目的、任务和意义。调查目的是调查所要达到的具体目标，它所回答的是"为什么调查"、要解决什么样的问题、调查具有什么社会经济意义。调查目的要符合客观实际，是任何一套方案首先要明确的问题，是行动的指南，书写时应简明扼要。

例如，中国第七次全国人口普查的目的是：人口普查是中国特色社会主义进入新时代开展的重大国情国力调查（为什么调查），将全面查清我国人口数量、结构、分布、城乡住房等方面情况（要解决什么样的问题），为完善人口发展战略和政策体系，促进人口长期均衡发展，科学制定国民经济和社会发展规划，推动经济高质量发展，开启全面建设社会主义现代化国家新征程，向第二个百年奋斗目标进军，提供科学准确的统计信息支持（社会意义）。

2. 确定调查对象和调查单位

调查对象是指依据调查的任务和目的，确定本次调查的范围及需要调查的那些现象的总体。调查单位是指所要调查的现象总体所组成的个体，也就是调查对象中所要调查的具体单位，即在调查中要进行调查研究的一个个具体的承担者。调查对象和调查单位所解决的是"向谁调查"，由谁来提供所需数据的问题。例如，第七次人口普查对象是普查标准时点在中华人民共和国境内的自然人（含港澳台居民和外籍人员）以及在中华人民共和国境外但未定居的中国公民，不包括在中华人民共和国境内短期停留的境外人员。人口普查的调查单位就是每一个人。

在实际调查中，调查的单位可以是调查对象的全部单位，这时调查对象的每个单位都是调查单位，二者是一致的，如普查；也可以是调查对象的部分单位，这时调查单位只是调查对象的一部分，二者不一样，如抽样调查。

在市场研究和调查中，基本上都是采用抽样调查方式，调查对象是我们确定抽样框的基本依据，在确定抽样框后，从中选取的每一个样本单位就是调查单位。

3. 确定调查项目

确定调查项目要回答的是"调查什么"的问题，调查项目指对调查单位所要登记的内容，即调查的具体内容，它可以是调查单位的数量特征，例如一个人的年龄、收入；也可以是调查单位的某种属性或品质特征，如一个人的性别、职业、家乡等。确定调查项目要注意以下三个问题：调查项目的含义必须要明确，不能含糊不清；设计调查项目时，既要考虑调查任务的需要，又要考虑是否能够取得答案，必要的内容不能遗漏，不必要的或不可能得到的资料不要列入调查项目中；调查项目应尽可能做到项目之间相互关联，使取得资料相互对照，以便了解现象发生变化的原因、条件和后果，便于检查答案的准确性。

4. 设计调查问卷

调查问卷又称调查表或询问表，是以问题的形式系统地记载调查内容的一种印件，即将调查项目按一定的顺序所排列的一种表格形式，一般由表头、表体和表外附加三部分组成。表头是调查表的名称，用来说明调查的内容，被调查者的单位名称、性质、隶属关系等；表体是条查表的主要部分，内容包括调查的具体项目；表外附加通常由填表人签名、填报日期、填表说明等内容组成。调查表一般有两种形式：一览表是把许多单位的项目放在一个表格中，它适用于调查项目不多时；单一表是在一个表格中只登记一个单位的内容。

在市场研究和调查中，调查项目和调查表通常表现为一张调查问卷。调查问卷的设计是市场调查方案设计的核心内容。

5. 选择调查方式和方法

调查的方式有普查、重点调查、典型调查、抽样调查、统计报表制度等。具体收集统计资料的调查方法主要有三种：访问法是根据被询问者的答复来搜集资料的方法，主要包括口头询问法、开调查会、被调查者自填法；观察法是由调查人员亲自到现场对调查对象进行观察和计量以取得资料的一种调查方法；报告法是报告单位以各种原始记录和核算资料为依据，向有关单位提供统计资料的方法，如统计报表。

6. 确定调查地点、调查时间和调查期限

调查地点是指确定登记资料的地点。调查地点有时与调查单位的所在不一定一致。由于客观事物是复杂的，有些事物是经常变动的（例如，许多人口是流动的），设计这些现象的调查方案时，应对登记调查单位的所在地点予以明确规定，以免调查资料出现遗漏和重复。

调查时间是指调查资料所属的时间，也称调查标准时间。如果所要调查的是时期现象，就要明确规定登记从何时起到何时止的资料，若调查的是时点现象，要明确规定统一的标准调查时点。比如，第六次全国人口普查登记的标准时间（亦即调查时间）是 2010 年 11 月 1 日 0 时，即调查资料（人口数目、性别比例、人口分布、年龄结构…）均反映我国人口在 2010 年 11 月 1 日 0 时的状况。

注意，调查时间不同于调查期限。调查期限指调查工作应当完成的时间期限。比如全国第六次人口普查规定："普查员入户登记的时间是 11 月 1 日至 10 日。"这是调查期限，应该在这 10 天里完成。在某些专项调查中，它包括从调查方案设计到提交调查报告的整个工作时间。为了提高统计资料的时效性，在可能的情况下，调查期限尽可能缩短。规定调查期限的目的是使调查工作能及时开展、按时完成。

7. 制订调查的组织和实施计划

为了保证整个统计调查工作顺利进行，还应该有一个考虑周密的组织实施计划，其主要内容应包括：调查工作的领导机构和办事机构；调查人员的组织；调查资料报送方

法；调查前的准备工作，包括宣传教育、干部培训、调查文件的准备，调查经费的预算和开支办法；调查方案的传达布置、试点及其他工作等。

调查方案指导整个调查过程的纲领性文献，只有方案合理、有序，才能在调查时，一帆风顺，按时、保质地完成任务。

1.5　统计计算工具

随着计算机的发展，现在很多软件都可以帮助我们进行统计计算，它们各有其优缺点，读者可根据实际情况选择一个适合自己的软件，通常需要在不同场合采用不同的统计软件，故建议读者应至少掌握两个统计软件，但万变不离其宗，故掌握基本的概率统计理论才是关键。本节简要介绍常用统计软件，重点介绍 SPSS 软件，SPSS 也是本书主要采用的统计软件。

1.5.1　统计软件简介

1. Excel

普遍地，人们大都熟悉 Windows 的三大办公软件：Word、Excel 和 PowerPoint。随着信息时代的来临，三大办公软件的使用熟练与否已经成为衡量一个人是否有能力的标准，其中，Excel 扮演着数据处理、表格制作和统计分析的独特角色。Microsoft Excel 是微软公司的办公软件 Microsoft Office 的组件之一，是一个电子表格，主要以电子表格的形式对数据进行计算、分析和管理，帮助用户从基本数据中提出更有说服力的结论，广泛地应用于管理、统计财经、金融等众多领域。除了数据管理和数据分析的出色功能外，Excel 还可以帮助用户创建图表，从不同角度更直观地表现数据。严格来说，Excel 并不是统计软件，但作为数据表格软件，必然有一定的统计计算功能，但要注意，有时在安装 Office 时没有加载"数据分析"的功能，必须加载后才能使用。无论在科学研究、医疗教育还是家庭活动中，Excel 都能满足大多数人的需要，因此作为当代大学生一定要学会 Excel 应用。

WPS Office 是由我国金山软件股份有限公司自主研发的一款办公软件套装，可以实现办公软件最常用的文字、表格、演示等多种功能。具有内存占用低、运行速度快、体积小巧、强大插件平台支持、免费提供海量在线存储空间及文档模板。支持阅读和输出 PDF 文件、全面兼容微软 Office 格式等独特优势，覆盖 Windows、Linux、Android、iOS 等多个平台。WPS Office 个人版对个人用户永久免费，包含 WPS 文字、WPS 表格、WPS 演示三大功能模块，鼓励大家使用国产 WPS Office!

2. MATLAB

MATLAB（Matrix Laboratory）是美国 Math Works 公司出品的商业数学软件，用于

算法开发、数据可视化、数据分析以及数值计算的高级技术计算语言和交互式环境，主要包括 MATLAB 和仿真工具 Simulink 两大部分。随着计算机的广泛发展，很多重复烦琐的计算可以通过 MATLAB 来完成，但需要计算机编程。目前 MATLAB 已经成为国际、国内最流行的数学软件，也是理工科研究人员应该掌握的技术工具，现在高校的很多专业都将 MATLAB 设为必修或选修，因此建议理工科大学生应熟练掌握它。在 MATLAB 中，提供了专用工具箱 Statistics，该工具箱有几百个专门求解概率统计问题的功能函数，使用它们可以很方便地解决实际问题。MATLAB 适用统计研究工作，可以根据自己的需要任意修改程序。因此，MATLAB 是统计研究工作者的常用软件之一。

3. R 软件

R 语言在统计、人工智能等领域中广泛使用，诞生于 1980 年左右，是 S 语言的一个分支。S 语言是由 AT&T 贝尔实验室开发的一种用来进行数据探索、统计分析、作图的解释型语言，最初 S 语言的实现版本主要是 S-PLUS。R 语言有一个强大的、容易学习的语法，有许多内在的统计函数，用户也可以自己编程进行延伸和扩充，实际上，它就是这样成长起来的。R 是一套由数据操作、计算和图形展示功能整合而成的套件，包括：

（1）有效的数据存储和处理功能；

（2）一套完整的数组（特别是矩阵）计算操作符；

（3）拥有完整体系的数据分析工具，统计分析结果可直接显示出来，一些中间结果（如 p 值、回归系数、残差等）既可保存到专门的文件中，也可直接用作进一步分析；

（4）为数据分析和显示提供的强大图形功能；

（5）一套（源自 S 语言）完善、简单、有效的编程语言（包括条件、循环、自定义函数、输入输出功能）。

R 有 UNIX、LINUX、Mac OS 和 WINDOWS 版本，都可以免费下载和使用，它很适合被用于发展中的新方法所进行的交互式数据分析，适合创造符合需要的新的统计计算方法，且这些最新方法的程序包代码是公开的。而一般的商业软件远没有如此多的资源，也不会更新的如此之快，且商业软件的代码都是保密的。这使得 R 的使用很广，尤其在发达国家，不能想象一个统计专业学生不会使用 R 软件。现在，很多学校都开设了 R 软件课程，R 软件成为世界统计学家的首选教学和研究软件，主要适用统计研究工作与专业数据分析人员。

不过，由于 R 是一个动态的环境，所以新发布的版本并不总是与之前发布的版本完全兼容。客观来说，版本更新太快且与之前版本不完全兼容是 R 语言的一大缺点，这在某种程度了也阻碍了它的发展。尽管 R 试图成为一种真正的编程语言，但是大家不要认为一个由 R 编写的程序可以一直适用。

4. Eviews

Eviews（Econometrics Views），直译为计量经济学观察，通常称为计量经济学软件包，它的本意是对社会经济关系和经济活动的数量规律，采用计量经济学方法和技术进行观察。Eviews 的应用范围包括：科学实验数据分析与评估、金融分析、宏观经济预测、仿真、销售预测和成本分析等，它处理的基本数据对象是时间序列，每个序列有一个名称，只要提及序列的名称就可以对序列中所有的观察值进行操作。Eviews 具有现代 Windows 软件可视化操作的优良性，可以使用鼠标对标准的 Windows 菜单和对话框进行操作，操作结果出现在窗口中并能采用标准的 Windows 技术对操作结果进行处理，非常适合非统计专业人士。

5. SAS

SAS 英文全称为 Statistical Analysis System，可用来分析数据和编写报告，是由美国北卡罗来纳州立大学的两位生物统计学研究生于 1966 年开发的统计分析软件。1972 年研制出 SAS 第一版，1976 年 SAS 软件研究所成立，开始进行 SAS 系统的维护、开发、销售和培训工作。在众多的统计软件中，SAS 以运行稳定、功能强大而著称，一直占据着统计软件的高端市场，用户遍及金融、医药卫生、生产、运输、通信、政府和教育科研等领域。在数据处理和统计分析领域，SAS 系统被誉为国际上的标准软件，堪称统计软件界的巨无霸。在 SAS 系统中有一个专门的模块：SAS/ETS（Econometric Time series），用来进行计量经济和时间序列分析，编程语言简洁，功能强大，分析结果精确。另外，SAS 系统具有全球一流数据仓库功能，对海量数据分析具有独特优势。在国际学术界有条不成文的规定，凡是用 SAS 统计分析的结果，在国际学术交流中可以不必说明算法，由此可见其权威性和信誉度。

6. BMDP

世界级统计软件 BMDP（Bio Medical Data Processing）是一个大型综合的数据统计集成系统，从简单的描述统计到复杂数据分析都能应对自如，它为常规统计分析提供了大量函数，比如假设检验、方差分析、回归分析、非参数分析、时间序列等，尤其擅长生存分析。每一个 BMDP 程序的执行算法都经历了严酷的专业测试才被予以应用，非常具有权威性。

BMDP 诞生于 1961 年，由加州大学洛杉矶分校从一个名为 BIMED 的生物医学应用软件修改而来，它起初是免费使用的，主要应用于生化、医药、农业等领域。许多世界顶级的统计学家都曾参与过 BMDP 的开发工作，这保障了 BMDP 的权威性，也使得它能够提供质量极高的统计分析服务。自 1968 年开始，它由 BMDP 公司发行，是最早的综合专业统计分析软件，方法全面、灵活，早期还曾具有一些特色分析方法，国内外影响很大。20 世纪 90 年代以后，BMDP 发展路途不畅，版本更新缓慢，但是，它终归是一方霸主，在国外仍然影响巨大，国外许多大学都开设 BMDP 软件的教学内容，统计学网站也对其关照有加，大型学术研究机构的服务器上也通常安装着 BMDP for Unix 软件供终端用户使用。最后，BMDP 被 SPSS 公司并购，但是 SPSS 公司在收购之初对 BMDP 统计软件开发与推广积极性不高，这可能是为了推广自己的核心产品 SPSS，如今，也许要与 SAS 竞争专业统计领域的市场份额，BMDP 的停滞状况才有所改变。

SPSS 和 SAS、BMDP 并称为国际上最有影响的三大统计软件。在国际学术界有条不成文的规定，即在国际学术交流中，凡是用 SPSS 软件完成的计算和统计分析，可以不必说明算法，由此可见其影响之大和信誉之高。SPSS 操作容易，输出漂亮，功能齐全，价格合理，对于非专业的统计工作者而言，它是一个很好的选择，已经在我国的社会科学、自然科学的各个领域发挥了巨大作用。针对非专业人士，作者建议采用通用软件——SPSS。根据本书读者对象，统计计算工具主要采用 SPSS 软件，具体操作细节会在后面章节中详细讲解。

1.5.2 SPSS 软件

1. SPSS 简介

SPSS 软件最初全称为"社会科学统计软件包"（Solutions Statistical Package for the Social Sciences），随着产品服务领域的扩大和服务深度的增加，SPSS 公司将英文全称更改为"统计产品与服务解决方案"（Statistical Product and Service Solutions）。SPSS 是一系列用于统计学分析运算、数据挖掘、预测分析和决策支持任务的软件产品及相关服务的总称，有 Windows 和 Mac OS X 等版本。

1968 年，SPSS 由美国斯坦福大学的三位研究生研发成功，同时成立 SPSS 公司。2009 年 7 月 28 日，IBM 公司宣布将用 12 亿美元现金收购统计分析软件提供商 SPSS 公司，并更名为 IBM SPSS Statistics。

SPSS 是世界上最早采用图形菜单驱动界面的统计软件，它最突出的特点是操作界面极为友好，输出结果美观漂亮。它将几乎所有的功能都以统一、规范的界面展现出来，使用 Windows 的窗口方式展示各种管理和分析数据方法的功能，对话框展示出各种功能选择项。用户只要掌握一定的 Windows 操作技能，粗通统计分析原理，就可以使用该软件为特定的科研工作服务。SPSS 数据接口较为通用，能方便地从其他数据库中读入数据。

SPSS 的基本功能包括数据管理、统计分析、图表分析、输出管理等。SPSS 统计分析过程包括描述性统计、均值比较、一般线性模型、相关分析、回归分析、对数线性模型、聚类分析、数据简化、生存分析、时间序列分析、多重响应等几大类，每类中又细分多个统计过程，比如回归分析中又分线性回归分析、曲线估计、Logistic 回归、Probit 回归、加权估计、两阶段最小二乘法、非线性回归等多个统计过程，而且每个过程中允许用户选择不同的方法及参数。

2. SPSS 操作界面

SPSS 版本很多，界面和操作方式也有细微差别，但其基本功能和基本操作不变。本书主要侧重 SPSS 操作的核心部分，即各个 SPSS 版本都基本相同的部分，对各版本的差异读者可自己摸索。

双击 SPSS 快捷图标或 SPSS 数据集即启动 SPSS，操作界面如图 1.5.1 所示。

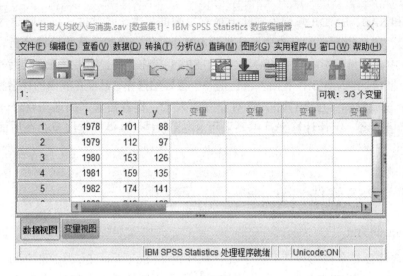

图 1.5.1　SPSS 操作界面

显然，SPSS 用户界面与 Excel 软件类似，由一些菜单和快捷键组成，它们的详细功能请读者在实践中慢慢体会，我们也会在讲解相应统计理论后给出具体操作过程以供读者参考。在掌握统计基本理论后，学习 SPSS 的操作很容易，只需要按照说明一步步设置、单击即可，但要成长为 SPSS 高手则需要用心积累经验，多尝试，多请教专家、查询等。

习　题

1. 借助搜索引擎和亲身经历，举例说明统计在日常生活中的用处。依据自身情况，你会选择使用什么统计软件？

2. 什么是统计学？怎样理解统计学与统计数据之间的关系？

3. 描述统计、概率论、数理统计的关系是什么？

4. 数据的计量尺度分为哪几种？不同计量尺度有什么优缺点？

5. 统计数据分为哪几类？不同类型的数据各有什么特点？

6. 变量可以分为哪几类？举例说明离散变量和连续变量。

7. 某研究部门准备抽取 2 000 个职工家庭推断该城市所有职工家庭的年人均收入。要求：

（1）描述总体和样本。（2）指出参数和统计量。

8. 为了解北京市某大学统计专业本科毕业生的就业情况，我们调查了某大学 40 名 2010 年毕业的统计专业本科生实习期后的月薪情况。

（1）什么是总体？（2）什么是样本？（3）样本量是多少？

9. 一项研究表明，消费者每月在网上购物的平均花费为 300 元，他们选择网上购物的主要原因是"价格便宜"。回答以下问题：

（1）这一研究的总体是什么？涉及的是截面数据还是时间序列数据？

（2）"消费者在网上购物的原因"是分类变量、顺序变量还是数值型变量？

（3）研究者所关心的参数是什么？

（4）"消费者每月在网上购物的平均花费为300元"是参数还是统计量？

（5）研究者所使用的主要是描述统计方法还是推断统计方法？

10. 什么是二手资料？使用二手资料应该注意什么？

11. 比较概率抽样和非概率抽样的特点。举例说明什么情况下适合采用概率抽样，什么情况下适合采用非概率抽样。

12. 你认为应当如何控制调查中的回答误差？怎么减少无回答误差？请举例。

13. 某家用电器生产厂家想通过市场调查了解以下问题：企业产品的知名度；产品的市场占有率；用户对产品质量的评价及满意程度。

（1）你认为这项调查采取哪种调查方式比较合适？

（2）查询相关资料设计出一份调查问卷。

第 2 章 数据的整理与显示

通过各种渠道得到统计数据之后，首先要对这些数据进行加工整理，使之系统化、条理化，从而符合分析的需要，同时利用图形直观地展现出来，便于分析和决策。

数据的预处理

需要对待分析的数据进行必要的处理称为数据的预处理，这是数据分析过程中不可缺少的一个关键环节。其内容包括数据的审核、筛选与排序等。

2.1.1　数据审核

数据审核就是检查数据中是否有错误。对于通过直接调查取得的原始数据，应主要从完整性和准确性两方面去审核，它可以在整个数据文件范围内或数据文件范本内调查，也可以调查终端用户对数据质量的看法。完整性审核主要是检查数据是否有遗漏，所有调查项目或指标是否填写齐全等。准确性审核主要检查数据是否真实地反映了客观实际情况，数据是否有错误，是否存在缺失值和异常值等。

对于通过其他渠道得到的二手数据，应审核数据的适用性和时效性。二手数据来自多种渠道，有些数据是为了特定目而通过专门调查而取得的，或者按特定目的做了加工和处理，因此作为使用者来说，应该能清楚数据的来源、口径以及有关背景材料。此外，还要对数据的时效性进行审核，有些时效性较强的问题，如果所取得的数据过于滞后，就失去了研究的意义。数据经过审核后，确认适合实际需要，才有必要做进一步的加工整理。

2.1.2　数据的筛选与排序

1. 数据的筛选

数据筛选是根据需要找出符合特定条件的某类数据。从实际问题、算法或效率等方面考虑，并非收集到的所有数据在某项分析中都有用途，有必要按照一定的规则从大量数据中选取样本数据参与分析。比如，找出基本工资在 9 000 元以上的职工；找出相同学历的教师，等等。

2. 数据的排序

数据排序是指按一定顺序对数据进行排列，以便研究者通过浏览数据发现一些明显的特征或趋势，找到解决问题的线索。

数据排序在数据分析中有很重要的作用：

（1）数据排序有助于数据浏览，以便了解数据的取值情况、缺失值数量的多少等。

（2）通过数据排序能快速找到数据的最大值和最小值，进而计算出数据的全距，初步把握和比较数据的离散程度。

（3）通过数据排序能够快速发现数据中的可能异常值，为进一步明确它们是否对分析产生重要影响提供帮助。

SPSS的数据排序是将数据编辑器窗口中的数据按照某个或多个指定变量的变量值升序或降序重新排列。这里的变量也称排序变量。排序变量只有一个的排序称为单值排序；排序变量有多个的排序称为多重排序。多重排序中，第一个指定的排序变量称为主排序变量，其他依次指定的变量分别称为第二排序变量、第三排序变量等。多重排序时，数据首先按主排序变量值的大小次序排列，然后对那些具有相同主排序变量值的数据，再按照第二排序变量值的次序排序，依次进行下去。

下面我们给出一个例子，说明SPSS进行数据输入、筛选和排序的过程。

例2.1.1 表2.1.1是关于某公司部分职工基本情况的数据文件。

表2.1.1 职工基本情况数据

职工编号	性别	年龄	基本工资	职称	学历	保险
1	1	48	10 140.00	1	1	120.00
2	1	49	9 840.00	2	2	90.00
3	1	54	10 440.00	1	3	130.00
4	1	41	8 660.00	3	3	80.00
5	1	38	8 480.00	3	1	80.00
6	2	41	8 240.00	4	3	70.00
7	2	42	8 240.00	4	3	70.00
8	2	41	8 240.00	4	3	70.00
9	2	42	8 590.00	2	2	80.00
10	1	35	8 270.00	3	1	70.00
11	1	56	10 140.00	1	2	120.00
12	1	59	9 890.00	2	2	90.00
13	1	59	9 380.00	3	4	80.00
14	1	41	8 890.00	2	1	80.00
15	1	55	8 870.00	3	4	80.00
16	1	45	8 870.00	3	4	80.00

3. SPSS数据输入的基本操作步骤

（1）当启动SPSS软件以后，选择"输入数据"，可以进入数据编辑器界面。

（2）在数据编辑器窗口（左下角），选择"变量视图"标签，在"名称（Name）"字段输入变量名称，比如编号、性别；点击"类型（Type）"字段，打开"变量类型"对话框，选择一种变量类型，如数值、字符串；在"宽度（Width）"字段调整数据宽度；在"小数（Decimals）"字段调整小数位数；在"标签（Label）"字段输入变量备注说明；在

"值（Values）"字段输入数值备注，等等。输入表 2.1.1 中变量，将出现如图 2.1.1 所示的变量视图。

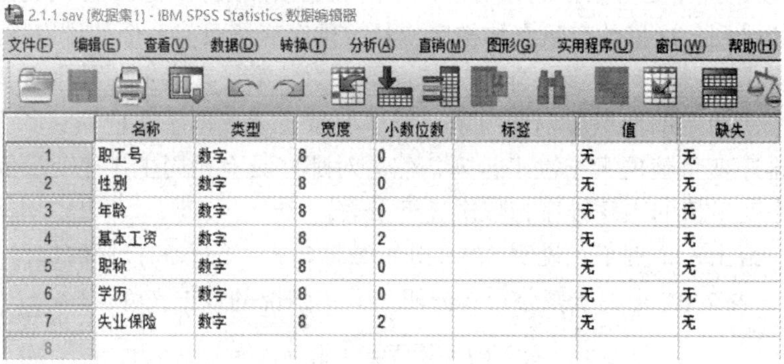

图 2.1.1　变量视图对话框

（3）再切换到"数据视图"，依次输入数据，完成后将出现如图 2.1.2 所示的数据视图。

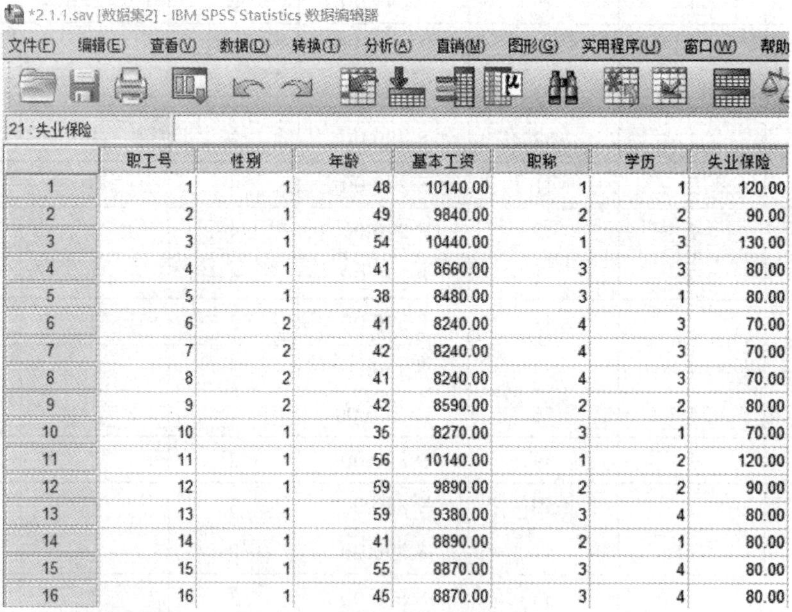

图 2.1.2　数据输入结果

4. 用 SPSS 进行数据筛选的操作步骤

（1）选择菜单"数据→选择个案"，出现如图 2.1.3 所示的窗口。

（2）如果要筛选出给定条件的数据，如只想显示学历为 4 的职工，则在菜单"选择"中选择"如果条件满足（C）"，并在打开的对话框中输入"学历=4"，如图 2.1.4 所示。

（3）选择菜单"继续"，返回"选择个案"对话框，并在菜单"输出"中选择"删除未选定的个案（L）"，点击"确定"按钮，所得结果如图 2.1.5 所示。

图 2.1.3 变量选择对话框   图 2.1.4 条件表达式输入对话框

图 2.1.5 数据筛选结果

5. 用 SPSS 进行数据排序的操作步骤

（1）选择"数据"菜单，并选择"排序个案"命令。

（2）指定主排序变量"职称"到"排序依据"框中，在"排列顺序"框中选择"降序"，如果是多重排序，还要依次指定第二排序变量及相应的排序顺序，这里我们设定第二排序变量"基本工资"按"升序"排列，如图 2.1.6 所示。

图 2.1.6 数据排序对话框

至此，数据编辑器窗口中的数据将自动按用户指定的顺序重新排列并显示出来。可以勾选“保存包含排序后的数据文件（V）”，将排序结果保存到用户指定的.sav 文件中。

（3）数据排序后的结果如图 2.1.7 所示。

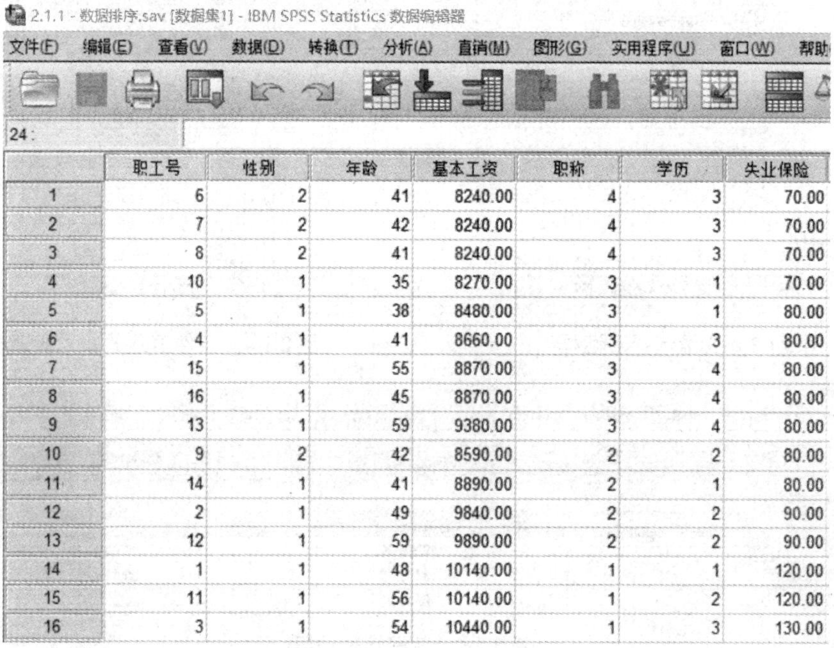

	职工号	性别	年龄	基本工资	职称	学历	失业保险
1	6	2	41	8240.00	4	3	70.00
2	7	2	42	8240.00	4	3	70.00
3	8	2	41	8240.00	4	3	70.00
4	10	1	35	8270.00	3	1	70.00
5	5	1	38	8480.00	3	1	80.00
6	4	1	41	8660.00	3	3	80.00
7	15	1	55	8870.00	3	4	80.00
8	16	1	45	8870.00	3	4	80.00
9	13	1	59	9380.00	3	4	80.00
10	9	2	42	8590.00	2	2	80.00
11	14	1	41	8890.00	2	1	80.00
12	2	1	49	9840.00	2	2	90.00
13	12	1	59	9890.00	2	2	90.00
14	1	1	48	10140.00	1	1	120.00
15	11	1	56	10140.00	1	2	120.00
16	3	1	54	10440.00	1	3	130.00

图 2.1.7　数据排序结果显示

对数据进行预处理，得到符合分析需要的、准确无误的数据是非常关键的一步，是进一步整理与分析的基本保障。如果数据存在错误，那么后面的一切工作都毫无意义。

2.2 品质数据的整理与显示

数据经预处理后，可根据需要进一步做分类或分组整理。在对数据进行整理时，首先要弄清数据的类型，因为对于不同类型的数据所采取的处理方式和所适用的处理方法是不同的。对品质数据主要是做分类整理，但对数值型数据则是做分组处理。品质数据包括分类数据和顺序数据，对它们的整理和显示的方法基本是相同的，但也有细微差异。

2.2.1　分类数据的整理与显示

分类数据本身就是对事物的一种分类，因此在整理时首先列出所分的类别，还要计算每一类别的频数、频率或比例、比率，同时选择适当的图形进行显示，以便对数据及其特征有一个初步的了解。

1. 频数与频数分布

（1）频数（frequency），也称次数，是落在某一特定类别或组中的数据个数。我们把各个类别及其相应的频数全部列出用表格形式表现出来即频数分布，或称次数分布（frequency distribution）。

例 2.2.1 为研究某城市市民理财的状况，一家广告公司随机抽取 200 人就目前各类投资理财种类做了问卷调查，其中的一个问题是："您的资金大部分购买下列哪一类理财产品？"

（1）银行定期；（2）银行理财；（3）信托类产品；

（4）基金股票；（5）保险类理财；（6）其他。

这里的变量是"理财类别"，不同的理财类别就是变量值。调查数据经分类整理后形成频数分布表，见表 2.2.1。

表 2.2.1　某城市居民理财类型的频数分布表

理财类型	人数/人	比例	频率/%
银行定期	112	0.560	56.0
银行理财	51	0.255	25.5
信托类产品	9	0.045	4.5
基金股票	16	0.080	8.0
保险类理财	10	0.050	5.0
其他	2	0.010	1.0
合　计	200	1	100

显然，如果不做分类整理，直接观察这 200 个人对不同理财的购买情况，既不便于理解，也不便于分析。但是经分类整理后，可以大大简化数据，且信息凸显。比如，很容易看出购买"银行定期"的人数最多，达到了 56%，而购买"其他"的理财人数最少，只有 1%。

下面通过一个例子说明如何使用 SPSS 制作分类数据的频数分布表、交叉频数分布表（两个变量交叉分布，也称为交叉表）。

例 2.2.2　根据例 2.1.1 的数据，按职称和学历生成频数分布表和交叉频数分布表。

频数分布表操作步骤如下：选择"分析"菜单→"描述统计"→"频率"，将"职称"移入"变量"列表框中，单击"确定"，则形成职称频数分布表 2.2.2。

同理，可生成学历频数分布表 2.2.3。

表 2.2.2　不同职称频数分布表

		频率	百分比	有效百分比	累计百分比
有效	1	3	18.8	18.8	18.8
	2	4	25.0	25.0	43.8
	3	6	37.5	37.5	81.3
	4	3	18.8	18.8	100.0
	总计	16	100.0	100.0	

表 2.2.3　不同学历频数分布表

		频率	百分比	有效百分比	累计百分比
有效	1	4	25.0	25.0	25.0
	2	4	25.0	25.0	50.0
	3	5	31.3	31.3	81.3
	4	3	18.8	18.8	100.0
总计		16	100.0	100.0	

　　SPSS 生成交叉频数分布表步骤如下：选择"分析"菜单→"描述统计"→"交叉表"，将"职称"移入"行"，将"学历"移入"列"中（行列可以交换），单击"确定"，则形成职称和学历的交叉频数分布表 2.2.4。

表 2.2.4　职称和学历的交叉频数分布表

		学历				总计
		1	2	3	4	
职称	1	1	1	1	0	3
	2	1	3	0	0	4
	3	2	0	1	3	6
	4	0	0	3	0	3
总计		4	4	5	3	16

　　对于定性数据，除用频数分布表进行描述，还可以使用比例、百分比、比率等统计量进行描述。比例（proportion），也称构成比，是一个总体（或样本）中各个部分的数值与全部数值之比，通常用于反映总体（或样本）的构成或结构。将比例乘以 100 得到的数值就是百分比或百分数，用%表示。比率（ration）是总体（或样本）中不同类别数据之间的比值。由于比率不是总体中部分与整体之间的对比关系，因而比值可能大于 1。

2. 分类数据的图示

　　前面介绍了如何建立分类数据的频数分布表。如果用图形来显示频数分布，就会更加形象和直观。一张好的统计图表，往往胜过冗长的文字表述。统计图的类型有很多，对于分类数据，常见的图示方法有条形图、饼图和帕累托图。

　　（1）条形图（bar chart），是用宽度相同的条形的高度或长短来表示数据多少的图形，条形图可横置或纵置，纵置时也称柱形图（column chart），高度表示各类数据的频数或频率。另外，条形图有简单条形、复式条形图等形式。

　　例 2.2.3　根据例 2.1.1 的数据，按职称和学历绘制条形图、复式条形图。

　　按职称和学历绘制条形图操作步骤如下：

　　①选择"分析"菜单→"描述统计"→"频率"，将"职称"和"学历"依次移入"变量"。

　　②点击"图表"菜单，在"图表类型"中选择"条形图"，在"图表值"中选择"频率"单击"继续"，返回"频率"对话框，再单击"确定"，就可以得到职称和学历的条

形图，如图 2.2.1 和图 2.2.2 所示（若在"图表类型"中选择"饼图"，则可生成饼图）。

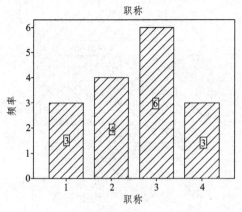

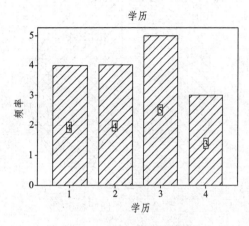

图 2.2.1　不同职称条形图　　　　　　　　　图 2.2.2　不同学历条形图

按职称和学历绘制复式条形图操作步骤如下：选择"分析"菜单→"描述统计"→"交叉表"，将"职称"移入"行"，将"学历"移入"列"中，同时勾选"显示簇状条形图"，单击"确定"，就可以得到职称和学历的复式条形图，如图 2.2.3 所示。

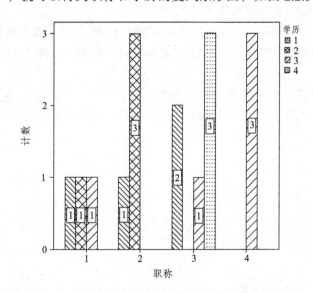

图 2.2.3　职称和学历复式条形图

（2）饼图（pie chart）也称圆形图，是用圆形及圆内的扇形面积来表示数值大小的图形。饼图主要用于表示总体（或样本）中各组成部分所占的比例，对研究结构性问题十分有用。在绘制饼图的时候，总体中各部分所占的百分比用圆内的各个扇形的面积表示。这些扇形的中心角度，是按各部分百分比占 360° 的相应比例确定的。根据实例 2.1.1 的数据，按职称和学历绘制的饼图，如图 2.2.4 和图 2.2.5 所示。

可见，用柱形图和饼图来显示频数分布一目了然，无须再用文字过多解释。

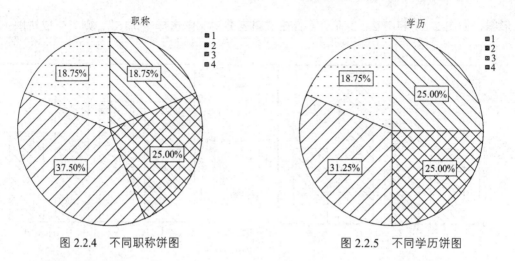

图 2.2.4　不同职称饼图　　　　　　　图 2.2.5　不同学历饼图

（3）帕累托图（Pareto Chart）是以意大利经济学家 V. Pareto 的名字命名的。该图是按各类别数据出现的频数多少排序后绘制的条形图。通过对条形的排序，容易看出哪类数据出现得多，哪类数据出现得少。

例 2.2.4　根据例 2.1.1 的数据，按职称绘制帕累托图。

解　按职称绘制帕累托图操作步骤如下：

① 选择"分析"菜单→"质量控制"→"帕累托图"，进入帕累托图窗口。

② 选择"简单帕累托图"菜单，在"图表中的数据为"选择"个案组的计数或和"，单击"定义"。

③ 在"条的表征"中选择"计数"，"类别轴"中移入"职称"，单击"确定"，就可以得到不同职称的帕累托图，如图 2.2.6 所示。图中左侧的纵轴给出了计数值，右侧的纵轴给出了累积百分比。

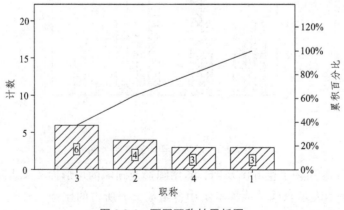

图 2.2.6　不同职称帕累托图

（4）环形图，与饼形图类似，但又有区别。简单饼图只能显示一个样本各部分所占的比例。比如，把 4 个地区的人口分布按高、中、低收入划分成 3 个部分，要比较 4 个地区不同收入的人口构成，则需要绘制 4 个饼图，这种做法非常麻烦也不便于比较。我们希望用一个图形比较 4 个地区不同收入的人口构成，可以把饼图叠在一起，挖去中间的部分，这就是环形图。环形图中间有一个"空洞"，每个样本用一个环来表示，样本中的每一部分数据用环中的一段表示。因此，环形图可显示多个样本各部分所占的相应比例，从而有利于对构成的比较研究。

例 2.2.5 在一项城市住房问题的研究中，研究人员在 A、B 两个城市各抽样调查 300 户进行满意度调查，分下面 5 种情况：（1）非常不满意；（2）不满意；（3）一般；（4）满意；（5）非常满意。调查结果经过整理，得表 2.2.5。

表 2.2.5　A、B 两个城市家庭对住房状况的评价

城市 回答类别	非常不满意	不满意	一般	满意	非常满意
城市 A	24	108	93	45	30
城市 B	21	99	78	64	38

根据表 2.2.5 的数据绘制这两个城市住房满意度的环形图。

解　根据表 2.2.5 的数据使用 Excel 绘制环形图，如图 2.2.7 所示。

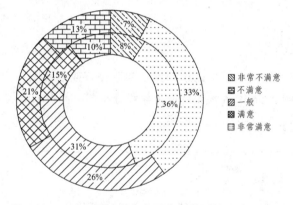

图 2.2.7　A、B 两城市家庭对住房状况的评价环形图

　　按读入数据的顺序由里往外绘制环形图。在图 2.2.7 中，里边的一个环表示 A 城市家庭对住房状况评价中各回答类别所占的百分比，外边的一个环表示 B 城市相应的调查结果。A、B 城市对住房状况满意的家庭分别占 15%、21%，而对住房状况不满意的家庭分别占 36%、33%，可见，两城市家庭对目前的住房状况都不太满意，其中 A 城市的情况更糟。

　　通过图 2.2.7，不仅能了解每个城市的调查结果，还能将 A、B 两市的调查结果进行对比，找出差距，究其原因，从而采取相应的措施来解决问题。

2.2.2　顺序数据的整理与显示

前面介绍的分类数据的频数分布表和图示方法，如频数、比例、百分比、比率、条

形图和饼图等，也都适用于对顺序数据的整理和显示。但一些适用于顺序数据的整理和显示方法，并不适用于分类数据。除了可使用前面的整理和显示方法，还可以使用累积频数和累积频率。

1. 累积频数与累积频率

（1）累积频数（cumulative frequencies），是将各类别的频数逐级累加起来。若从类别顺序的开始向类别顺序的最后方向累加频数（定距数据和定比数据则是从变量值小的向变量值大的方向累加频数），称为向上累积；若从类别顺序的最后向类别顺序的开始方向累加频数（定距数据和定比数据则是从变量值大的向变量值小的方向累加频数），称为向下累积。某组向上累积频数表明该组上限以下的各组单位数之和是多少；某组向下累计频数表明该组下限以上的各组单位数之和是多少。显然，通过累积频数，可以很容易看出某一类别（或数值）以下（或以上）的频数之和。

（2）累积频率（cumulative percentages），是将各类别的百分比逐级累加起来，也有向上累积和向下累积两种方法。某组向上累积频率表明该组上限以下的各组单位数之和占总体单位数的比重；某组向下累积频率表明该组下限以上的各组单位数之和占总体单位数的比重。

2. 顺序数据的图示

根据累计频数或累计频率，可以绘制累积频数分布或频率图。

利用 Excel 绘制例 2.2.5 中 A 城市的向上累积分布图：首先求出 A 城市向上累积频数，并绘制折线图，如图 2.2.8 和图 2.2.9 所示。

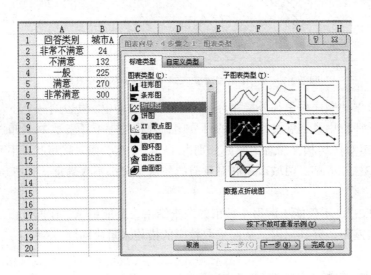

图 2.2.8　绘制折线图

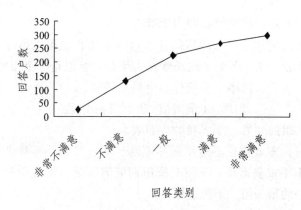

图 2.2.9　A 城市对住房状况评价向上累积分布图

2.3　数值型数据的整理与显示

前面介绍的分类和顺序数据的整理与图示方法同样适用于数值型数据，但数值型数据还有一些特定的整理和图示方法，它们不适用于分类数据和顺序数据。

2.3.1　数据分组

在整理数值型数据时，通常要进行数据分组。数据分组是根据统计研究的需要，将原始数据按照某种标准分成不同的组别，分组后的数据称为分组数据。数据分组的主要目的是观察数据的分布特征。数据经分组后再计算出各组中数据出现的频数，就可生成一张频数分布表。数据分组的方法有单变量值分组和组距分组两种。单变量值分组是把一个变量值作为一组，这种分组通常是适合离散变量的，而且在变量值较少的情况时使用。当研究对象是连续变量或变量值较多时，一般采用组距分组。组距分组是将全部变量值依次划分为若干区间，并将这一区间的变量值作为一组。在组距分组中，一个组的最小值称为该组的下限（lower limit）；一个组的最大值称为该组的上限（upper limit）。

采用组距分组的步骤主要有：

第一步：确定组数。一般要根据数据本身的特点及数据的多少来确定组数。组数的多少应适中。如果组数太少，数据的分布就会过于集中；组数太多，数据的分布就会过于分散，这都不便于观察数据分布的特征和规律，不能很好地掌握数据的分布情况。试想，如果全部数据分为一组或者每个数据分为一组，又有什么意义呢？组数的确定应以能够显示数据的分布特征和规律为目的。一般情况下，一组数据所分的组数应不少于 5 组且不多于 15 组。实际应用时，可根据数据的多少和特点及分析要求来确定组数。在实际分组时，可按 Sturges 提出的经验公式来确定组数 $K=1+\dfrac{\lg n}{\lg 2}$，其中 n 为数据的个数，若结果为小数，可四舍五入，取整数后即为组数。

第二步：确定各组的组距。每组区间长度可以相等，也可以不等，通常选用长度相同的区间以便进行比较，此时各组区间长度称为组距。组距是一个组的上限与下限的差，可根据全部数据的最大值和最小值及所分的组数来确定：

组距＝（最大值－最小值）/组数

第三步：统计每组的频数，生成频数分布表。

采用组距分组时，需要遵循不重不漏的原则。不重是指一项数据只能分在其中的某一组，不能在其他组中重复出现；不漏是指组别能够穷尽，即在所分的全部组别中每一项数据都能分在其中的某一组，不能遗漏。

利用SPSS生成数值数据频数分布表的操作步骤：

第一步：点击"转换"→"重新编码为不同变量"。

第二步：将要分组的变量选入"数字变量"→"输出变量"。在"输出变量"→"名称"后写入输出变量的名称，比如"分组区间"，点击"变化量"，点击"旧值和新值"。

第三步：在"旧值"下单击"范围"，并写入分组区间的下限和上限值（注意，系统在计数时每个组包含下限和上限值），比如70～79（注：如果数据有小数，可以输入70～79.99，等等）。单击"输出变量为字符串"。在"新值"后输入分组的区间，如70～79，并单击"添加"。重复上一步骤，直至将所有分组区间添加完毕。单击"继续"，单击"确定"（此时"分组区间"变量会保存在SPSS的"数据视图"窗口中）。

第四步：单击"分析"→"描述统计"→"频率"。将"分组区间"变量选入"变量"，单击"确定"。

例 2.3.1 现抽取某学校一个班级的考试成绩，根据表2.3.1的数据，绘制语文成绩频数分布表。

表 2.3.1 学生考试成绩

考生编号	性别	语文	数学	化学	生物	英语	总分
1	男	75	84	98	93	87	437
2	女	84	85	95	80	87	431
3	男	82	86	88	83	81	420
4	男	82	85	86	82	83	418
5	男	78	78	94	81	77	408
6	男	78	77	95	89	88	427
7	男	79	78	95	86	80	418
8	男	74	87	92	78	85	416
9	女	77	82	89	82	80	410
10	男	77	87	89	75	85	413
11	女	77	77	98	83	77	412
12	女	77	74	86	86	75	398

考生编号	性别	语文	数学	化学	生物	英语	总分
13	女	76	88	83	72	83	402
14	男	79	92	81	89	72	413
15	男	68	81	90	81	67	387
16	男	76	86	91	81	80	414
17	男	72	84	88	79	69	392
18	男	74	84	89	77	78	402
19	女	84	69	77	74	75	379
20	女	78	76	86	77	85	402
21	女	74	61	89	78	87	389
22	女	75	75	87	78	75	390
23	女	71	75	88	72	74	380
24	男	72	91	87	79	69	398
25	女	73	68	93	74	76	384
26	男	75	74	82	85	74	390
27	女	76	66	78	77	80	377
28	男	84	73	83	76	78	394
29	女	72	76	84	75	85	392
30	男	75	65	87	77	70	374

解 把输出变量的名称设置为"语文分组区间"，用 SPSS 创建语文分组成绩频数分布表如表 2.3.2 所示。

表 2.3.2 语文分组成绩频数分布表

语文分组成绩	频率	百分比/%	有效百分比/%	累计百分比/%
有效 60~69	1	3.3	3.3	3.3
70~79	24	80.0	80.0	83.3
80~89	5	16.7	16.7	100.0
总计	30	100.0	100.0	

2.3.2 数值型数据的显示

前面介绍的条形图形、饼图、环形图和累积分布图等都可用于数值型数据的显示，此外，对数值型数据还有以下一些图示方法。

1. 分组数据：直方图

直方图（histogram）又称柱状图、质量分布图，是一种统计报告图，它是用矩形的宽度或高度表示频数分布的情况。在平面直角坐标系中，一般横轴表示数据类型，纵轴表示频数或频率。在组距相等场合常用宽度相等的长条矩形表示，矩形的高低表示频数的大小。

在图形上，若横坐标表示所关心变量的取值区间，纵坐标表示频数，则可得到频数直方图。若把纵轴改成频率可得到频率直方图。为使诸长条矩形面积和为1，可将纵轴取为频率/组距，如此得到的直方图称为单位频率直方图，也称密度直方图。

直方图和条形图是不同的：条形图多用于反映分类数据，它一般是用高度（或长度）表示频数，各个"条形"是可以分开的，每个条形代表一个类别，其宽度没有意义；而直方图一般用于反映数值型数据，它可以用面积表示频数，如密度直方图，它的条形宽度有明确的含义，代表组距，组距有数值大小之分，且一般是连续分组的，所以"条形"往往是紧靠在一起的。

利用 SPSS 可以直接根据原始数据绘制直方图，而不必对数据进行分组。

利用 SPSS 绘制直方图的操作步骤如下：

第一步：选择"图形"→"旧对话框"→"直方图"。

第二步：将要绘制直方图的变量选入"变量"，单击"确定"。（如果想要在直方图中增加正态曲线，点击"显示正态曲线"图标即可。）

（注：利用"分析"→"描述统计"→"频率"或"探索"，也可绘制直方图。）

例 2.3.1 中语文成绩直方图，如图 2.3.1 所示。

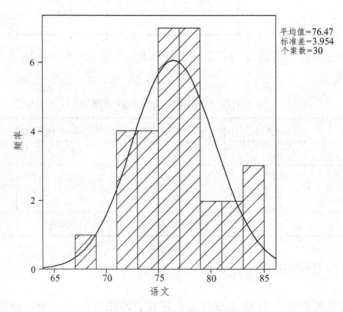

图 2.3.1　语文成绩直方图

2. 未分组数据：茎叶图和箱线图

（1）茎叶图，是反映原始数据分布的图形。它由"茎"和"叶"两部分构成，其图形是由数字组成的。通过茎叶图，可以看出数据的分布形状及数据的离散状况，比如，分布是否对称；数据是否集中；是否存在极端值，等等。绘制茎叶图的关键是设计好树茎，通常是以该组数据的高位数值作为树茎，最后一位数字作为叶。树茎一经确定，树叶就自然地长在相应的树茎上了。

茎叶图类似于横置的直方图。与直方图相比，茎叶图既能给出数据的分布状况，又能给出每一个原始数据，即保留了原始数据的信息。而直方图虽然能很好地显示数据的分布，但不能保留原始的数值。在应用方面，直方图通常适用于大批量数据，茎叶图通常适用于小批量数据。

（2）箱线图，是由一组数据的最小观测值 $x_{min} = x_{(1)}$，最大观测值 $x_{max} = x_{(n)}$，中位数 $m_{0.5}$，四分之一分位数 $Q_1 = m_{0.25}$，四分之三分位数 $Q_3 = m_{0.75}$ 这五个特征值绘制而成的。它主要用于反映原始数据分布的特征，还可以进行多组数据分布特征的比较。箱线图的绘制方法是：首先，找出一组数据的最大值、最小值、中位数和两个四分位数；其次，连接两个四分位数画出箱子；再次，将最大值和最小值与箱子连接，中位数在箱子中间。箱线图的一般形式如图 2.3.2 所示。

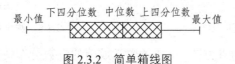

图 2.3.2　简单箱线图

通过箱线图的形状可以看出数据分布的特征。图 2.3.3 即几种不同的箱线图与其对应的分布形状的比较。

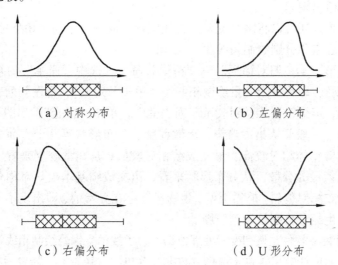

（a）对称分布　　　　　　（b）左偏分布

（c）右偏分布　　　　　　（d）U形分布

图 2.3.3　不同分布的箱线图

利用 SPSS 绘制茎叶图和箱线图的操作步骤如下：

第一步：选择"分析"→"描述统计"→"探索"。

第二步：变量选入"因变量列表"，单击"图"。在"描述图"对话框中选择"茎叶图"，在"箱图"对话框中选择"因子级别并置"，点击"继续"回到主对话框，点击"确定"。

例 2.3.2 根据表 2.3.1 的数据，绘制数学成绩的茎叶图和箱线图。

解 按上面的步骤，把"数学"作为变量选入"因变量列表"，得到的结果如图 2.3.4 和图 2.3.5 所示。

数学茎叶图

频率	Stem & 叶
1.00	6.1
4.00	6.568 9
3.00	7.344
8.00	7.556 677 88
5.00	8.124 44
7.00	8.556 677 88
2.00	9.12

主干宽度：　　10
每个叶：　　1个案

图 2.3.4　数学成绩茎叶图

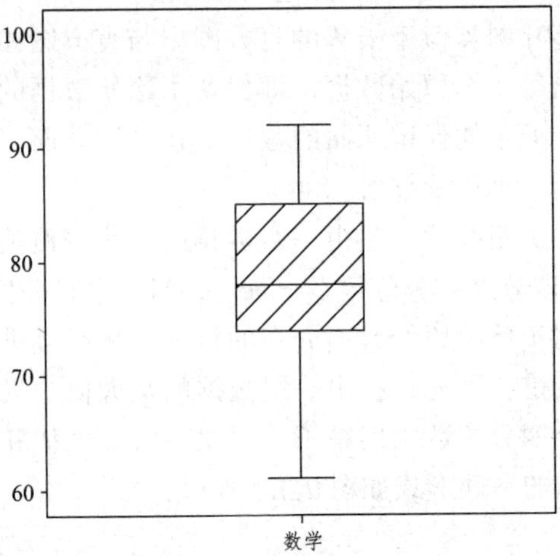

图 2.3.5　数学成绩箱线图

茎叶图像一个横置的直方图，反映了数学成绩的频数分布情况。从图 2.3.5 可以看出，75 ~ 80 分的人数最多，85 ~ 90 分的人数次之，60 分以下及 90 分以上的人数很少，成绩不太分散，没有出现两极分化。从箱线图上看，数学成绩的中位数接近 80 分，成绩略微上偏，没有异常值出现。

为了便于比较，还可以将多个变量的箱线图画在同一个平面直角坐标系中。

（1）按照课程名称分别绘制箱线图。

可选择"图形"→"旧对话框"→"箱图"命令。选中"简单"的箱线图，并选择"单独变量的摘要"，即将每个变量绘制箱线图，单击"定义"，将左侧列表中"语文、数学、化学、生物、英语"移入"箱表示"列表框中，单击"确定"，如图 2.3.6 所示。

对于箱线图，一般要从集中趋势、离散程度、分布形状等几个方面分析。从集中趋势来看，化学成绩整体相对较高，语文成绩相对较低；从离散程度来看，语文成绩比较集中，而数学成绩最为分散；从分布形状来看，语文成绩基本上呈对称分布，而数学等其他学科成绩分布相对偏斜，略微上偏，生物成绩存在异常值，即出现了 93 分的好成绩。

（2）按照学生编号分别绘制箱线图。

一般来说，SPSS 软件是按列变量处理数据。为了按学生编号绘制箱线图，可将上述 30 名学生 5 门课程的成绩数据转置（选择"数据"菜单→"转置"），转置后列变量则表示每一名学生的各科成绩。利用 SPSS 软件绘制箱线图时，将"学生编号"移入"箱表示"列表框中，其他不变。图 2.3.7 给出了编号为 1, 2, 3, 4, 6, 7, 8, 17, 21 的学生成绩箱线图。

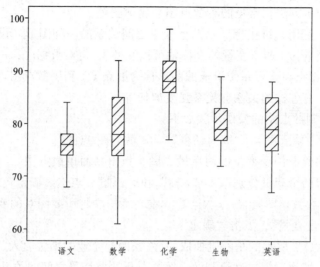

图 2.3.6　30 名学生 5 门课程成绩的箱线图

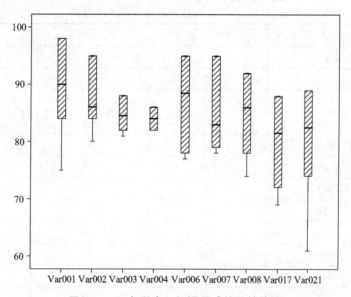

图 2.3.7　9 名学生 5 门课程成绩的箱线图

从图 2.3.7 可以看出，6 号学生成绩中位数最大，同时离散程度较大，偏斜程度也较大，说明该学生大多数课程成绩都比较高，而有些课程成绩偏低；2，3，4 号学生各科成绩相对较高，且比较集中，其中 2 号学生的成绩出现了一个异常值，即该学生的化学课程取得了 95 分的好成绩；17、21 号的学生成绩相对较低，且离散程度大，17 号学生成绩分布较为对称，而 21 号学生成绩相对偏斜严重一些，说明该学生有一定程度的偏科，等等。

3. 多变量数据的图示

前面介绍的一些图形描述的都是单变量数据，当有两个或两个以上变量时，我们可以采用多变量的图示方法，常见的有散点图、轮廓图等。

（1）散点图，是用二维坐标展示两个变量之间关系的一种图形。设坐标横轴代表变量 x，纵轴代表变量 y（两个变量的坐标轴可以互换），每对数据(x_i, y_i)在坐标系中用一个点表示，n 对数据点在坐标系中形成的图形称为散点图。利用散点图可以观察两个变量之间是否有关系，有怎样的关系，关系强度如何等。

利用 SPSS 绘制散点图的操作步骤如下：

第一步：选择"图形"→"旧对话框"→"散点图/点图"。

第二步：如果绘制两个变量的简单散点图，点击"简单散点图"，点击"定义"。在出现的对话框中将两个变量分别选入"y 轴"和"x 轴"，点击"确定"。如果要绘制重叠散点图，点击"重叠散点图"，点击"定义"。在对话框中将所要配对的变量依次选入"y-x对"中的"y 变量-x 变量"，点击"确定"。

例 2.3.3　表 2.3.3 所示的是随机抽取的 20 家医药企业的销售收入、销售网点数、销售人员数以及广告费用数据。试绘制散点图并分析这些变量之间的关系。

表 2.3.3　20 家医药企业销售收入等数据

编号	销售收入/万元	销售网点数/个	销售人员数/人	广告费用/万元
1	4 373	186	552	651
2	281	15	226	42
3	473	23	237	65
4	1 909	87	405	276
5	321	19	239	49
6	2 145	104	398	313
7	341	18	245	53
8	550	26	253	76
9	5 561	256	655	817
10	410	20	262	64
11	649	31	271	90
12	526	20	285	84
13	1 072	49	329	153
14	950	38	340	155
15	1 086	44	353	178
16	1 642	75	384	237
17	1 913	88	411	315
18	2 858	144	456	471
19	3 308	141	478	571
20	5 021	230	618	747

解 销售收入与广告费用的散点图，如图 2.3.8 所示。

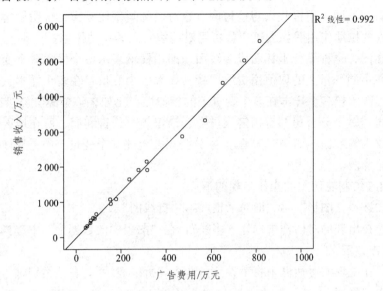

图 2.3.8　销售收入与广告费用的散点图

从图 2.3.8 可以看出，销售收入与广告费用之间具有明显的线性关系，随着广告费用的增加，销售收入也增加。这说明广告费用对销售收入有明显的拉动作用。

如果想同时比较一个变量与其他几个变量之间的关系，可以把它们的散点图绘制在同一张图里，即绘制成重叠散点图。绘制重叠散点图时，变量值之间的数值差异不能过大，否则不便于比较。比如，如果想比较销售收入与销售网点数及广告费用之间的关系，则可以把销售收入作为 y 轴，把销售网点数和广告费用作为一个共同的 x 轴绘制重叠散点图，如图 2.3.9 所示。

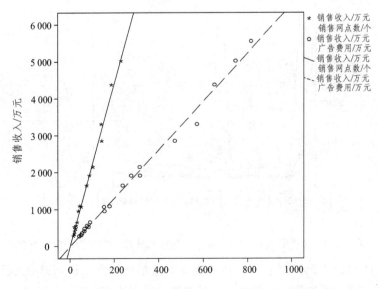

图 2.3.9　销售收入与销售网点数、广告费用的重叠散点图

从图 2.3.9 可以看出，销售收入与销售网点数及广告费用之间都有较强的线性关系。两条直线的斜率不同，销售收入与销售网点数对应的斜率比较大，说明销售网点数的多少对销售收入的拉动作用明显大于广告费用对销售收入的拉动作用。

（2）轮廓图，也称平行坐标图或多线图，即用横轴表示各个样本多个变量的取值，将同一样本在不同变量上的取值用折线连接。如果多个变量是在多个样本上取得的，则可以使用轮廓图比较多个样本在多个变量上的相似性。比如，一个集团公司在 3 个地区有销售分公司，每个分公司都有销售人员数、销售额、销售利润、所在地区的人口数、当地的人均收入等数据。如果想知道 3 家分公司在上述几个变量上的差异或相似程度，则可以绘制轮廓图。

利用 SPSS 绘制轮廓图的操作步骤如下：

第一步：选择"图形"→"旧对话框"→"折线图"。

第二步：在出现的对话框中选择"多线"，在"图表中的数据为"中选择"单独变量的摘要"，点击"定义"。

第三步：在出现的对话框中将考察变量选入"折线表示"，在"类别轴"框内选入类别变量，点击"确定"。

例 2.3.4 根据例 2.3.2 的数据绘制轮廓图，比较 20 家医药企业的销售收入、销售网点数、销售人员数以及广告费用的相似性。

解 20 家医药企业的销售收入、销售网点数、销售人员数以及广告费用的轮廓图，如图 2.3.10 所示。

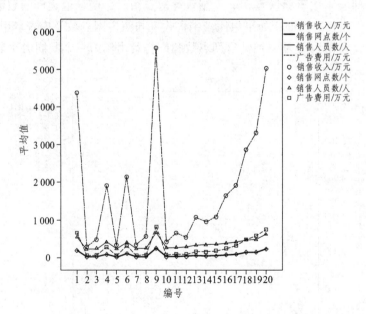

图 2.3.10　销售收入与销售网点数、销售人员数、广告费用的轮廓图

从图 2.3.10 可以看出，第 1、9、20 家医药企业的销售网点数、销售人员数和投入的广告费用相对较多，所得到的销售收入比其他企业要高得多。

2.4 统计表

统计表是用原始数据制成的一种表格。为了实际需要，人们常常要把工农业生产、科学技术和日常工作中所得到的相互关联的数据，按照一定的要求进行整理和归类，并按照一定的顺序把数据排列起来，制成表格，这种表格称为统计表。在统计学原理中，统计表是集中而有序地表现统计资料的表格。显然，看统计图表要比看那些枯燥的数字更有趣，因此正确地使用统计图表是做好统计分析的最基本技能。从功能上看，统计表能将调查到的资料有序化，将整理的资料清晰地呈现出来，通过分析资料以反映现象的内部关系和变动趋势。从外观上看，统计表主要由 4 个部分组成，即标题、格线、数据、来源。

1. 标题

标题包括总标题、行标题和列标题。

总标题是指统计表的名称，位于表的上方并居中，用以说明统计表的主要内容。总标题的字体要加粗；用语要精练，要表达出三层意思：时间（When）、空间（Where）、指向（What），这就是打磨总标题的"三 W"原则。如果有很多张统计表要显示，为区分起见，可在标题左旁编列表号。如果一张统计表不够用，即在一页纸上写不完时，应另页继续编制，各页表首都应写标题，除第一页外，余页各表的标题都应注明"续表"字样。

行标题是指统计表横行的名称，通常位于表的第一列，用以说明类别名称。列标题是指统计表纵栏的名称，通常位于表的第一行，用以说明指标名称。

2. 格线

格线是指统计表中纵横交叉的直线。统计表一般为上下封口、左右开口的开放式的表格。也就是说，表的上、下两条横线画粗格线，分别叫上基线和下基线，其余的画细格线。表的左、右两边不画格线。另外，在某些杂志发表文章时，杂志会要求绘制"三线表"，即只含有上基线、下基线以及标题行下方横线。

3. 数据

数据是指统计表中格线里的资料。在表中录入数据时要注意以下几点：① 位置要排列整齐。纵栏位置的数字、小数点应上下对齐。同一张表中的数字，小数的取舍位数应相同。② 计量单位的位置要摆放合理。如果各指标共用一个计量单位，那么可放在表的右上角来标明；如果各指标有不同的计量单位，那么可放在每个指标后或单列出一列来标明。③ 特别重要的数字要用粗体字填写。④ 数字行列不应混杂文字，文字说明可写在表注里。⑤ 制表时，用"—"符号表示没有数字资料的情况，用"…"符号表示有数字资料但没有得到的情况，表中不应留有空白单元格。⑥ 上行和下行数字相同时，不应用

"同上"或""表示，应用实际数填写。

4. 来源

来源是指统计表中的数据来自何处。若引用的是二手数据，如果可能，可链接相关的网页，一是为尊重数据提供者的劳动，二是为便于自己和读者查询使用。

统计表的形式多种多样，根据使用者的要求和统计数据本身的特点，我们可以绘制多样的统计表，例如，表 2.4.1 是一种比较常见的统计表。

表 2.4.1 2006—2007 年我国出入境人员数据对比

项目	2007 年	2006 年	同比
出入境人员总数/亿元	3.45	3.18	8.4%
入境人员/亿元	1.72	1.59	8.3%
出境人员/亿元	1.73	1.59	8.5%
出入境旅客/亿元	3.22	2.95	9.1%
出入境员工/万元	2 352.5	2 365.8	-0.6%
外籍人员/万元	5 207.2	4 427.5	17.6%
从海港出入境人数/万元	1 953.6	1 776.1	10.0%
从陆港出入境人数/亿元	2.71	2.53	7.1%
从空港出入境人数/万元	5 486.4	4 779.0	14.8%

注：数据源于公安部网站。

合理使用图表描述统计结果是应用统计的基本技能之一，一张好的统计图表，往往胜过冗长的文字表述，因此希望读者多摸索、多实践，尽快掌握图表的阅读与绘制。

习 题

1. 条形图和饼图各有什么用途？
2. 直方图与条形图有何区别？
3. 茎叶图与直方图相比有什么优点？
4. 散点图和轮廓图各有什么用途？
5. 一家市场调查公司为研究不同品牌饮料的市场占有率，对随机抽取的一家超市进行了调查。调查员某天对 50 名顾客购买饮料的品牌进行了记录，如果一个顾客购买某一品牌的饮料，就将这一饮料的品牌名字记录一次。记录的结果见表 1。

表 1 顾客购买饮料的品牌名称

旭日升冰茶	可口可乐	旭日升冰茶	汇源果汁	露露
露露	旭日升冰茶	可口可乐	露露	可口可乐

旭日升冰茶	可口可乐	可口可乐	百事可乐	旭日升冰茶
可口可乐	百事可乐	旭日升冰茶	可口可乐	百事可乐
百事可乐	露露	露露	百事可乐	露露
可口可乐	旭日升冰茶	旭日升冰茶	汇源果汁	汇源果汁
汇源果汁	旭日升冰茶	可口可乐	可口可乐	可口可乐
可口可乐	百事可乐	露露	汇源果汁	百事可乐
露露	可口可乐	百事可乐	可口可乐	露露
可口可乐	旭日升冰茶	百事可乐	汇源果汁	旭日升冰茶

（1）制作一张频数分布表。

（2）根据本题数据，绘制条形图和饼图。

6. 为确定灯泡的使用寿命（单位：时），从一批灯泡中随机抽取 100 只进行测试，所得结果见表 2。

表 2　100 只灯泡的使用寿命

700	716	728	719	685	709	691	684	705	718
706	715	712	722	691	708	690	692	707	701
708	729	694	681	695	685	706	661	735	665
668	710	693	697	674	658	698	666	696	698
706	692	691	747	699	682	698	700	710	722
694	690	736	689	696	651	673	749	708	727
688	689	683	685	702	741	698	713	676	702
701	671	718	707	683	717	733	712	683	692
693	697	664	681	721	720	677	679	695	691
713	699	725	726	704	729	703	696	717	688

（1）将数据分为 10 组，生成频数分布表。

（2）绘制直方图，说明数据分布的特点。

（3）绘制茎叶图，并与直方图做比较。

7. 从某大学经济管理专业二年级学生中随机抽取 11 人，对其 8 门主要课程的考试成绩进行调查，所得结果见表 3。试绘制这 11 名学生各科考试成绩的箱线图，并分析这 11 名学生各科考试成绩的分布特征。

表 3　11 名学生各科考试成绩

课程名称	学生编号										
	1	2	3	4	5	6	7	8	9	10	11
英语	76	90	97	71	70	93	86	83	78	85	81

课程名称	学生编号										
	1	2	3	4	5	6	7	8	9	10	11
经济数学	65	95	51	74	78	63	91	82	75	71	55
西方经济学	93	81	76	88	66	79	83	92	78	86	78
市场营销学	74	87	85	69	90	80	77	84	91	74	70
财务管理	68	75	70	84	73	60	76	81	88	68	75
基础会计学	70	73	92	65	78	87	90	70	66	79	68
统计学	55	91	68	73	84	81	70	69	94	62	71
计算机基础	85	78	81	95	70	67	82	72	80	81	77

8. 表 4 是 2011 年我国 31 省（市、自治区）的地区生产总值（按收入法计算）、全社会固定资产投资和最终消费支出数据（单位：亿元）。

表 4　2011 年我国 31 省（市、自治区）数据

地区	地区生产总值	固定资产投资	最终消费支出	地区	地区生产总值	固定资产投资	最终消费支出
北　京	16 251.9	5 578.9	9 488.2	湖　北	19 632.3	12 557.3	8 931.5
天　津	11 307.3	7 067.7	4 286.3	湖　南	19 669.6	11 880.9	9 088.7
河　北	24 515.8	16 389.3	9 633.8	广　东	53 210.3	17 069.2	26 074.8
山　西	11 237.6	7 073.1	4 868.1	广　西	11 720.9	7 990.7	5 601.6
内蒙古	14 359.9	10 365.2	5 526.6	海　南	2 522.6	1 657.2	1 180.0
辽　宁	22 226.7	17 726.3	8 867.2	重　庆	10 011.4	7 473.4	4 641.6
吉　林	10 568.8	7 441.7	4 423.7	四　川	21 026.7	14 222.2	10 424.4
黑龙江	12 582.0	7 475.4	6 586.7	贵　州	5 701.8	4 235.9	3 438.7
上　海	19 195.7	4 962.1	10 821.2	云　南	8 893.1	6 191.0	5 273.6
江　苏	49 110.3	26 692.6	20 649.3	西　藏	605.8	516.3	373.4
浙　江	32 318.9	14 185.3	15 042.0	陕　西	12 512.3	9 431.1	5 573.3
安　徽	15 300.7	12 455.7	7 604.3	甘　肃	5 020.4	3 965.8	2 967.0
福　建	17 560.2	9 910.9	7 300.5	青　海	1 670.4	1 435.6	859.8
江　西	11 702.8	9 087.6	5 593.9	宁　夏	2 102.2	1 644.7	1 020.2
山　东	45 361.9	26 749.7	18 095.4	新　疆	6 610.1	4 632.1	3 518.8
河　南	26 931.0	17 769.0	11 783.1				

（1）绘制散点图，分析各变量之间的关系。

（2）绘制轮廓图，比较 31 省（市、自治区）在地区生产总值、固定资产投资和最终消费支出上的相似性。

第 3 章

数据分布的描述与分析

　　利用图表展示数据，可以对数据分布的形状和特征有一个大致的了解。但要想全面把握数据分布的特征，还需要找到反映数据分布特征的代表值，准确地描述出统计数据的分布。统计数据分布的特征可以从三个方面进行测度和描述：一是分布的集中趋势，反映各数据向其中心值靠拢或聚集的程度，如平均数；二是分布的离散程度，反映各数据远离其中心值的程度，如方差、标准差、变异系数；三是分布的偏态和峰态，反映数据分布的形状。这三个方面分别反映了数据分布特征的不同侧面。

　　本章重点讨论分布特征值的计算方法、特点及其应用场合。

集中趋势的测度

集中趋势是指一组数据向某一中心值靠拢的程度，它反映了一组数据中心点的位置所在。测度集中趋势是寻找数据一般水平的代表值或中心值，通常有两种方法：一是从总体各单位变量值中抽象出具有一般水平的量，这个量不是各个单位的具体变量值，但可反映总体各单位的一般水平，这种平均数称为数值平均数。二是先将总体各单位的变量值按一定顺序排列，然后取某一位置的变量值来反映总体各单位的一般水平，把这个特殊位置上的数值看作平均数，这种平均数称作位置平均数，主要有众数、中位数、四分位数等形式。

3.1.1　数值型数据：平均数

平均数也称均值（mean），是指一组数据相加后再除以数据的个数得到的结果。平均数在统计学中具有重要地位，它是数据集中趋势的最主要测度值，也是进行统计分析和统计推断的基础。它主要适用于数值型数据，而不适用于分类数据和顺序数据。根据所掌握数据的不同，平均数有不同的计算形式和计算公式。

1. 简单平均数与加权平均数

简单平均数是根据未经分组整理的原始数据计算的平均数。如果有总体的全部数据 x_1，x_2，$\cdots$，x_N，则总体平均数用 $\bar{x}$ 表示，简单总体平均数的计算公式为

$$\bar{x} = \frac{x_1 + x_2 + \cdots + x_N}{N} = \frac{1}{N}\sum_{i=1}^{N} x_i \tag{3.1}$$

若为样本数据 x_1，x_2，$\cdots$，x_n，样本容量为 n，则样本均值 $\bar{x}$ 的计算公式为

$$\bar{x} = \frac{1}{n}\sum_{i=1}^{n} x_i \tag{3.2}$$

例 3.1.1　在某城市中随机抽取 9 个家庭，调查得到每个家庭的人均月收入数据如下（单位：元）：

$$1\,500 \quad 750 \quad 780 \quad 1\,080 \quad 850 \quad 960 \quad 2\,000 \quad 1\,250 \quad 1\,630$$

求计算家庭人均月收入的平均数。

解　$\bar{x} = \dfrac{1}{n}\sum_{i=1}^{n} x_i = \dfrac{1}{9}(1\,500 + 750 + 780 + \cdots + 1\,630) = \dfrac{10\,800}{9} = 1\,200$ （元）

加权平均数是根据分组整理的数据计算的平均数。设样本数据被分为 k 组，各组的组中值分别用 M_1，M_2，$\cdots$，M_k 表示，各组变量值出现的频数分别用 f_1，$\cdots$，f_k 表示，则样本加权平均数的计算公式为

$$\bar{x}=\frac{M_1f_1+M_2f_2+\cdots+M_kf_k}{f_1+f_2+\cdots+f_k}=\sum_{i=1}^{k}\frac{M_i}{n}f_i=\frac{1}{n}\sum_{i=1}^{k}M_if_i \qquad (3.3)$$

其中，$n=\sum f_i$，即样本量。

加权平均数是利用各组组中值代表各组的实际数据，使用这一代表值时需要假定各组数据在组内是均匀分布的，如果实际数据与这一假定相吻合，计算结果还是比较准确的；否则，误差会很大。

如果将分组变量各组组中值定义为各组变量的取值，不妨仍记为 x_1，$\cdots$，x_k，各组变量值出现的频数分别用 f_1，$\cdots$，f_k 表示，则样本均值的计算公式为

$$\bar{x}=\frac{1}{n}\sum_{i=1}^{k}x_if_i \qquad (3.4)$$

例 3.1.2 根据某车间 200 名工人加工零件的资料,计算平均每个工人的零件生产量,资料见表 3.1.1。

表 3.1.1　某车间职工加工零件平均数计算表

按零件数分组/个	职工人数 f/人	人数比重	组中值 x	xf
40~50	20	0.10	45	900
50~60	40	0.20	55	2200
60~70	80	0.40	65	5200
70~80	50	0.25	75	3750
80~90	10	0.05	85	850
合　计	200	1.00	—	12 900

解
$$\bar{x}=\frac{\sum_{i=1}^{k}x_if_i}{\sum_{i=1}^{k}f_i}=\frac{12\,900}{200}=64.5\ (个)$$

从以上计算过程可以看出，当变量值比较大的次数多时，平均数接近于变量值大的一方；当变量值比较小的次数多时，平均数就接近于变量值小的一方。可见，次数对变量值在平均数中的影响起着某种权衡轻重的作用，因此次数被称为权数，平均数被称为加权算术平均数。

如果 $f_i=1$，$i=1$，$\cdots$，n，则加权平均数就是简单平均数，可见简单平均数是加权平均数的特例。

均值是统计学中非常重要的内容，因为任何统计推断和统计分析都离不开均值。从统计思想看，均值反映了一组数据的中心或代表值，是数据误差抵消后的客观事物必然性数量特征的一种反映。从数学公式看，均值也有一些非常重要的数学性质：首先，数据观察值与均值的离差之和为零，它表明数据观察值与均值的误差是可以完全抵消的，均值在数据值中处于中间的位置；其次，数据观测值与均值的离差平方和最小。均值还是统计分布的均衡点，不论是对称分布还是偏态分布，只有均值点才能支撑这一分布，

使其保持平衡，这一均衡点在物理学上称为重心。

2. 一种特殊的平均数：几何平均数

几何平均数也称几何均值，是 n 个变量值乘积的 n 次方根。其计算公式为

$$G = \sqrt[n]{x_1 \cdot x_2 \cdot x_3 \cdots x_n} = \left(\prod_{i=1}^{n} x_i \right)^{1/n} \tag{3.5}$$

式中：G 代表几何平均数；$\prod\limits_{i=1}^{n}$ 代表连乘符号。

当资料中的某些变量值重复出现时，相应地，计算公式变为

$$\overline{x}_G = \left(\prod_{i=1}^{k} x_i^{f_i} \right)^{1/\sum f_i} = \left(\prod_{i=1}^{k} x_i^{f_i} \right)^{1/n} \tag{3.6}$$

几何平均数是适用于特殊数据的一种平均数，它主要用于计算比率。当所掌握的变量值本身是比率的形式，采用几何平均法计算比率更为合适，因此，在实际问题中，几何平均数主要用于计算现象的平均增长率。

例 3.1.3　某市自 1994 年以来的 14 年，各年的工业增加值的增长率资料见表 3.1.2，计算这 14 年的平均增长率。

表 3.1.2　几何平均数计算表

时　间	年数	工业增加值的增长率/%
1994—1997 年	4	10.2
1998—2002 年	5	8.7
2003—2007 年	5	9.6
合　计	14	—

解　计算平均发展速度：

$$\overline{x}_G = \left(\prod_{i=1}^{k} x_i^{f_i} \right)^{1/\sum_{i=1}^{k} f_i} = \sqrt[14]{110.2\%^4 \times 108.7\%^5 \times 109.6\%^5} = 109.45\%$$

将其还原成平均增长率，即

平均增长率＝平均发展速度-100%=109.45%-100%=9.45%

3.1.2　分类数据：众数

众数是一组数据中出现次数最多的变量值，用 M_0 表示。它主要用于测度分类数据的集中趋势，当然也适用于作为顺序数据以及数值型数据集中趋势的测度值。一般情况下，只有在数据较多的情况下，众数才有意义。

由品质数列和单变量数列确定众数比较容易，哪个变量值出现的次数最多，它就是众数。

例 3.1.4 某制鞋厂要了解某地区的消费者最需要哪种型号的男皮鞋，于是，他们调查了某百货商场某季度男皮鞋的销售情况，相关资料见表 3.1.3。

表 3.1.3　某商场某季度男皮鞋销售情况

男皮鞋号码/cm	24	24.5	25	25.5	26	26.5	27	合计
销售量/双	12	84	118	541	320	104	52	1 200

解 从表 3.1.3 可以看出，25.5 cm 的鞋号销售量最多，这说明购买男士鞋长为 25.5 cm 的人最多，鞋号 25.5 cm 就是众数。如果我们计算算术平均数，则平均号码为 25.65 cm，显然这个号码没有实际意义，因为鞋厂为了生产方便且能满足顾客需求，必然制定一些固定规格，比如鞋长间隔为 0.5 cm，故根本不生产长度为 25.65 cm 的皮鞋。再者，鞋长的平均数并不能代表销量最多的鞋码，也不能代表人们最需要的男士皮鞋鞋码。但是直接用 25.5 cm 作为顾客对男皮鞋所需尺寸的集中趋势既便捷又符合实际。

若所掌握的资料是组距式数列，则只能按一定的方法（比如比例插值法）来推算众数的近似值。其计算公式为

$$M_0 = L + \frac{\Delta_1}{\Delta_1 + \Delta_2} \times d \text{ 或 } M_0 = U - \frac{\Delta_2}{\Delta_1 + \Delta_2} \times d \tag{3.7}$$

式中：L 为众数所在组下限；U 为众数所在组上限；Δ_1 为众数所在组频的数与其下限的邻组频数之差；Δ_2 为众数所在组的频数与其上限的邻组频数之差；d 为众数所在组组距。

显然

$$U - L = d = \frac{\Delta_1 + \Delta_2}{\Delta_1 + \Delta_2} \times d = \frac{\Delta_2}{\Delta_1 + \Delta_2} \times d + \frac{\Delta_1}{\Delta_1 + \Delta_2} \times d$$

$$U - \frac{\Delta_2}{\Delta_1 + \Delta_2} \times d = L + \frac{\Delta_1}{\Delta_1 + \Delta_2} \times d$$

可见，在式（3.7）中，众数的两种计算方法是等价的。

应该注意的是，上面给出的众数计算公式通常只适用于等距的变量数列，或者至少变量数列中间频数最大的几个组应该是等距的；否则，随着组距的变化，众数组和众数值都会发生变化，公式给出的结果就会失去客观意义。

例 3.1.5 表 3.1.4 是某车间 50 名工人日加工零件数分组表，计算此车间加工零件的众数。

表 3.1.4　某车间 50 名工人日加工零件数分组表

频数/人	累积频数
3	3
5	8
8	16

频数/人	累积频数
14	30
10	40
6	46
4	50
50	—

解 $M_0 \doteq 120 + \dfrac{14-8}{(14-8)+(14-10)} \times 5 = 123$ （个）

$M_0 \doteq 125 - \dfrac{14-10}{(14-8)+(14-10)} \times 5 = 123$ （个）

可见，众数的两种计算方法结果一致。

众数是一种位置代表值，它不受数据中极端值的影响。从分布的角度看，众数是具有明显集中趋势点的数值，一组数据分布的最高峰点所对应的数值即众数。当然，如果数据的分布没有明显的集中趋势或最高峰点，众数也可能不存在；如果有两个最高峰点，也可以有两个众数。只有在总体单位比较多而且又明显地集中于某个变量值时，计算众数才有意义。众数的示意图如图 3.1.1 所示。

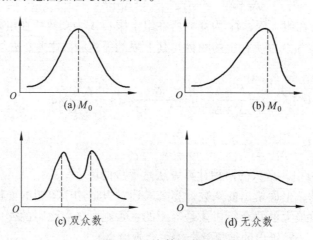

图 3.1.1　众数示意图

总体而言，众数主要具有以下特点：

（1）众数是以它在所有标志值中所处的位置确定的全体单位标志值的代表值，它不受极大值或极小值的影响，从而增强了众数对分布数列的代表性。

（2）当分组数列没有任何一组的次数占多数，即分布数列中没有明显的集中趋势，而是近似于均匀分布时，则该次数分配数列无众数。若将无众数的分布数列重新分组或各组频数依序合并，又可能会使分配数列再出现明显的集中趋势。

（3）如果与众数组相邻的上下两组的频数相等，则众数组的组中值就是众数值；如果与众数组相邻的上一组的频数较多，而下一组的频数较少，则众数在众数组内会偏向该组下限；如果与众数组相邻的上一组的频数较少，而下一组频数较多，则众数在众数组内会偏向该组上限。

（4）缺乏敏感性。这是由于众数的计算只利用了众数组的数据信息，不像数值平均数那样利用了全部数据信息。

3.1.3 顺序数据：中位数与分位数

1. 中位数

中位数是一组数据排序后处于中间位置的变量值，用 M_e 表示。显然，中位数将全部数据等分成两部分（每部分包含 50% 的数据），一部分数据比中位数大，另一部分数据则比中位数小。中位数主要用于测度顺序数据的集中趋势，当然也适用于测度数值型数据的集中趋势，但不适用于分类数据。当数据的个数为奇数时，中位数就是 $\frac{n+1}{2}$ 位置的变量值；当该组数据的个数为偶数时，取中间两个数值的平均数作为中位数。中位数是一个位置代表值，其特点是不受极端值的影响。

设 n 个数据从小到大的顺序排列为 $x_{(1)} \leqslant \cdots \leqslant x_{(n)}$，则中位数

$$M_e = \begin{cases} x_{\left(\frac{n+1}{2}\right)}, & n \text{ 为奇数} \\ \frac{1}{2}[x_{\left(\frac{n}{2}\right)} + x_{\left(\frac{n}{2}+1\right)}], & n \text{ 为偶数} \end{cases} \tag{3.8}$$

例如，根据 7、5、8、2、3 这五个数据求中位数，先按大小顺序排成 2、3、5、7、8，所以 5 就是这五个数值中的中位数。若一个按大小顺序排列的序列是 2、3、7、8、11、12，则中位数的位置在 7 与 8 之间，中位数就是 7 与 8 的平均数，即 $M_e = \frac{7+8}{2} = 7.5$。

根据单项数列（给出了频数分布）确定中位数时，首先计算各组的累积频数，再按公式 $\frac{1}{2}\left(\sum_{i=1}^{k} f_i + 1\right) = \frac{n+1}{2}$ 确定中位数的位置，并对照累计频数确定中位数。

例 3.1.6 某班同学按年龄分组资料见表 3.1.5，求中位数。

表 3.1.5 单项数列求中位数计算表

年龄/岁	学生人数/人	向上累积频数	向下累积频数
17	5	5	50
18	8	13	45
19	26	39	37
20	9	48	11
21	2	50	2
合　计	50	—	—

解　年龄中位数的位置为 $\dfrac{50+1}{2}=25.5$，说明位于第 25 位与第 26 位同学之间，根据累积频数可确定中位数为第三组的变量值 19 岁。

根据组距分组数据确定中位数时，首先根据 $\dfrac{n}{2}$ 确定中位数的位置，然后根据公式 （3.8）计算中位数的近似值：

$$M_e = L + \dfrac{\dfrac{n}{2} - S_{m-1}}{f_m} \times d_m \tag{3.9}$$

式中：n 为数据的个数；L 为中位数所在组的下限值；S_{m-1} 为中位数所在组以前各组的累积频数；f_m 为中位数所在组的频数；d_m 为中位数所在组的组距。

在例 3.1.5 中，中位数的位置 $= 50/2 = 25$，即中位数在 $120 \sim 125$ 这一组，由公式（3.9），得 $M_e = 120 + \dfrac{\dfrac{50}{2} - 16}{14} \times 5 \approx 123.21$（个）。

总之，要根据数据形式采用相应的公式计算中位数。

2. 四分位数

中位数是从中间点将全部数据等分为两部分。现将中位数推广，把处于 $p\%$ 位置的值称为第 p 百分位数，记 Q_1 为四分之一分位数，Q_2 为四分之二分位数，Q_3 为四分之三分位数。显然 Q_2 就是中位数。

与中位数计算方法类似，根据未分组数据计算四分位数时，首先对数据进行排序，然后确定四分位数所在的位置，该位置上的数值就是四分位数。与中位数不同的是，四分位数位置的确定方法有几种，每种方法得到的结果会有一定的差异，但差异不大，尤其当 n 比较大时，差异更不明显。根据四分位数的定义有

$$Q_1 \text{位置} = \dfrac{n}{4}, \quad Q_3 \text{位置} = \dfrac{3n}{4}$$

一种较为准确的算法是按下列公式计算：

$$Q_1 \text{位置} = \dfrac{n+1}{4}, \quad Q_3 \text{位置} = \dfrac{3(n+1)}{4}$$

Excel 给出的四分位数位置的确定方法为

$$Q_1 \text{位置} = \dfrac{n+3}{4}, \quad Q_3 \text{位置} = \dfrac{3n+1}{4}$$

如果位置是整数，四分位数就是该位置对应的值；如果在 0.5 的位置上，则取该位置两侧值的平均数；如果在 0.25 或 0.75 的位置上，则四分位数等于该位置的下侧值加上按比例分摊位置两侧数值的差值。

例 3.1.7　利用例 3.1.1 中 9 个家庭的收入调查数据，计算人均月收入的四分位数。

解　先将数据排序，结果如下：

$$750 \quad 780 \quad 850 \quad 960 \quad 1\,080 \quad 1\,250 \quad 1\,500 \quad 1\,630 \quad 2\,000$$

中位数的位置 $= \dfrac{9+1}{2} = 5$，所以中位数为 $1\,080$，即

$$M_e = Q_2 = 1\,080（元）$$

Q_1 位置 $= \dfrac{n}{4} = \dfrac{9}{4} = 2.25$，即 Q_1 的位置在第 2 个数值 780 和第 3 个数值 850 之间 0.25 的位置上，因此

$$Q_1 = 780 + (850 - 780) \times 0.25 = 797.5（元）$$

Q_3 位置 $= \dfrac{3n}{4} = \dfrac{3 \times 9}{4} = 6.75$，即 Q_3 的位置在第 6 个数值 $1\,250$ 和第 7 个数值 $1\,500$ 之间 0.75 的位置上，因此

$$Q_3 = 1\,250 + (1\,500 - 1\,250) \times 0.75 = 1\,437.5（元）$$

例 3.1.8 计算甲城市家庭对住房满意状况评价的四分位数，见表 3.1.6。

表 3.1.6 甲城市家庭对住房状况评价的频数分布

回答类别	甲城市	
	户数/户	累计频数
非常不满意	24	24
不满意	108	132
一般	93	225
满意	45	270
非常满意	30	300
合计	300	—

解 因为

$$Q_1 \text{位置} = \frac{n}{4} = \frac{300}{4} = 75, \quad Q_3 \text{位置} = \frac{3n}{4} = \frac{3 \times 300}{4} = 225$$

所以从累计频数看

$$Q_1 = \text{不满意}, \quad Q_3 = \text{一般}$$

根据四分位数的计算结果可以粗略地说，在排序数据中，至少 25% 的数据小于或等于 Q_1，而至少 75% 的数据大于或等于 Q_1；至少 75% 的数据小于或等于 Q_3，而至少 25% 的数据大于或等于 Q_3；在 Q_1 到 Q_3 之间大约包含了 50% 的数据。就例 3.1.8 而言，可以说大约有一半的家庭对住房状况的评价介于不满意和一般之间。

3.1.4 平均数、中位数和众数的比较

平均数、中位数和众数是集中趋势的三个主要测度值，它们具有不同的特点和应用场合。

1. 平均数、中位数和众数的关系

由于大部分数据都属于单峰分布，其众数、中位数和均值之间具有以下关系：

（1）如果数据的分布是对称的，则 $M_0 = M_e = \bar{x}$，如图 3.1.2（a）所示。

（2）如果数据是左偏分布，说明数据中存在极小的数，将均值拉向极小的数的一方，这使均值左边的数据更为分散，而众数和中位数是位置代表值，不受极值的影响，因此三者之间的关系表现为 $M_0 > M_e > \bar{x}$，又叫负偏，如图 3.1.2（b）所示。

（3）如果数据是右偏分布，说明数据中存在极大的数，将均值拉向极大的数的一方，这使均值右边的数据更为分散，则 $M_0 < M_e < \bar{x}$，又叫正偏，如图 3.1.2（c）所示。

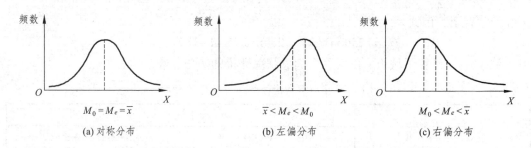

图 3.1.2　众数、中位数和算术平均数的关系

2. 众数、中位数和平均数的特点与应用场合

掌握众数、中位数和平均数的特点，有助于在实际应用中选择合理的测度值来描述数据的集中趋势。

（1）众数是一组数据分布的峰值，是位置代表值，主要适合分类数据的集中趋势测度值，当然也适合顺序数据和数值型数据。其优点是易于理解，不受极端值的影响。当数据的分布具有明显的集中趋势时，尤其是对于偏态分布，众数的代表性要比均值好。其缺点是：众数不唯一，对于一组数据可能有不止一个众数，也可能没有众数。众数只有在数据较多时才有意义，当数据量较少时，不宜使用众数。

（2）中位数是一组数据中间位置上的代表值，主要适合顺序数据的集中趋势测度值，当然也适合数值型数据，但不适合分类数据。其优点是不受极端值的影响。对于偏态分布的数据，中位数的代表性要比平均数好。

（3）平均数由全部数据的计算所得，主要针对数值型数据，不能用于分类数据和顺序数据，是实际中应用最广泛的集中趋势测度值。当数据呈对称分布或接近对称分布时，3 个代表值相等或接近相等，这时应选择平均数作为集中趋势的代表值。其主要缺点是易受数据极端值的影响，对于偏态分布的数据，平均数的代表性较差。因此，当数据为偏态分布，特别是偏斜程度较大时，可以考虑选择中位数或众数，这时它们的代表性要比平均数好。

3.2 离散程度的测度

数据的离散程度是数据分布的另一个重要特征，它反映各变量值远离其中心值的程度。数据的离散程度越大，集中趋势的测度值对该组数据的代表性越差；离散程度越小，其代表性就越好。

假设两个地区人均收入都为 4 000 元，你是否认为两地区的平均生活水平一样高呢？要回答这个问题，关键是要弄清楚这里的平均收入能否代表大多数人的收入水平。假设甲地区有少数几个富翁，而大多数人的收入都非常低；而乙地区多数人的收入水平都在 4 000 元左右。甲地区平均收入看上去与乙地区相同，但大多数人的生活水平却远不如乙地区，原因是甲地区的收入差距远大于乙地区，甲地区贫富悬殊、两极分化的情况被平均数所掩盖。可见，仅仅知道数据的水平是远远不够的，还必须考虑数据之间的差距有多大。

反映离散程度的指标有绝对数和相对数两类。

3.2.1 离散程度的绝对指标

1. 异众比率

异众比率（variation ration）又称离异比例或变差比，是非众数组的频数占总频数的比例，即

$$V_r = \frac{\sum f_i - f_m}{\sum f_i} = 1 - \frac{f_m}{\sum f_i} \tag{3.10}$$

式中：V_r 为异众比率；$\sum f_i$ 为变量值的总频数；f_m 为众数组的频数。

异众比率主要用于衡量众数对一组数据的代表程度。异众比率越大，说明非众数组的频数占总频数的比重越大，众数的代表性越差；异众比率越小，说明非众数组的频数占总频数的比重越小，众数的代表性越好。它主要用来测度分类数据的离散程度，当然，对于顺序数据和数值型数据也可以计算异众比率。

例 3.2.1 根据表 3.1.5 的数据，计算异众比率。

解 根据式（3.10）得

$$V_r = 1 - \frac{f_m}{\sum f_i} = 1 - \frac{26}{50} = 0.48$$

这说明在某班 50 人中，年龄为非 19 岁的人数占到 48%，异众比率有点大，因此用"19 岁"来代表班级学生的岁数，其代表性不是很好。

2. 极差与四分位差

（1）极差（range）也称全距，是一组数据的最大值与最小值之差，用 R 表示，即

$$R = \max(x_i) - \min(x_i) \qquad (3.11)$$

式中：$\max(x_i)$ 和 $\min(x_i)$ 分别为一组数据的最大值和最小值。

对于组距分组数据，极差也可近似表示为

$$R \approx 最高组的上限值 - 最低组的下限值$$

例 3.2.2 根据例 3.1.1 中 9 个家庭的收入调查数据，计算人均月收入的极差。

解 根据式（3.11），得

$$R = 2000 - 750 = 1250 （元）$$

极差是描述数据离散程度的最简单测度值，计算简单，易于理解。但它只是说明两个极端变量值的差异范围，因而它不能反映各单位变量值变异程度，易受极端值的影响，因而不能准确地描述数据的分散程度。

（2）四分位差（quartile deviation）（也称内距或四分间距）是指四分之三分位数与四分之一分位数之差，用 Q_r 表示，显然

$$Q_r = Q_3 - Q_1 \qquad (3.12)$$

四分位差反映了中间 50%数据的离散程度。其数值越小，说明中间数据越集中；数值越大，说明中间数据越分散。此外，由于中位数处于数据的中间位置，所以四分位差的大小在一定程度上说明了中位数对一组数据的代表程度。四分位差不受极端值的影响，因此在某种程度上弥补了极差的一个缺陷。

例 3.2.3 根据例 3.1.1 中 9 个家庭的收入调查数据，计算人均月收入的四分位差。

解 因为 $Q_1 = 797.5$，$Q_3 = 1437.5$，故

$$Q_r = Q_3 - Q_1 = 1\,437.5 - 797.5 = 640 （元）$$

四分位差主要用来测度顺序数据的离散程度，也可用于数值型数据，但不能用于分类数据。

3. 平均差

平均差也称平均绝对离差，是各变量值与其平均数离差绝对值的平均数，用 M_D 表示。根据未分组数据计算平均差的公式为

$$M_D = \frac{1}{n} \sum_{i=1}^{n} |x_i - \bar{x}| \qquad (3.13)$$

根据分组数据计算平均差的公式为

$$M_D = \frac{\sum_{i=1}^{k} |M_i - \bar{x}| f_i}{\sum_{i=1}^{k} f_i} = \frac{\sum_{i=1}^{k} |M_i - \bar{x}| f_i}{n} \qquad (3.14)$$

例 3.2.4 计算 5、11、7、8、9 的平均差。

解　先计算该组数据的均值，得 $\bar{x}=8$，所以

$$M_D = \frac{|5-8|+|11-8|+|7-8|+|8-8|+|9-8|}{5} = 1.6$$

平均差以平均数为中心，反映了每个数据与平均数的平均差异程度，它能全面准确地反映一组数据的离散状况。平均差越大，则其平均数的代表性越小，说明该组变量值分布越分散；反之，平均差越小，则其平均数的代表性越大，说明该组变量值分布越集中。为了避免离差之和等于零而无法计算平均差的问题，以离差的绝对值来表示总离差，这给计算带来了很大不便，因而在应用上有较大的局限性。但平均差的实际意义比较清楚，容易理解。

4. 方差与标准差

方差（variance）是各变量值与其平均数离差平方的平均数。它在数学处理上是通过平方的办法消去离差的正负号，然后再进行平均。样本方差是用样本数据个数减 1 后去除离差平方和，其中样本数据减 1 即 $n-1$ 称为自由度。与平均差相比，方差也克服了正负离差彼此抵消的缺点，数学上处理起来更方便。

设样本方差为 s^2，则

未分组数：$s^2 = \dfrac{1}{n-1}\sum_{i=1}^{n}(x_i - \bar{x})^2$ 　　　　　　　　　　　　　（3.15）

分组数据：$s^2 = \dfrac{1}{n-1}\sum_{i=1}^{n}(M_i - \bar{x})^2 f_i$ 　　　　　　　　　　　（3.16）

注意，如果能得到总体数据，则

未分组数：$s^2 = \dfrac{1}{n}\sum_{i=1}^{n}(x_i - \bar{x})^2$

分组数据：$s^2 = \dfrac{1}{n}\sum_{i=1}^{n}(M_i - \bar{x})^2 f_i$

方差的正平方根称为标准差（standard deviation），常用 σ 或 s 表示。方差与标准差是测度数据离散程度的最主要方法。标准差是具有量纲的，它与变量值的计量单位相同，其实际意义要比方差清楚，因此在实际问题中更多地使用标准差。

例 3.2.5　计算 5、11、7、8、9 的标准差。

解　经计算得 $\bar{x}=8$，故

$$s = \sqrt{\frac{(5-8)^2+(11-8)^2+(7-8)^2+(8-8)^2+(9-8)^2}{5}} = 2$$

注意，当这 5 个数字是某总体的 5 个样本时，有

$$s = \sqrt{\frac{(5-8)^2+(11-8)^2+(7-8)^2+(8-8)^2+(9-8)^2}{4}} = \sqrt{5}$$

3.2.2 离散程度的相对指标

极差、平均差和标准差都是反映数据离散程度的绝对值，其数据的大小，一方面与原变量取值的高低有关，也就是与变量的平均数大小有关，变量值绝对水平高的，离散程度的测度值自然也就大，变量值绝对水平低的，离散程度的测度值自然也就小；另一方面，它们与原变量值的计量单位相同，采用不同计量单位，其离散程度的测度值也不同。因此，对于平均数不等或计量单位不同的不同组别的变量值，是不能直接用离散程度的绝对指标来比较其离散程度的。为了消除变量平均数不等和计量单位不同对离散程度测度值的影响，需要计算离散程度的相对指标，即离散系数。

离散系数也称变异系数，是一组数据的标准差与其相应平均值的比值，是测度数据离散程度的相对指标。其计算公式为

$$V_s = \frac{s}{\bar{x}} \tag{3.17}$$

离散系数的绝对值是测度数据离散程度的相对统计量，主要用于比较不同样本数据的离散程度。离散系数的绝对值大，说明数据的离散程度也大；离散系数的绝对值小，说明数据的离散程度也小。

例 3.2.6 对 10 名成年人和 10 名幼儿的身高（cm）进行抽样调查，结果如下：

成年组　166　169　172　177　180　170　172　174　168　173

幼儿组　68　69　68　70　71　73　72　73　74　75

（1）比较成年组和幼儿组的身高差异，你会采用什么样的指标反映其离散程度？为什么？

（2）比较分析哪一组身高离散程度大？

解（1）可以采用离散系数反映两组数据的离散程度，因为它消除了不同组数据水平高低的影响。

（2）成年组身高的离散系数：$V_{成} = \dfrac{4.2}{172.1} = 0.024$；

幼儿组身高的离散系数：$V_{幼} = \dfrac{2.3}{71.3} = 0.032$。

由于幼儿组身高的离散系数大于成年组身高的离散系数，说明幼儿组身高的离散程度相对较大。

这里需要说明的是，虽然成年组的方差大于幼年组的方差，但我们不能说成年组的离散程度大，因为两组的均值差异很大，没有可比性。

上述反应数据离散程度的各个测度值，适用于不同的数据类型。对于分类数据，主要用异众比率来测度离散程度；对于顺序数据，虽然也可以计算异众比率，但主要用四分位差测度离散程度；对于数值型数据，虽然可以计算极差、异众比率、四分位差等，但主要用方差或标准差来测度离散程度。当需要对不同数据的离散程度进行比较时，则使用离散系数。在实际问题中，选用哪一个测度值来反映数据的离散程度，要根据所掌

握的数据的类型和分析目的来确定。

3.3 偏度和峰度的测度

集中趋势和离散程度是数据分布的两个重要特征，但要全面了解数据分布的特点，还需要掌握数据分布的形状是否对称、偏斜的程度以及扁平程度等。反映这些分布特征的测度值是偏态和峰态。

3.3.1 偏态及其测度

"偏态"（skewness）一词由统计学家皮尔逊于 1895 年首次提出，它是对数据分布对称性的测度。测定偏态的统计量是偏态系数（偏度）。偏态系数的计算方法很多，通常采用如下公式进行计算。

未分组数据：$SK = \dfrac{n\sum(x_i - \overline{x})^3}{(n-1)(n-2)s^3}$，其中 s^3 是样本标准差的三次方。

分组数据：$SK = \dfrac{\sum\limits_{i=1}^{k}(M_i - \overline{x})^3 f_i}{ns^3}$。

偏态系数可以描述分布的形状特征：

当 $SK > 0$ 时，分布为正偏或右偏；当 $SK = 0$ 时，分布关于均值是对称的；当 $SK < 0$ 时，分布为负偏或左偏。

如果一组数据的分布是对称的，则偏态系数等于 0；如果偏态系数明显不等于 0，表明分布是非对称的。若 $SK > 1$ 或 $SK < -1$，称为高度偏态分布；若 $0.5 < SK < 1$ 或 $-1 < SK < -0.5$ 时，被认为是中度偏态分布；SK 越接近 0，偏斜程度越低。可见，SK 的绝对值越大，表明偏斜的程度越大。

3.3.2 峰态及其测度

"峰态"（kurtosis）一词由统计学家皮尔逊于 1905 年首次提出，它是对数据分布的平峰或尖峰程度的测度。测定峰态的统计量则是峰态系数（峰度）。

未分组数据：峰度 $K = \dfrac{n(n+1)\sum\limits_{i=1}^{n}(x_i - \overline{x})^4 - 3(n-1)\left(\sum\limits_{i=1}^{n}(x_i - \overline{x})^2\right)^2}{(n-1)(n-2)(n-3)s^4}$；

分组数据：峰度 $K = \dfrac{\sum\limits_{i=1}^{k}(M_i - \overline{x})^4 f_i}{ns^4} - 3$，其中 s^4 是样本标准差的四次方。

公式中将离差四次方的平均数除以 s^4 是为了将峰态系数转化成相对数。用峰态系数说明分布的尖峰和扁平程度，是通过与标准正态分布的峰态系数进行比较来实现的。由于正态分布的峰态系数为 0，当 $K > 0$ 时为尖峰分布，数据的分布更集中；当 $K < 0$ 时为扁平分布，数据的分布更分散。

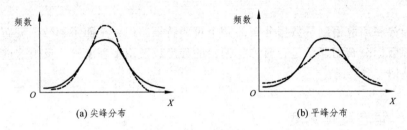

图 3.3.1　尖峰、平峰分布示意图

例 3.3.1　某管理局所辖 30 个企业 2007 年 3 月利润额统计资料如表 3.3.1 所示，要求计算该变量数列的偏斜状况。

表 3.3.1　偏态系数计算示例表

利润额/万元	企业数	组中值 M	$(M-\overline{x})^2 f$	$(M-\overline{x})^3 f$	$(M-\overline{x})^4 f$
10～30	2	20	2 312	−78 608	2 672 672
30～50	10	40	1 960	−27 440	384 160
50～70	13	60	468	2 808	16 848
70～90	5	80	3 380	87 880	2 284 880
合　计	30	—	8 120	−15 360	5 358 560

解　利用表 3.3.1 中有关数据计算标准差如下：

$$s = \sqrt{\dfrac{\displaystyle\sum_{i=1}^{k}(M_i-\overline{x})^2 f_i}{\displaystyle\sum_{i=1}^{k} f_i}} = \sqrt{\dfrac{8\,120}{30}} = 16.45 , \quad v_3 = \dfrac{\displaystyle\sum_{i=1}^{k}(M_i-\overline{x})^3 f_i}{n} = \dfrac{-15\,360}{30} = -512 ,$$

$$\text{SK} = \dfrac{\displaystyle\sum_{i=1}^{k}(M_i-\overline{x})^3 f_i}{ns^3} = \dfrac{-512}{16.45^3} = -0.12 ,$$

$$K = \dfrac{\displaystyle\sum_{i=1}^{k}(M_i-\overline{x})^4 f_i}{ns^4} - 3 = \dfrac{5\,358\,560}{30 \times 16.45^4} - 3 = 2.44 - 3 = -0.56$$

计算结果表明，该管理局所属企业利润额的分布状况呈轻微负偏分布，且呈平顶峰度，各变量值分布较为均匀。

3.4 利用 SPSS 计算统计量

在实际分析中，对所分析的变量通常需要一次计算出多个描述统计量，进而做出全面的描述。虽然可以使用 SPSS 的函数计算所需的某个统计量，但比较麻烦。实际上，利用 SPSS 的"分析"功能可以容易地计算出各种统计量。

数据分布特征与适用的描述统计量如图 3.4.1 所示。

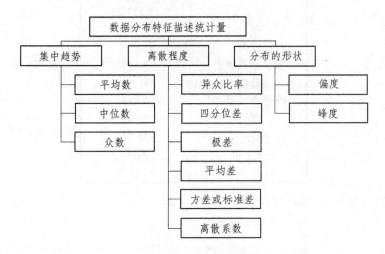

图 3.4.1 数据分布特征与适用的描述统计量

3.4.1 利用 SPSS 计算描述统计量的操作步骤

用"分析"工具计算描述统计量的操作步骤：

（1）选择"分析"菜单→"描述统计"→"频率"或"描述"或"探索"。

（2）将用于描述的变量选入"变量"，点击"统计量"，选择所需的描述统计量；点击"继续"回到主对话框，点击"确定"。

例 3.4.1 （考试成绩分析）某大学随机抽查统计专业 1 班 30 位同学的"概率论与数理统计"考试成绩，数据如表 3.4.1 所示。计算有关的描述统计量，并结合直方图和茎叶图对成绩进行综合分析。

表 3.4.1　某大学统计专业 1 班考试成绩　　　　　　　单位：分

94	47	94	69	68	96	50	73	66	41
84	58	85	76	92	79	74	98	78	62
86	61	68	94	65	60	58	78	79	62

解　选择"分析"菜单→"描述统计"→"频率"，得到的结果如表 3.4.2 所示。

表 3.4.2　班级考试成绩描述统计分析结果

成绩

个案数	有效	30
	缺失	0
平均值		73.166 7
平均值标准误差		2.799 05
中位数		73.500 0
众数		94.00
标准差		15.331 02
方差		235.040
偏度		−0.123
偏度标准误差		0.427
峰度		−0.702
峰度标准误差		0.833
范围		57.00
最小值		41.00
最大值		98.00
总和		2 195.00

成绩的直方图和茎叶图,如图 3.4.2 和图 3.4.3 所示。

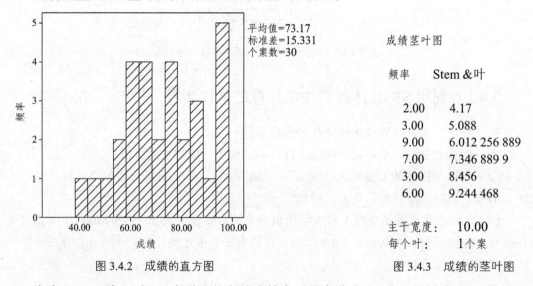

平均值=73.17
标准差=15.331
个案数=30

成绩茎叶图

频率	Stem & 叶
2.00	4.17
3.00	5.088
9.00	6.012 256 889
7.00	7.346 889 9
3.00	8.456
6.00	9.244 468

主干宽度:　10.00
每个叶:　　1个案

图 3.4.2　成绩的直方图　　　　　图 3.4.3　成绩的茎叶图

由表 3.4.2 可知,在 30 名学生的考试成绩中,最高分为 98 分,最低分为 41 分,区域(极差)为 57 分,标准差为 15.331 02,波动还是挺大的,这说明学生考试成绩差异很大。众数 94>中位数 73.5>平均数 73.166 67,偏度为−0.123 29,呈左偏分布,这说明学生分数有偏低的趋势。峰度为−0.701 87,比标准正态分布更平。从图 3.4.2 和图 3.4.3 也可以看出这一点。

例 3.4.2　某大学随机抽取 60 名大学生,调查得到他们的性别、家庭所在地和月生活费支出数据（单位：元），如表 3.4.3 所示。对调查数据进行综合分析。

表 3.4.3　60 名大学生的调查数据

性别	家庭所在地	月生活费支出	性别	家庭所在地	月生活费支出
女	中小城市	1 500	女	乡镇地区	1 850
男	大型城市	2 000	女	乡镇地区	2 000
男	大型城市	1 800	女	中小城市	1 700
女	中小城市	1 600	女	大型城市	1 800
女	中小城市	2 000	男	中小城市	1 860
女	大型城市	2 100	男	乡镇地区	1 950
男	大型城市	1 100	女	中小城市	1 900
男	大型城市	1 780	男	中小城市	2 000
女	中小城市	1 550	女	乡镇地区	1 870
女	乡镇地区	1 300	女	中小城市	1 900
男	大型城市	2 000	女	大型城市	2 400
男	大型城市	1 700	女	大型城市	2 000
女	中小城市	1 400	女	中小城市	2 360
女	大型城市	1 500	女	中小城市	2 050
男	大型城市	1 400	女	大型城市	2 200
男	大型城市	1 480	男	大型城市	2 000
女	中小城市	2 350	女	中小城市	1 750
女	中小城市	1 450	女	中小城市	2 250
男	大型城市	1 500	女	大型城市	2 800
男	大型城市	1 760	女	大型城市	1 900
男	中小城市	1 300	男	大型城市	2 000
男	中小城市	1 600	男	乡镇地区	1 900
女	中小城市	1 680	女	中小城市	2 200
男	中小城市	1 850	女	乡镇地区	1 800
男	乡镇地区	1 500	女	乡镇地区	1 900
女	中小城市	1 600	男	乡镇地区	1 500
男	大型城市	1 300	男	大型城市	2 000
女	大型城市	1 800	男	大型城市	1 900
女	大型城市	1 550	女	大型城市	2 300
男	中小城市	1 350	女	中小城市	1 900

解　首先画出 60 名大学生月生活费支出的直方图（见图 3.4.4），观察月生活费支出的分布情况。

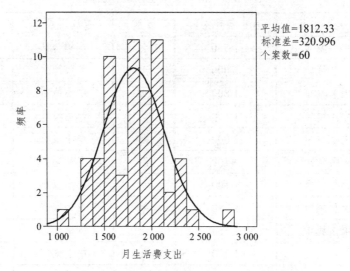

图 3.4.4　60 名大学生月生活费支出的直方图

从图 3.4.4 可以看出，大学生月生活费支出的分布基本上是对称的，也就是以均值为中心，两侧依次减少，这基本上符合大学生生活费支出的特点。其次，我们可以按性别和家庭所在地进行分类，分别描述不同性别和不同家庭所在地的大学生月生活费支出的特征，看看性别和家庭所在地对生活费支出是否有影响。

3.4.2　利用 SPSS 进行分类描述的操作步骤

用"均值"过程进行分类描述的操作步骤：

（1）选择"分析"菜单→"比较平均值"→"平均值"。

（2）在出现的对话框中，将月生活费支出变量选入"因变量列表"，将性别和家庭所在地选入"自变量列表"，点击"选项"；将所需的描述统计量从"统计量"列表中选入"单元格统计量"，点击"继续"回到主对话框，点击"确定"。

表 3.4.4 和表 3.4.5 分别是按性别和家庭所在地分类汇总得到的一些统计描述量。

表 3.4.4　60 名大学生按性别汇总的描述统计量

月生活费支出

性别	平均值	个案数	标准差	中位数	范围	偏度
男	1 701.20	25	275.489	1 780	900	-0.549
女	1 891.71	35	331.152	1 900	1 500	0.503
总计	1 812.33	60	320.996	1 850	1 700	0.316

表 3.4.5 60 名大学生按家庭所在地汇总的描述统计量

月生活费支出

家庭所在地	平均值	个案数	标准差	中位数	范围	偏度
大型城市	1 848.85	26	364.135	1 850	1 700	0.321
乡镇地区	1 757.00	10	236.034	1 860	700	-1.053
中小城市	1 795.83	24	308.657	1 800	1 060	0.269
总计	1 812.33	60	320.996	1 850	1 700	0.316

从表 3.4.4 可以看出，男女生月生活费支出之间存在差异。女生月生活费支出的均值和中位数均大于男生，同时，女生月生活费支出的标准差和极差也都大于男生，相应的，女生的变异系数大于男生的变异系数，说明女生月生活费支出的离散程度大于男生。从分布形态看，女生月生活费支出的偏度系数是 0.503，呈右偏分布，而男生的偏度系数是 -0.549，呈左偏分布。

从表 3.4.5 可以看出，家庭所在地不同的大学生月生活费支出也有差异。大型城市大学生的月生活费支出均值大于中小城市和乡镇地区，但中位数是乡镇地区最大。从标准差看，乡镇地区的标准差最小。从变异系数看，乡镇地区大学生的月生活费支出离散程度最低，大型城市则最高。从分布形态看，乡镇地区大学生月生活费支出的偏度系数为 -0.105 3，呈严重的左偏分布，大型城市和中小城市大学生的月生活费支出呈轻微的右偏分布。

习 题

1. 一组数据的分布特征可以从哪几个方面进行描述？
2. 说明平均数、中位数和众数的特点及应用场合。
3. 一位投资者持有一种股票，2001—2004 年收益率分别为 4.5%、2.1%、25.5%、1.9%。计算该投资者在这四年内的平均收益率。
4. 随机抽取 25 个网络用户，得到他们的年龄（单位：周岁）数据如表 1 所示。

表 1 25 个网络用户的年龄

19	15	29	25	24
23	21	38	22	18
30	20	19	19	16
23	27	22	34	24
41	20	31	17	23

（1）计算众数、中位数。
（2）计算四分位数。

（3）计算平均数和标准差。

（4）计算偏态系数和峰态系数。

（5）对网民年龄的分布特征进行综合分析。

5. 某银行为缩短顾客到银行办理业务等待的时间，准备对两种排队方式进行试验：一种是所有顾客都进入一个等待队列，另一种是顾客在三个业务窗口处列队三排等待。为比较两种排队方式使顾客等待的时间更短，从两种排队方式各随机抽取 9 名顾客，得到第一种排队方式的平均等待时间为 7.2 分钟，标准差为 1.97 分钟，第二种排队方式的等待时间（单位：分钟）如下：

    5.5 6.6 6.7 6.8 7.1 7.3 7.4 7.8 7.8

（1）计算第二种排队方式等待时间的平均数和标准差。

（2）比较两种排队方式等待时间的离散程度。

（3）如果让你选择一种排队方式，你会选择哪一种？说明理由。

6. 一种产品需要人工组装，现有三种可供选择的组装方法。为检验哪种方法更好，随机抽取 16 个工人，让他们分别用三种方法组装。表 2 是 16 个工人分别用三种方法在相同时间内组装的产品数（单位：个）。

表 2 三种方法相同时间内组装产品数

方法 1	方法 2	方法 3
164	129	125
167	130	126
168	129	126
165	130	127
170	131	126
165	130	128
164	129	127
168	127	126
164	128	127
162	128	127
163	127	125
166	128	126
167	128	116
166	125	126
165	132	125
166	131	128

（1）你准备用什么方法来评价组装方法的优劣？

（2）如果让你选择一种方法，你会做出怎样的选择？试说出理由。

第4章 相关与回归分析

唯物主义者认为任何客观事物之间都有联系，只是这种联系有强弱、直接或间接的差别。人们将客观事物之间的关系大致归纳为两大类，即函数关系和统计关系。相关与回归分析是确定两种或两种以上变量之间相互依赖的定量关系的一种统计分析方法。

在统计分析中，相关与回归这两个概念密不可分，而且应用都相当广泛。相关分析考查的是两个变量之间的关联程度，两个变量的地位是平等的，没有因果关系。回归分析是研究一个随机变量和另一个或一些变量关系的统计方法，主要用最小二乘法来拟合因变量和自变量间的回归模型，从而把具有不确定关系的若干变量转化为有确定关系的方程模型来近似分析，并通过自变量的变化来预测因变量的变化趋势。

回归分析和相关分析虽然紧密联系，但也有明显的区别。在相关分析中，两变量的地位是一样的，分析侧重于随机变量之间的种种相关特征，研究目的是揭示变量之间的相关关系。回归分析中两个变量的地位不同，两者存在因果关系。回归分析是在明确变量之间相关性的基础上，以模型构建的方式对因变量进行预测或估计，考查的是某一变量的变化，依赖于其他变量的变化程度，侧重变量之间的因果关系。

相关与回归分析的分类：

（1）按照涉及变量的多少，分为简单相关回归分析、多元相关与回归分析。如果研究的是两个变量之间的关系，称为简单相关回归分析；如果研究的是两个以上变量之间的关系，称为多元相关与回归分析。

（2）按照变量之间的关系类型，可分为线性和非线性相关与回归分析。

本章从介绍相关与回归分析的基本概念与分类入手，扼要介绍变量间的统计关系，然后介绍简单相关分析和多元相关分析，并以一元线性回归模型为基础，引出包括多元线性回归分析、非线性回归分析及 Logistic 回归分析中模型识别、参数估计、模型检验与预测等内容。

相关与回归分析概述

4.1.1 相关关系的概念及分类

1. 相关关系的概念

无论是在自然界还是社会经济领域，一种现象与另一种现象之间往往存在着依存关系，当我们用变量来反映这些现象的特征时，便表现为变量之间的依存关系。如某种商品的销售额（y）与销售量（x）之间的关系、商品销售额（y）与广告费支出（x）之间的关系以及粮食亩产量（y）与施肥量（x_1）、降雨量（x_2）、温度（x_3）之间的关系等。

变量之间的依存关系大致可以分为两类：函数关系和相关关系。

函数关系指变量之间保持着严格的、确定的关系，即当一个变量 x 取一定值时，另一个变量 y 可以依确定的函数取唯一确定的值。如圆的面积 S 与半径 R 之间的关系可表示为 $S = \pi R^2$，当圆的半径的值取定后，其圆的面积也随之确定。

相关关系指变量之间保持着不确定的依存关系，即变量间关系不能用函数关系精确表达，一个变量的取值不能由另一个变量唯一确定，当变量 x 取某个值时，变量 y 的取值可能有几个或无穷多个。例如人的身高与体重这两个变量，一般而言是相互依存的，但它们并不表现为确定的函数的关系。因为制约这两个变量的还有其他因素，如遗传因素、营养状况和运动水平等，以至于同一身高的人可以有不同的体重，同一体重的人又表现出不同身高。变量间的不确定依存关系，构成了相关与回归分析的对象。

2. 相关关系的分类

（1）按相关的程度可分为完全相关、不完全相关和不相关。

当一个变量的变化完全由另一个变量所决定时，称变量间的这种关系为完全相关关系，这种严格的依存关系实际上就是函数关系。当两个变量的变化相互独立、互不影响时，称这两个变量不相关（与下面的不线性相关或线性无关不同），实际上，这里的不相关就是（概率中的）独立，即变量间没有任何关系。当变量之间存在不严格的依存关系时，称为不完全相关。不完全相关关系是现实中相关关系的主要表现形式，也是相关分析的主要研究对象。

（2）按相关的方向可分为正相关和负相关。

当一个变量随着另一个变量的增加（减少）而增加（减少），即两者同向变化时，称为正相关，例如家庭收入与家庭支出之间的关系，一般家庭收入增加，家庭支出也会随之增加。当一个变量随着另一个变量的增加（减少）而减少（增加），即两者反向变化时，称为负相关，如产品产量与单位成本之间的关系，单位成本会随着产量的增加而减少。

（3）按相关的形式可分为线性相关和非线性相关。

当变量之间的依存关系大致呈现线性形式，即当一个变量变动一个单位时，另一个变量也按一个大致固定的增（减）量变动，称为线性相关。当变量间的关系不按固定比例变化时，称之为非线性相关。

上述的这些相关关系可以用图 4.1.1 来示意。

（4）按研究变量的多少可分为单相关、偏相关和复相关。

两个变量之间的相关，称为单相关。一个变量与两个或两个以上其他变量之间的相关，称为复相关。在复相关的研究中，假定其他变量不变，专门研究其中两个变量之间的相关关系时，称之为偏相关。

变量之间的相关关系需要用相关分析方法来识别和判断。相关分析，就是借助图形和若干分析指标（如相关系数）对变量之间的依存关系的密切程度进行测定的过程。

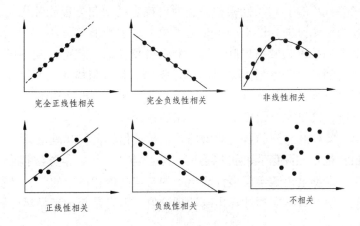

图 4.1.1　相关关系分类示意图

4.1.2　回归分析概述

1. "回归"一词的含义

"回归"最初是遗传学的一个名词，由英国生物学家、统计学家高尔登（Galton，1822—1911）首先提出来的。他在研究人类的身高问题时，发现高个子父母的子女身高有低于其父母身高的趋势；而矮个子父母的子女身高往往有高于其父母身高的趋势。从整个发展趋势看，高个子回归于人口的平均身高，而矮个子则从另一个方向回归于人口的平均身高。后来，人们将研究事物之间统计关系的数量分析方法称为回归分析。

回归分析的目的在于根据已知自变量来估计和预测因变量的总平均值。例如，农作物产量与施肥量、降雨量和气温有着依存关系。通过对这一依存关系的分析，在已知施肥量、降雨量和气温信息的条件下，可以预测农作物的平均亩产量。

回归分析是现代统计学中非常重要的内容，它在自然科学、管理科学和社会经济领域有着广泛的应用。它用于分析事物之间的统计关系，侧重考察变量之间的数量变化规律，并通过回归方程的形式描述和反映这种关系，帮助人们准确把握受其他一个或多个变量影响的程度，进而为预测提供科学依据。

2. 回归分析的一般步骤

（1）收集数据。根据研究课题的要求，系统地收集研究对象有关特征量的大量历史数据。由于回归分析是建立在大量的数据基础上的定量分析方法，历史数据的数量及其准确程度都直接影响到回归分析的结果。

（2）设定回归方程。以大量的历史数据为基础，分析它们之间的关系，根据自变量与因变量之间所表现出来的规律，选择适当的数学模型，设定回归方程。

（3）确定回归系数。将已知数据带入设定的回归方程，并用最小二乘法计算出回归系数，确定回归方程。

（4）进行相关性检验。相关性检验是指对已确定的回归方程能够代表自变量与因变量之间相关关系的可靠性进行检验。一般用 R 检验和 F 检验等方法。

（5）进行预测，并确定置信区间。通过相关性检验后，就可以利用已确定的回归方程进行预测。因为回归方程本质上是对实际数据的一种近似描述，所以在进行单点预测的同时，也需要给出该单点预测值的置信区间，使预测结果更加准确。

为了叙述方便，这里先介绍以下几个常用的概念：

（1）实际值：实际观测到的研究对象的特征数据值，又称观测值。

（2）理论值：根据实际值我们可以得到一条趋势线，用数学方法拟合这条曲线，可以得到数学模型，根据这个数学模型计算出来的与实际值相对应的值，又称计算值。

（3）预测值：根据数学模型计算出来的理论值，但它是与未来相对应的理论值。

3. 回归分析与相关分析

回归分析与相关分析都是研究两个或两个以上变量之间关系的方法。相关分析是研究两个或两个以上随机变量之间线性依存关系的紧密程度，通常用相关系数表示。多元相关时，则用复相关系数表示。在相关分析中，变量 X 和 Y 都被视为随机变量，(X, Y) 服从二元分布。回归分析是研究某一随机变量（因变量）与其他一个或几个普通变量（自变量）之间的数量变动的关系。由回归分析求出的关系式，称为回归方程。回归分析中，变量 x 不是随机变量，它被假定为一般变量，在事先选好的已知值中取值，变量 Y 是随机变量，在变量 x 的给定取值处有相应的观测值。

这两种分析的区别是，相关分析研究的变量都是随机变量，并且不分自变量与因变量；回归分析研究的变量要首先明确哪些是自变量，哪些是因变量，并且自变量是确定的普通变量，因变量是随机变量。这两种分析的联系是，它们是研究客观事物之间相互依存关系的两个不可分割的方面。在实际情报分析工作中，一般先进行相关分析，由相关系数的大小决定是否需要进行回归分析。在相关分析的基础上建立回归模型，以便进行分析和预测。

回归分析与相关分析的主要作用是：① 通过对数量的研究分析，深入认识客观事物之间的相互依存关系；② 运用回归模型进行分析和预测；③ 用于补充缺少的资料。

实践中到底使用哪种模型取决于研究者的研究目的和数据的收集方式与条件。例如，考虑出入境检查员工 Y 与检查船舶 X 之间的关系问题。如果我们随机地选择 36 天，记录下这 36 天的检查员工与检查船舶 (X_i, Y_i)，$i = 1, \cdots, 36$，它们是来自二维总体（随机变量）的独立同分布样本；在这种情况下，应用相关模型进行分析。

4.2　相关分析

绘制散点图是相关分析过程中极为常用且非常直观的分析方法，它将数据以点的形式画在直角坐标系上，通过观察散点图，能够直观发现数据点的大致走向，进而探索变量间的统计关系以及他们的强弱程度。

在进行相关关系分析中，首先绘制散点图来判断变量之间的关系形态，如果是线性关系，则可以利用相关系数来测度两个变量之间的关系强度，然后对相关系数进行显著性检验，以判断样本所反映的关系是否代表两个总体上的关系。

4.2.1　绘制散点图

把收集到的数据用直观方式展示出来，可以帮助我们对数据获得清晰的整体印象。定性分析是利用图表方法对变量之间的关系进行解释的方法，在两个变量关系的研究中，最常用的是散点图。

对于两个变量 x，y，通过观察或试验可得到若干组数据，记为 $(x_i, y_i), i = 1, \cdots, n$。用坐标横轴代表变量 x，纵轴代表变量 y，每组数据 (x_i, y_i) 在坐标系中用一个点表示，n 组数据在坐标系中形成 n 个点，称为散点，由坐标及其散点形成的二维数据图称为散点图。

散点图包括简单散点图、重叠散点图、矩阵散点图和三维散点图。简单三点图是表示一对变量间统计关系的散点图；重叠三点图是在一张图上用不同颜色的点反应多对变量两两间的统计关系的散点图；矩阵散点图是以图形矩阵形式分别显示多对变量两两间的统计关系；三维散点图以立体图的形式展现三对变量间的统计关系。

在绘制散点图时应注意以下几点：

（1）要注意对数据进行正确的分层，否则可能做出错误的判断。

（2）观察是否有异常点或离群点的出现，对于异常点，查明发生的原因，慎重处理。

（3）当收集到的数据较多时，易出现重复数据，在制图过程中，可用双重圈、多重圈或在点的右上方注明重复次数。

（4）相关分析所得的结论应注意数据的取值范围。

虽然散点图能够直观地展现变量之间的统计关系，但并不精确。散点分析的局限性在于，受相关程度高低的影响，相关度较低，则预测效度较差，而且由于缺乏客观的统一判定标准，可靠性较低，散点分析还只能是一种定性判断的方法。

4.2.2 计算相关系数

相关系数以数值的方式精确地反映两个变量之间变化趋势的方向以及程度，取值范围为 $-1 \sim +1$，0 表示两个变量不相关，正值表示正相关，负值表示负相关，值越大表示相关性越强。

常用的相关系数主要有三个：Pearson 简单相关系数，Spearman 等级相关系数，Kendall τ 相关系数。

1. Pearson 简单相关系数

定义

$$r = \frac{\sum_{i=1}^{n}(x_i - \overline{x})(y_i - \overline{y})}{\sqrt{\sum_{i=1}^{n}(x_i - \overline{x})^2}\sqrt{\sum_{i=1}^{n}(y_i - \overline{y})^2}} = \frac{\sum_{i=1}^{n}x_i y_i - n\overline{x}.\overline{y}}{\sqrt{\left(\sum_{i=1}^{n}x_i^2 - n\overline{x}^2\right)}\sqrt{\left(\sum_{i=1}^{n}y_i^2 - n\overline{y}^2\right)}}$$

为 Pearson 简单相关系数，或称为线性相关系数。其中 $\overline{x} = \frac{1}{n}\sum_{i=1}^{n}x_i$；$n$ 为样本量；x_i 和 y_i 分别为两变量的变量值。

上式可以定量描述两个变量 X，Y 之间的线性关系密切程度，反映两数值型变量间的线性相关关系。身高和体重、工资和收入等变量间的线性相关可用简单相关系数。

Pearson 简单相关系数的检验统计量，是服从自由度 n-2 的 t 分布的 t 统计量：

$$t = \frac{r\sqrt{n-2}}{\sqrt{1-r^2}}$$

SPSS 自动计算 Pearson 简单相关系数、t 检验统计量的观测值和对应的概率值。

2. Spearman 等级相关系数

Spearman 等级相关系数用来度量定序变量间的线性相关关系，又称秩相关系数。其构造思想与 Pearson 简单相关系数一样，但在计算 Spearman 等级相关系数时，数据是非等距的，所以不直接采用原始数据 (X, Y)。计算过程中，首先对两个变量的数据进行排序，然后记下排序以后的位置，记为 (U, V)，(U, V) 的值称为秩次，秩次的差记为 D，最后代入 Spearman 等级相关系数

$$r = 1 - \frac{6\sum_{i=1}^{n} D_i^2}{n(n^2 - 1)}$$

就可求其结果，其中 n 为样本容量，$\sum_{i=1}^{n} D_i^2 = \sum_{i=1}^{n} (U_i - V_i)^2$。

例如：

原始位置	原始 X	排序后	秩次 U	原始 X	排序后	秩次 V	秩次差方 D^2
1	8	230	5	5	68	6	1
2	230	40	1	68	48	1	0
3	15	26	4	7	39	5	1
4	40	15	2	48	9	2	0
5	26	8	3	9	7	4	1
6	2	2	6	39	5	3	9

带入公式，求得 Spearman 等级相关性系数：

$$r = 1 - \frac{6\sum_{i=1}^{n} D_i^2}{n(n^2 - 1)} = 1 - \frac{6 \times (1+1+1+9)}{6 \times (36-1)} = 0.657$$

Spearman 等级相关是根据等级资料研究两个变量间相关关系的方法。它是依据两列成对等级的各对等级数之差来进行计算的，属于非参数统计方法，对原始变量的分布不作要求，适用范围要广些。

只要两个变量的观测值是成对的等级评定资料，或者是由连续变量观测资料转化得到的等级资料，不论两个变量的总体分布形态、样本容量的大小如何，都可以用 Spearman 等级相关来进行研究。对于服从 Pearson 相关系数的数据亦可计算 Spearman 相关系数，但统计效能要低一些。Pearson 相关系数的计算公式可以完全套用 Spearman 相关系数计算公式，但公式中的 x 和 y 用相应的秩次代替即可。

小样本下，在原假设成立时 Pearson 相关系数服从 Pearson 分布；大样本下，Pearson 相关系数服从统计量为 $Z = r\sqrt{n-1}$ 的检验。

SPSS 自动计算 Pearson 等级相关系数、Z 检验统计量的观测值和对应的概率值。

3. Kendall τ 相关系数

Kendall τ 相关系数又称 Kendall 秩相关系数，是一种秩相关系数，是用来测量两个随机变量相关性的统计值。Kendall 检验是一个无参数假设检验，它使用计算得到的相关系数去检验两个随机变量的统计依赖性，所计算的对象是分类变量。

Kendall τ 相关系数的取值范围在-1 到 1 之间。当 τ 为 1 时，表示两个随机变量拥有一致的等级相关性；当 τ 为-1 时，表示两个随机变量拥有完全相反的等级相关性；当 τ 为 0 时，表示两个随机变量是相互独立的。

Kendall τ 相关系数利用变量的秩计算一致对数目（U）和非一致对数目（V）。

例如，两个随机变量的第 i（$1 \leqslant i \leqslant n$）个值分别用 x_i，y_i 表示。X 与 Y 中的对应元素组成一个秩对(X, Y)，其包含的元素为 $i(1 \leqslant i \leqslant n)$ 个。当(X, Y)中任意两个元素(x_i, y_i)与(x_j, y_j)的排行相同时，即当出现情况 1 或 2 时（情况 1：$x_i > x_j$ 且 $y_i > y_j$，情况 2：$x_i < x_j$ 且 $y_i < y_j$），这两个元素就被认为是一致的；当出现情况 3 或 4 时（情况 3：$x_i > x_j$ 且 $y_i < y_j$，情况 4：$x_i < x_j$ 且 $y_i < y_j$），这两个元素被认为是不一致的；当出现情况 5 或 6 时（情况 5：$x_i = x_j$，情况 6：$y_i = y_j$），这两个元素既不是一致的也不是不一致的。

假设两个随机变量分别为 X、Y（也可以看成两个集合），它们的元素个数均为 n，两变量(x_i, y_i) 的秩对分别为$(2,3)$、$(4,4)$、$(3,1)$、$(5,5)$、$(1,2)$，对变量 x 的秩按升序排序后形成的秩对$(1,2)$、$(2,3)$、$(3,1)$、$(4,4)$、$(5,5)$。于是，变量 y 的秩随变量 x 的秩同步增大的 y 的秩对（一致时）有$(2,3)$、$(2,4)$ $(2,5)$、$(3,4)$、$(3,5)$、$(1,4)$、$(1,5)$、$(4,5)$，一致对数目 U 等于 8，变量 y 的秩未随变量 x 的秩同步增大的 y 的秩对（非一致时）有$(2,1)$、$(3,1)$，非一致对数目 V 等于 2。一致对数目定义为 $U = \sum\limits_{i=1}^{n}\sum\limits_{j>i}(d_j > d_i)$，非一致对数目定义为 $V = \sum\limits_{i=1}^{n}\sum\limits_{j>i}(d_j < d_i)$，$d$ 为秩。

如果两变量具有较强的正相关关系，则一致对数目 U 应较大，非一致对数目 V 应较小；如果两变量具有较强的负相关关系，则一致对数目 U 应较小，非一致对数目 V 应较大；如果两变量的相关较弱，则一致对数目 U 和非一致对数目 V 应大致相等，大约各占样本量的 $\frac{1}{2}$。Kendall τ 相关系数正是要对此进行检验。Kendall τ 相关系数统计量的数学定义为

$$\tau = (U - V)\frac{2}{n(n-1)}$$

在小样本下，Kendall τ 服从 Kendall 分布；在大样本下，采用

$$Z = \tau \sqrt{\frac{9n(n-1)}{2(2n+5)}}$$

为检验统计量，其中 Z 统计量近似服从标准正态分布。

SPSS 将自动计算 Kendall τ 相关系数、Z 检验统计量的观测值和对应的概率 P 值。

4.2.3 相关分析举例

例 4.2.1 表 4.2.1 列出了 15 起火灾事故损失额和火灾发生地到最近消防站的距离，试分析居民住宅区火灾损失额与该住户到最近消防站的距离之间的相关关系。

表 4.2.1 火灾损失表

距消防站 x/km	3.4	1.8	4.6	2.3	3.1	5.5	0.7	3.0
火灾损失 y/千元	26.2	17.8	31.3	23.1	27.5	36.0	14.1	22.3
距消防站 x/km	2.6	4.3	2.1	1.1	6.1	4.8	3.8	
火灾损失 y/千元	19.6	31.3	24.0	17.3	43.2	36.4	26.1	

解　为了直观地发现样本数据的分布规律，我们把 (x_i, y_i) 看作平面直角坐标系中的点，画出 n 个样本点的散点图，然后给出两变量的定量关系。下面利用 SPSS 研究变量的关系。

首先，利用 SPSS 绘制散点图并拟合曲线。

（1）在 SPSS 工作表中新建文件，输入变量"与距消防站距离（千米）"、"火灾损失（千元）"和相应数据，选择菜单"图形（G）"→"旧对话框"→"散点图/点图（S）"→"简单散点图"，并将"火灾损失（千元）"设置为 Y 轴，将"与距消防站距离（千米）"设置为 X 轴，窗口如图 4.2.1 所示。确定后，完成散点图，如图 4.2.2 所示。

（2）选中画好的散点图，用鼠标单击任意一个数据点，激活散点图，再单击鼠标右键，打开快捷菜单，单击"添加总计拟合线"，打开"添加总计拟合线"对话框，之所以采用添加趋势线，而不是回归分析模块来得到拟合直线，是因为在提出基于概率论与数理统计的回归模型之前，科学家和工程师已经习惯于对散点图拟合合适的曲线方程，所采用的算法就是最小二乘法。早起发展的拟合方法，后来发展出检验误差影响的回归理论和算法，才算形成完整的回归分析体系。在"类型"选项卡中，保留默认的"线性 L"，并自动显示"R 平方值"，从而得拟合线，即回归直线和一元回归方程如图 4.2.3 所示。

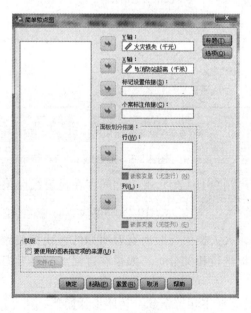

图 4.2.1 散点图图表向导

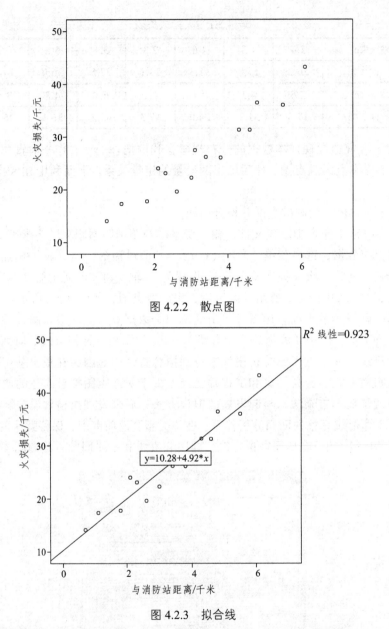

图 4.2.2　散点图

图 4.2.3　拟合线

经计算，相关系数 $r = 0.961$，表明 x，y 之间存在显著线性关系，拟合直线为

$$y = 10.28 + 4.92x$$

从散点图可以看出，火灾损失与距离有着明显的直线相关趋势，并且没有影响过强的异常点，因此可放心地进行相关分析；如果有过强点，可考虑曲线回归分析或其他相关分析。

下面用 SPSS 软件计算样本相关系数，具体步骤如下：

（1）选择"分析（A）"→"相关（C）"→"双变量（B）"命令。

（2）将左边[x]、[y]选项移入右边"变量（Variable）列表框"中，选中"Pearson 复选框"，单击"确定（OK）"按钮，如图 4.2.4 所示，结果见表 4.2.2。

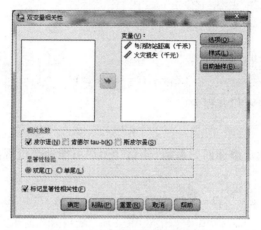

图 4.2.4　相关分析图表导向

表 4.2.2　变量间两两 Pearson 相关系数方阵

		与消防站距离/千米	火灾损失/千元
与消防站距离/千米	皮尔逊相关性	1	0.961**
	显著性（双尾）		0.000
	个案数	15	15
火灾损失/千元	皮尔逊相关性	0.961**	1
	显著性（双尾）	0.000	
	个案数	15	15

注：**表示在 0.01 级别（双尾），相关性显著。

由表 4.2.2 可知，相关系数为 0.961，显著线性正相关。

4.3　一元线性回归分析

一元线性回归分析是指成对的两个数据变量分布大体上呈直线趋势时，采用适当的计算方法，找到两者之间特定的经验公式，即一元线性回归模型，然后根据自变量的变化，来分析因变量发展变化的定量方法。

4.3.1　一元线性回归模型

1. 建立模型

根据历史数据绘制散点图，如果散点之间呈现出一种线性关系，则可以用线性回归

来进一步分析期间的统计规律。设 x 为自变量，y 为因变量，则一元线性回归模型为

$$y = a + bx$$

2. 确定回归系数

如果给定一组观察值

$$(x_i, y_i) \ (i = 1, 2, \cdots, n)$$

则设有这组数据确定的回归方程为

$$\hat{y}_i = a + bx_i$$

式中：$\hat{y}_i$ 是估计值。要确定最佳回归系数，使估计值尽可能地接近观测值，即要使 $\sum |y_i - \hat{y}_i|$ 达到最小，只需计算

$$Q = \sum (y_i - \hat{y}_i)^2 = \sum (y_i - a - bx_i)^2$$

取得极值时的取值。

根据极值原理，Q 取极小值的必要条件是 Q 对 a、b 的两个一阶偏导数全为零。即

$$\frac{\partial Q}{\partial a} = -2 \sum (y_i - a - bx_i) = 0$$

$$\frac{\partial Q}{\partial b} = -2 \sum (y_i - a - bx_i)x_i = 0$$

对上述两等式联立求解，得到回归系数的估计值

$$\hat{b} = \frac{n \sum x_i y_i - \sum x_i \sum y_i}{n \sum x_i^2 - (\sum x_i)^2}$$

$$\hat{a} = \frac{\sum y_i}{n} - \hat{b} \frac{\sum x_i}{n}$$

在实际应用中，一般用软件处理数据，直接得到回归系数。下面是应用 SPSS 线性回归分析的基本操作。

利用 SPSS 线性回归分析前，应先将数据组织好，被解释变量和解释变量各对应一个 SPSS 变量，并先画出散点图观察数据分布趋势。SPSS 中一元线性回归分析和多元线性回归分析的功能菜单是集成在一起的。具体操作步骤如下：

（1）选择 SPSS 菜单："分析（A）"→"回归（R）"→"线性（L）"，窗口如图 4.3.1 所示。

（2）选择被解释变量到"因变量（D）"框中。

（3）选择一个或多个解释变量到"自变量（I）"框中。

（4）在"方法（M）"框中选择回归分析中解释变量的筛选策略。其中，"输入"表示所选变量强行进入回归方程，是 SPSS 默认的策略方法，通常用于一元线性回归分析；"步进"表示逐步筛选策略；"除去"表示从回归方程中剔除所选变量；"后退"表示向后筛选策略；"前进"表示向前筛选策略。

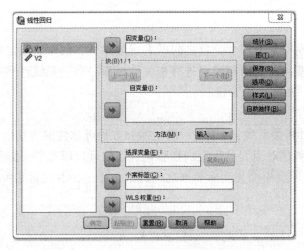

图 4.3.1　"线性回归"窗口

3. 计算标准误差

一般说来，利用回归方程所得到的预测值与真实值会用偏差。因此，做预测时要给出估计的精确度，也就是给出真正数值的大致范围，并说明这种估计的置信水平是多少。

为了求出预测值的标准误差，我们先来介绍变差平方和的分解公式。

（1）变差：因变量对其平均值的波动大小，即因变量的某次观测值 y_i 与因变量的平均值 $\bar{y}$ 的差。注意，对于给定数据，变差是一个常值。

（2）总变差平方和：n 次观测值变差的平方和，即 $S_{yy} = \sum (y_i - \bar{y})^2$。

（3）变差平方和分解式：

$$S_{yy} = \sum (y_i - \bar{y})^2 = \sum (y_i - \hat{y}_i)^2 + \sum (\hat{y}_i - \bar{y})^2 = Q + U$$

其中

$$Q = \sum (y_i - \hat{y}_i)^2, U = \sum (\hat{y}_i - \bar{y})^2$$

（4）回归平方和 $U = \sum (\hat{y}_i - \bar{y})^2$。回归平方和描述了 n 个估计值的分散性，代表 n 个估计值和它们的平均值的偏离程度，即代表回归因素对预测的影响。

（5）剩余平方和 $Q = \sum (y_i - \hat{y}_i)^2$。剩余平方和代表随机因素对预测的影响。因此，剩余平方和在变差平方和中的比例越小，则回归方程描述实际数据的近似程度越好，回归方程越可信。

（6）标准误差的计算：

$$SE = \sqrt{\frac{Q}{n-2}} = \sqrt{\frac{\sum (y_i - \hat{y}_i)^2}{n-2}}$$

4. 相关性检验

一元线性回归模型是否符合变量之间的客观规律性，两个变量之间是否具有显著的线性相关关系，这就需要对回归模型进行相关性检验。在一元线性回归分析中最常用的相关性检验方法有：R 检验和 F 检验。

（1）R 检验。

R 检验是指通过相关系数 r，检验所确定回归方程可靠性的方法。

由于回归平方和 U 对因变量产生线性影响，我们可以用回归平方和 U 与总变差平方和 S_{yy} 的比值来检验回归模型与实际数据之间的近似程度，由此得相关系数为

$$r = \sqrt{\frac{U}{S_{yy}}} = \sqrt{1 - \frac{Q}{S_{yy}}}$$

在 R 检验中，需要确定一个回归模型达到满意近似程度的最低标准，即相关性检验的标准。我们将这个最低限度的相关系数称为相关系数的临界值，记 $r_\alpha(f)$。相关系数的临界值 $r_\alpha(f)$ 与自由度 f 和显著性水平 α 有关。

R 检验的具体步骤如下：

第一步：确定显著性水平和自由度。

显著性水平 α 的含义是：当 $|r| \geqslant r_\alpha(f)$ 时，因变量和自变量的相关关系与回归直线之间的差异的显著程度最多达到 $100\alpha\%$，即回归直线的置信水平为 $100(1-\alpha)\%$。常用显著性水平 α 为 0.1，0.05，0.02，0.01，0.001。

自由度 f 代表数据组个数及自变量个数对 $r_\alpha(f)$ 的影响。n 为数据个数，m 为自变量个数，$f = n - m - 1$。对于一元线性回归，$f = n - 2$。

第二步：查表得相关系数的临界值 $r_\alpha(f)$。

第三步：根据数据计算相关系数 r。

$$r = \sqrt{\frac{U}{S_{yy}}} = \sqrt{1 - \frac{Q}{S_{yy}}}$$

第四步：相关性检验，如果相关系数 $|r| \geqslant r_\alpha(f)$，则通过 R 检验。

（2）F 检验。

R 检验是以回归平方和 U 在总变差平方和 S_{yy} 中所占比重为标准进行的相关性检验。F 检验则是通过对回归平方和 U 与剩余平方和 Q 的比较，进而确定因变量与自变量是否存在线性相关关系。定义

$$F = \frac{U}{Q/(n-2)} = \frac{S_{yy} - Q}{Q/(n-2)} = (n-2)\left[\frac{\sum (y_i - \bar{y})^2}{\sum (y_i - \hat{y}_i)^2} - 1\right]$$

F 检验的具体步骤如下：

第一步：确定显著性水平和自由度。F 的分布符合第一自由度为 1、第二自由度为 $n-2$ 的 F 分布。

第二步：查表得 F 分布的临界值 $F_\alpha(1, n-2)$。

第三步：根据数据计算 F。

第四步：相关性检验，如果相关系数 $F \geqslant F_\alpha(1, n-2)$，则通过 F 检验。

R 检验和 F 检验都是一元线性回归分析中常用的相关性检验方法。两者的核心问题都是研究回归平方和 U 和剩余平方和 Q 在总变差平方和 S_{yy} 中的比重，其本质是相同的，因此，采用两种检验方法得出的结论是一致的。

5. 预测及区间估计

通过相关性检验，可以用确定的回归方程来预测未来的情况。由于回归方程只是自变量与因变量的相关关系的近似描述，回归系数是利用实际数据估算得到的。实际数据只是分布在所确定的回归直线周围，而不是所有的数据点都分布于该回归直线。因此，预测未来情况时，也不能肯定地说未来值一定会落在这条回归直线上。所以需要在单点预测的同时，估计其置信区间，使预测结果更可靠、更完整。

这里，直接给出置信区间的计算公式：

$$Y \pm \text{SE} \cdot t_{\alpha/2}(n-2) \cdot \sqrt{1 + \frac{1}{n} + \frac{(X - \overline{x})^2}{\sum(x_i - \overline{x})^2}}$$

式中：X 是预测点的自变量值；Y 对应于 X 的单点预测值；SE 是标准误差；$t_{\alpha/2}(n-2)$ 是显著性水平为 α、自由度为 $n-2$ 的 t 分布临界值，可查表得到。

4.3.2 一元线性回归应用举例

例 4.3.1 200×年全国侦查刑事案件统计资料（单位：万件）见表 4.3.1。

表 4.3.1 200×年全国侦查刑事案件统计资料

月份	1	2	3	4	5	6
累计案件数	27.6	55.0	86.6	120.5	152.3	185.0
月份	7	8	9	10	11	12
累计案件数	216.8	250.3	283.9	315.8	349.1	381.0

试建立适当的回归模型并进行相关性检验。

解 （1）绘制散点图。设月份为 x，累计案件数量为 y，绘制散点图如图 4.3.2 所示（暂用 11 个数据）。

从图 4.3.2 可以看出，两者呈线性关系，可以建立一元线性回归模型。

（2）设一元线性回归模型为

$$y = a + bx$$

（3）计算回归系数。通过 SPSS 软件选择"分析（A）"→"回归（R）"→"线性（L）"，可以得到回归系数，如表 4.3.2 所示。

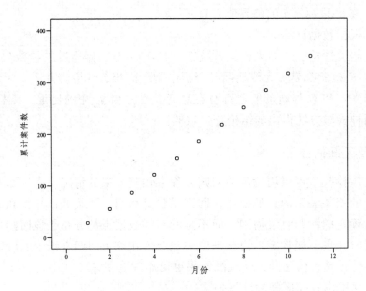

图 4.3.2　200×年全国侦查刑事案件数散点图

表 4.3.2　回归分析系数结果

模型		未标准化系数		标准化系数	t	显著性	B 的 95.0%置信区间	
		B	标准误差	Beta			下限	上限
1	（常量）	−8.829	1.111		−7.949	0.000	−11.342	−6.317
	月份	32.425	0.164	1.000	197.997	0.000	32.054	32.795

注：a. 因变量：累计案件数。

回归系数为

$$a = -8.829, b = 32.425$$

所求线性回归模型为

$$\hat{y} = -8.829 + 32.425x$$

（4）相关性检验。在一元线性回归中，R 检验和 F 检验的结果一致，此处仅作 R 检验。

当显著性水平 $\alpha = 0.05$、自由度 $f = 11 - 2 = 9$ 时，查表可得相关系数临界值 $r_\alpha(f) = 0.602$。由回归模型计算相关系数

$$r = \sqrt{\frac{U}{S_{yy}}} = \sqrt{1 - \frac{Q}{S_{yy}}} = 0.999\,9 > 0.602$$

故在 $\alpha = 0.05$ 的显著性水平上，通过 R 检验，说明两变量之间线性相关关系明显。SPSS 的 R 检验结果如表 4.3.3 所示。

表 4.3.3　回归分析 R 检验结果（模型摘要）

模型	R	R^2	调整后 R^2	标准估算的误差	R^2 变化量	F 变化量	更改统计		显著性 F 变化量
							自由度 1	自由度 2	
1	1.000ᵃ	1.000	1.000	1.717 6	1.000	39 202.790	1	9	0.000

注：a. 预测变量：（常量），月份；b. 因变量：累计案件数。

（5）分析与预测。预测 12 月份累计的案件数量，令 $x=12$，得 $\hat{y}=380.3$。而 12 个月份累计的刑事案件数为 $y=381.0$ 件，可见误差很小，所以可以应用回归模型进行分析和预测，情报分析内容略。

4.4　多元线性回归分析

4.4.1　多元线性回归模型

一元线性回归只是讨论因变量和一个自变量之间的线性关系，但是，由于社会的复杂性，一个变量可能会同多个变量相联系。因此，有必要对一元线性回归进行推广，去研究多元线性回归分析。

在回归分析中，如果有两个或两个以上的自变量，称之为多元回归。多元线性回归分析是在研究对象与众多影响因素之间建立一个方程，用来描述多个因素对预测结果的共同作用。

通常情况下，一种现象常常与多个因素相联系，对于同一问题，考虑的影响因素越多，越接近实际情况，用回归分析法预测的结果越准确，所以多元线性回归分析的精度高于一元线性回归分析。

1. 多元线性回归分析的基本模型

多元线性回归分析的基本步骤与一元线性回归分析大致相同，只是选择的回归模型不同，运算过程比较复杂。多元线性回归分析的回归方程为

$$y = X\beta + \varepsilon, \ E\varepsilon = 0, \ \mathrm{cov}(\varepsilon) = \sigma^2 I_n$$

其中

$$y = \begin{pmatrix} y_1 \\ y_2 \\ \vdots \\ y_n \end{pmatrix}, \quad X = \begin{pmatrix} 1 & x_{11} & x_{12} & \cdots & x_{1p} \\ 1 & x_{21} & x_{22} & \cdots & x_{2p} \\ \vdots & \vdots & \vdots & & \vdots \\ 1 & x_{n1} & x_{n2} & \cdots & x_{np} \end{pmatrix}, \quad \beta = \begin{pmatrix} \beta_0 \\ \beta_1 \\ \vdots \\ \beta_p \end{pmatrix}, \quad \varepsilon = \begin{pmatrix} \varepsilon_1 \\ \varepsilon_2 \\ \vdots \\ \varepsilon_n \end{pmatrix}$$

式中：随机变量 y 称为观测向量；矩阵 X 称为回归设计矩阵或资料矩阵，在实际中，X

的元素是预先设定并可以控制的，人的主观因素可作用于其中，因此称为设计矩阵；$\boldsymbol{\beta}$ 为未知参数向量；$\boldsymbol{\varepsilon}$ 为随机误差向量。

2. 多元线性回归方程回归系数

与一元线性回归模型的估计方法一样，可以用残差平方和最小准则，即最小二乘法取估计模型的回归参数，即寻找 $\boldsymbol{\beta}$ 的估计值使 $\boldsymbol{\varepsilon} = \boldsymbol{y} - \boldsymbol{X}\boldsymbol{\beta}$ 的长度平方达到最小。

$$Q(\boldsymbol{\beta}) = \| \boldsymbol{y} - \boldsymbol{X}\boldsymbol{\beta} \|^2 = (\boldsymbol{y} - \boldsymbol{X}\boldsymbol{\beta})^{\mathrm{T}}(\boldsymbol{y} - \boldsymbol{X}\boldsymbol{\beta}) = \boldsymbol{y}^{\mathrm{T}}\boldsymbol{y} - 2\boldsymbol{y}^{\mathrm{T}}\boldsymbol{X}\boldsymbol{\beta} + \boldsymbol{\beta}^{\mathrm{T}}\boldsymbol{X}^{\mathrm{T}}\boldsymbol{X}\boldsymbol{\beta}$$

求导可得

$$\frac{\partial Q(\boldsymbol{\beta})}{\partial \boldsymbol{\beta}} = -2\boldsymbol{X}^{\mathrm{T}}\boldsymbol{y} + 2\boldsymbol{X}^{\mathrm{T}}\boldsymbol{X}\boldsymbol{\beta} = 0, \quad \text{即} \quad \boldsymbol{X}^{\mathrm{T}}\boldsymbol{X}\boldsymbol{\beta} = \boldsymbol{X}^{\mathrm{T}}\boldsymbol{y}$$

其称为正规方程。

此方程有唯一解的充要条件是 $\boldsymbol{X}^{\mathrm{T}}\boldsymbol{X}$ 的秩为 $P+1$，唯一解 $\boldsymbol{\beta} = (\boldsymbol{X}^{\mathrm{T}}\boldsymbol{X})^{-1}\boldsymbol{X'y}$ 称为 $\boldsymbol{\beta}$ 的最小二乘估计（LSE）。

经验线性回归方程 $\hat{y} = \hat{\beta}X$ 是否逼真刻画了 y 与 $X_1, \cdots, X_p$ 的真实关系，还需进一步作统计分析。

3. 多元线性回归分析的显著性检验和置信区间

确定回归方程之后，必须经过相关性检验，保证该回归方程描述各因素间相关关系的可靠性，才能以此回归方程为依据进行分析和预测。

与一元线性回归分析的相关性检验一样，对多元线性回归方程描述全部自变量与因变量线性相关的近似程度，可用 R 检验和 F 检验。

对总离差平方和分解，得

$$\sum_{i=1}^{n}(y_i - \overline{y})^2 = \sum_{i=1}^{n}(\hat{y_i} - \overline{y})^2 + \sum_{i=1}^{n}(y_i - \hat{y})^2$$

简记为

$$\text{SST=SSR+SSE}$$

回归方程的显著性检验就是检验原假设

$$H_0: \beta_1 = \cdots = \beta_{p-1} = 0$$

构造检验统计量

$$F = \frac{(\text{SST} - \text{SSE})/p}{\text{SSE}/(n-p-1)}$$

当 H_0 成立时，$F \sim F(p, n-p-1)$。对给定显著性水平 α，当 $F > F_{1-\alpha}(p, n-p-1)$ 时拒绝 H_0，表明随机变量 y 与 $x_1, \cdots, x_{p-1}$ 有线性关系，否则接受 H_0。

在多元线性回归中，回归方程的显著性并不意味着每个自变量对 y 的影响都显著，因此我们总想从回归方程中剔除次要的变量，重新建立更为简单的回归方程，所以就要对每个自变量进行显著性检验。

假设 $H_0: \beta_j = 0, j = 1, \cdots, p-1$，显然 $\hat{\beta} \sim N(\beta, \sigma^2 (X'X)^{-1})$，记 $(X'X)^{-1} = (c_{ij})$，$i, j = 1, \cdots, p-1$，于是有 $E\hat{\beta}_j = \beta_j$，$\mathrm{var}(\hat{\beta}_j) = c_{ii}\sigma^2$，即 $\hat{\beta}_j \sim N(\beta_j, c_{jj}\sigma^2)$。

据此可以构造统计量 $t_j = \dfrac{\hat{\beta}_j}{\sqrt{c_{jj}}\,\hat{\sigma}}$，其中 $\hat{\sigma} = \sqrt{\dfrac{\sum\limits_{i=1}^{n}(y_i - \hat{y}_i)^2}{n-p}}$。

当 H_0 成立时，$t_j \sim t(n-p-1)$。设显著性水平为 α，当 $|t_j| \geqslant t_{1-\alpha/2}$ 时拒绝 H_0，认为 β_j 显著不为 0，即 x_j 对 y 的线性效果显著，反之则接受 H_0。

由 $P\left(\left|(\hat{\beta}_j - \beta_j)\sqrt{c_{jj}} \,/\, \hat{\sigma}\right| < t_{1-\alpha/2}\right) = 1-\alpha$ 可得，β_j 的置信区间为 $1-\alpha$ 的置信区间为

$$\left(\hat{\beta}_j - t_{1-\alpha/2}\,\hat{\sigma}\Big/\sqrt{c_{jj}}\,,\, \hat{\beta}_j + t_{1-\alpha/2}\,\hat{\sigma}\Big/\sqrt{c_{jj}}\right)$$

4.4.2　多元回归分析的应用举例

下面以一个简单实例介绍如何用 SPSS 软件来进行多元线性回归分析。

例 4.4.1　土地问题是当今世界令人瞩目的重大经济问题，人口和经济发展都与土地之间存在着密不可分的联系。人口数(x_1)、粮食总产量(x_2)和粮食作物面积(x_3)是影响土地面积(y)的重要因素。因变量"土地面积"与三个自变量之间线性相关，因此用三元线性回归方程来分析。某地区的基本数据见表 4.4.1。

表 4.4.1　某地区土地及其影响因素基本数据

时间/年	人口数/万人	粮食总产量/万吨	粮食作物面积/万公顷	土地面积/万公顷
1990	4.1	2.6	3.8	5.1
1991	4.5	2.8	4	5.5
1992	3.7	2.4	3.6	4.8
1993	3.6	2.4	3.3	4.6
1994	5.4	2.7	3.8	5.2
1995	5.1	2.5	3.7	5
1996	3.2	2	3	4.3
1997	3.9	2.6	3.7	4.9
1998	4.5	2.8	4.2	5.7

注：1 公顷=0.01 km^2。

设回归方程为

$$y = a + bx_1 + cx_2 + dx_3$$

应用 SPSS 进行线性回归分析：

选择 SPSS 菜单："分析（A）"→"回归（R）"→"线性（L）"，选择"土地面积"到"因变量（D）"框，选择"人口数""粮食总产量""粮食作物面积"到"自变量（I）"框中。

SPSS 线性回归分析输出结果如表 4.4.2~ 表 4.4.4 所示。其中，"模型汇总"是拟合模型的判定系数结果；"ANOVAª"是回归方程显著性检验结果，即"方差分析"部分；"系数 ª"是回归系数显著性检验的结果。

表 4.4.2　SPSS 多元线性回归分析结果

| 模型 | R | R^2 | 调整后 R^2 | 标准估算的误差 | R^2 变化量 | F 变化量 | 更改统计 | | 显著性 F 变化量 |
							自由度 1	自由度 2	
1	0.978ª	0.957	0.932	0.1128	0.957	37.344	3	5	0.001

注：a. 预测变量：（常量），粮食作物面积，人口数，粮食总产量。

表 4.4.3　ANOVAª

	模型	平方和	自由度	均方	F	显著性
1	回归	1.425	3	0.475	37.344	0.001ᵇ
	残差	0.064	5	0.013		
	总计	1.489	8			

注：a. 因变量：土地面积；b. 预测变量：（常量），粮食作物面积，人口数，粮食总产量。

表 4.4.4　系数 ª

| | 模型 | 未标准化系数 | | 标准化系数 | t | 显著性 | B 的 95.0%置信区间 | |
		B	标准误差	Beta			下限	上限
1	（常量）	0.668	0.420		1.591	0.172	−0.411	1.747
	人口数	0.026	0.076	0.043	0.336	0.751	−0.170	0.221
	粮食总产量	0.069	0.527	0.040	0.131	0.901	−1.285	1.423
	粮食作物面积	1.104	0.357	0.912	3.091	0.027	0.186	2.022

注：a. 因变量：土地面积。

4.5　非线性回归模型

当因变量与自变量直接是线性关系时，预测模型简单明了，但在情报分析研究等实际问题中，经常会遇到研究对象与影响因素之间的关系不存在线性关系，而呈现出其他的曲线趋势。这时就不能应用线性回归分析来解决问题，而是用非线性回归分析。根据数学知识，我们可以把某些曲线通过变量替换的方法使之线性化，进而应用线性回归分析来解决问题。从非线性角度来看，线性回归分析仅是其中的一种特例。

4.5.1 可线性化问题

在许多实际问题中，回归函数往往是较复杂的非线性函数。非线性函数的求解可分为将非线性变换成线性和不能变换成线性两大类。

如果能变换成线性的情况，根据数学知识，我们可以把某些曲线通过变量替换的方法使之线性化，进而应用线性回归分析来解决问题。从非线性角度来看，线性回归分析仅是它的一种特例。

1. 线性化处理的具体步骤

（1）根据曲线模型选择适当的线性化方法。
（2）针对该方法对已知数据进行处理。
（3）将处理后的数据进行线性回归分析。
（4）计算曲线待定系数。

2. 常见的可以线性化的曲线方程

（1）双曲线模型：$y = a + \dfrac{b}{x}$。

线性化：令 $X = \dfrac{1}{x}$，得一元线性方程 $y = a + bX$。

（2）二次曲线模型：$y = a + bx + cx^2$。

线性化：令 $X = x^2$，得二元线性方程 $y = a + bx + cX$。

注：对于高次多项式曲线一般化为多元线性方程来处理。

（3）对数模型：$y = a + b \lg x$。

线性化：令 $X = \lg x$，得一元线性方程 $y = a + bX$。

（4）指数模型：$y = a\mathrm{e}^{bx}$。

线性化：令 $Y = \ln y$，$A = \ln a$，得一元线性方程 $Y = A + bx$。

（5）幂函数模型：$y = ax^b$。

线性化：令 $Y = \ln y$，$X = \ln x$，$A = \ln a$，得一元线性方程 $Y = A + bX$。

（6）逻辑曲线模型：$y = \dfrac{1}{a + b\mathrm{e}^{-x}}$。

线性化：令 $Y = \dfrac{1}{y}$，$X = \mathrm{e}^{-x}$，得一元线性方程 $Y = a + bX$。

这里必须指出，在运用上述方法建立线性回归方程之后，还必须进行相关性检验，才能说明经过变换之后的变量之间关系可以用线性回归来描述，且有足够好的近似程度。在这种情况下，我们就认为可用原曲线方程描述研究对象与影响因素之间的关系，且有足够好的近似程度。

4.5.2 多项式回归

研究一个因变量与一个或多个自变量间多项式的回归分析方法，称为多项式回归。如果自变量只有一个时，称为一元多项式回归；如果自变量有多个时，称为多元多项式回归。多元多项式回归属于多元非线性回归问题，任何复杂的一元连续函数都可用高阶多项式近似表达。

在用回归分析方法做数据拟合时，很多情况下很难写出回归函数的解析表达式。如果因变量 y 与自变量 x 的关系为非线性的，但又找不到适当的函数曲线来拟合，此时可借助多项式回归，根据已有的变量观测数据，构造出一个易于计算的多项式函数来描述变量间的不确定性关系。如果因变量 y 与两个自变量的关系为非线性的，可以采用一元多项式回归。如果因变量 y 与两个自变量 x_1 和 x_2 的关系为非线性的，则可以采用二元多项式回归。

一元 m 次多项式回归方程为

$$\hat{y} = b_0 + b_1 x + b_2 x^2 + \cdots + b_m x^m$$

二元二次多项式回归方程为

$$\hat{y} = b_0 + b_1 x_1 + b_1 x_2 + b_3 x_1^2 + b_4 x_2^2 + b_5 x_1 x_2$$

多项式回归的最大优点就是可以通过增加高次项对实测点进行逼近，直至满意为止。事实上，多项式回归可以处理相当一类非线性问题，它在回归分析中占有重要的地位，因为任一函数都可以分段用多项式来逼近。因此，在通常的实际问题中，不论依变量与其他自变量的关系如何，我们总可以用多项式回归来进行分析。

多项式回归问题可以通过变量转换化为多元线性回归问题来解决。

对于一元 m 次多项式回归方程，令

$$x_1 = x, \, x_2 = x^2, \cdots, x_m = x^m$$

则 $\hat{y} = b_0 + b_1 x + b_2 x^2 + \cdots + b_m x^m$ 转化为 m 元线性回归方程

$$\hat{y} = b_0 + b_1 x_1 + b_2 x_2 + \cdots + b_m x_m$$

因此用多元线性函数的回归方法可解决多项式回归问题。需要指出的是，在多项式回归分析中，检验回归系数是否显著，实质上就是判断自变量 x 对因变量 y 的影响是否显著。

对于二元二次多项式回归方程，令

$$z_1 = x_1, \, z_2 = x_2, \, z_3 = x_1^2, \, z_4 = x_2^2, \, z_5 = x_1 x_2$$

则该二元二次多项式函数转化为五元线性回归方程

$$\hat{y} = b_0 + b_1 z_1 + b_2 z_2 + b_3 z_3 + b_4 x_4 + b_5 z_5$$

随着自变量个数的增加，多元多项式回归分析的计算量急剧增加。

虽然多项式的阶数越高，回归方程与实际数据拟合程度越高，但阶数越高，回归计算过程中误差的积累也越大，所以当阶数 n 过高时，回归方程的精确度反而会降低，甚至得不到合理的结果，故一般 n 取 3 ~ 4。

4.5.3　非线性回归分析的实际应用

例 4.5.1（通风时间和污染物浓度的非线性回归方程）资料显示，随着通风时间的增加，密闭空间内毒品浓度呈指数方程下降。为考查某通风设备的换气效果，每分钟测试一次室内空气中毒品浓度，请建立通风时间与空气中毒品浓度的指数方程，相关数据见表 4.5.1。

表 4.5.1　密闭空间内毒品浓度随通风时间变化的统计数据

时间/min	1	2	3	4	5	6	7	8	9	10	11	12	13	14	15
浓度/（mol/L）	2.125	1.742	1.236	1.127	0.731	0.469	0.4	0.381	0.284	0.276	0.062	0.061	0.040 8	0.042 8	0.030 5

解　根据统计数据绘制散点图，如图 4.5.1 所示。

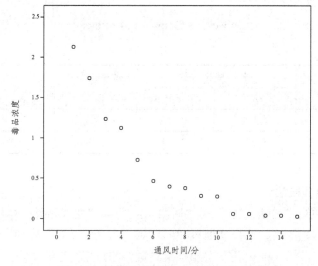

图 4.5.1　通风时间和毒品浓度的散点图

方法一：线性化法

从散点图可见，通风时间和空气中的毒品浓度存在着比较明显的曲线关联。由文献可知，二者呈指数关系，即已有明确的方程 $y = ae^{b \times \text{time}}$，为便于拟合，对方程两边取自然对数：

$$\ln y = \ln a + b \times \text{time}$$

则将 $\ln y$ 看成新的因变量，将 $\ln a$ 看成新的常数项，然后拟合线性回归方程，即可得到相应的参数估计值。模型的主要输出结果如表 4.5.2 所示。

表 4.5.2　模型汇总表

模型	R	R^2	调整后 R^2	标准估算的误差
1	0.980^a	0.961	0.958	0.298 76

注：a. 预测变量为（常量），通风时间（分）。

表 4.5.3 是对变换后变量所拟合的方差分析，结果表明该模型有统计意义。

表 4.5.3　模型方差分析

模型		平方和	自由度	均方	F	显著性
1	回归	28.588	1	28.588	320.287	0.000^b
	残差	1.160	13	0.089		
	总计	29.749	14			

注：a. 因变量为 lny；b. 预测变量为（常量），通风时间（分）。

表 4.5.4 是模型中各参数的估计值和检验结果，由此可以写出相应的回归方程：

$$\ln \hat{y} = 1.271 - 0.32 \times \text{time}$$

还原变量，得原始变量的预测方程：

$$y = e^{1.271} \times \text{time} = 3.564 \times \text{time}$$

表 4.5.4　回归系数表

模型		未标准化系数		标准化系数	t	显著性
		B	标准误差	Beta		
1	（常量）	1.271	0.162		7.831	0.000
	通风时间/分	-0.320	0.018	-0.980	-17.897	0.000

注：a. 因变量为 lny。

方法二：曲线回归法

选择 SPSS 菜单："分析（A）"→"回归（R）"→"曲线估计（C）"，选择"毒品浓度"到"因变量（D）"框，选择"通风时间"到"自变量（I）"框中（见图 4.5.2）。

图 4.5.2　曲线估计法

SPSS 线性回归分析输出结果如表 4.5.5～表 4.5.7 所示。其中，"模型汇总"是拟合模型的判定系数结果；"ANOVA"是回归方程显著性检验结果，即"方差分析"部分；"系数"是回归系数显著性检验的结果（两种方法之间只是由于四舍五入产生的偏差）。

表 4.5.5　模型汇总

R	R^2	调整后 R^2	估算标准误差
0.980	0.961	0.958	0.299

注：自变量为通风时间（分）。

表 4.5.6　ANOVA

	平方和	自由度	均方	F	显著性
回归	28.588	1	28.588	320.287	0.000
残差	1.160	13	0.089		
总计	29.749	14			

注：自变量为通风时间（分）。

表 4.5.7　系数

	未标准化系数		标准化系数	t	显著性
	B	标准误差	Beta		
通风时间/分	−0.320	0.018	−0.980	−17.897	0.000
（常量）	3.565	0.579		6.160	0.000

注：因变量为 ln（毒品浓度）。

4.6　Logistic 回归

4.6.1　Logistic 模型基本概念

Logistic 回归是一种非线性回归分析模型，可用于估计某个事件发生的可能性，也可分析某个问题的影响因素。Logistic 回归与线性回归最大的区别在于 Y 的数据类型。线性回归分析的因变量 Y 属于定量数据，而 Logistic 回归分析的因变量 Y 属于分类数据（按照现象的某种属性对其进行分类或分组而得到的反映事物类型的数据，又称定类数据。例如，按照性别将人口分为男、女两类）。

Logistic 回归可分为二元 Logistic 回归、多分类 Logistic 回归、有序 Logistic 回归。如果 Y 值仅两个选项，分别是有和无之类的分类数据，选择二元 Logistic 回归分析，它的使用频率最高。Y 值的选项有多个，并且选项之间没有大小对比关系，则可以使用多元 Logistic 回归分析。Y 值的选项有多个，并且选项之间可以对比大小关系，选项具有对比意义，应该使用多元有序 Logistic 回归分析。

Logistic 曲线（逻辑曲线）是由比利时数学家 Verhulst 对于人口增长规律的研究得来的。他发现，社会人口的增长速度最初随着时间的增加而逐渐加快，在经过一段时间的高速增长之后，人口增长速度逐渐减慢，最后社会人口总量趋于稳定。美国生物学家和人口统计学家 Pearl，通过对生物繁殖和生长过程的大量研究以及对各国人口的增长情况的分析，发现了相同的规律，提出一个模拟生长过程的数学模型。把这个规律抽象为数学式

$$y = \frac{K}{1 + me^{-at}} \quad (K, a > 0)$$

并把这条曲线命名为 Logistic 曲线，如图 4.6.1 所示。

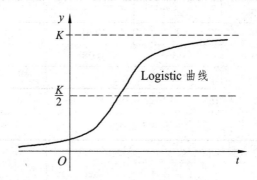

图 4.6.1　Logistic 曲线

1920 年 Robert B. Pearl 和 Lowell J. Reed 重新发现这个函数，开始将其在人口估计和预测中推广应用，并引起广泛关注。

Logistic 概率函数的一般形式为

$$P_i = \frac{1}{1 + e^{-z_i}}$$

其中：P_i 表示第 i 个因素发生的概率；$z_i = \beta_0 + \beta_1 x_{1i} + \beta_2 x_{2i} + \cdots + \beta_m x_{mi} = \beta_0 + \sum_{k=1}^{m} \beta_i x_{ki}$，$x_{ki}$ 是第 i 个因素的第 k 个指标变量。

Logistic 函数的性质有：

（1）Logistic 模型的非线性函数通过变换可以转化为线性函数。

由 $P_i = \frac{1}{1 + e^{-z_i}}$ 得发生比 Ω：

$$\Omega = \frac{P_i}{1 - P_i} = \frac{1 + e^{z_i}}{1 + e^{-z_i}} = e^{z_i}$$

两边取对数，得

$$\ln \Omega = \ln \frac{P_i}{1 - P_i} = z_i$$

此时 Logistic 模型与多元线性回归模型是一致的，这也是 Logistic 概率函数的常用表达

式之一，可以利用它预测某事件发生的概率。

$\ln \Omega$ 称为 Logit p，变换后 Logit p 与 Ω 仍成增长（或下降）的一致性关系，且取值在整个实数范围内，与一般线性回归模型中因变量的取值范围相吻合。

（2）对 Logistic 函数来说，P_i 是 z_i 的连续增函数，且 $P_i \in (0,1)$。

因为

$$\lim_{z_i \to +\infty} \frac{1}{1+\mathrm{e}^{-z_i}} = 1, \quad \lim_{z_i \to -\infty} \frac{1}{1+\mathrm{e}^{-z_i}} = 0$$

Logistic 函数的这一性质保证了由 Logistic 模型估计的值在 $(0,1)$ 内，符合概率的定义。

4.6.2 Logistic 模型的极大似然估计

Logistic 模型中因变量是二分类的，而不是连续的，其误差的分布不再是正态分布而是二项分布，下面利用极大似然估计法对 Logistic 回归模型的参数进行估计。

设有 n 个变量因素，观测值为 $y_1, y_2, \cdots, y_n$，设 $p_i = p(y_i = 1|x_i)$ 是给定 x_i 的条件下 $y_i = 1$ 的条件概率，则 $1 - p_i = p(y_i = 0|x_i)$ 就是给定同样条件 x_i 下 $y_i = 0$ 的条件概率。于是，可以得到一个观测值的概率：

$$p(y_i) = p_i^{y_i} (1-p_i)^{1-y_i}$$

其中 $y_i = 1$ 或 $y_i = 0$（$i = 1, 2, \cdots, n$）。

因为因素的概率观测值是相互独立的，所以它们的联合分布即各边际分布的乘积，由此可得 n 个观测值的似然函数：

$$L(\theta) = \prod_{i=1}^{n} p_i^{y_i} (1-p_i)^{1-y_i}$$

上式两边取自然对数，得

$$
\begin{aligned}
l(\theta) = \ln L(\theta) &= \ln \prod_{i=1}^{n} p_i^{y_i} (1-p_i)^{1-y_i} \\
&= \sum_{i=1}^{n} [y_i \ln(p_i) + (1-y_i) \ln(1-p_i)] \\
&= \sum_{i=1}^{n} \left[y_i \ln\left(\frac{p_i}{1-p_i}\right) + \ln(1-p_i) \right] \\
&= \sum_{i=1}^{n} \left\{ y_i \left(\beta_0 + \sum_{k=1}^{m} \beta_k x_{ki}\right) + \ln\left[1 - \frac{\exp\left(\beta_0 + \sum_{k=1}^{m} \beta_k x_{ki}\right)}{1+\exp\left(\beta_0 + \sum_{k=1}^{m} \beta_k x_{ki}\right)} \right] \right\} \\
&= \sum_{i=1}^{n} \left\{ y_i \left(\beta_0 + \sum_{k=1}^{m} \beta_k x_{ki}\right) - \ln\left[1+\exp\left(\beta_0 + \sum_{k=1}^{m} \beta_k x_{ki}\right) \right] \right\}
\end{aligned}
$$

为了估计参数 $\beta_0, \beta_1, \beta_2, \cdots, \beta_m$，使得对数似然函数 $l(\theta)$ 的值最大，需要对上式中各个参数 β_k $(k=0,1,2,\cdots,m)$ 求偏导数，然后令它们都等于 0，可得如下似然方程：

$$\frac{\partial l(\theta)}{\partial \beta_0} = \sum_{i=1}^{n}\left[y_i - \frac{\exp(\beta_0 + \sum_{k=1}^{m}\beta_k x_{ki})}{1 + \exp(\beta_0 + \sum_{k=1}^{m}\beta_k x_{ki})} \right] = 0$$

$$\frac{\partial l(\theta)}{\partial \beta_0} = \sum_{i=1}^{n}\left[y_i - \frac{\exp(\beta_0 + \sum_{k=1}^{m}\beta_k x_{ki})}{1 + \exp(\beta_0 + \sum_{k=1}^{m}\beta_k x_{ki})} \right] \cdot x_{ki} = 0 \quad (k=0,1,2,\cdots,m)$$

由此可得 $m+1$ 个似然方程，解出各参数 β_k $(k=0,1,2,\cdots,m)$ 的估计值；由此得到的概率即条件概率 p_i 的极大似然估计值，它表示在给定 x_{ki} $(i=1,2,\cdots,n)$ 条件下 p_i=1（即违约发生）的条件概率的估计。

4.6.3　Logistic 回归系数的含义

对模型进行参数估计后，需要对参数的含义给予合理的解释。在实际应用中，人们关心的是解释变量变化引起事件发生概率变化的程度。当解释变量增加时，概率会相应增加或减少，但这种变化的幅度是非线性的，这取决于解释变量的取值范围以及解释变量间的共同作用等。因此，在应用中人们通常更关心的是解释变量给发生比带来的变化。

当 Logistic 回归模型的回归系数确定后，将其代入 Ω 函数，即

$$\Omega = \exp(\beta_0 + \beta_i x_i)$$

当其他解释变量保持不变而研究 x_1 变化一个单位对 Ω 的影响时，可将新的发生比设为 Ω^*，则有

$$\Omega^* = \exp(\beta_1 + \beta_0 + \beta_i x_i) = \Omega \exp(\beta_1)$$

于是有

$$\frac{\Omega^*}{\Omega} = \exp(\beta_1)$$

由此可知，当 x_1 增加一个单位时，发生比扩大 $\exp(\beta_1)$ 倍，一般化则为

$$\frac{\Omega^*}{\Omega} = \exp(\beta_i)$$

上式表明，当其他解释变量保持不变时，x_i 每增加一个单位将引起发生比扩大 $\exp(\beta_i)$ 倍，当回归系数为负时发生比缩小。

4.6.4 Logistic 回归方程的检验

Logistic 回归方程显著性检验的目的，是检验解释变量全体与 Logit p 的线性关系是否显著，是否可以用线性模型拟合。零假设 H_0：各回归系数同时为 0，解释变量全体与 Logit p 的线性关系不显著。

回归方程显著性检验的基本思路是，如果方程中的诸多解释变量对 Logit p 的线性解释有显著意义，那么必然会使回归方程对样本的拟合得到显著提高，可采用对数似然比测度拟合程度是否提高，如果设解释变量 x_i 没引入回归方程前的对数似然函数值为 L，解释变量 x_i 引入回归方程后的对数似然函数值为 L_i，则对数似然比为 $\frac{L_i}{L}$。显而易见，如果对数自然比与 1 无显著差异，则说明解释变量 x_i 对 Logit p 的线性解释无显著贡献，如果对数似然比远远大于 1，与 1 有显著差异，则说明解释变量对 x_i 对 Logit p 的线性有显著贡献，依照统计推断的思想，此时应关注对数似然比的分布。显然对数似然比的分布是未知的，但它的函数 $\log\left(\frac{L_{x_i}}{L}\right)^2$ 的分布是可知的且近似服从卡方分布，通常称此为自然比卡方。于是有

$$-\log\left(\frac{L_{x_i}}{L}\right)^2 = -2\log\left(\frac{L_{x_i}}{L}\right) = -2\log(L_{x_i}) - [-2\log(L)]$$

如果自然比卡方的概率值小于给定的显著性水平 α，则拒绝零假设 H_0，认为目前方程的所有回归系数不同时为零，解释变量全体与其之间的线性关系显著；反之，如果概率 p 值大于给定的显著性水平 α，则不应拒绝零假设，认为目前方程中的所有回归系数同时为零，解释变量全体与 Logit p 之间的线性关系不显著。

回归系数显著性检验采用的检验统计量是 Wald 统计量，即

$$\text{wald} = \left(\frac{\beta_i}{S_{\beta_i}}\right)^2$$

其中：β_i 是回归系数；S_{β_i} 是回归系数的标准误差。Wald 检验统计量服从自由度为 1 的卡方分布。计算出 Wald 的观察值和对应的概率值，如果概率值小于给定的显著性水平，应拒绝原假设，认为某解释变量的回归系数与零有显著差异，该解释变量与 Logit p 之间的线性无关显著，应保留在方程中；反正，如果概率值大于给定的显著性水平，则应接受原假设，认为某解释变量的回归系数与零无显著差异，该解释变量与 Logit p 之间的线性无关不显著，不应保留在方程中。

回归方程的拟合优度从以下两方面考查：回归方程能够解释被解释变量变差的程度以及由回归方程计算出的预测值与实际值之间吻合的程度，即方程的总体判错率是高还是低（判错率高则拟合优度低，判错率低则拟合优度高），SPSS 软件会直接输出检验结果。

4.6.5 Logistic 回归分析的实际应用

例 4.6.1 为考查产妇是否吸烟和是否为低出生体重儿的关系，共收集了 189 组数据，见表 4.6.1，其中 low=0 指非低出生体重儿，low=1 指低出生体重儿；smoke=0 指产妇在妊娠期不吸烟，smoke=1 指产妇在妊娠期吸烟。

表 4.6.1 189 组数据

编号	low	smoke	编号	low	smoke	编号	low	smoke
1	0	0	64	0	0	127	0	0
2	0	0	65	0	1	128	0	1
3	0	1	66	0	0	129	0	0
…	…	…	…	…	…	…	…	…
61	0	0	124	0	0	187	1	1
62	0	0	125	0	0	188	1	0
63	0	0	126	0	0	189	1	1

选择 SPSS 菜单："分析（A）"→"回归（R）"→"二元 Logistic"，选择"low"到"因变量（D）"框，选择"smoke"到协变量框"块（B）1/1"中（见图 4.6.2）。

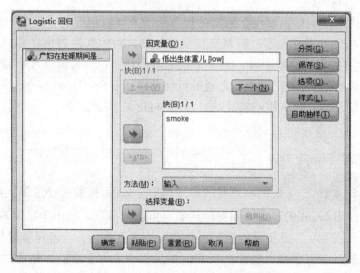

图 4.6.2 Logistic 回归主对话框

结果解释：

分析结果中，"个案处理摘要"给出了分析中使用的案例数汇总，"因变量编码"给出了因变量取值水平编码。SPSS 拟合模型时默认取值水平高的为阳性结果，因此本例拟合模型是 Logit（p/y=低出生体重儿）。

随后表 4.6.2 给出了模型拟合结果，首先给出的是模型不含任何自变量，而只含常数项（即无效模型，也称为基线模型）时的输出结果，所以子标题为"块 0：起始块"，共包括三部分。

表 4.6.2　预测分类表

实测			低出生体重儿		正确百分比
			正常	低出生体重	
步骤 0	低出生体重儿	正常	130	0	100.0
		低出生体重	59	0	0.0
总体百分比					68.8

注：常量包括在模型中；分界值为 0.500。

这是模型中仅含有常数项时计算的预测分类结果，SPSS 根据预测的 P 值是否大于 0.5 将研究对象判断为是否出现阳性结果。由于模型中仅含有常数项，因此所有案例的预测概率均为样本率估计值 59/189=0.312，即均预测为正常儿，从而总样本的预测正确率为 68.8%。

表 4.6.3　方程中的变量

		B	标准误差	瓦尔德	自由度	显著性	exp（B）
步骤 0	常量	−0.790	0.157	25.327	1	0.000	0.454

表 4.6.3 给出了模型参数，B 为模型中引入自变量时常数项的估计值；瓦尔德为 Wald 卡方，是对总体回归系数是否为 0 进行统计学检验。此处的 exp(B) 为 e 的 β_0 次方，其实际意义为总体研究对象为低出生体重儿概率与为正常儿概率的比值，即 0.454=0.312/0.688。

表 4.6.4 输出了当前未引入模型的变量的比分检验（score test）结果，其意义为向当前模型中引入某变量（如 smoke）时，该变量回归系数是否等于 0，显然结果显示该变量的回归系数不等于 0。

表 4.6.4　未包括在方程中的变量

			得分	自由度	显著性
步骤 0	变量	产妇在妊娠期是否吸烟	4.924	1	0.026
总体统计			4.924	1	0.026

基于无效模型，下面将在分析中引入自变量，子标题为"块 1：方法=输入"，共包括四部分。

模型中引入候选变量，然后将新模型与上一个块的模型进行比较，显然比较结论为二者有统计学差异（见表 4.6.5）。此处的卡方值为似然比卡方，等于上一个模型（本例为常数项模型）的−2 倍对数似然值与当前模型的−2 倍对数似然值的差值。

表 4.6.5　模型系数的 Omnibus 检验

		卡方	自由度	显著性
步骤 1	步骤	4.867	1	0.027
	块	4.867	1	0.027
	模型	4.867	1	0.027

表 4.6.6 输出了当前模型的 -2 倍对数似然值的两个伪决定系数（"伪"用以与线性回归模型中的决定系数相区别），即 Cox & Snell R^2 和 Nagelkerke R^2。两者从不同角度反映了当前模型中自变量解释的因变量的变异占因变量总变异的比例。其公式为

$$Cox \& Snell\ R^2 = 1 - \left(\frac{L_0}{L}\right)^{\frac{2}{n}}$$

其中：L_0 为方程中包括常数项时的对数似然函数值；L 为当前方程的对数似然函数值；n 为样本数。

$$Nagelkerke\ R^2 = \frac{Cox \& Snell\ R^2}{1 - (L_0)^{\frac{2}{n}}}$$

Nagelkerke R^2 是 Cox & Snell R^2 的修订，取值范围在 0 至 1 之间，越接近 1，说明方程的拟合优度越高，越接近 0，说明方程的拟合优度越低。

表 4.6.6　模型汇总

步骤	-2 对数似然	考克斯-斯奈尔 R 方	内戈尔科 R 方
1	229.805[a]	0.025	0.036

注：a. 由于参数估算值的变化不足 0.001，因此估算在第 4 次迭代时终止。

表 4.6.7 所示的是应用引入自变量的回归模型进行预测的分类表格，$p>0.5$ 判断为出现阳性结果。可见，虽然模型出现变化，但所有案例的预测概率仍然低于 0.5，因此仍然 100% 被预测为正常儿。总正确率为 130/189=68.8%。

表 4.6.7　预测分类表

实测			低出生体重儿		正确百分比
			正常	低出生体重	
步骤 1	低出生体重儿	正常	130	0	100.0
		低出生体重	59	0	0.0
总体百分比					68.8

注：分界值为 0.500。

表 4.6.8 输出了模型中各自变量的偏回归系数及其标准误差、Wald 卡方、自由度、p 值，OR 值（表格最右一列）。由此得出，在妊娠期抽烟（smoke=1）的产妇会比不抽烟的产妇更容易分娩低出生体重儿。相应的 Logistic 回归方程为

$$Logit(p) = -1.087 + 0.704 \times smoke$$

表 4.6.8　方程中的变量

		B	标准误差	瓦尔德	自由度	显著性	exp(B)
步骤 1	产妇在妊娠期间是否吸烟	0.704	0.320	4.852	1	0.028	2.022
	常量	−1.087	0.215	25.627	1	0.000	0.337

习 题

1. 填空题

（1）根据相关程度的不同，相关关系可分为_____、_____和_____。

（2）根据变量值变动的方向，相关关系可分为_____和_____。

（3）多元线性回归是对一元线性回归的推广，在回归分析中，如果_____，就称为多元回归。

（4）在实际问题中，经常会遇到研究对象与影响因素之间的关系不存在线性关系，而呈现出其他的曲线趋势，需要进行_____分析。

2. 人才选拔中，想知道是否学员期望有好的成绩时就能有好成绩。为了调查这个问题，培训部门根据 10 名学员成绩的潜能给出了单独的等级评分。两年后获得了实际的成绩记录，得到了第二份等级评分，见表 1。试通过 Spearman 秩相关系数计算，判断学员的成绩潜能是否与开始两年的实际成绩一致。

表 1　学员等级和成绩

学员编号	潜能等级	成绩	成绩等级
1	1	285	6
2	2	400	1
3	6	280	7
4	3	350	4
5	7	300	5
6	10	200	10
7	9	260	8
8	5	385	2
9	8	220	8
10	4	360	3

3. 为研究香烟消耗量与肺癌死亡率的关系，收集到相关数据（1930 年左右有极少的女子吸烟；考虑到吸烟效果需要一段时间才能体现，采用了 1950 年的肺癌死亡率），见表 2。

表 2　香烟消耗量与肺癌死亡人数

国家	1930 年人均香烟消耗量	1950 年每百万男子中死于肺癌人数
澳大利亚	480	180
加拿大	500	150
丹麦	380	170
芬兰	1 100	350
英国	1 100	460
荷兰	490	240
冰岛	230	60
挪威	250	90
瑞典	300	110
瑞士	510	250
美国	1300	200

绘制上述数据的散点图，并计算相关系数，说明香烟消耗量与肺癌死亡率之间是否存在显著的相关关系。

4. 表 3 为 1978—2011 年省农村人均消费水平的样本数据 $(x_i, y_i), i = 1, 2, \cdots, n$ 。

表 3　某省农村居民 1978—2011 年消费支出　　　　　　单位：元

年份	消费	收入	年份	消费	收入
1978	88.18	100.93	1995	915.25	880.34
1979	96.69	111.57	1996	986.34	1 100.59
1980	125.54	153.41	1997	976.27	1210
1981	135.23	158.63	1998	939.55	1 393.05
1982	141.05	174.16	1999	944.9	1 412.98
1983	162.68	213.06	2000	1084	1 428.7
1984	178.39	221.05	2001	1 127.37	1 508.61
1985	204.61	257	2002	1 153.29	1 590.3
1986	232.79	282.89	2003	1 336.85	1 673
1987	252.84	302.82	2004	1 464.34	1 852
1988	276.98	345.14	2005	1 819.58	1 980
1989	296.38	375.8	2006	1 855.49	2 134
1990	339.24	430.99	2007	2 017.21	2 328.92
1991	403.41	446.42	2008	2 400.95	2 723.8
1992	419.68	489.47	2009	2 766.45	2 980.1
1993	537.76	550.83	2010	2 942	3 424.65
1994	674.17	723.73	2011	3 664.9	3 909.37

将人均消费额记作 y，人均收入记作 x，试建立一元线性回归模型并给出相应的分析。

5. 已知 20 个家庭父母和女儿的身高数据如表 4 所示。

表 4　20 个家庭父母和女儿身高数据

编号	父亲身高	母亲身高	女孩身高	编号	父亲身高	母亲身高	女孩身高
1	165	155	162	11	178	165	171
2	178	175	176	12	178	165	171
3	167	161	164	13	164	156	160
4	176	153	164	14	169	170	170
5	181	178	179	15	173	156	164
6	171	165	168	16	178	152	164
7	170	168	169	17	171	165	168
8	171	150	168	18	181	178	179
9	179	169	174	19	170	166	168
10	181	153	166	20	168	150	158

试根据数据建立多元回归模型。

第5章 时间序列分析

　　生活中，人们常按照时间的顺序把事物发展变化的过程记录下来，比如，每天的最高气温与最低气温、日股票闭盘价、某地区 110 指挥中心每日接到的报警数、借款平台的周利率、某网店的周销售额、某地区的年降水量、某地区的国民生产总值的年数据等，这样就形成各种各样的时间序列。统计学上，时间序列指具有均匀的时间间隔的各种社会自然现象的数量指标，依时间次序排列起来的统计数据。时间间隔可以是一年、一个月、一天或者一小时等，也可以是一个任意确定的正实数。

　　人们常用折线图（有时也用散点图）展示事物随时间变化的趋势，并把该图称为时间序列图。我们接触的时间序列大多是离散数据，也有连续型时间序列，如心电图、工业供电仪表记录结果等。由于计算机处理的数据一般都是离散数据，本章只讨论离散型时间序列。

　　实际上，时间序列包含了很多有用的信息，对这些数据进行分析处理具有重要的价值。例如，对商品销售情况进行分析，可以预测商品销售的趋势，用来决策商品的进货、价格等，从而获得更大的利润；结合考生的高考成绩，对某些高校往年的录取分数进行分析，就能更有把握地填报志愿；对某市盗窃案件的历史数据进行分析，一定程度上可对公安相关部门的分析决策起到辅助作用；新冠肺炎疫情期间，记录下每天已被感染的人数，有助于人们了解该病毒的传染威力，且根据传染病的一般发展规律，可以了解疫情所处的阶段并及时做好应对措施。因此，掌握一些时间序列分析的方法还是非常必要的。

5.1　时间序列分析概述

5.1.1　时间序列分析的概念

通常，人们认为时间序列分析（time series analysis）是一种动态数据处理的统计方法。该方法基于随机过程理论和数理统计学方法，研究随机数据序列所遵从的统计规律，以用于解决实际问题。

定义 5.1.1　时间序列分析是一种根据研究对象一系列已知的历史数据（时间序列）分析并找出事物随时间发展变化的轨迹，用数学模型去描述研究对象随时间变化的发展规律，并根据该模型预测事物未来发展状况的定量分析方法。

现在对时间序列的处理不断有新的方法和工具出现，因此，广义上讲，时间序列分析就是充分利用现有的方法对时间序列进行处理，挖掘出对解决和研究问题有用的信息量。较为成熟的时间序列的分析方法有两大类：确定性时间序列分析和随机时间序列分析。

另外，需说明的是，时间序列分析方法仅仅考虑时间因素对研究对象发展变化的影响。一般情况下，预测对象的发展变化受很多因素影响，但是，运用时间序列分析进行预测，实际上是将所有的影响因素归结到时间这一因素上，只承认所有影响因素的综合作用，并在未来对预测对象仍然起作用，而并未去分析探讨预测对象和影响因素之间的因果关系。只要有足够的历史统计数据，就可以用来构成一个合理长度的时间序列，即可采用时间序列分析方法，因此，采用该方法有两个必要的前提假设：

第一，研究对象过去的发展变化趋势决定着该对象未来的发展。

第二，研究对象的发展过程属于渐进式变化，而不是跳跃式变化。

因此，在研究对象的客观环境发生突变的情况时，切不可机械地套用时间序列分析方法预测事物未来的状况，而应该对所研究对象进行历史的逻辑分析，才能做出更加符合事物客观发展的分析与预测。

5.1.2　时间序列分析方法的影响因素及基本模型

时间序列数据随时间推移而变动受到许多因素影响，通常（尤其在确定性时间序列分析中）影响因素分解成四种：

（1）趋势变动因素(T)。趋势变动因素反映了事物在一个较长时间内的发展方向，它可以在一个相当长的时间内表现为曲线（包括直线）形式。比如，我国的国内生产总值（GDP）每年均随时间而增长；每年死亡率因医疗技术进步及生活水平的提高而有长期向下的趋势。

（2）季节变动因素(S)。季节变动因素使序列呈现出和季节变化相关的稳定的周期波动。比如，农产品的生产；风扇或空调的销量在夏季的销量多；商场的在节假日有促销活动时销量较大；盗窃案在年底时高发。

（3）周期变动因素(C)。周期变动因素也称循环变动因素，它是受各种因素影响形成上下起伏不定的波动。周期变动与趋势变动不同，它不是单一方向的持续变动，而是有涨有落的交替波动。周期变动与季节变动也不同，它不像季节变动那样有明显的按月或者按季的固定周期规律，它的规律性不甚明显，若有周期，一般也较长，大约 2 ~ 15 年。比如经济周期、工业总产值指数等。生活中一般数据大多不涉及周期变动因素。

（4）随机变动因素(I)。除了上述三种因素外，序列还会受到各种其他因素的综合影响（可以理解为偶然因素），即随机变动因素就是受偶然因素影响所形成的不规则波动。这种偶尔因素可能是自然灾害、人为的意外因素、天气的突然改变以及政治的巨大变化等。若时间序列只受随机变动因素影响，其序列图往往是平稳序列，即基本在某一水平上下波动。

判断时间序列具有哪种因素的一个较直观的方法是画出时间序列图，根据图形的走势大致做出判断。图 5.1.1 给出了趋势序列、季节性序列及平稳序列。

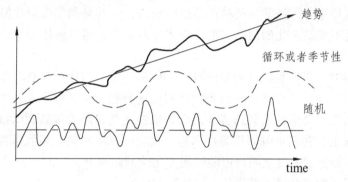

图 5.1.1　趋势序列、季节性序列及平稳序列

实际中，时间序列一般不只受一种因素影响，往往受这四种因素中部分甚至全部影响。基于此，我们可以建立时间序列是这四种因素的函数的基本模型，即

$$Y_t = f(T_t, S_t, C_t, I_t)$$

通常假定这四种因素相互作用，常见的模型为加法模型和乘法模型。

加法模型：

$$Y_t = T_t + S_t + C_t + I_t$$

乘法模型：

$$Y_t = T_t \cdot S_t \cdot C_t \cdot I_t$$

后来，人们还引进了加法与乘法的混合模型等，这些都是确定性时间序列的分析方法。对于一个具体的时间序列，要受哪几类因素影响，要选择哪种模型，都要根据所掌握的资料及研究目的来决定。

5.2 节介绍趋势线拟合法，主要针对受趋势变动因素影响的序列。5.3 节与 5.4 节介绍两种平滑法，可用于研究平稳序列、有趋势的序列或者含季节因素的序列。这些方法都是确定性时间序列分析的方法。

5.5节介绍随机性时间序列分析的方法，这种模型是从统计角度来揭示各种时间序列内部的统计关系与各时间序列之间的统计关系。目前比较成熟的线性时间序列模型主要有：ARMA 模型（自回归移动平均模型）、ARIMA 模型（差分自回归移动平均模型）和 SARIMA 模型（季节性差分自回归移动平均模型）等。对于平稳时间序列的建模多采用 ARMA 模型，对于非平稳时间序列的建模多采用 ARIMA 模型或 SARIMA 模型。

5.2　趋势线拟合法

趋势线拟合法是对一组离散的数据用一个近似的曲线方程来描述其变化趋势，这里的数据一般是二维数据，即趋势线拟合法主要刻画两个变量之间的关系。趋势线拟合分为线性拟合和非线性拟合。当曲线方程是一元一次函数时，称线性拟合；否则称非线性拟合。对于非线性拟合，通常分两种情形进行处理：一种是利用变量代换可转化为线性问题；另一种是不能线性化的问题，处理起来比较麻烦，可以运用公式计算或者借助迭代法利用软件实现。

在时间序列中，我们利用这种方法时，一般基于该时间序列具有非常显著的趋势，且对其分析的目的就是要找到这种趋势，并利用这种趋势对序列未来的发展做出合理的预测，例如国内生产总值的发展趋势、人口数量的变化趋势、传染病中被传染总人数的增长趋势等。这里，我们将时间作为自变量，相应的时间序列观察值作为因变量，运用趋势线拟合法实际上就是建立序列值随时间变化的回归模型。

那么对时间序列拟合时，采用什么函数模型呢？

这需要我们先画出时间序列图（散点图或折线图），观察序列图是否有明显的趋势，若没有，就不能利用这种方法；若有，则根据时间序列图的趋势初步判断是线性的还是非线性的。若序列的趋势图是线性的，通常运用最小二乘法求得模型中的参数，实际上就是建立时间序列的线性回归模型，运用前面学习的操作步骤来得到线性方程中的参数即可；若序列趋势图是非线性的，则要根据趋势线的形状，合理选择非线性模型拟合。时间序列有几种常用的非线性拟合：多阶曲线拟合、指数曲线拟合和 Logistic 曲线拟合等。

5.2.1　多阶曲线拟合

多阶曲线拟合也称多项式拟合，它是根据研究对象的历史数据，用多项式曲线模型去描述研究对象随时间变化的发展规律，并根据该模型预测事物未来发展状况的一种时间序列分析方法。多阶曲线预测模型的一般形式为

$$y_t = \hat{y}_t + \varepsilon_t = a_0 + a_1 t + a_2 t^2 + \cdots + a_k t^k + \varepsilon_t = \sum_{i=0}^{k} a_i t^i + \varepsilon_t$$

其中：y_t 为时间序列观测值；$\hat{y}_t$ 为时间序列的估计值；t 为自变量时间（可设 $t = t_1, t_2, \cdots, t_n$,

一般令 $t_1 = 1$，$t_{i+1} = t_i + 1$ ）；ε_t 为随机波动引起的误差（通常假定 ε_t 为独立同分布、期望是 0 的正态序列）；a_i 为拟合系数 $(i = 0, 1, \cdots, k)$。

多项式函数的图形有个特点，即其曲线"拐的弯数"比多项式的次数少 1。图 5.2.1 给出了直线、二次曲线与三次曲线的大致图像，从图 5.2.1 可以明显看出这个特点。

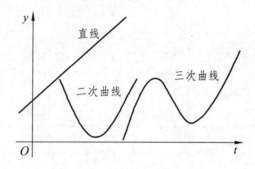

图 5.2.1　多项式函数的图形

绘制出时间序列图后，先观察图形是否有显著的趋势，若有，再观察图形的拐弯情况，根据图形拐弯的走势大致判断可运用几次多项式模型。但是，有时不好明确实际序列图拐的弯数，如图 5.2.2 所示，通过散点图不好确定，就画出序列折线图（打开 SPSS 后，选择"分析"→"时间序列预测"→"序列图"）。由图 5.2.2 可见，可以看成拐了一个大弯，还可以看成拐了两个弯或者三个弯等。这种情况，通常选择至少两种多项式模型来拟合，选择拟合程度较好的作为分析和预测模型。

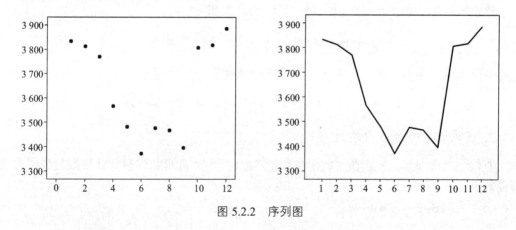

图 5.2.2　序列图

那么，是不是多项式模型的次数越高，对数据的拟合程度越好呢？

答案是否定的，随着多项式函数次数的增加，曲线会把尽可能多的点拟合进去。但在现实世界中，我们拿到的样本点通常是带有误差的，这些样本点并不一定完全符合某个函数的关系，若我们无限制地增加函数的次数去拟合样本点，就会造成即使某些样本点有错误有偏差也会把它拟合进去，这样就会使函数变得极其复杂，对于新的样本点的预测结果将会产生极大的偏差，这种情况就是过拟合。如果样本点本来是符合高次函数，却使用较低次的多项式函数去拟合它，如图 5.2.3 所示，大多数样本点将不能拟合到左图的直线上，这时再用这个直线函数去预测新来的样本点时，那么预测结果也将产生很大的偏差，这种情况就是欠拟合。总之，多项式的次数越高，越会产生振荡现象，反而会影响精度，就会造成过拟合，当然，我们也不能欠拟合。图 5.2.3 给出了欠拟合、正好、过拟合三种情况。

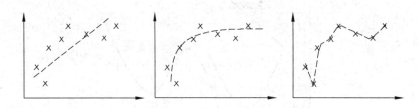

图 5.2.3　欠拟合、正好与过拟合

在实际中，常用的是一次曲线、二次曲线和三次曲线模型，有时也用到四次曲线模型，五次与六次等更高次的模型用得较少。理论上，时间序列中时间的取法及多项式模型中的拟合系数，可以通过以下方式来获得。

1. 时间序列时间的取法

在计算拟合系数时，常常遇到 $\sum t_i$ 或者 $\bar{t}$，为方便计算，要对时间项进行处理。当时间点 $t_1, t_2, \cdots, t_n$ 为连续等间隔时，取时间序列的中间为原点。

数据项数为奇数（ $n = 2m+1$ ）时，该时间序列取为

$$\{-m, -(m-1), \cdots, -1, 0, 1, \cdots, (m-1), m\}$$

数据项数为偶数（ $n = 2m$ ）时，该时间序列取为

$$\{-(2m-1), \cdots, -(2m-3), \cdots, -1, 1 \cdots, (2m-3), (2m-1)\}$$

2. 多项式模型及拟合系数

直线、二次曲线、三次曲线的图像如图 5.2.1 所示。处理数据时，常根据趋势图来选择曲线类型。

（1）直线模型： $y = a + bt$ 。

拟合系数：$\begin{cases} a = \bar{y} \\ b = \dfrac{\sum y_i t_i}{\sum t_i^2} \end{cases}$ 。

模型分析：处理实际问题时，要注意分析"斜率和截距的实际意义"。

（2）二次曲线模型： $y = a_0 + a_1 t + a_2 t^2$ 。

$$\text{拟合系数：}\begin{cases} a_0 = \dfrac{\sum y_i \sum t_i^4 - \sum t_i^2 \sum y_i t_i^2}{n \sum t_i^4 - (\sum t_i^2)^2} \\[3mm] a_1 = \dfrac{\sum t_i y_i}{\sum t_i^2} \\[3mm] a_2 = \dfrac{n \sum t_i^2 y_i - \sum y_i \sum t_i^2}{n \sum t_i^4 - (\sum t_i^2)^2} \end{cases}$$

模型分析：处理实际问题时，可以对二次曲线进行"单调性及极值分析"。

（3）三次曲线模型：$y = a_0 + a_1 t + a_2 t^2 + a_3 t^3$。

$$\text{拟合系数：}\begin{cases} a_0 = \dfrac{\sum y_i \sum t_i^4 - \sum t_i^2 \sum t_i^2 y_i}{n \sum t_i^4 - (\sum t_i^2)^2} \\[3mm] a_1 = \dfrac{\sum t_i y_i \cdot \sum t_i^6 - \sum t_i^4 \cdot \sum t_i^3 y_i}{\sum t_i^2 \sum t_i^6 - (\sum t_i^4)^2} \\[3mm] a_2 = \dfrac{n \sum t_i^2 y_i - \sum y_i \sum t_i^2}{n \sum t_i^4 - (\sum t_i^2)^2} \\[3mm] a_3 = \dfrac{\sum t_i^2 \cdot \sum t_i^3 y_i - \sum t_i y_i \cdot \sum t_i^4}{\sum t_i^2 \sum t_i^6 - (\sum t_i^4)^2} \end{cases}。$$

模型分析：处理实际问题时，可以对三次曲线进行"单调性及拐点分析"。

实际操作中，一般通过计算机软件（SPSS、SAS、Excel 等）来完成拟合系数的计算，且在时间序列的自变量时间的取法上可直接采取真实的时间值，或者令 $t_1 = 1$，$t_{i+1} = t_i + 1$，后者更常用。那么，究竟哪种模型更合适，我们通常可以借助软件多尝试几种，选择拟合程度较高的即可。下面我们结合软件 SPSS 来完成例 5.2.1。

例 5.2.1 表 5.2.1 给出了 1986—2010 年全国出入境边防检查机关每年共查验出入境人员的人次数数据，请研究数据变化的规律，预测未来三年的情况。

表 5.2.1　全国出入境人员统计数据

年份	1986	1987	1988	1989	1990	1991	1992	1993	1994
检查出入境人员/万人	5 040	6 010	6 980	6 100	6 850	7 030	9 010	9 610	10 060
年份	1995	1996	1997	1998	1999	2000	2001	2002	2003
检查出入境人员/万人	10 850	11 850	13 250	14 150	16 200	18 890	20 200	22 850	22 200
年份	2004	2005	2006	2007	2008	2009	2010		
检查出入境人员/万人	27 500	30 200	31 800	34 500	35 100	34 800	38 200		

注：该数据来自国家移民管理局的官方网站 https://www.nia.gov.cn/n741440/n741567/index.html。

（1）先用 SPSS 绘制时间序列图（图略），根据其趋势显然可以用多项式模型来拟合。

（2）分别选用一次、二次与三次多项式来拟合。

由于多项式模型属于能转化成线性问题的非线性拟合模型，即可运用最小二乘法求得其模型参数，这个过程实际上就是回归分析中求参数的方法，所以，运用 SPSS 求得模型参数的步骤与回归分析的操作步骤一样。操作时，打开 SPSS：

① 选择"分析"→"回归"→"曲线估计"命令，会出现图 5.2.4 的对话框。

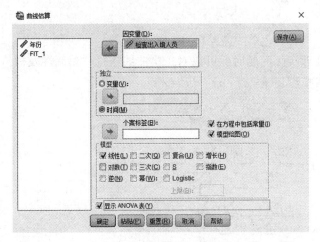

图 5.2.4　曲线估计对话框

② 导入因变量，点击"时间"，这样默认的（自变量）时间是 1，2，…，25（给了 25 年的数据），勾选"线性"，注意"模型绘图、显示 ANOVA 表"等处勾选。

③ 点击图 5.2.4 右上角的"保存"，会出现图 5.2.5 的对话框。

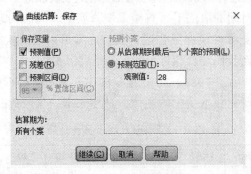

图 5.2.5　保存对话框

④ 勾选图 5.2.5 中的预测值，并点击预测范围，填写观测值 28（这样不仅给出了原来 25 个数据的预测值，还会给出 2011—2013 年的预测值），点击"继续"，关闭该对话框，回到图 5.2.4 的对话框，点击确定即可得到图 5.2.6 中的第一张图，并可知 $R^2=0.943$，表达式为

$$\hat{y}_t = -864.1 + 1448.715t$$

用上述同样的步骤分别在对话框"曲线估计"（图 5.2.4）的模型中勾选"二次"与"三次"，可得到图 5.2.6 中的第二张与第三张图，并且二次对应的 $R^2=0.988$，其表达式为

134

$$\hat{y}_t = 4933.965 + 160.256t + 49.556t^2$$

三次对应的 R^2=0.991，其表达式为

$$\hat{y}_t = 6796.884 - 623.731t + 123.481t^2 - 1.896t^3$$

（3）确定预测模型及未来三年的预测值。

从上面的判决系数可以看出三次模型拟合最好，这点从图 5.2.6 也可看出。

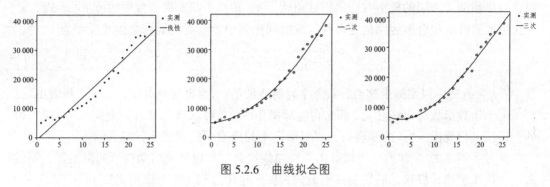

图 5.2.6 曲线拟合图

它们对未来三年的预测值见表 5.2.2。从表中可见，三次模型的预测值与 2011 年及 2013 年的实际值最贴切，2012 年的实际值有些"异常"（感兴趣的读者可查阅相关背景资料）。

表 5.2.2 预测值与实际值

年份	2011	2012	2013
实际值	41 100	20 800	45 400
线性	36 802.50	38 251.22	39 699.93
二次	42 600.57	45 387.30	48 273.14
三次	40 737.65	42 664.57	44 531.38

另外，在操作时，线性、二次与三次可同时由 SPSS 呈现出来，只需在进行到图 5.2.4 的步骤时，将对话框中的模型中的"线性、二次与三次"同时勾选，其他操作一样，这时就会把图 5.2.6 中的三条线叠加在一张序列图中，并得到表 5.2.3。

表 5.2.3 模型摘要和参数估算值

因变量：	检查出入境人员							
	模型摘要					参数估算值		
方程	R^2	F	自由度1	自由度2	显著性	常量	b_1	b_2	b_3
线性	0.943	377.821	1	23	0.000	-864.100	1 448.715		
二次	0.988	927.626	2	22	0.000	4 933.965	160.256	49.556	
三次	0.991	764.463	3	21	0.000	6 796.884	-623.731	123.481	-1.896

5.2.2　指数曲线拟合

1. 指数曲线模型

大量研究表明，很多事物的发展在前半时期是按指数或者接近指数规律变化的，例如文献的数量、技术的进步、生产的增长等，即对应的数据增长较快，这种趋势就是指数曲线趋势。若要预测这些事物未来短期内的发展趋势，可对其时间序列进行指数曲线拟合后再预测。常用的模型有一次指数曲线（$y = a \cdot b^t$）和二次指数曲线（$y = a \cdot b^t c^{t^2}$）。一次指数曲线的拟合被运用的更多些，在时间序列中，其对应的指数曲线模型为

$$y_t = \hat{y}_t + \varepsilon_t = a \cdot b^t + \varepsilon_t$$

其中：y_t 为时间序列实际观察值；$\hat{y}_t$ 为序列的估计值；t 为自变量时间；a, b 为模型参数。

由于指数函数可以线性化，那么在实际操作中，参数 a, b 可通过同上的 SPSS 操作得到，即在进行到图 5.2.4 的步骤时，将对话框中的模型中的"指数"勾选即可。

针对实例 5.2.1，我们也可以运用指数曲线拟合，可以发现前期拟合的都很好，不过由于指数模型增长较快，后期的预测值偏大些（这个过程大家自己可操作下）。

2. 修正指数曲线模型

现实生活中，任何事物的发展都有一个限度，比如人口不可能无限制地增长，在一定范围内，一定条件下人口的增长是有限度的；再比如一种新产品投入市场后，需求量不可能无限地增长，而是需求量先是迅速增加，一段时期后逐渐降低增加速度，最后达到市场需求的饱和量，那么对初期增长较快，随后增长减缓（或处于稳定发展饱和期）的社会现象，就不能用一般的指数曲线预测其发展趋势，而需要用特殊的指数曲线模型——修正指数曲线模型进行预测。修正指数曲线模型为

$$y_t = \hat{y}_t + \varepsilon_t = l - a \cdot b^t + \varepsilon_t$$

曲线 $y = l - a \cdot b^t$ 的图像如图 5.2.7 所示。

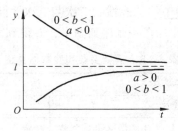

图 5.2.7　修正曲线图

上式中的"饱和量" l 已知时，把 $l - y_t$ 看作新的时间序列，进而利用操作指数函数的方法可求得参数 a, b。

大多数情况下，l 是未知的，此时，该非线性问题属于不能线性化的问题，理论上，

可利用"三段和值法"（简称三和法）来求得 l 和 a,b。设 $(t_i, y_i)(i=1,2,\cdots,n)$ 是一组观测数据，将数据平均分成三组（当数据个数 n 不是 3 的倍数时，可舍弃一个或两个数据），按顺序计算每段的"和值"，设为 $\sum_1, \sum_2, \sum_3$，则拟合系数计算公式如下：

$$\begin{cases} l = \dfrac{1}{n}\left[\dfrac{\sum_1 * \sum_3 - (\sum_2)^2}{\sum_1 + \sum_3 - 2\sum_2}\right] \\[3mm] b^n = \dfrac{\sum_3 + \sum_2}{\sum_2 + \sum_1} \\[3mm] a = (\sum_1 - \sum_2)\dfrac{b-1}{b(b^n-1)^2} \end{cases}$$

求得以上参数的值后，代入 $\hat{y}_t = l - a \cdot b^t$，便可得观察值 y_t 的预测值 $\hat{y}_t$。

检验模型拟合程度好坏经常用平均绝对百分比误差 MAPE 来检验：

$$\text{MAPE} = \frac{100\%}{n}\sum_{t=1}^{n}\left|\frac{\hat{y}_t - y_t}{y_t}\right|$$

检验对实际值的预测精度高低时可用预测值的相对误差绝对百分比检验：

$$\left|\frac{\hat{y}_t - y_t}{y_t}\right| \times 100\%$$

若 MAPE 为 5%，则表示预测的平均偏离为 5%。简单来说，以上两个值越小越好，究竟小于多少算好，没有统一的标准，这主要与研究的领域和问题有关。通常用它们来比较运用不同方法得到的拟合值（即预测值），一般值越小，对应的模型拟合得越好。

实际操作中，一般利用计算机软件（SPSS、MATLAB、SAS 等）迭代解出非线性模型中的参数，并用损失函数来衡量模型拟合的好坏。下面我们结合软件 SPSS 来完成例 5.2.2。

例 5.2.2 研究俄罗斯 1996—2006 年迁出人口的规律，统计数据见表 5.2.4。

表 5.2.4　俄罗斯 1996—2006 年迁出人口统计数据

年份	1996	1997	1998	1999	2000	2001
累计迁出人口	288 048	521 035	734 412	949 375	1 095 095	1 216 261
年份	2002	2003	2004	2005	2006	2007
累计迁出人口	1 322 946	1 416 964	1 496 759	1 566 557	1 620 617	1 664 137

（1）先绘制时间序列图，这里运用了散点图，对应自变量 $t_1 = 1$，$t_{i+1} = t_i + 1$。容易看出符合修正指数曲线的变化规律，可应用修正指数曲线拟合数据。

（2）设修正指数曲线模型为 $\hat{y}_t = l - a \cdot b^t$，我们运用 SPSS 迭代估计出其中的参数。

迭代时关键的一点是参数初始值的设置，"好的"初始值可以减少电脑的迭代次数，所以初始值与期望的最终解越接近越好；不合适的初始值可能导致收敛性失败或者导致局部（而不是全局）解的收敛性。

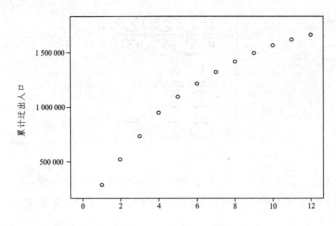

图 5.2.8　俄罗斯 1996—2006 年迁出人口序列图

通常可先根据已知信息大致估计下参数范围，确定出它们的数量级。不好确定量级的话，就多尝试几个初始值，比如，设初始值都是 1，SPSS 运算后，看是否达到了拟合优度（默认损失函数为残差平方和的话，就观察 R^2 的值），如果没有达到，可以该结果为初始值，再次迭代运算，或者换其他初始值进行运算。总之，要多尝试初始值，并选择对应的"损失函数"较小的。

就实例 5.2.2 而言，根据已知信息，我们可大致判断出其数量级。由 l 是其"饱和值"，根据实际数据和图 5.2.8 的走势，不妨设 l 的初始值为 1 700 000；由于 $0 < b < 1$，可设其初始值为 0.5；把这两个参数的初始值代入方程，对应的自变量 $t_1 = 1$ 时，用 y_1 代替 $\hat{y}_1$，即 288 048=1 700 000-0.5a，解得 a=2 823 904，由于 l 和 b 这两个值都是估计的，不妨选 a 的初始值为 2 500 000。另外，由于 SPSS 系统默认的初始值的取值范围是-99999 ~ 999999（超过该范围时，系统会出现如图 5.2.9 的对话框），因此，我们可把原始数据缩小至 1/100，对应的参数 l 和 a 的值也缩小至 1/100。

图 5.2.9　SPSS 默认的初始值取值范围

操作时，打开 SPSS：

① 选择"分析"→"回归"→"非线性"命令，会出现图 5.2.10 中左边的对话框。

② 导入因变量（注意这里的数据是实际数据缩小至 1/100 后的数据），在模型表达式中输入"l-a*b**VAR00001"（注意自变量 VAR00001 是导入的，对应数据为 1，2，…），

点击左下方的"参数"会出现图 5.2.10 中右边的对话框。

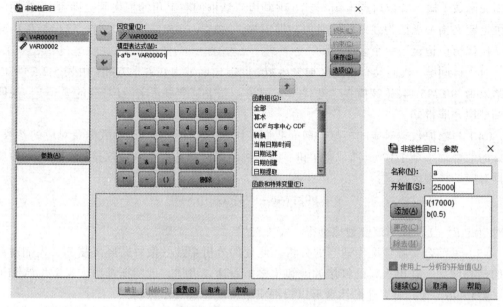

图 5.2.10　非线性回归对话框

③ 在该对话框中，依次输入表达式中对应的参数及初始值并点击"添加"，输入完成后，点击"继续"，回到图 5.2.10 的左边对话框（这时，左下方的参数、右上角的"损失函数与约束条件"及下方的"确定"等都会显现出来）。

④ 点击"确定"，相当于默认的损失函数是残差平方和，且无额外的约束条件，运行结果"迭代历史记录"将以表格的形式呈现，显示在迭代 17 次后终止，对应的最优解为

$$l = 19\ 216.963, b = 0.844, a = 19\ 472.204$$

除此之外，在运行结果中还会出现三个表：参数估算值表（给出了三个参数的估计值、标准误差及 95%的置信区间）、参数估算值相关性表及方差分析表（见表 5.2.5）。

表 5.2.5　方差分析表

ANOVA[a]			
源	平方和	自由度	均方
回归	1 832 085 677.558	3	610 695 225.853
残差	90 295.146	9	10 032.794
修正前总计	1 832 175 972.704	12	
修正后总计	223 897 743.151	11	
因变量：VAR00002			

注：a. R 方=1-（残差平方和）/（修正平方和）=1.000。

（3）模型检验。对于非线性模型，SPSS 通过最小化损失函数求解和评估模型，即用

损失函数来衡量模型预测的好坏。SPSS 默认的损失函数是残差平方和，用户也可以自定义损失函数（输入参数后点击图 5.2.10 中左边对话框的右上角的损失函数即可），常用的一种自定义损失函数为残差的绝对值，即输入"ABS（RESID_）"，此时，输出结果中只有"迭代历史记录"一个表。

对于该问题，我们没有自定义损失函数，即损失函数为残差平方和，由表 5.2.5 可知，其结果为 90 295.146（该值在"迭代历史记录"表中也会显示），且对应的 $R^2 =1$，说明该模型拟合非常好。

（4）写出原数据对应的模型。前面我们在用 SPSS 计算时，原始数据及对应的参数 l 和 a 的值都缩小至 1/100，所以把 l 和 a 的迭代结果面都放大 100 倍取整后，就得到原始数据对应的模型表达式：

$$\hat{y}_t = 1\,921\,696 - 1\,947\,220 \cdot 0.844^t$$

且对应的 $R^2 =1$，说明该模型拟合很"完美"。

（5）可结合实际情况作适当的分析。此处的分析会涉及俄罗斯经济复苏、人们对政府的信心增大、迁出人口已经接近饱和（根据表达式可知，俄罗斯迁出人口数的饱和值为 1 921 696）等，有兴趣的读者可以根据实事情况作进一步分析。

以上结果，是在没有添加任何约束条件下得到的。由于 $0<b<1$，我们不妨添加该约束条件，即在上述操作步骤③设置好参数后，图 5.2.10 中左边的对话框的左下方的参数、右上角的"损失函数与约束条件"及下方的"确定"等都会显现出来。这时，点击"约束条件"会出现图 5.2.11 中的对话框，默认的是该对话框上方的"未约束"。

图 5.2.11 参数约束对话框

此时，点击"定义参数约束"，把左边添加约束条件的参数"b（0.5）"导入右边的框，在"<="后面输入"1"，点击"添加"；再导入 b，点击">="后输入"0"，点击"添加"，就得到图 5.2.11；点击"继续"，会关闭该对话框，并出现图 5.2.12 中的对话框，即添加了约束条件后，SPSS 的迭代算法改为二次规划算法，原来没有添加约束条件时，系统默认的算法是"利文贝格-马夸特算法"。

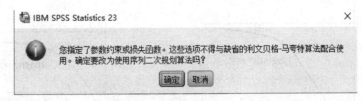

图 5.2.12　更改算法提示对话框

对图 5.2.12 的对话框点击"确定",就会回到图 5.2.10 左边的对话框,点击"确定",可得运行结果。在"迭代历史记录"表中显示迭代 50 次后,得到最优解为

$$l = 14\,519.285,\ b = 0.65,\ a = 22\,054.67,$$

默认的损失函数残差平方和最后为 22 864 365.112,且对应的方差分析表见表 5.2.6。

表 5.2.6　方差分析表

ANOVA[a]			
源	平方和	自由度	均方
回归	1 809 311 607.592	3	603 103 869.197
残差	22 864 365.112	9	2 540 485.012
修正前总计	1 832 175 972.704	12	
修正后总计	223 897 743.151	11	
因变量:VAR00002[a]			

注:a. R 方=1-(残差平方和)/(修正平方和)=0.898。

由表 5.2.5 与表 5.2.6 可知,前者的损失函数即残差平方和较小,且 $R^2 = 1$,后者 $R^2 = 0.898$,所以前者拟合更好。由此可见,添加了约束条件后,运行结果不一定较好。在实际操作中,知道某个参数的约束范围时,最好在没有约束条件及添加约束条件下都进行运算,比较看哪个结果更好。

5.2.3　生长曲线拟合

对于很多技术、经济、社会现象以及某些生物现象的发生、发展、成熟(稳定)的全过程,它们的时间序列数据的倾向线大致呈"S"形,可用生长曲线去描述。

生长曲线又称"S"形曲线,主要包括两种:一种是对称型"S"曲线,称为 Logistic 曲线,其表达式为

$$y = \frac{K}{1 + me^{-at}} \quad (K, a > 0)$$

另一种是非对称型"S"曲线,称为 Gompertz 曲线,其表达式为

$$y = Ka^{b^t} \quad (K > 0, 0 < a, b < 1)$$

它们的图像如图 5.2.13 所示。

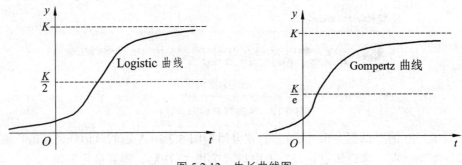

图 5.2.13　生长曲线图

当表达式中的 K 已知时，它们可以线性化为

$$\ln\left(\frac{K-y}{y}\right)=\ln m-at\ （\text{Logistic 曲线}），$$

$$\ln\left(\ln\frac{y}{K}\right)=\ln(\ln a)+t\cdot\ln b\ （\text{Gompertz 曲线}）$$

当表达式中的 K 未知时，理论上，它们都可以转化为修正指数模型，再利用三段和值法计算出参数。实际操作时，可运用 SPSS 按照上述步骤通过迭代法得到参数的值。

5.3　移动平均法

当时间序列具有显著的趋势时，我们可以采用前面介绍的趋势线拟合法，若时间序列没有显著的趋势，即序列图是（只受随机变动因素影响）平稳序列；或者由于受周期变动和不规则变动的影响，序列图起伏较大，不易显示出其发展趋势，显然这些都不能用趋势线拟合法，这时可以考虑平滑法。平滑法是通过对数据"平滑"消除上述因素的影响，进而分析并预测序列的趋势发展。平滑法包括移动平均法（moving-average method）和指数平滑法（exponential smoothing method）。

移动平均法是根据时间序列资料逐渐推移，依次计算包含一定项数的时序平均数以反映长期趋势的方法，即利用平均过程所具有的平滑作用，从时间序列数据中去除周期变动和不规则变动的影响，从而进行数据分析的方法。

移动平均法包含简单移动平均法、加权移动平均法和趋势移动平均法。

5.3.1　简单移动平均法

1. 基本思想

简单移动平均法也称一次移动平均法，它是通过求前面几期序列值的平均值作为该序列的预测值，其基本思想：先确定步长数，然后由数据首项依次按此数取平均。演示如图 5.3.1 所示。

142

图 5.3.1 演示图

2. 计算公式

设时间序列观测值为 y_1, y_2, $\cdots$, y_T, 取移动平均的项数 $N < T$, 一次移动平均法的计算公式为

$$M_t^{(1)} := \frac{1}{N}(y_t + y_{t-1} + \cdots + y_{t-N+1})$$

当时间序列图为平稳序列, 即基本在某一水平上下波动, 可用一次移动平均法建立预测模型, 即第 $t+1$ 个时期的预测值 $\hat{y}_{t+1}$ 为其前 N 个时期的观测值的平均数:

$$\hat{y}_{t+1} = M_t^{(1)} = \frac{1}{N}(y_t + y_{t-1} + \cdots + y_{t-N+1}), \quad t = N, N+1, \cdots$$

其预测误差常用均方根误差 $\mathrm{RMSE} = \sqrt{\sum_{i=1}^{k}(\hat{y}_i - y_i)\Big/k}$ 来衡量:

$$S = \sqrt{\frac{\sum_{t=N+1}^{T}(\hat{y}_t - y_t)^2}{T - N}}$$

其中: T 为观测值的个数; y_t 为时间序列观测值; $\hat{y}_t$ 为序列的预测值; t 为时间序号。

3. 注意事项

合理地选择移动平均的步长 N 是用好移动平均法的关键。N 值的选取决定着生成数据对随机影响的敏感性、平滑性以及适应新数据的情况。一般说来, N 的取值范围为 $3 \leqslant N \leqslant 200$。当历史序列的基本趋势变化不大且序列中随机变动成分较多时, 宜选用较大的 N 值, 这样有利于最大限度地平滑由随机性带来的严重偏差; 反之, 宜选用较小的 N 值, 这有利于跟踪数据的变化, 并且预测值滞后的期数也少。总之, N 越大对原数据的平滑作用越大, 会使预测值对数据实际变动越不敏感; N 越小越能贴合原数据的变化。在有确定的季节变动周期的资料中, 移动平均的步长 N 应取周期长度。选择 N 值的一个有效方法是, 比较若干模型的预测误差, 误差小者为好。

简单移动平均法只适合近期预测 (通常只预测一期), 而且是预测目标的发展趋势变化不大的情况, 尤其适合平稳序列。如果目标的发展趋势存在其他变化, 采用简单移动平均法会产生较大的预测偏差和滞后。

4. 实际应用

在实际操作中, 可结合数学软件来完成数据的处理。下面我们结合软件 SPSS 和 Excel

来完成例 5.3.1。

例 5.3.1 表 5.3.1 给出了 2009—2019 年我国棉花产量的统计数据，试分析并预测 2020 年我国的棉花产量。

表 5.3.1 2009—2019 年我国棉花产量

年份	2009	2010	2011	2012	2013	2014
棉花产量/万吨	640.0	596.2	660.0	684.0	629.9	616.1
年份	2015	2016	2017	2018	2019	
棉花产量/万吨	560.5	534.3	548.6	609.6	588.9	

（1）先绘制时间序列图（见图 5.3.2）。运用 SPSS 画出时序图的步骤为：① 先对数据定义时间，点击"数据"→"定义时间和日期"→"年"，输入起始时间 2009；② 点击"分析"→"时间序列预测"→"序列图"。

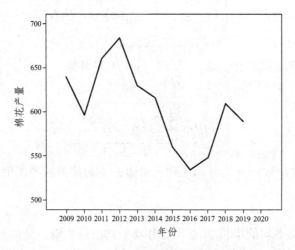

图 5.3.2 棉花产量序列图

由时序图可以看出，2009—2019 年我国的棉花产量基本在某一水平上下波动，可以用简单移动平均法进行分析和预测。

（2）分别取 $N=3$ 和 $N=5$。用 SPSS 的具体操作步骤如下：

①点击"转换"→"创建时间序列"，会出现图 5.3.3 的对话框；

②把"棉花产量"导入后，在"名称"后面输入新的名称，比如，"移动 3"；

③"函数"选择"前移动平均值"，并在"跨度"后输入"3"；

④点击"变化量"后确定即可。

按照上面的步骤再操作一遍，在"跨度"后面输入"5"，在 SPSS 中会显示出两次的计算结果，$N=3$ 时预测 2020 年的棉花产量为 582.37 万吨，$N=5$ 时预测值为 568.38 万吨，如图 5.3.4 所示。

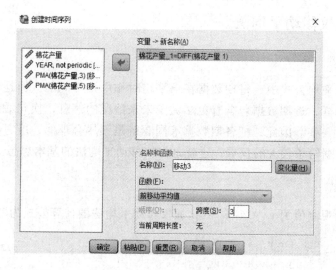

图 5.3.3　创建时间序列对话框

棉花产量	YEAR_	DATE_	移动3	移动5
640.00	2009	2009		
596.20	2010	2010		
660.00	2011	2011		
684.00	2012	2012	632.07	
629.90	2013	2013	646.73	
616.10	2014	2014	657.97	642.02
560.50	2015	2015	643.33	637.24
534.30	2016	2016	602.17	630.10
548.60	2017	2017	570.30	604.96
609.60	2018	2018	547.80	577.88
588.90	2019	2019	564.17	573.82
	2020		582.37	568.38

图 5.3.4　预测值

（3）计算预测误差。直接计算均方根误差时，Excel 比 SPSS 更方便，这里我们应用 Excel 完成。Excel 中，函数 "SUMXMY2（第一组数值，第二组数值）" 表示计算两数组中对应数值之差的平方和，"SQRT（数值）" 表示对该数值开方。把数据从 SPSS 中拷入 Excel，在空格中输入函数和对应的数组（原序列与预测序列对应的数组），比如，输入（函数前的 "=" 不能少）：

$$=SQRT（SUMXMY2（A4：A11，B4：B11）/8）$$

可得 $N=3$ 对应的均方根误差。经计算，$N=3$ 和 $N=5$ 的对应的均方根误差分别为

$$S_1 = \sqrt{\frac{\sum_{t=4}^{11}(\hat{y}_t - y_t)^2}{8}} = 51.36, \quad S_2 = \sqrt{\frac{\sum_{t=6}^{11}(\hat{y}_t - y_t)^2}{6}} = 57.95$$

显然，$N=3$ 时，预测的误差较小，所以选取 $N=3$。由图 5.3.4 可知，该模型预测 2020 年我国的棉花产量为 582.37 万吨。

5.3.2 加权移动平均法

1. 基本思想

在简单移动平均公式中，每期数据在求平均时作用是等同的，但是，每期数据所包含的信息量不一样，近期数据包含着更多关于未来情况的信息，换句话说，近期数据对预测的影响更大一些。因此，把各期数据等同看待是不尽合理的，应考虑各期数据的重要性，对近期数据给予较大的权重，这就是加权移动平均法的基本思想。

2. 计算公式

设时间序列观测值为 $y_1, y_2, \cdots y_t, \cdots$，加权移动平均法的计算公式为

$$M_{tw} := \frac{w_1 y_t + w_2 y_{t-1} + \cdots + w_N y_{t-N+1}}{w_1 + w_2 + \cdots + w_N} = a_1 y_t + a_2 y_{t-1} + \cdots + a_N y_{t-N+1} \quad (t \geq N)$$

其中：M_{tw} 为第 t 期加权移动平均数；N 为移动的步长；w_i 为 y_{t-i+1} 的权数；$a_i = w_i/(w_1 + w_2 + \cdots + w_N)$ 为 y_{t-i+1} 的权重系数（即 $\sum_{i=1}^{N} a_i = 1$）。w_i 或 a_i 体现了相应的时间序列观测值在整体数据中的重要程度。

利用加权移动平均数来预测，其预测公式为

$$\hat{y}_{t+1} = M_{tw} = a_1 y_t + a_2 y_{t-1} + \cdots + a_N y_{t-N+1} \quad (t = N, N+1, \cdots)$$

即以第 t 期的加权移动平均数作为第 $t+1$ 期的预测值。由公式可知，简单移动平均中的权重系数都是 $1/N$，它实际上是加权移动平均的一种特殊情况。

3. 注意事项

在加权移动平均中，N 的选择和权重系数的选择都很重要。N 的选择原则与简单移动平均相同，在此不再赘述。那么如何确定各期最合适的权重系数呢？经验法和试算法是选择权重的最常用的方法。一般情况下，权重系数的选择遵循时间越近权重越大的原则，即近期数据的权重大，远期数据的权重小。至于大到什么程度和小到什么程度，则需要按照预测者对序列的了解和分析来确定。

和简单移动平均一样，加权移动平均适用于趋势变化不大的序列，一般只进行短期预测。加权移动平均法虽对近期的趋势反映较敏感，但如果一组数据有明显的季节性影响时，用加权移动平均法所得到的预测值可能会出现偏差。因此，有明显的季节性变化因素存在时，最好不要加权。

对于例 5.3.1，若采用加权移动平均法，对于 $N = 3$，取 $w_1 = 3, w_2 = 2, w_3 = 1$，则

$$\hat{y}_{2020} = \frac{3 y_{2019} + 2 y_{2018} + y_{2017}}{3 + 2 + 1} = \frac{3 \times 588.9 + 2 \times 609.6 + 548.6}{6} = 589.08$$

经查阅，2020 年我国的棉花产量为 591 万吨，显然加权移动平均的预测值更接近实际值。

5.3.3 趋势移动平均法

1. 基本思想

简单移动平均法和加权移动平均法，在时间序列没有明显的趋势变动时，能够准确反映实际情况。但当时间序列出现线性增加或减少的变动趋势时，用它们来预测就会出现滞后偏差。因此，需要对所得结果进行修正，修正的方法是作二次移动平均，利用移动平均滞后偏差的规律来建立直线趋势的预测模型，这就是趋势移动平均法。

趋势移动平均法的基本思想是：在原始数据基础上，首先进行一次移动平均，得到新的数据列 I，然后在此数据基础上再进行一次移动平均，得到数据列 II，然后根据数据列 I 和 II，建立直线模型，对所得数据进行修正。

2. 直线修正模型

设时间序列 $\{y_t\}$ 从某时期开始具有直线发展趋势，且将来一段时期也将按直线趋势变化，设一次直线修正模型为

$$\hat{y}_{t+l} = a_t + b_t \cdot l$$

式中：t 为当前时期；l 表示预测时期与当前时期的时间差（即 $l = 1, 2, \cdots$）；$\hat{y}_{t+l}$ 为第 $t+l$ 时期的预测值；a_t, b_t 表示直线修正系数。

一次移动平均数为

$$M_t^{(1)} = \frac{1}{N}(y_t + y_{t-1} + \cdots + y_{t-N+1}) \tag{5.1}$$

在一次移动平均的基础上再进行一次移动平均就是二次移动平均，其计算公式为

$$M_t^{(2)} = \frac{1}{N}(M_t^{(1)} + M_{t-1}^{(1)} + \cdots + M_{t-N+1}^{(1)}) \tag{5.2}$$

则修正系数为

$$\begin{cases} a_t = 2 \times M_t^{(1)} - M_t^{(2)} \\ b_t = \dfrac{2}{N-1}(M_t^{(1)} - M_t^{(2)}) \end{cases} \tag{5.3}$$

注：具体的公式推导见参考文献；有的把趋势移动平均法称为二次移动平均法，相应的把上面的一次移动平均与二次移动平均称为第一次与第二次移动平均。

3. 注意事项

（1）当时间序列中后期倾向直线变化时，才能用趋势移动平均法进行分析和预测。

（2）两次移动平均的周期 N 值必须一致。

（3）两次移动平均的结果不用于预测，而是结合直线修正模型向前预测，即 $l=1,2,\cdots$。

（4）趋势移动平均法可以用于多期预测。

4. 实际应用

例 5.3.2 试根据 1991—2002 年某地禁毒经费统计数据进行预测。

表 5.3.2　1991—2002 年某地禁毒经费统计数据

年份	1991	1992	1993	1994	1995	1996
禁毒经费支出/万元	160.69	189.26	255.61	268.25	302.36	348.63
年份	1997	1998	1999	2000	2001	2002
禁毒经费支出/万元	408.86	438.6	543.85	575.62	703.26	816.22

（1）先绘制时间序列图（见图 5.3.5），步骤见实例 5.3.1。

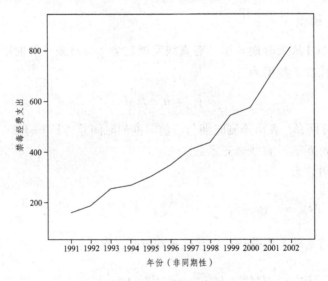

图 5.3.5　时间序列图

由时间序列图可以看出，1996—2002 年禁毒经费支出大致呈直线上升趋势，可以用趋势移动平均法进行预测。

（2）设直线修正模型为

$$\hat{y}_{t+l} = a_t + b_t \cdot l$$

（3）分别取 $N=4$ 与 $N=5$，并分别计算它们各自对应的一次和二次移动平均值，再代入式（5.3）得到对应的 a_t, b_t，由 $\hat{y}_{t+1} = a_t + b_t$ 可得出第 $t+1$ 期的预测值，见表 5.3.3 与表 5.3.4。

表 5.3.3 N=4 对应的值

时期 t	实际支出值 y_t	一次移动平均 $M_t^{(1)}$	二次移动平均 $M_t^{(2)}$	$\hat{y}_{t+1}$
1	160.69			
2	189.26			
3	255.61			
4	268.25	218.45		
5	302.36	253.87		
6	348.63	293.71		
7	408.86	332.03	274.52	
8	438.60	374.61	313.55	427.88
9	543.85	434.99	358.83	476.38
10	575.62	491.73	408.34	561.92
11	703.26	565.33	466.67	630.71
12	816.22	659.74	537.95	729.76

表 5.3.4 N=5 对应的值

时期 t	实际支出值 y_t	一次移动平均 $M_t^{(1)}$	二次移动平均 $M_t^{(2)}$	$\hat{y}_{t+1}$
1	160.69			
2	189.26			
3	255.61			
4	268.25			
5	302.36	235.23		
6	348.63	272.82		
7	408.86	316.74		
8	438.60	353.34		
9	543.85	408.46	317.32	
10	575.62	463.11	362.90	545.17
11	703.26	534.04	415.14	613.43
12	816.22	615.51	474.89	712.39

（4）确定模型。分别计算 N=4 与 N=5 对应的均方根误差

$$S_1 = \sqrt{\frac{\sum_{t=8}^{12}(\hat{y}_t - y_t)^2}{5}} = 59.318, \quad S_2 = \sqrt{\frac{\sum_{t=10}^{12}(\hat{y}_t - y_t)^2}{3}} = 81.196$$

显然，N=4 对应的误差较小，取 N=4 对应的模型为预测模型。

（5）预测 2003 年与 2004 年的禁毒经费支出金额。把表 5.3.3 中的 $M_{12}^{(1)}$ 和 $M_{12}^{(2)}$ 代入式

（5.3.3）后，可得 $a_{12}=781.53, b_{12}=81.19$，进而代入直线修正模型

$$\hat{y}_{12+l}=781.53+81.19\cdot l$$

分别令 $l=1,2$，即可得 2003 年与 2004 年的禁毒经费支出预测金额分别为 862.72 万元与 943.92 万元。

另外，趋势移动平均法对于同时存在直线趋势与周期波动的序列，是一种既能反映趋势变化，又可以有效地分离出来周期变动的方法。

例 5.3.3 表 5.3.5 给出了 2013—2015 年四个季度我国从空港出入境的人数（单位：人次），试对该数据进行分析和预测。

表 5.3.5　2013—2015 年我国从空港出入境人数

	第一季度 Q1	第二季度 Q2	第三季度 Q3	第四季度 Q4
2013 年	21 203 938	22 541 811	26 331 643	22 426 713
2014 年	23 324 716	25 467 818	28 715 442	26 248 340
2015 年	26 772 183	29 449 976	32 387 556	29 389 497

（1）先绘制时间序列图（见图 5.3.6）。

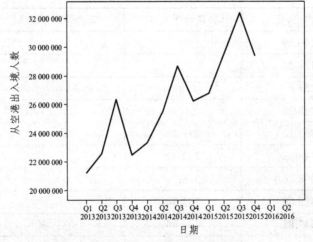

图 5.3.6　时间序列图

由时间序列图可以看出，该组数据既有直线上升趋势，又有季节的周期波动，可以用趋势移动平均法进行分析和预测。显然，应取 $N=4$，表 5.3.6 给出了其一次与二次移动平均值。

表 5.3.6　一次与二次移动平均值

实际时间	时期 t	从空港出入境人数 y_t	一次移动平均 $M_t^{(1)}$	二次移动平均 $M_t^{(2)}$
2013 Q1	1	21 203 938		
2013 Q2	2	22 541 811		
2013 Q3	3	26 331 643		

続表

实际时间	时期 t	从空港出入境人数 y_t	一次移动平均 $M_t^{(1)}$	二次移动平均 $M_t^{(2)}$
2013 Q4	4	22 426 713		
2014 Q1	5	23 324 716	23 126 026.3	
2014 Q2	6	25 467 818	23 656 220.8	
2014 Q3	7	28 715 442	24 387 722.5	
2014 Q4	8	26 248 340	24 983 672.3	
2015 Q1	9	26 772 183	25 939 079.0	24 038 410.4
2015 Q2	10	29 449 976	26 800 945.8	24 741 673.6
2015 Q3	11	32 387 556	27 796 485.3	25 527 854.9
2015 Q4	12	29 389 497	28 714 513.8	26 380 045.6

（2）设直线修正模型为

$$\hat{y}_{12+l} = a_{12} + b_{12} \cdot l$$

（3）$N=4$ 时，由表 5.3.6 可知

$$M_{12}^{(1)} = 28\ 714\ 513.8, \quad M_{12}^{(2)} = 26\ 380\ 045.6,$$

代入修正系数公式，得

$$\begin{cases} a_{12} = 2 \times M_{12}^{(1)} - M_{12}^{(2)} = 30\ 796\ 669.06 \\ b_{12} = \dfrac{2}{4-1}(M_{12}^{(1)} - M_{12}^{(2)}) = 864\ 577.38 \end{cases}$$

所以修正模型为

$$\hat{y}_{12+l} = 30\ 796\ 669.06 + 864\ 577.38 \cdot l$$

（4）预测 2016 Q1 我国从空港出入境的人数。当 $l=1$ 时，

$$\hat{y}_{12+1} = 30\ 796\ 669.06 + 864\ 577.38 = 31\ 661\ 246.44$$

取整后，可得 2016 Q1 我国从空港出入境人数的预测值为 31 661 246 人次。

若不考虑季节因素，只借助序列散点图（见图 5.3.7）来判断，则散点呈带状区域分布，可以考虑线性模型。

由 SPSS 计算可知，该线性方程为

$$\hat{y}_t = 20\ 864\ 961.14 + 818\ 975.63t$$

对应的判别系数 $R^2 = 0.76$。把 $t=13$ 代入上式，取整后，可得 2016 Q1 我国从空港出入境人数的预测值为 31 511 644 人次。

经查阅，2016 Q1 我国从空港出入境人数的实际值为 32 595 566 人次。上述两种方法对应的预测值的相对误差绝对百分比分别为 2.866%、3.325%，虽然这两种方法都有些滞

151

后，但趋势移动平均法通过"平滑"可以适当地分离出季节引起的周期变动，其精度更高些。

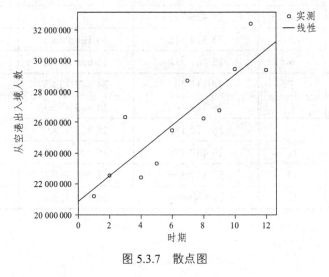

图 5.3.7　散点图

5.4　指数平滑法

指数平滑法是在移动平均法基础上发展起来的一种时间序列分析预测法，它通过计算指数平滑值，配合一定的预测模型对现象的未来进行预测。指数平滑法是由布朗（Robert G. Brown）提出的，他认为时间序列的态势具有稳定性或规则性，时间序列可被合理地顺势推延，且最近的过去态势在某种程度上会持续到最近的未来，所以将较大的权重放在最近的资料。

简单的全期平均法是对时间序列的过去数据全部加以同等利用；移动平均法则不考虑较远期的数据，并在加权移动平均法中给予近期资料更大的权重；而指数平滑法则兼容了全期平均和移动平均所长，不舍弃过去的数据，但是仅给予逐渐减弱的影响程度，即随着数据的远离，赋予按几何级数逐渐收敛为零的权重。

指数平滑法用于中短期发展趋势预测。实际上，在所有时间序列的预测方法中，指数平滑法也是用得较多的一种。实际应用中，常用的指数平滑法有简单指数平滑法、二次指数平滑法和三次指数平滑法。

5.4.1　简单指数平滑法

简单指数平滑法也称一次指数平滑法，与简单移动平均和加权平均一样，它只适合近期预测（通常只预测一期），而且是预测目标的发展趋势变化不大的情况，尤其适合平稳序列。简单指数平滑法针对的是没有季节性的序列，即它主要用于非季节性的平稳序列。

1. 预测模型

设时间序列为 $y_1, y_2, \cdots, y_t, \cdots, y_n$，$\alpha(0 < \alpha < 1)$ 为加权系数，一次指数平滑公式为

$$S_t^{(1)} = \alpha y_t + (1-\alpha)S_{t-1}^{(1)} \tag{5.4}$$

式中：$S_t^{(1)}$ 表示第 t 期的一次指数平滑值。

以这种平滑值进行预测就是一次指数平滑法，其预测模型为

$$\hat{y}_{t+1} = S_t^{(1)}，即 \ \hat{y}_{t+1} = \alpha y_t + (1-\alpha)\hat{y}_t \tag{5.5}$$

这里 α 也称平滑系数，即任一期的指数平滑预测值都是前一期的实际观察值与前一期的指数平滑预测值的加权平均。对式（5.5）进行递推，可得 $\hat{y}_{t+1}$ 的展开式

$$\hat{y}_{t+1} = \alpha y_t + \alpha(1-\alpha)y_{t-1} + \alpha(1-\alpha)^2 y_{t-2} + \cdots + \alpha(1-\alpha)^{t-1}y_1 + (1-\alpha)^t \hat{y}_1 \ (\hat{y}_1 = S_0^{(1)})$$

显然，对应权重系数的几何级数之和为 1，第 $t+1$ 期的预测值是前 t 期的时间序列值的加权平均数，且随着时间前移，权重系数按几何级数（指数速度）衰减，所以此方法就是指数平滑法。

预测误差常用均方根误差（RMSE）来衡量：

$$S = \sqrt{\frac{\sum_{t=1}^{n}(\hat{y}_t - y_t)^2}{n}}$$

2. 初始值 $S_0^{(1)}$ 的设定

初始值 $S_0^{(1)}$ 是由预测值估计或指定的。当时间序列数据较多，比如 20 个以上时，初始值对后面预测值的影响不大，可选用第一期数据为初始值，即 $S_0^{(1)} = y_1$；如果时间序列数据较少，比如在 20 个以下时，初始值对以后的预测影响较大，常取原数据前几期的平均值为初始值 $S_0^{(1)}$。

3. 平滑系数 α 的设定

由式（5.4）或式（5.5）可以看出，平滑系数 α 的选择对时间序列的平滑以及将来的预测都有重要的影响，它反映了在新预测值中实际数据（新加入的信息）和原预测值哪个所占比重较大。

结合预测模型，直观上看，α 越大，实际数据所占比重越大，原预测值比重越小，这样新的预测值越接近实际数据，即平滑作用越弱；反之，α 越小，实际数据所占比重越小，原预测值比重越大，平滑作用就越强。

图 5.4.1 给出了对于同一个时间序列分别采用 $\alpha = 0.1$ 和 $\alpha = 0.7$ 进行一次指数平滑后预测序列与实际序列的折线图。显然，$\alpha = 0.1$ 时预测序列较平滑，但明显滞后于实际序列；$\alpha = 0.7$ 时预测序列的平滑作用较弱，但明显与实际序列较接近。所以，对于变化缓慢的序列，常取较小的 α 值；相反，对于变化迅速的序列，常取较大的 α 值，以便新的

预测值及时跟上实际数据的变化"节奏"。

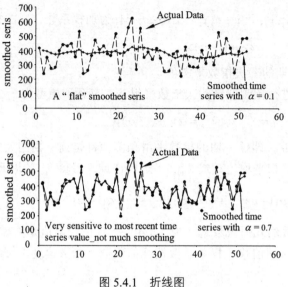

图 5.4.1　折线图

由式（5.5），若取 $\alpha = 0$，则 $\hat{y}_{t+1} = \hat{y}_t$，即下期预测值等于本期预测值，在预测过程中不考虑任何新的信息；若取 $\alpha = 1$，则 $\hat{y}_{t+1} = y_t$，即下期预测值等于本期观察值，完全没有考虑过去的信息。这两种极端情况都很难做出正确的预测。那么，在 $0 \sim 1$ 之间，α 应该怎样具体取值呢？

一般，根据时间序列的性质，α 值在 $0 \sim 1$ 之间选择时可遵循以下原则：① 如果时间序列波动较小，比较平稳，则 α 应取小一点，如 $0.05 \sim 0.3$，经验表明 α 的值介于该区间时，修匀效果较好；② 如果时间序列波动稍大，α 值可在 $0.3 \sim 0.5$ 内取值；③ 如果时间序列波动较大（即序列有迅速且明显的波动）或序列有某种趋势时，则 α 应取大一点，如 $0.6 \sim 0.8$ 甚至 $0.8 \sim 1$，使预测模型灵敏度高一些，以便迅速跟上数据的变化。

在实际应用过程中，常常多取几个平滑系数 α，然后选择预测误差较小的作为最后的预测模型，这与简单移动平均法中移动平均步长 N 的选取类似。

4. 实际应用

下面结合 SPSS 对例 5.3.1 进行分析（重点在于操作过程）。在运用 SPSS 时，不需要设置平滑系数，系统会自动计算最优解，即使得均方根误差最小时对应的 α 值。

（1）先绘制时间序列图（见图 5.3.2），过程见例 5.3.1。

（2）模型创建。用 SPSS 的操作步骤如下：

① 点击"分析"→"时间序列预测"→"创建传统模型"，会出现图 5.4.2 的对话框。

② 因变量处导入"棉花产量"（注意自变量不要导入），方法选择"指数平滑"，点击"条件"，会出现图 5.4.3 的对话框。

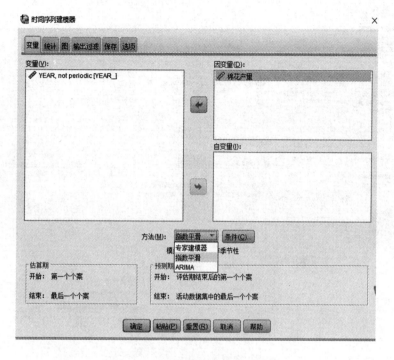

图 5.4.2　时间序列建模器对话框

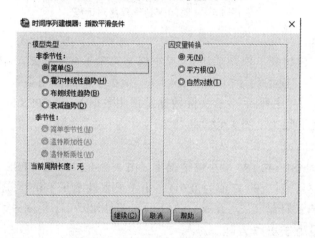

图 5.4.3　指数平滑条件对话框

③ 在图 5.4.3 中非季节性处点击"简单"，再点击"继续"，回到图 5.4.2 的对话框。

④ 依次点击图 5.4.2 中的"统计"（在原有系统默认勾选的基础上，再勾选"均方根误差"与"参数估计值"）、"图"（在原有系统默认勾选的基础上，再勾选"拟合值""残差自相关函数"与"残差偏自相关函数"）、"保存"（勾选"预测值"及"置信区间上下限"）和"选项"（点击第二行后，在日期中输入"2020"），如图 5.4.4 所示，再点击"确定"，即可得运行结果。

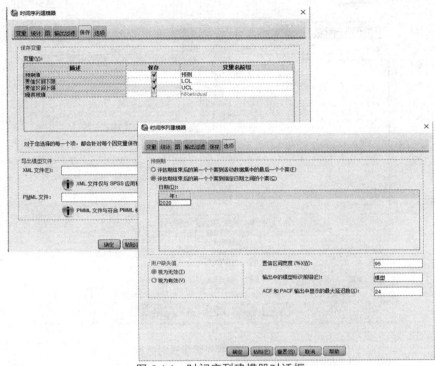

图 5.4.4　时间序列建模器对话框

（3）模型结果。

在输出文档中会出现"模型描述"（显示模型类型是简单指数平滑）、"模型拟合度"（包含八个统计量）、"模型统计"（见表 5.4.1）、"指数平滑法模型参数"（见表 5.4.2）、"残差图"（见图 5.4.5）、"序列图"（含实际数据及预测数据），在 SPSS 的编辑页面会出现详细的预测值及其上下限（见图 5.4.6）。

（4）模型分析。

在预测误差 RMSE=42.186 最小的情况下，由表 5.4.2 可知，SPSS 系统自动调整对应的平滑系数为 0.951，对应的 P 值为 0.011，小于显著性水平 0.05，说明该模型在 Alpha（水平）上的差异有统计学意义。在 α=0.951 的显著性水平下，由图 5.4.6 可知，预测 2020 年我国的棉花产量为 589.77 万吨。

表 5.4.1　模型统计

模型	预测变量数	模型拟合度统计		杨-博克斯 Q（18）			离群值数
		平稳 R 方	RMSE	统计	DF	显著性	
棉花产量—模型_1	0	−0.014	42.186	.	0	.	0

表 5.4.2　指数平滑法模型参数

模型			估算	标准误差	t	显著性
棉花产量—模型_1	不转换	Alpha（水平）	0.951	0.306	3.109	0.011

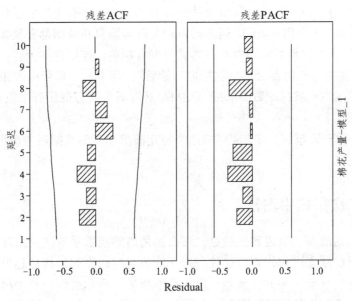

图 5.4.5　残差图

棉花产量	YEAR_	DATE_	预测_棉花产量_模型_1	LCL_棉花产量_模型_1	UCL_棉花产量_模型_1
640.00	2009	2009	638.00	544.01	732.00
596.20	2010	2010	639.90	545.91	733.90
660.00	2011	2011	598.35	504.35	692.34
684.00	2012	2012	656.97	562.97	750.97
629.90	2013	2013	682.67	588.68	776.67
616.10	2014	2014	632.49	538.50	726.49
560.50	2015	2015	616.91	522.91	710.90
534.30	2016	2016	563.27	469.28	657.27
548.60	2017	2017	535.72	441.73	629.72
609.60	2018	2018	547.97	453.97	641.96
588.90	2019	2019	606.57	512.57	700.57
	2020	2020	589.77	495.77	683.76

图 5.4.6　预测值

表 5.4.1 中的平稳 R 方用于比较模型中的固定成分和简单均值模型的差别，取正值时表示模型优于简单均值模型，取负值时表示模型劣于简单均值模型，为零时表示模型与简单均值模型效果相同。该模型对应平稳 R 方基本为 0，即其与简单均值模型效果基本相同。

表 5.4.1 中的杨-博克斯 Q（18）是检验残差序列是否为独立序列的假设检验，检验水准（显著性水平）为 0.05。当假设检验的 P 值小于 0.05 时，说明数据拟合后的残差序列存在自相关或偏自相关，应更换或改进模型；当 P 大于 0.05 时，说明数据拟合后的残差序列不存在自相关与偏自相关（即残差序列是白噪声序列），模型对序列信息提取充分，可以采用当前模型。

由杨-博克斯 Q（18）来看，该模型对应的 P 值为 0，说明残差中还有信息没有被挖掘出来。但看残差图（见图 5.4.5），残差的自相关图与偏自相关图都在竖线框内（二倍标准差以内），可以认为它们基本不存在自相关与偏自相关。这就有些矛盾。很多同学在用 SPSS 进行时间序列分析时都会遇到这样的"矛盾"，其中一个重要原因在于序列中的数据量太少，在用 SPSS 进行指数平滑或 ARIMA 运算时，对应的序列个数至少要大于 18 个，最好 20 个起。

为了严谨，对于该题目，可查阅资料适当补充前面几年的数据后再运用 SPSS 进行简单指数平滑法运算。

5.4.2　二次指数平滑法

如果时间序列的变动出现直线趋势，那么运用简单指数平滑法会出现滞后偏差，就需要对一次平滑的结果进行修正。这种利用平滑值对时间序列的线性趋势进行修正，进而建立线性平滑模型预测的方法就是二次指数平滑法，也称线性指数平滑法。它主要用于非季节性且有线性趋势的时间序列。常用的二次指数平滑法有布朗（Brown）单参数指数平滑及霍尔特（Holt）双参数指数平滑。

1. 布朗（Brown）单参数指数平滑

与趋势移动平均法类似，该方法的步骤是：首先需要对原始数据进行一次指数平滑，在一次平滑值基础上再进行一次指数平滑，然后根据两次平滑结果建立直线修正模型。

设时间序列为 $y_1, y_2, \cdots, y_t, \cdots, y_n$，则两次平滑结果为

$$S_t^{(1)} = \alpha y_t + (1-\alpha) S_{t-1}^{(1)}, \quad S_t^{(2)} = \alpha S_t^{(1)} + (1-\alpha) S_{t-1}^{(2)},$$

式中：α 为平滑系数；$S_t^{(1)}$ 为一次平滑值；$S_t^{(2)}$ 为二次平滑值。平滑系数 α 与初始值 $S_0^{(1)}$ 的设定同简单指数平滑法一样，$S_0^{(2)}$ 的设定原则与 $S_0^{(1)}$ 的相同。

当时间序列从某一项开始具有直线趋势时，建立直线修正模型

$$\hat{y}_{t+l} = a_t + b_t \cdot l,$$

式中：t 为当前时期；l 为预测时期与当前时期的时间差（即 $l = 1, 2, \cdots$）；$\hat{y}_{t+l}$ 为第 $t+l$ 时期的预测值；a_t, b_t 为直线修正系数，其计算公式为

$$\begin{cases} a_t = 2 \times S_t^{(1)} - S_t^{(2)} \\ b_t = \dfrac{\alpha}{1-\alpha}(S_t^{(1)} - S_t^{(2)}) \end{cases}$$

2. 霍尔特（Holt）双参数指数平滑

布朗单参数指数平滑是对一次平滑值又进行了一次指数平滑；而霍尔特双参数指数平滑是对序列进行了一次平滑，同时直接对（一次平滑值的）趋势值进行了一次平滑，

故有两个平滑参数，因此有很大的灵活性，预测精度往往较高，应用较广泛。

（1）预测模型。

当非季节性时间序列 $\{y_t\}$ 呈现出线性趋势时，对 y_t 进行一次平滑后，$S_t^{(1)}$ 往往滞后于实际值 y_t，为了弥补这种滞后，引入反映序列趋势变动情况的序列 $\{r_t\}$，将前一期的趋势值 r_{t-1} 加在前一期的平滑值 $S_{t-1}^{(1)}$ 上，以达到修正平滑值 $S_t^{(1)}$ 的效果，即把式（5.4）调整为

$$S_t^{(1)} = \alpha y_t + (1-\alpha)(S_{t-1}^{(1)} + r_{t-1}) \tag{5.6}$$

由于时间序列 $\{y_t\}$ 是随机的，所以趋势序列 $\{r_t\}$ 也是随机的。

为了估计出 r_t，引入两次相邻平滑值之差 $\tilde{r}_{t-1} = S_t^{(1)} - S_{t-1}^{(1)}$，根据式（5.6），当 $t=1$ 时，代入初始值 $S_0^{(1)}$ 与 r_0，就可以求得 $S_1^{(1)}$ 与 $\tilde{r}_0$，只要知道 r_1 后就可以继续求解。由于随机性，我们不妨利用 $\tilde{r}_0$ 与 r_0 的加权平均得到 r_1，即 $r_1 = \beta\tilde{r}_0 + (1-\beta)r_0, (0<\beta<1)$，那么，对应的 r_t 为

$$r_t = \beta(S_t^{(1)} - S_{t-1}^{(1)}) + (1-\beta)r_{t-1} \quad (0<\beta<1) \tag{5.7}$$

相当于 $\{r_t\}$ 是对 $\{\tilde{r}_t\}$ 进行一次平滑后得到的修匀序列，把式（5.7）代入式（5.6）就可以得到更贴合 $\{y_t\}$ 的修匀序列 $\{S_t^{(1)}\}$。这就是霍尔特（Holt）双参数指数平滑法的构造思想。

式（5.6）与式（5.7）分别反映了序列的水平部分与趋势部分，联立两式就是霍尔特双参数指数平滑法的平滑公式：

$$\begin{cases} S_t^{(1)} = \alpha y_t + (1-\alpha)(S_{t-1}^{(1)} + r_{t-1}) \\ r_t = \beta(S_t^{(1)} - S_{t-1}^{(1)}) + (1-\beta)r_{t-1} \end{cases}$$

式中：α, β（$0<\alpha, \beta<1$）为两个平滑系数。用该方法向前 l 期（$l = 1, 2, \cdots$）的预测模型为

$$\hat{y}_{t+l} = S_t^{(1)} + l \cdot r_t$$

（2）相关参数的设定。

初始值 $S_0^{(1)}$ 的设定同简单指数平滑法。另外，同设定 $S_0^{(1)}$ 一样，初始值 r_0 的设定也有很多种方法，常用的是以下三种方式：

$$r_0 = y_2 - y_1$$

$$r_0 = \frac{1}{3}[(y_2 - y_1) + (y_3 - y_2) + (y_4 - y_3)]$$

或者

$$r_0 = \frac{y_{n+1} - y_1}{n}$$

$S_0^{(1)}$ 与 r_0 一般对预测模型前几期的影响较大，对后期预测的影响不太大，所以用霍尔特指数平滑法进行预测时，最重要的是确定平滑系数 α 与 β 的取值，这决定了预测的精确程度。

平滑系数 α 的设定原则与简单指数平滑法一样，β 的设定原则与 α 基本相同，当 α 取值较大时，β 往往不会太小。在实际应用中，可以多取几个平滑系数 α 与 β，然后选择

预测误差较小的作为最后的预测模型。

3. 实际应用

对于以上提到的二次指数平滑法，在运用 SPSS 时，同样不需要设定相关参数，系统会自动计算最优解。下面结合 SPSS 解决例 5.4.1。

例 5.4.1 表 5.4.3 给出了 1996—2015 年我国私有汽车的拥有量，试分析并预测未来五年的私有汽车拥有量。

表 5.4.3 1996—2015 年我国私有汽车拥有量　　　　　单位：万辆

年份	私人汽车拥有量	年份	私人汽车拥有量
1996	289.67	2006	2 333.32
1997	358.36	2007	2 876.22
1998	423.65	2008	3 501.39
1999	533.88	2009	4 574.91
2000	625.33	2010	5 938.71
2001	770.78	2011	7 326.79
2002	968.98	2012	8 838.6
2003	1 219.23	2013	10 501.68
2004	1 481.66	2014	12 339.6
2005	1 848.07	2015	14 099.1

（1）先绘制时间序列图（见图 5.4.7）。

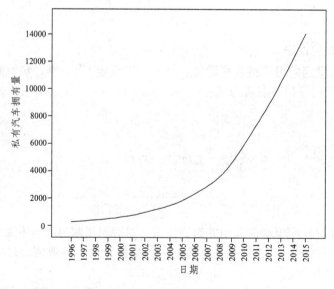

图 5.4.7　时间序列图

由序列图可知，后期基本上呈直线趋势，可以考虑用二次指数平滑法进行分析预测。

（2）模型创建。用 SPSS 的操作步骤与前述简单指数平滑一样，分为四步，这里仅说明有差别的地方。

对于例 5.4.1 的数据，步骤②完成后，会出现图 5.4.3 的对话框。考虑该序列呈现线性趋势，所以在步骤③中不选"简单"，这里选择"霍尔特线性趋势"。

步骤④中，对话框中"统计"中再勾选"R 方"及"正态化 BIC"（具体见图 5.4.8），图的操作一样，"保存"中可只勾选"预测值"，选项中输入日期为"2020"，即预测未来五年的值。

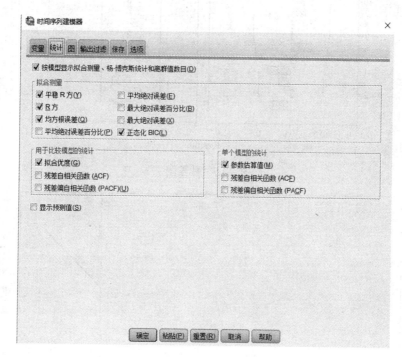

图 5.4.8　时间序列建模器对话框

（3）模型结果。

模型统计（见表 5.4.4）、指数平滑法模型参数（见表 5.4.5）、残差图（见图 5.4.9）及序列图（见图 5.4.10），且在 SPSS 的编辑页面会出现详细的预测值。

表 5.4.4　模型统计

模型	预测变量数	模型拟合度统计				杨-博克斯 Q（18）			离群值数
		平稳 R 方	R 方	RMSE	正态化 BIC	统计	DF	显著性	
霍尔特	0	-0.642	0.999	150.346	10.325	17.908	16	0.329	0

表 5.4.5　指数平滑法模型参数

模型			估算	标准误差	t	显著性
霍尔特	不转换	Alpha（水平）	1.000	0.325	3.077	0.006
		Gamma（趋势）	1.000	0.505	1.980	0.063

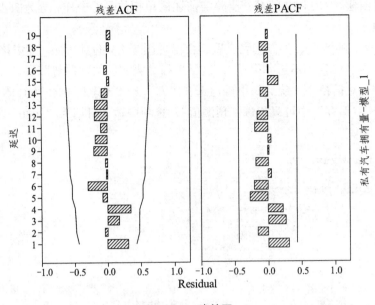

图 5.4.9　残差图

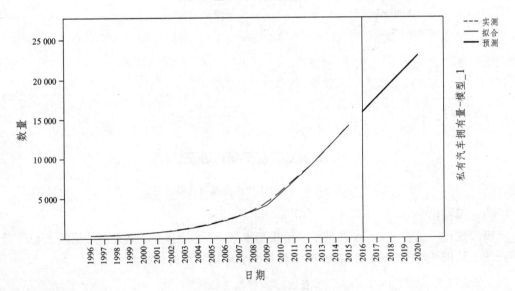

图 5.4.10　序列图

（4）模型分析。

在二次指数平滑中，常用判别系数 R^2 来反映模型拟合的优劣，它表示模型所能解释的数据变异占总变异的比例，数值越大，表示结果越佳。由表 5.4.4 可知，该模型对应的 $R^2=0.999$ 说明该模型拟合非常好，且统计量杨-博克斯 Q（18）对应的显著性水平为 0.329＞0.05，说明模型拟合后的残差序列不存在自相关或偏自相关，通过残差图（图 5.4.9）也可以说明这一点。

对于平滑系数，由表 5.4.5 可知，Alpha（水平）的值为 1，且对应的 P 值 0.006 远小于 0.05，说明参数 Alpha（水平）不仅作用很大而且非常显著；Gamma（趋势）的值也为 1，P 值 0.063 略大于 0.05，一般 P 值小于 0.1 就可认为有意义，反映了该序列具有趋势特征。模型对应 2020 年私有汽车拥有量的预测值为 24 307.01 万辆，这与实际数据 24 393 万辆很接近。

4. 说明

SPSS 中提供了三种二次指数平滑法：霍尔特线性趋势、布朗线性趋势及衰减趋势。衰减趋势也称阻尼趋势，主要适用于有线性趋势的非季节序列，且该线性趋势正逐渐消失，其结果较保守。相比预测处于快速发展期的事物，它更适合预测处于稳定增长期的事物。

对于二次指数平滑法，在用 SPSS 实际操作时，可依次运行这三种方法，根据 R^2 最大、均方根误差（RMSE）和正态化（BIC）最小原则，选择拟合程度最优的模型进行预测。一般先看 R^2，R^2 最高者可作为预测模型；当 R^2 相等时，再比较均方根误差（RMSE）和正态化（BIC，该统计量是基于均方误差的统计量，并考虑了模型的参数个数和序列数据个数），它们基本一致，其值越小对应的模型越好。

5.4.3　三次指数平滑法

前面提到，如果数据呈现直线趋势，那么需要对一次平滑结果进行直线修正，同理，如果数据大致呈曲线趋势，那么需要对一次平滑结果进行曲线修正。另外，我们前面提到的指数平滑法都是针对非季节性数据，若数据有季节性因素，怎么处理呢？

这些都需要用到三次指数平滑法，也称三重指数平滑，它与二次指数平滑类似，也不直接将平滑值作为预测值，而是服务于模型建立。三次指数平滑法包括布朗三次指数平滑法及霍尔特-温特斯（Holt-Winter）季节性指数平滑法。前者主要用于非季节性且呈现二次曲线趋势的时间序列；后者分为加法和乘法两种模型，主要用于有趋势和季节性的时间序列。

1. 布朗三次指数平滑

常见的曲线修正是对时间序列呈现二次曲线趋势时进行修正，即当时间序列变化趋势为二次曲线趋势时，建立二次曲线模型对平滑结果进行修正，该方法就是布朗三次指数平滑法。其操作步骤为：先在二次平滑值基础上再进行一次指数平滑（三次平滑值），然后根据三次平滑结果建立二次曲线修正模型。

设时间序列为 $y_1, y_2, \cdots, y_t, \cdots y_n$，则三次平滑结果为

$$S_t^{(1)} = \alpha y_t + (1-\alpha)S_{t-1}^{(1)}, \quad S_t^{(2)} = \alpha S_t^{(1)} + (1-\alpha)S_{t-1}^{(2)}, \quad S_t^{(3)} = \alpha S_t^{(2)} + (1-\alpha)S_{t-1}^{(3)}$$

式中：α 为平滑系数；$S_t^{(1)}$ 为一次平滑值；$S_t^{(2)}$ 为二次平滑值；$S_t^{(3)}$ 为三次平滑值。平滑系数 α 与初始值 $S_0^{(1)}$ 的设定同简单指数平滑法一样，$S_0^{(2)}$ 及 $S_0^{(3)}$ 的设定原则与 $S_0^{(1)}$ 的相同。

当时间序列从某一项开始具有二次曲线趋势时，建立二次曲线修正模型

$$\hat{y}_{t+l} = a_t + b_t \cdot l + c_t \cdot l^2$$

式中：t 为当前时期；l 为预测时期与当前时期的时间差；$\hat{y}_{t+l}$ 表示第（$t+l$）时期的预测值；a_t, b_t, c_t 为二次曲线修正系数，其计算公式为

$$\begin{cases} a = 3S_t^{(1)} - 3S_t^{(2)} + S_t^{(3)} \\ b = \dfrac{\alpha}{2(1-\alpha)^2}[(6-5\alpha)S_t^{(1)} - 2(5-4\alpha)S_t^{(2)} + (4-3\alpha)S_t^{(3)}] \\ c = \dfrac{\alpha^2}{2(1-\alpha)}[S_t^{(1)} - 2S_t^{(2)} + S_t^{(3)}] \end{cases}$$

注：公式的具体推导详见参考文献。

2. 霍尔特-温特斯（Holt-Winter）季节性指数平滑法

（1）加法模型。

该模型适用于具有趋势且季节效应随时间变化不大的序列，特别是有线性趋势和稳定的季节成分的序列，它由三个平滑方程及一个预测方程构成：

$$\begin{cases} S_t = \alpha(y_t - c_{t-m}) + (1-\alpha)(S_{t-1} + b_{t-1}) & \text{（水平平滑方程）} \\ b_t = \beta(S_t - S_{t-1}) + (1-\beta)b_{t-1} & \text{（趋势平滑方程）} \\ c_t = \gamma(y_t - S_t) + (1-\gamma)c_{t-m} & \text{（季节平滑方程）} \\ \hat{y}_{t+l} = S_t + lb_t + c_{t+l-m(k+1)}, k = \left[\dfrac{l-1}{m}\right] & \text{（预测方程）} \end{cases}$$

其中，预测方程也可以写成

$$\hat{y}_{t+l} = S_t + lb_t + c_{t+l-m} \quad (l < m)$$

式中：y_t 为实际值；S_t 为平滑项；b_t 为趋势项；c_t 为季节项；m 为周期期数（月度数据取 12，季度数据取 4）；α，β，γ 为三个平滑系数；$\hat{y}_{t+l}$ 为第 $t+l$ 时期的预测值。

（2）乘法模型。

该模型适用于具有趋势且季节效应随序列量级发生变化的序列，特别是有线性趋势和不稳定的季节成分的序列，它同样由三个平滑方程及一个预测方程构成：

$$\begin{cases} S_t = \alpha \dfrac{y_t}{c_{t-m}} + (1-\alpha)(S_{t-1} + b_{t-1}) & \text{（水平平滑方程）} \\ b_t = \beta(S_t - S_{t-1}) + (1-\beta)b_{t-1} & \text{（趋势平滑方程）} \\ c_t = \gamma \dfrac{y_t}{S_t} + (1-\gamma)c_{t-m} & \text{（季节平滑方程）} \\ \hat{y}_{t+l} = (S_t + lb_t)c_{t+l-m(k+1)}, k = \left[\dfrac{l-1}{m}\right] & \text{（预测方程）} \end{cases}$$

其中，预测方程也可以写成

$$\hat{y}_{t+l} = (S_t + lb_t)c_{t+l-m} \quad (l < m)$$

加法模型中单个因子的效应被区分开来，它人为地忽略了相互作用；乘法模型则考虑了相互作用，随着数据的值增大，季节性的量也增长，大多数时间序列都展现了这种模式。当数据中季节性的量取决于数据值的时候，应该选择乘法模型；当季节性的量不取决于数据值的时候，应该选择加法模型。当然，如果不清楚，那么两种都尝试，取误差较小者。

（3）初始值的选取。

当数据量较多时，初始值的选取对于模型整体的影响不是特别大，通常取 $S_0 = y_0, b_0 = y_1 - y_0$，季节的初始值必须给出一个完整的"季节周期"值。对于加法模型，季节的初始值通常取 0，即 $c_{1-m} = c_{1-(m-1)} = \cdots = c_0 = 0$；对于乘法模型，季节的初始值通常取 1，即 $c_{1-m} = c_{1-(m-1)} = \cdots = c_0 = 1$。三个平滑系数 α，β，γ 的值都在[0，1]之间，可以多试验几次以达到最佳效果。

3. 说明

布朗三次指数平滑法中的三个平滑方程都是从"水平层面"对平滑值进行的；而霍尔特-温特斯模型中的三个平滑方程除了水平层面外，还考虑了趋势与季节，霍尔特-温特斯模型可以看作布朗三次指数平滑法的变形。

运用 SPSS 时，不需要设置霍尔特-温特斯加法或乘法模型的三个平滑系数，系统会自动计算最优解。但 SPSS 中没有提供布朗三次指数平滑法，计算时就需要至少选取两个平滑系数 α，选择均方根误差较小者。该思路与 5.3 节运用趋势移动平均法计算实例 5.3.2 类似。

另外，对于含有季节性的时间序列，SPSS 中还给出了一种方法：简单季节性模型，该方法主要针对有季节性但无趋势的序列。

4. 实际应用

例 5.4.2　表 5.4.6 给出了 2013—2017 年 19 个季度我国从空港出入境的人数（单位：人次），试对该数据进行分析并预测至 2019 年第四个季度。

表 5.4.6　2013—2017 年我国从空港出入境人数

	第一季度 Q1	第二季度 Q2	第三季度 Q3	第四季度 Q4
2013 年	21 203 938	22 541 811	26 331 643	22 426 713
2014 年	23 324 716	25 467 818	28 715 442	26 248 340
2015 年	26 772 183	29 449 976	32 387 556	29 389 497
2016 年	32 595 566	33 578 118	37 384 196	30 968 998
2017 年	34 288 559	33 505 027	38 792 025	—

（1）先绘制时间序列图（见图 5.4.11）。

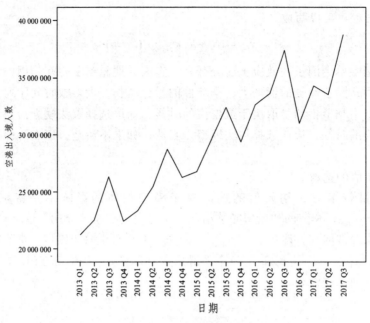

图 5.4.11　时间序列图

由时间序列图可知，该序列呈现线性趋势并具有季节性，可以考虑用霍尔特-温特斯季节性指数平滑法进行分析与预测。

（2）模型创建。用 SPSS 的操作步骤同样分为四步。

对于例 5.4.2 的数据，完成第①步与第②步后，在出现的对话框（见图 5.4.3）选择"季节性"中的"温特斯加性"或"温特斯乘性"，这里选择"温特斯乘性"。

步骤③与步骤④与例 5.4.1 都相同，注意"选项"中输入日期"2019，4"（见图 5.4.12）。

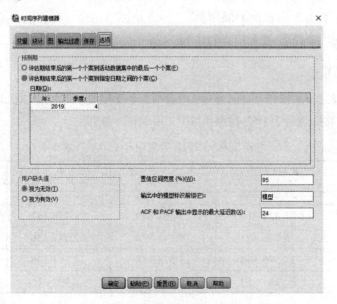

图 5.4.12　时间序列建模器对话框

（3）模型结果。

模型统计（见表 5.4.7）、指数平滑法模型参数（见表 5.4.8）、残差图（见图 5.4.13）及序列图（见图 5.4.14），在 SPSS 的编辑页面会出现详细的预测值（部分截图见图 5.4.15）。

（4）模型分析。

由表 5.4.7 可知，表 5.4.1 中的平稳 R 方为 0.389，大于 0，说明该模型优于简单均值模型，判别系数 R^2 为 0.957，即总变异中可以用温特斯乘法模型解释的部分占 95.7%，且统计量杨-博克斯 Q（18）对应的显著性水平为 0.824>0.05，说明模型拟合后的残差序列不存在自相关或偏自相关，通过残差图（见图 5.4.13）也可以说明这一点。整体来看，温特斯乘法模型拟合效果较好。

表 5.4.7　模型统计

模型	预测变量数	模型拟合度统计				杨-博克斯 Q（18）			离群值数
		平稳 R 方	R 方	RMSE	正态化 BIC	统计	DF	显著性	
温特斯乘法	0	0.389	0.957	1 132 132.959	28.344	9.927	15	0.824	0

表 5.4.8　指数平滑法模型参数

模型			估算	标准误差	t	显著性
温特斯乘法	不转换	Alpha（水平）	0.415	0.203	2.044	0.058
		Gamma（趋势）	0.001	0.080	0.013	0.990
		Delta（季节）	0.329	0.441	0.746	0.467

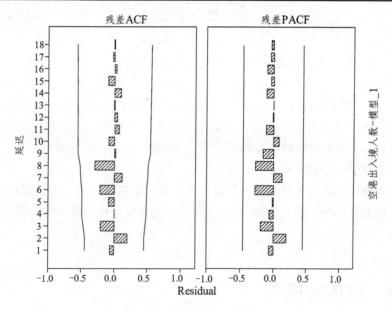

图 5.4.13　残差图

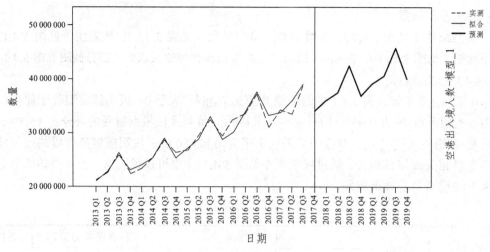

图 5.4.14　序列图

Q4 2017	33974533.13
Q1 2018	36077440.21
Q2 2018	37497726.84
Q3 2018	42385456.91
Q4 2018	36947824.80
Q1 2019	39167168.81
Q2 2019	40641775.69
Q3 2019	45866358.99
Q4 2019	39921116.47

图 5.4.15　部分预测值

　　由表 5.4.5 可知，该模型在 Alpha（水平）上差异有统计学意义（P 值为 0.058，略大于 0.05），其值为 0.415，而参数 Gamma（趋势）和 Delta（季节）的统计学意义并不显著（均有 P 值大于 0.1），尤其 Gamma（趋势）不仅没有显著性（P 值几乎为 1）且值很小（0.001），说明该时间序列尽管为季节性数据，但其季节特征并不明显，且该序列的趋势特征更加不显著，即其所展现出来的趋势某种程度上用 Alpha（水平）即可揭示。图 5.4.15 给出了从 2017 Q4 至 2019 Q4 的预测值。

　　另外，大家可以运用 SPSS 尝试其他方法，如"温特斯加性"等，根据 R^2 最大、均方根误差（RMSE）和正态化（BIC）最小原则，选择拟合程度最优的模型进行预测，这里不再详述。

5.5　ARIMA 模型

　　前面讲的是确定性时间序列分析方法，本节讲随机性时间序列分析方法（主要讲 ARMA 模型和 ARIMA 模型）。在运用该方法时，要先排除该序列是纯随机序列。所谓纯随机序列，也称白噪声序列，指序列值之间没有任何的相关性，是一个没有记忆的序列（过去的行为对将来的发展没有丝毫影响）。直观上，满足以下两点的序列就是白噪声序列：序列图是平稳序列；序列的自相关图和偏自相关图都在 2 倍标准差以内。随机性时间序列分析的方法主要研究平稳的非白噪声序列和非平稳序列。

对于平稳非白噪声序列，最常用的拟合模型是 ARMA 模型。用此模型去近似地描述动态数据在实际应用中有许多优点，比如 ARIMA 模型是线性模型，只要给出少量参数就可完全确定模型形式，另外由于分析数据的结构和内在性质，也便于在最小方差意义下进行最佳预测和控制。在实际中，我们遇到的几乎都是非平稳时间序列，这些非平稳的序列差分后会显示出平稳序列的性质，这时称非平稳序列为差分平稳序列。对非季节性的差分平稳序列可以建立 ARIMA 模型进行预测，即对原序列先差分再建立 ARMA 模型。关于 ARIMA 模型的理论推导具有一定难度，但是现在很多软件可直接对 ARIMA 模型进行参数估计、假设检验、预测等，故本节简要论述 ARIMA 模型的基本理论，重点关注模型的软件实现。

5.5.1 ARMA 模型

为使时间序列分析简洁和方便，我们引入一些常用的数学工具。

相距一期的两个序列值之间的减法运算称为 1 阶差分，记为 $\nabla x_t = x_t - x_{t-1}$。对 $\{\nabla x_t\}$ 再进行一次差分运算，称为 2 阶差分，记为 $\nabla^2 x_t = \nabla x_t - \nabla x_{t-1}$。依次可以定义 p 阶差分为 $\nabla^p x_t = \nabla^{p-1} x_t - \nabla^{p-1} x_{t-1}$。

相距 k 期的两个序列值之间的减法运算称为 k 步差分，记为 $\nabla_k x_t = x_t - x_{t-k}$。

延迟算子类似一个时间指针，当前时间序列乘以一个延迟算子，相当于时间序列值的时间向后拨了一个时刻，记 B 为延迟算子，有 $B^p x_t = x_{t-p}$。

ARMA 模型的全称是自回归移动平均（Auto Regression Moving Average）模型，它是一类常用的拟合平稳时间序列模型，它不考虑以经济理论为依据的解释变量的作用，而是依据变量本身的变化规律，利用外推机制描述时间序列的变化，能达到最小方差意义下的最优预测，是一种精度较高的时序短期预测方法，但这也导致模型的系数很难直观解释。ARMA 模型有三种基本类型：AR 模型、MA 模型及 ARMA 模型。

通常，由于系统惯性作用，时间序列往往存在前后依存关系，最简单的一种情形就是变量当前值主要取决于前 p 期取值，用数学模型来描述就是自回归模型。

定义 5.5.1　具有如下结构的模型称为 p 阶自回归模型，简记为 AR(p)：

$$\begin{cases} x_t = \phi_0 + \phi_1 x_{t-1} + \cdots + \phi_p x_{t-p} + \varepsilon_t \\ \phi_p \neq 0 \\ E(\varepsilon_t) = 0, \mathrm{var}(\varepsilon_t) = \sigma_\varepsilon^2, E(\varepsilon_s \varepsilon_t) = 0, s \neq t \\ E(x_s \varepsilon_t) = 0, \forall s < t \end{cases} \tag{5.8}$$

式中：x_t 为时间序列；$\phi_i (i = 1, 2, \cdots, p)$ 为待估计的自回归系数；ε_t 为误差项。

当 $\phi_0 = 0$ 时，自回归模型（5.8）又称中心化 AR(p) 模型，简记为

$$x_t = \phi_1 x_{t-1} + \cdots + \phi_p x_{t-p} + \varepsilon_t \qquad (5.9)$$

令 $\mu = \dfrac{\phi_0}{1-\phi_1-\cdots-\phi_p}$，$y_t = x_t - \mu$，则 $\{y_t\}$ 是 $\{x_t\}$ 的中心化序列。中心化变换实际上是将非中心化序列整个平移了一个常数位移，这种位移对序列值之间的相关关系没有任何影响。非中心化的 AR(p) 序列都可以通过中心化变换转化为中心化 AR(p) 序列，故今后我们对 AR(p) 模型进行分析时，均指中心化 AR(p) 模型。

AR(p) 模型是时间序列用它前 p 期值和随机项的线性函数表示引入滞后算子 B，AR(p) 模型可简写为

$$\Phi(B)x_t = \varepsilon_t \qquad (5.10)$$

其中，$\Phi(B) = 1 - \phi_1 B - \cdots - \phi_p B^p$，称为 p 阶自回归系数多项式。AR(p) 模型与 p 个延迟期值作为解释变量的多元线性回归有相同的形式。

中心化自回归模型（5.9）可视为非齐次线性差分方程

$$x_t - \phi_1 x_{t-1} - \cdots - \phi_p x_{t-p} = \varepsilon_t \qquad (5.11)$$

设 $\lambda_1, \cdots, \lambda_p$ 是齐次线性差分方程 $\Phi(B)x_t = 0$ 的 p 个特征根，$\lambda_1 = \cdots = \lambda_d$ 为 d 个相等的实根，$\lambda_{d+1}, \cdots, \lambda_{p-2m}$ 为 $p-d-2m$ 个互不相等的实根，$\lambda_{j1} = r_j \mathrm{e}^{iw_j}$，$\lambda_{j2} = r_j \mathrm{e}^{-iw_j}$，$j = 1, \cdots, m$ 为 m 对共轭复根，可以证明：非齐次线性差分方程（5.11）的通解为

$$x_t = x_t' + x_t'' = \sum_{j=1}^{d} c_j t^{j-1} \lambda_1^t + \sum_{j=d+1}^{p-2m} c_j \lambda_j^t + \sum_{j=1}^{m} r_j^t (c_{1j} \cos tw_j + c_{2j} \sin tw_j) + \sum_{i=1}^{p} \frac{k_i}{1-\lambda_i B} \varepsilon_t$$

要使中心化 AR(p) 模型平稳，即要求对任意实数 $c_1, \cdots, c_p, c_{ij}, c_{2j}, j = 1, \cdots, m$，有

$$\lim_{t \to \infty} x_t = 0 \Leftrightarrow |\lambda_i| < 1, i = 1, 2, \cdots, p-2m，|r_i| < 1, i = 1, 2, \cdots, m \qquad (5.12)$$

实际上，（5.12）成立就是要求 AR(p) 模型的 p 个特征根在单位圆内，所以 AR(p) 模型平稳的充要条件是它的 p 个特征根在单位圆内。由特征根和自回归系数多项式的根成倒数的关系可知，AR(p) 模型平稳等价于它的自回归系数多项式的根都在单位圆外。

对于一个平稳的 AR(p) 模型，求出滞后 k 阶自相关系数 ρ_k，实际上得到的并不是 x_t 与 x_{t-k} 之间单纯的相关关系，这是因为 x_t 同时还受到中间 $k-1$ 个随机变量 $x_{t-1}, \cdots, x_{t-k+1}$ 的影响，而这 $k-1$ 个随机变量又都和 x_{t-k} 具有相关关系。为了单纯测出 x_{t-k} 对 x_t 的影响，引入偏相关系数概念。

定义 5.5.2 对于平稳时间序列 $\{x_t\}$，所谓滞后 k 偏自相关系数（partial autocorrelation function，PAF），指在给定 $k-1$ 个随机变量 $x_{t-1}, \cdots, x_{t-k+1}$ 的条件下，x_{t-k} 对 x_t 的影响，即

$$\rho_{x_t, x_{t-k} | x_{t-1}, \cdots, x_{t-k+1}} = \frac{E[(x_t - \hat{E}x_t)(x_{t-k} - \hat{E}x_{t-k})]}{E[(x_t - \hat{E}x_t)^2]},$$

其中 $\hat{E}x_t = E(x_t \mid x_{t-1}, \cdots, x_{t-k+1})$。

假定 $\{x_t\}$ 为中心化平稳时间序列，用过去 k 期序列值 $x_{t-1}, \cdots, x_{t-k+1}, x_{t-k}$ 对 x_t 作 k 阶自回归拟合，即

$$x_t = \phi_{k1}x_{t-1} + \phi_{k2}x_{t-2} \cdots + \phi_{kk}x_{t-k} + \varepsilon_t \qquad (5.13)$$

对 $x_{t-1}, \cdots, x_{t-k+1}$ 取条件，有

$$Ex_t = \phi_{k1}x_{t-1} + \phi_{k2}x_{t-2} \cdots + \phi_{k(k-1)}x_{t-k-1} + \phi_{kk}\hat{E}x_{t-k} + E(\varepsilon_t \mid x_{t-1}, \cdots, x_{t-k+1})$$

$$= \phi_{k1}x_{t-1} + \phi_{k2}x_{t-2} \cdots + \phi_{k(k-1)}x_{t-k-1} + \phi_{kk}\hat{E}x_{t-k}$$

则 $x_t - Ex_t = \phi_{kk}(x_{t-k} - \hat{E}x_{t-k}) + \varepsilon_t$，两边同时乘以 $x_{t-k} - Ex_{t-k}$ 求期望可得

$$E[(x_t - \hat{E}x_t)(x_{t-k} - \hat{E}x_{t-k})] = \phi_{kk}E[(x_t - \hat{E}x_t)^2] , \quad 即\ \phi_{kk} = \frac{E[(x_t - \hat{E}x_t)(x_{t-k} - \hat{E}x_{t-k})]}{E[(x_t - \hat{E}x_t)^2]}$$

这说明滞后 k 偏自相关系数实际上就等于 k 阶自回归模型第 k 个回归系数 ϕ_{kk} 的值。

在式（5.13）两边同乘 $x_{t-l}, \forall l \geqslant 1$，并求期望得

$$\rho_l = \phi_{k1}\rho_{l-1} + \phi_{k2}\rho_{l-2} \cdots + \phi_{kk}\rho_{l-k}, \forall l \geqslant 1$$

取前 k 个方程可得

$$\begin{cases} \rho_1 = \phi_{k1}\rho_0 + \phi_{k2}\rho_1 \cdots + \phi_{kk}\rho_{k-1} \\ \rho_2 = \phi_{k1}\rho_1 + \phi_{k2}\rho_0 \cdots + \phi_{kk}\rho_{k-2} \\ \qquad\qquad \cdots\cdots\cdots\cdots \\ \rho_k = \phi_{k1}\rho_{k-1} + \phi_{k2}\rho_{k-2} + \cdots + \phi_{kk}\rho_0 \end{cases}$$

该方程组称为 Yule-Walker 方程。根据线性方程组求解的 Cramer 法则有

$$\phi_{kk} = \frac{D_k}{D}, \forall 0 < k < n$$

其中

$$D = \begin{vmatrix} 1 & \rho_1 & \cdots & \rho_{k-1} \\ \rho_1 & 1 & \cdots & \rho_{k-2} \\ \vdots & \vdots & & \vdots \\ \rho_{k-1} & \rho_{k-2} & \cdots & 1 \end{vmatrix}, D_k = \begin{vmatrix} 1 & \rho_1 & \cdots & \rho_1 \\ \rho_1 & 1 & \cdots & \rho_2 \\ \vdots & \vdots & & \vdots \\ \rho_{k-1} & \rho_{k-2} & \cdots & \rho_k \end{vmatrix}$$

故偏自相关系数估计值为

$$\hat{\phi}_{kk} = \frac{\hat{D}_k}{\hat{D}}, \forall 0 < k < n$$

其中

$$\hat{D} = \begin{vmatrix} 1 & \hat{\rho}_1 & \cdots & \hat{\rho}_{k-1} \\ \hat{\rho}_1 & 1 & \cdots & \hat{\rho}_{k-2} \\ \vdots & \vdots & & \vdots \\ \hat{\rho}_{k-1} & \hat{\rho}_{k-2} & \cdots & 1 \end{vmatrix}, \hat{D}_k = \begin{vmatrix} 1 & \hat{\rho}_1 & \cdots & \hat{\rho}_1 \\ \hat{\rho}_1 & 1 & \cdots & \hat{\rho}_2 \\ \vdots & \vdots & & \vdots \\ \hat{\rho}_{k-1} & \hat{\rho}_{k-2} & \cdots & \hat{\rho}_k \end{vmatrix}$$

由 Yule-Walker 方程组最后一个方程

$$\rho_k = \phi_{k1}\rho_{k-1} + \phi_{k2}\rho_{k-2} + \cdots + \phi_{kk}\rho_0 \qquad (5.14)$$

可知，自相关系数表达式实际上是一个 p 阶齐次差分方程，那么滞后 k 阶自相关系数的通解为

$$\rho_k = \sum_{i=1}^{p} c_i \lambda_i^k \qquad (5.15)$$

其中 $|\lambda_i| < 1, i = 1, \cdots, p$ 为该差分方程的特征根；$c_1, \cdots, c_p$ 为任意常数。

容易看出 ρ_k 始终有非零取值，不会在 k 大于某个常数之后恒等于 0，这个性质称为自相关系数的拖尾性。

拖尾性的直观解释为：$x_t = \phi_1 x_{t-1} + \cdots + \phi_p x_{t-p} + \varepsilon_t$，虽然 x_t 只受随机误差和最近 p 期的影响，但由于 x_{t-1} 的值依赖于 x_{t-1-p}，所以 x_{t-1-p} 对 x_t 也有影响，依此类推，x_t 之前的每一序列值都对 x_t 有影响，所以自相关系数拖尾。

因为 $|\lambda_i| < 1$，$i = 1, \cdots, p$，随着时间的推移，$\rho_k = \sum_{i=1}^{p} c_i \lambda_i^k$ 会以负指数 λ^k 的速度衰减，所以自相关系数呈负指数衰减。

定理 5.5.1 AR(p) 模型（5.9）偏自相关 ϕ_{kk} 截尾，即当 $k > p$ 时，$\phi_{kk} = 0$。

我们可以证明样本偏自相关系数有如下性质：

（1）当样本容量 n 趋于无穷大时，$\hat{\phi}_{pp}$ 收敛到 ϕ_p。

（2）对于 $k > p$，$\hat{\phi}_{kk}$ 收敛于 0，即样本偏自相关系数 p 阶截尾。

（3）对于 $k > p$，$\hat{\phi}_{kk}$ 的渐进方差为 $\dfrac{1}{T}$。

定义 5.5.3 具有如下结构的模型称为 q 阶移动平均（moving average）模型，简记为 MA(q)：

$$\begin{cases} x_t = \mu + \varepsilon_t - \theta_1 \varepsilon_{t-1} - \cdots - \theta_q \varepsilon_{t-q} \\ \theta_q \neq 0 \\ E(\varepsilon_t) = 0, \mathrm{var}(\varepsilon_t) = \sigma_\varepsilon^2, E(\varepsilon_s \varepsilon_t) = 0, s \neq t \end{cases} \qquad (5.16)$$

式中：x_t 为时间序列；$\theta_i (i = 1, 2 \cdots, q)$ 为待估计的移动平均系数；ε_t 为误差项。

MA(q) 模型是时间序列用它当期和前期的随机误差项的线性函数表示，令 $\Theta(B) = 1 - \theta_1 B - \cdots - \theta_p B^p$，则 MA($q$) 模型可简写为

$$x_t = \Theta(B)\varepsilon_t \qquad (5.17)$$

1. MA(q) 模型具有常数均值和常数方差

当 $q < \infty$ 时，$Ex_t = \mu$，$\mathrm{Var}x_t = (1 + \theta_1^2 + \cdots + \theta_q^2)\sigma_\varepsilon^2$

2. 自协方差函数只与滞后阶数相关，且 q 阶截尾

$$\gamma_k = E[x_t x_{t-k}] = \begin{cases} (1+\theta_1^2+\cdots+\theta_q^2)\sigma_\varepsilon^2, & k=0 \\ (-\theta_k+\sum_{i=1}^{q-k}\theta_i\theta_{k+i})\sigma_\varepsilon^2, & 1\leqslant k\leqslant q \\ 0, & k>q \end{cases}$$

3. 偏相关系数拖尾

从上面的分析可看出：

（1）当 $q<\infty$ 时，MA(q) 模型一定是平稳模型。

（2）MA(q) 模型的偏相关系数拖尾，自相关系数 q 阶截尾.

定义 5.5.4　具有如下结构的模型称为自回归移动平均模型，简记为 ARMA(p,q)。

$$\begin{cases} x_t = \phi_0+\phi_1 x_{t-1}+\phi_2 x_{t-2}+\cdots+\phi_p x_{t-p}+\varepsilon_t-\theta_1\varepsilon_{t-1}-\cdots-\theta_p\varepsilon_{t-p} \\ \phi_p\neq 0, \theta_q\neq 0 \\ E(\varepsilon_t)=0, \text{var}(\varepsilon_t)=\sigma_\varepsilon^2, E(\varepsilon_t\varepsilon_s)=0, s\neq t \\ E(x_s\varepsilon_t)=0, \forall s<t \end{cases}$$ （5.18）

若 $\phi_0=0$ 时，该模型称为中心化 ARMA(p,q) 模型。缺省默认条件，中心化 ARMA(p,q) 模型可简写为

$$x_t = \phi_1 x_{t-1}+\phi_2 x_{t-2}+\cdots+\phi_p x_{t-p}+\varepsilon_t-\theta_1\varepsilon_{t-1}-\cdots-\theta_p\varepsilon_{t-p}$$ （5.19）

ARMA(p,q) 模型是时间序列用它的当期和前期的随机误差项以及前期值的线性函数表示，引入延迟算子 B，则 ARMA(p,q) 可简写为

$$\Phi(B)x_t = \Theta(B)\varepsilon_t$$ （5.20）

其中 $\Phi(B)=1-\phi_1 B-\cdots-\phi_p B^p$ 称为 p 阶自回归系数多项式，$\Theta(B)=1-\theta_1 B-\cdots-\theta_q B^q$ 为 q 阶移动平均系数多项式。

当 $q=0$ 时，ARMA(p,q) 模型退化成 AR(p) 模型。

当 $p=0$ 时，ARMA(p,q) 模型退化成 MA(q) 模型。

5.5.2　平稳时间序列建模

运用 ARMA 模型的前提是，时间序列为平稳时间序列。对于包含趋势性或季节性的非平稳时间序列，不能直接用 ARMA 模型去描述，须经过适当的逐期差分或季节差分消除其趋势影响后，再对形成的新的平稳序列建立 ARMA(p,q) 模型进行分析。

假定某时间序列经过预处理，可以判定为平稳非白噪声序列，我们可以对序列进行建模：

（1）计算时间序列的样本自相关系数和样本偏自相关系数。

（2）根据样本自相关系数和样本偏自相关系数的性质对模型进行定阶。

（3）估计模型中的未知参数。

（4）检验模型的有效性。如果拟合模型没有通过检验，转向步骤（2），重新选择模型拟合。

（5）模型优化。如果拟合模型通过检验，仍转向步骤（2），考虑多种可能性，建立多个拟合模型。从通过检验的拟合模型中选择最优模型。

（6）根据拟合模型，预测序列的将来走势。

建立 ARMA 模型的关键在于定阶，即确定参数 p,q，余下工作可用统计软件自动实现。ARMA(p,q) 模型定阶的基本原则见表 5.5.1。

表 5.5.1　ARMA(p,q) 模型定阶的基本原则

样本自相关系数	样本偏自相关系数	模型定阶
拖尾	p 阶截尾	AR(p) 模型
q 阶截尾	拖尾	MA(q) 模型
拖尾	拖尾	ARMA(p,q) 模型

但在实践中，这个定阶原则在操作上存在困难。由于样本的随机性，本应截尾的样本自相关系数和偏自相关系数会呈现出小值振荡，同时由于平稳序列通常都具有短期相关性，随着延迟阶数 $k \to \infty$，$\hat{\rho}_k$ 和 $\hat{\phi}_{kk}$ 都会衰减到 0 并小值振荡，所以我们实际上没有绝对的标准，在很大程度上需依靠分析员的主观判断。但样本自相关系数和偏自相关系数的近似分布可以帮助经验缺乏的分析人员做出尽量合理的判断。

Jankins 和 Watts 于 1968 年证明 $E(\hat{\rho}_k) = \left(1 - \dfrac{k}{n}\right)\rho_k$，即样本自相关系数是总体自相关系数的有偏估计。根据 Bartlett 公式，可得样本自相关系数的方差

$$\text{Var}(\hat{\rho}_k) \cong \frac{1}{n}\sum_{m=-j}^{j}\hat{\rho}_m^2 = \frac{1}{n}\left(1 + 2\sum_{m=1}^{j}\hat{\rho}_m^2\right), k > j$$

当样本容量 $n \to \infty$ 时，样本自相关系数近似服从正态分布，即 $\hat{\rho}_k \sim N\left(0, \dfrac{1}{n}\right)$。Quenouile 证明，样本偏自相关系数也近似服从这个正态分布，即 $\hat{\phi}_{kk} \sim N\left(0, \dfrac{1}{n}\right)$。根据正态分布的性质有

$$P\left(-\frac{2}{\sqrt{n}} \leqslant \hat{\rho}_k \leqslant \frac{2}{\sqrt{n}}\right) \geqslant 0.95, \quad P\left(-\frac{2}{\sqrt{n}} \leqslant \hat{\phi}_{kk} \leqslant \frac{2}{\sqrt{n}}\right) \geqslant 0.95$$

所以可用 2 倍标准差辅助判断。

当 $\hat{\rho}_k$ 和 $\hat{\phi}_{kk}$ 在最初的 d 阶明显大于 2 倍标准差，而后几乎 95%的自相关系数都落在 2 倍标准差内，且由非零衰减到小值的速度非常快，这时可认为自相关系数 d 阶截尾。如果有超过 5%的样本相关系数落入 2 倍标准差范围之外，或者是由明显非零的相关系数衰减为小值波动的过程比较缓慢或者非常连续，这时，通常视为相关系数不截尾。

一般说，似然函数值越大说明模型拟合效果越好，模型中未知参数个数越多，拟合的准确度就会越高，但未知的风险也越多，参数估计的难度就越大，估计的精确度就越

差，因此最小信息量准则（An Information Criterion，简称 AIC 准则）是拟合精度和参数个数的加权函数：

$$\text{AIC} = -2\ln(\text{极大似然函数值}) + 2(\text{未知参数个数})$$

对于一个观察值序列，序列越长，相关信息越分散，要使拟合精度比较高就需要多自变量的复杂模型。在 AIC 准则中，拟合误差提供的信息受样本容量的放大，但参数个数的惩罚因子却和样本容量无关，始终是 2。为弥补不足，Schwartz 在 1978 年提出 SBC 准则：

$$\text{SBC} = -2\ln(\text{极大似然函数值}) + \ln(n)(\text{未知参数个数})$$

理论上已证明：SBC 准则是最优模型真实阶数的相合估计。在所有通过检验的模型中使得两准则最小的模型为相对最优模型。

由于对数似然函数

$$l(\tilde{\beta};\tilde{x}) = -\frac{n}{2}\ln(2\pi) - \frac{n}{2}\ln(\sigma_\varepsilon^2) - \frac{1}{2}\ln|\Omega| - \frac{\tilde{x}'\Omega^{-1}\tilde{x}}{2\sigma_\varepsilon^2}$$

故在中心化 ARMA(p,q) 模型中，常采用

$$\text{AIC}(p,q) = 2\ln(\hat{\sigma}_\varepsilon^2) + 2(p+q+1)，\quad \text{SBC}(p,q) = n\ln(\hat{\sigma}_\varepsilon^2) + 2(p+q+1)$$

当一个拟合模型通过检验，说明在一定的置信水平下，该模型能有效观察序列的波动，但有效模型并不唯一，因此我们选择在所有通过检验的模型中使得 AIC 和 SBC 最小的模型为相对最优模型。

选择好拟合的模型后，下一步就是根据序列观测值估计模型的未知参数。利用数据得到拟合模型后，还要对拟合模型进行必要的检验，主要有以下两种。

（1）模型显著性检验。

模型是否显著有效主要看它提取的信息是否充分，一个好的拟合模型应该充分提取信息，残差序列将不再蕴含任何相关信息，即残差序列应该是白噪声，这样的模型称为显著性模型。所以，模型显著性检验就转化为检验残差序列的纯随机性检验。

为此，构造如下 Box-Pierce 统计量 $Q = n\sum_{k=1}^{L(n)}\hat{\rho}_k^2 \sim \chi^2(L(n)-p-q)$，其中 n 为序列观测期数；$L(n)$ 为延迟期数，实际中一般取 $L(n) = \frac{n}{10}$ 或 $\sqrt{n}$；p,q 分别为模型 ARMA(p,q) 的阶数。当 $Q > \chi_{1-\alpha}^2(L(n)-p-q)$ 或统计量的 $p < \alpha$ 时，则以 $1-\alpha$ 的水平认为该序列为非纯随机序列。

Q 统计量在大样本场合检验效果很好，但在小样本场合就不太精确了，为此 Box 和 Ljung 又推导出统计量 $LB = n(n+2)\sum_{k=1}^{L(n)}\frac{\hat{\rho}_k^2}{n-k} \sim \chi^2(L(n)-p-q)$，其中参数如上。

由于在模型检验中要保证 $L(n)-p-q > 0$，故 $L(n)$ 一般不能太小，比如取 $L(n) = 6$，但 $p=3, q=3$，就会导致卡方分布的自由度为 0。

（2）参数显著性检验。

参数显著性检验就是检验每个参数是否显著非零，它的目的是使得模型最精简。其实，参数不显著并不一定意味着拟合效果差，它只意味着那个自变量对因变量的影响不明显。如果把该自变量从模型中删除，最终模型将由一系列参数显著非零的自变量构成。在做参数估计检验时，如果某些参数通不过显著性检验且很难做剔除操作，可以先保留，因为我们最关心的是整体，即模型显著性检验。

参数显著性检验的原假设和备择假设分别为

$$H_0: \beta_j = 0 \quad \leftrightarrow H_1: \beta_j \neq 0, \forall 1 \leqslant j \leqslant m$$

参数显著性检验的最终目的是通过拟合模型对时间序列的发展趋势进行预测，即利用序列已观测到的样本值对未来某时刻的取值进行估计，目前对平稳序列最常用的预测是线性最小方差预测。线性是指预测值是观测值序列的线性函数，最小方差是预测方差最小。

5.5.3 ARIMA 模型的结构与性质

具有如下结构的模型称为求和自回归移动平均（autoregressive integrated moving average）模型，记为 ARIMA(p,d,q)：

$$\begin{cases} \Phi(B)\nabla^d x_t = \Theta(B)\varepsilon_t \\ E(\varepsilon_t) = 0, \mathrm{Var}(\varepsilon_t) = \sigma^2, E(\varepsilon_t \varepsilon_s) = 0, s \neq t \\ Ex_t\varepsilon_s = 0, \forall s < t \end{cases} \quad （5.21）$$

其中：$\nabla^d = (1-B)^d$；$\{\varepsilon_t\}$ 为零均值白噪声序列；$\Phi(B) = 1 - \phi_1 B - \cdots - \phi_p B^p$ 为平稳可逆 ARMA(p,q) 模型的自回归系数多项式；$\Theta(B) = 1 - \theta_1 B - \cdots - \theta_p B^q$ 为平稳可逆 ARMA(p,q) 模型的移动平滑系数多项式。

式（5.21）可简记为 $\nabla^d x_t = \dfrac{\Theta(B)}{\Phi(B)}\varepsilon_t$，其中 $\{\varepsilon_t\}$ 为零均值白噪声序列。

显然，ARIMA 模型实质上是差分运算与 ARMA 模型的组合。这说明对于非平稳时间序列，只要适当进行差分就可实现平稳，而后对差分后的平稳序列可建立 ARMA 模型。因为 d 阶差分后的序列可表示为 $\nabla^d x_t = \sum_{i=0}^{d} (-1)^i C_d^i x_{t-i}$，即差分后的序列等于原序列的若干序列值的加权和，而对其又可拟合自回归移动平均模型，所以它称为求和自回归移动平均模型。特别地，当 $d = 0$，ARIMA(p,d,q) 模型就是 ARMA(p,q) 模型。当 $d=1, p=q=0$ 时，ARIMA$(0,1,0)$ 模型为 $x_t = x_{t-1} + \varepsilon_t$，该模型为随机游走（random walk）模型，或醉汉模型。

实践中，我们会根据不同的特点选择合适的差分方式，常见的有以下三种：

（1）序列蕴含着显著的线性趋势，1 阶差分就可以实现趋势平稳。

（2）序列蕴含着曲线趋势，通常低阶（2 阶或 3 阶）差分可以提取出曲线趋势的影响。

（3）蕴含固定周期的序列进行步长为周期长度的差分运算可以很好地提取周期信息。

如果某些序列具有某类函数趋势，我们可以先引入某种函数变换将序列转化为线性趋势，然后再差分消除线性趋势。理论上讲，足够多次的差分运算可以充分提取原序列中的非平稳确定性信息。但应该注意，差分运算并不是越多越好。信息加工就像炼铁一样，根据质量守恒原理，最后提取的铁肯定比铁矿石中的铁含量少，只是提取后，铁集中显现出来而已。而差分运算实质上是对信息的加工过程，每一次加工都会导致信息的损失，所以在实际中，差分运算的阶数要适当，应当避免过差分现象。

假定线性非平稳序列

$$x_t = \beta_0 + \beta_1 t + a_t$$

式中：$Ea_t = 0, \mathrm{Var}(a_t) = \sigma^2, \mathrm{cov}(a_t, a_i) = 0, t \neq i, \forall t \geq 1, i \geq 1$。

对 x_t 做 1 阶差分，$\nabla x_t = x_t - x_{t-1} = \beta_1 + a_t - a_{t-1}$，显然差分后序列 $\{\nabla x_t\}$ 为平稳序列，这说明 1 阶差分可以有效提取 $\{x_t\}$ 中的确定性信息。对 1 阶差分序列 $\{\nabla x_t\}$ 再做一次差分，$\nabla^2 x_t = a_t - 2a_{t-1} + a_{t-2}$，显然差分后序列 $\{\nabla^2 x_t\}$ 也是平稳序列，它也将原序列中的非平稳趋势提取充分了。但是

$$\mathrm{Var}(\nabla x_t) = 2\sigma^2 < \mathrm{Var}(\nabla^2 x_t) = 6\sigma^2 ,$$

在这种场合下 2 阶差分就是过差分。过差分的实质是过多次的差分导致信息的无谓浪费而降低了估计的精度。

ARIMA 模型可以用于对具有季节效应的模型建模。根据季节效应的提出难易程度，ARIMA 模型可以分为简单季节模型和乘积季节模型，有时也称为 SARIMA 模型，读者可参阅相关文献。

5.5.4　利用自回归模型提取确定性效应

当序列具有非常明显的确定性趋势或季节效应时，人们喜欢用确定性因素分解方法对序列进行拟合，因为各种确定性效应具有明确的解释。确定性效应提取的一个常用方法就是建立自回归模型。

实践中，我们对趋势效应的拟合，常采用如下两种方式：

（1）自变量为时间 t 的幂函数，即 $T_t = \beta_0 + \beta_1 t + \cdots + \beta_k t^k + \varepsilon_t$，其中 T_t 是趋势效应的拟合。

（2）自变量为历史观察值 $\{x_{t-1}, \cdots, x_{t-k}\}$，即 $T_t = \beta_0 + \beta_1 x_{t-1} + \cdots + \beta_k x_{t-k} + \varepsilon_t$，它和差分方式的原理类同。显然，这种方法本质上是普通的线性回归，只是将历史观察值 $\{x_{t-1}, \cdots, x_{t-k}\}$ 看作自变量。

对季节效应的拟合，可建立季节自回归模型，即 $S_t = \alpha_0 + \alpha_1 x_{t-m} + \cdots + \alpha_k x_{t-km}$，固定周期为 m。

显然，本处自回归模型与前面的 AR(p) 模型有一定的类似之处，但区别也很大。本处自回归模型只是将历史观察值看作自变量，然后进行普通的线性回归，适应非平稳时间序列，而 AR(p) 模型是用来提取平稳序列的自相关信息的。本处自回归模型简单，便于解释，但又因为它对残差信息的浪费而不敢轻易使用。AR(p) 模型对平稳时间序列的

自相关信息提取的很好，于是，人们将确定性因素分解方法与 AR(p) 模型相结合，提出了残差自回归模型。

残差自回归模型的基本思想是首先通过确定性的因素分解方法提取序列中的主要确定性信息，即 $x_t = T_t + S_t + \varepsilon_t$，其中 T_t 是趋势效应拟合，S_t 是季节效应拟合。

考虑到因素分解方法对确定性信息提取可能不够充分，需要进一步检验残差序列 $\{\varepsilon_t\}$ 的自相关性。如果残差序列自相关性不显著，说明确定性模型 $x_t = T_t + S_t + \varepsilon_t$ 对信息提取比较充分，可以停止分析。如果残差序列自相关显著，说明确定性模型 $x_t = T_t + S_t + \varepsilon_t$ 对信息提取不充分，这时可以考虑对残差拟合自回归模型，进一步提取相关信息，即 $\varepsilon_t = \phi_1 \varepsilon_{t-1} + \cdots + \phi_p \varepsilon_t + a_t$。这样，构造模型如下：

$$x_t = T_t + S_t + \varepsilon_t$$
$$\varepsilon_t = \phi_1 \varepsilon_{t-1} + \cdots + \phi_p \varepsilon_t + a_t$$
$$Ea_t = 0, \mathrm{Var}(a_t) = \sigma^2, \mathrm{cov}(a_t, a_{t-i}) = 0, \forall i \geqslant 1$$

该模型称为残差自回归模型（auto-regressive model）。

关于残差自回归模型的更多结论，读者可参阅相关专业文献。本节重点关注的是利用自回归模型提取时间序列的确定性信息。

5.5.5　实例分析

地区生产总值（GDP）反映该地区总的经济状况，是政府制定相关政策的重要依据，也常作为预测模型的重要变量。天水市属暖温带半湿润半干旱气候，夏天非常凉爽，而冬天气温正常，正常年份降水量 570 mm 左右，森林覆盖率 36.45%，非常适合人类居住，号称"陇上小江南"。选取 1980—2010 年天水地区 GDP 数据（见表 5.5.2），下面通过时间序列模型对未来三年的数据进行预测。

表 5.5.2　甘肃天水 GDP　　　　　　　　　　　　　　单位：万元

年份	GDP	年份	GDP	年份	GDP
1980	55 467	1991	230 346	2002	988 060
1981	63 455	1992	266 954	2003	1 101 045
1982	72 594	1993	373 528	2004	1 282 506
1983	83 049	1994	457 707	2005	1 461 676
1984	95 009	1995	563 107	2006	1 663 925
1985	108 694	1996	673 198	2007	1 962 073
1986	120 095	1997	614 920	2008	2 265 698
1987	136 744	1998	726 019	2009	2 600 022
1988	168 100	1999	741 279	2010	3 002 285
1989	181 600	2000	811 094		
1990	204 049	2001	885 618		

1. 利用 ARIMA 模型对未来三年 GDP 进行预测

（1）绘制时序图。

由于直接采用年份作为时间变量，取值较大，故时间变量 $t = \{1, \cdots, 31\}$，时序图如图 5.5.1 所示。

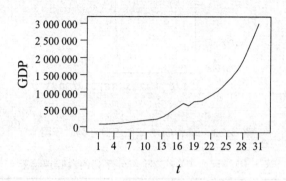

图 5.5.1　天水 GDP 时间序列图

根据图 5.5.1 可知，天水 GDP 时间序列不平稳，大致呈现二次曲线形状，且没有周期趋势，初步判定二阶差分即可提取确定性信息，转化为平稳时间序列。

（2）对二阶差分序列进行探索分析。

打开 SPSS 后，单击"分析"→"时间序列预测"→"自相关性"，将"GDP"移入变量。

文本框，模型选中"差异"文本框，填入差分次数"2"，单击"确定"，部分运行结果如图 5.5.2 所示。

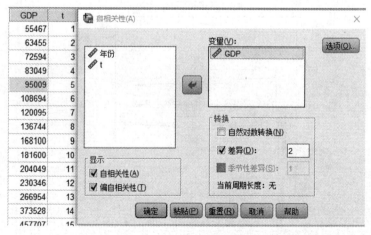

图 5.5.2　自相关性对话框

显然，天水 GDP 二阶差分序列呈现平稳性质。另外，由表 5.5.3 可知，GDP 二次差分序列短期具有相关性，延迟 6 阶的 P 值仅为 0.028，故拒绝原假设，即它不是白噪声，

179

具有进一步分析的价值，初步判定可建立 ARMA 模型。下面利用自相关图和偏自相关图进行模型定阶。

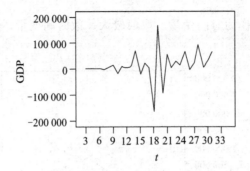

图 5.5.3　天水 GDP 二阶差分序列时序图 ˙

表 5.5.3　天水 GDP 二阶差分序列的白噪声检验

自相关性					
序列：GDP					
延迟	自相关性	标准误差 [a]	博克斯-杨统计		
			值	自由度	显著性 [b]
1	−0.555	0.176	9.874	1	0.002
6	0.072	0.160	14.129	6	0.028
16	−0.027	0.120	17.256	16	0.369

注：a. 假定的基本过程为独立性（白噪声）；b. 基于渐近卡方近似值。

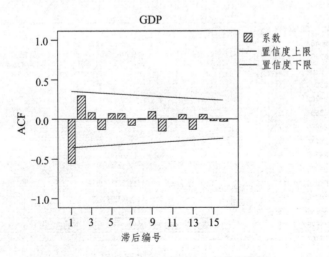

图 5.5.4　天水 GDP 二阶差分后自相关图

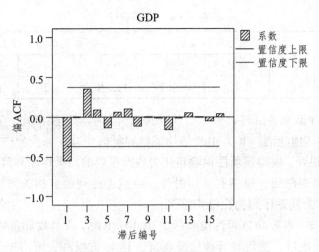

图 5.5.5 天水 GDP 二阶差分后偏自相关图

由偏自相关图（见图 5.5.5）可知，样本偏相关系数 1 阶截尾，可建立 AR(1) 模型。实际上，根据自相关图（见图 5.5.4），读者也可尝试建立 MA(1)、ARMA(1,1) 模型。考虑到模型的可解释性，本文选择 AR(1) 模型。

（3）建立 ARIMA(1,2,0) 模型。

单击"分析"→"时间序列预测"→"创建传统模型"，打开时间序列建模器对话框并做相应设置，单击"确定"，如图 5.5.6 所示，部分运行结果见表 5.5.4。

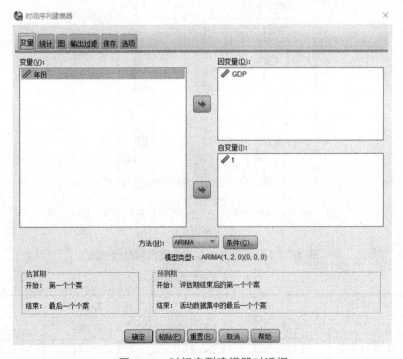

图 5.5.6 时间序列建模器对话框

表 5.5.4　模型统计

模型	预测变量数	模型拟合度统计		杨-博克斯 Q（18）			离群值数
		平稳 R 方	R 方	统计	DF	显著性	
GDP—模型_1	1	0.415	0.997	12.000	17	0.800	0

　　平稳 R 方统计量取负值时，表示当前模型没有基本均值模型好；它取正值时，表示当前模型优于基本均值模型。R 方用来估计模型解释的变异在总变异中的比例，本例中 R 方为 0.997，效果很好。模型显著性检验转化为残差序列的白噪声序列检验，P 值为 0.800，即残差序列为白噪声序列，模型有效。另外，由残差序列的自相关图与偏自相关图（见图 5.5.7），也可认为残差序列为白噪声序列。

　　由表 5.5.5 可知，参数的显著性检验的 P 值小于 0.05，故参数显著性检验通过。总之，本模型显著性检验通过，参数显著性检验通过，且 R 方很高，可用于预测。三期预测结果见表 5.5.6。

表 5.5.5　ARIMA 模型参数

					估算	标准误差	t	显著性
GDP—模型_1	GDP	不转换	AR	延迟 1	−0.608	0.152	−3.999	0.000
			差异		2			
	时间 t	不转换	分子	延迟 0	906.208	276.347	3.279	0.003

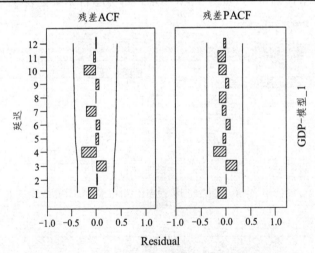

图 5.5.7　残差序列的自相关图与偏自相关图

表 5.5.6　三期预测

模型		32	33	34
GDP—模型_1	预测	3 409 315	3 860 986	4 334 506
	UCL	3 500 634	4 017 494	4 585 844
	LCL	3 317 996	3 704 477	4 083 168

2. 利用自回归模型对未来三年 GDP 进行预测

将历史观察值 $\{x_{t-1}, \cdots, x_{t-k}\}$ 作为自变量，建立多元线性回归模型，即

$$T_t = \beta_0 + \beta_1 x_{t-1} + \cdots + \beta_k x_{t-k} + \varepsilon_t$$

假定 $k = 3$，即利用过去三年的观测值预测未来，多元线性回归模型的 SPSS 实现如图 5.5.8 所示，参数设置同线性回归，部分运行结果见表 5.5.7。

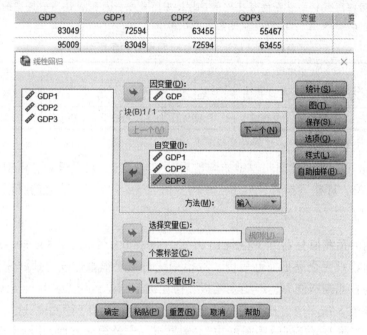

图 5.5.8　线性回归对话框

表 5.5.7　延迟三期自回归模型的参数估计

系数 a								
模型		未标准化系数		标准化系数	t	显著性	B 的 95.0%置信区间	
		B	标准误差	Beta			下限	上限
1	（常量）	-4744.158	12 189.267		-0.389	0.701	-29 901.569	20 413.254
	GDP1	1.162	0.194	1.009	5.993	0.000	0.762	1.562
	CDP2	0.313	0.298	0.237	1.053	0.303	-0.301	0.928
	GDP3	-0.376	0.223	-0.248	-1.689	0.104	-0.835	0.083

注：a. 因变量：GDP。

显然，延迟 2、3 期及常数项的参数估计不显著，可删去重新做线性回归，部分运行结果见表 5.5.8。提醒，在"线性回归：选项"对话框中可删去常数项。

表 5.5.8　延迟 1 期自回归模型的模型摘要

表 5.5.8　延迟 1 期自回归模型的模型摘要

模型	R	$R^{2\,b}$	调整后 R^2	标准估算的误差	更改统计				
					R^2 变化量	F 变化量	自由度 1	自由度 2	显著性 F 变化量
1	0.999[a]	0.999	0.999	43 370.588	0.999	200 68.478	1	27	0.000

注：a. 预测变量：GDP1；b. 对于过原点回归（无截距模型），R 方用于衡量因变量相对于此回归所解释的原点的可变比例，此 R 方不能与针对包含截距的模型的 R 方进行比较；c. 因变量：GDP；d. 过原点线性回归。

表 5.5.9　延迟 1 期自回归模型的参数估计

模型		未标准化系数		标准化系数	t	显著性	B 的 95.0%置信区间	
		B	标准误差	Beta			下限	上限
1	GDP1	1.145	0.008	0.999	141.663	0.000	1.128	1.162

注：a. 因变量：GDP；b. 过原点线性回归。

由表 5.5.8 可知，线性回归模型的调整后 R^2 为 0.999，效果很好，模型显著性检验的 P 值远小于 0.05，即模型显著，可用于预测。由表 5.5.9 可知，建立的自回归模型为

$$x_t = 1.145x_{t-1}$$

未来三期的预测值分别为 3 437 616 万元、3 936 071 万元、4 506 801 万元。

真实数据很难完全满足模型假设，故模型运行结果很难像理论那样完美，这就需要建模者具备的自我判断能力，不能太死板、拘泥细节，要抓住主要目标。ARIMA 模型需要假定外界环境大致不变，且数据不具有异方差现象，而在现实中，这两个条件都很难满足。由 GDP 二阶差分序列时序图可知，本例具有一定的异方差性，并不完全符合 ARIMA 模型的假设，但是，从建立的 ARIMA(1,2,0) 模型来看，整体效果还是很好，可以满足一般的预测需求，未来三期的预测值分别为 3 409 315 万元、3 860 986 万元、4 334 506 万元。那么，真实情况如何呢？2011—2013 年，甘肃省统计局公布的天水市 GDP，依次为 357.60 亿元、412.87 亿元、454.34 亿元，预测值略低于真实值，具有参考价值。这主要是因为甘肃省天水市的外界条件发生了一定变化，相对而言，经济发展更好了。利用自回归模型得到未来三期的预测值分别为 3 437 616 万元、3 936 071 万元、4 506 801 万元，预测效果更好一点，即简单模型的预测效果超过了复杂的预测模型。其实，研究未来是最难的，尤其是社会科学。

习　题

1. 表 1 是 1986—2007 年的统计数据，请根据这些数据研究全国口岸交通运输工具出入境总数的变化规律。

表 1　出入境交通工具统计数据

年度	1986	1987	1988	1989	1990	1991	1992	1993
交通工具总数/万次	320	419	515	596	645	706	815	902
年度	1994	1995	1996	1997	1998	1999	2000	2001
交通工具总数/万次	982	1 102	1 105	1 239	1 260	1 395	1 512	1 525
年度	2002	2003	2004	2005	2006	2007		
交通工具总数/万次	1 685	1 770	1 949	2 007	2 102	2 215		

2. 5.2 节中给出了两种 "S" 形生长曲线，对称型的 Logistic 曲线的表达式为

$$y = \frac{K}{1 + me^{-at}} \quad (K, a > 0)，$$

非对称型的 Gompertz 曲线的表达式为

$$y = Ka^{b^t} \quad (K > 0, 0 < a, b < 1)$$

当上述两个表达式中的 K 都未知时，试对它们分别进行适当的变换，使之转化为修正指数模型（提示：转换后的修正指数模型对应图 5.2.7 单调递减的情形）。

3. 表 2 给出了某市 1976—1987 年某种电器的销售额，试预测 1988 年该电器的销售额。

表 2　1976—1987 年某种电器的销售额

年份	1976	1977	1978	1979	1980	1981
销售额/万元	50	52	47	51	49	48
年份	1982	1983	1984	1985	1986	1987
销售额/万元	51	40	48	52	51	59

4. 根据表 3 提供的 1994—2004 年内地居民赴港澳地区审批情况的统计数据进行数据分析。

表 3　1994—2004 年内地居民赴港澳地区审批情况的统计数据

年份	1994	1995	1996	1997	1998	1999
年度审批数	760 894	864 306	855 872	820 792	887 079	1 318 442
年份	2000	2001	2002	2003	2004	
年度审批数	1 786 890	2 461 818	4 396 145	5 425 851	13 144 820	

5. 表 4 给出了 1990—2013 年我国按年龄分组的 0 ~ 14 岁和 65 岁以上老人的人口数（单位：万人），试对其分析并对未来几年做出预测，并比较与真实值的差异（数据来自国家统计局）。

表 4　1990—2013 年我国 0～14 岁和 65 岁以上老人的人口数量

年份	0-14 岁	65 岁以上	年份	0-14 岁	65 岁以上	年份	0-14 岁	65 岁以上
1990	31 659	6368	1998	32 064	8359	2006	25 961	10 419
1991	32 095	6938	1999	31 950	8679	2007	25 660	10 636
1992	32 339	7218	2000	29 012	8821	2008	25 166	10 956
1993	32 177	7289	2001	28 716	9062	2009	24 659	11 307
1994	32 360	7622	2002	28 774	9377	2010	22 259	11 894
1995	32 218	7510	2003	28 559	9692	2011	22 164	12 288
1996	32 311	7833	2004	27 947	9857	2012	22 287	12 714
1997	32 093	8085	2005	26 504	10 055	2013	22 283	13 161

6. 表 5 给出了某商品 1991—1996 年的月销售额（单位：万元），试对数据进行分析并预测未来一年的销售额。

表 5　某商品 1991—1996 年的月销售额

月份	1991 年	1992 年	1993 年	1994 年	1995 年	1996 年
1 月	603.2225	612.8499	620.2722	629.6026	640.5817	649.4008
2 月	636.8149	645.9645	655.7020	663.0500	672.2036	681.6999
3 月	707.1452	715.9899	723.8026	733.8552	743.0334	752.3501
4 月	638.0379	646.1702	654.8081	664.6104	675.1520	684.5226
5 月	620.6295	628.2095	636.0499	645.5190	655.5609	663.9633
6 月	707.2703	717.1703	725.7692	735.4458	741.9791	753.3347
7 月	539.0789	549.4425	557.4150	566.1298	573.6024	583.9347
8 月	252.8602	259.8826	270.9799	279.3648	288.2158	297.6162
9 月	591.7836	601.1425	611.3857	620.6696	627.7034	639.4998
10 月	626.9935	637.4908	646.0962	654.9507	663.0892	672.4449
11 月	582.6923	592.8298	602.6265	611.4662	620.7718	629.9501
12 月	611.3965	620.8653	630.0778	637.0239	647.4319	655.4984

第 6 章 | 多元统计方法

　　在众多领域，需要同时观测多个指标来分析和研究问题，多元统计分析就是研究多个随机变量之间相互依赖关系及其内在统计规律的一门统计学科。其内容庞杂，视角独特，方法多样。随着科学技术的飞跃发展，多元统计方法得到了广泛的应用，深受人们的青睐，并在使用中不断完善和创新。本章主要介绍聚类分析和判别分析（对相似或相近的对象或变量进行分类，并给出分类法则）、主成分分析和因子分析（简化数据和数据结构，尽量多的保留原始信息，并希望结果易于解释）。

　　多元统计分析思想原理易于理解，但所涉及的公式繁杂，不同的距离定义、不同的方法会涉及大量的复杂的公式，理解和推导这些公式需要初等概率论与数理统计、高等统计、线性代数和矩阵论等先导知识，为了不喧宾夺主，省略了大量的公式。这些公式的省略不会妨碍我们对概念的理解，也不会影响使用统计软件进行实例分析。有兴趣刨根问底的读者请参阅更专业的多元统计分析的出版物。

主成分分析

生活中处处充满数据，有些数据中变量很多，变量之间有很多是相关的。如加工一件上衣，需要测量上体长、手臂长、胸围、颈围、总肩宽、前胸宽、后背宽、腰围、臀围等十多个指标，这些指标的组合数更是大得惊人，如果直接照搬这些指标做衣服，工厂都无所适从！显然这些指标之间具有相关性，生活中，人们在这些指标中综合得出两个不相关的指标：型和号。只需根据型和号就能加工出适合大多数人体型的上衣，即这两个综合指标充分把握住了上衣的主要特征。

主成分分析是一种把原来多个指标化为少数几个互不相关（或相互独立）的综合指标的一种统计方法。这些综合指标是原始变量的线性组合，保留了原始变量的大部分信息，以达到数据化简、揭示变量之间的关系和进行统计解释的目的，为进一步分析总体的性质和数据的统计特性提供一些重要信息。

主成分分析（principal component analysis）是 1901 年 Pearson 对非随机变量引入的统计方法，1933 年 Hotelling 将此方法推广到随机变量的情形，它有严格的数学理论作基础。

6.1.1　基本思想和几何意义

为了方便理解，我们仅在二维空间讨论主成分的几何意义，多维变量的情况和二维类似，二维空间的结论可以扩展到多维情况。

对只有两个变量 X_1，X_2 的观测值，如果 X_1，X_2 分别代表平面坐标系的横轴和纵轴，每个观测值都有相应于这两个坐标轴的坐标值，也就是每个观测值是平面（二维坐标系）中的一个点（每个观测值可以看成是空间中的一个点，包括高维的）。如果这些数据点形成一个如图 6.1.1 的椭圆形轮廓的点阵，那么这个椭圆有一个长轴和一个短轴，称为主轴。椭圆的主轴之间是互相垂直的，主轴的大小体现了数据在主轴方向的变化大小。当坐标轴和椭圆的长短轴平行时，代表长轴的变量就描述了数据的主要变化，而代表短轴的变量就描述了数据的次要变化。通常，坐标轴和椭圆的长短轴不平行，如夹角 θ，这时，我们考虑对原始变量进行线性变换，即将坐标系逆时针旋转 θ 角度，新的坐标轴为 Y_1 和 Y_2：

$$\begin{cases} Y_1 = \cos\theta\, X_1 - \sin\theta\, X_2 \\ Y_2 = \sin\theta\, X_1 + \cos\theta\, X_2 \end{cases},$$

经过这样的线性变换后，新变量是原始变量的线性组合，新变量和椭圆的长短轴平行。如果长轴变量代了数据包含的大部分信息，就用该变量代替原先的两个变量（舍去次要的短轴变量），降维就完成了。在极端的情况，如果短轴退化成一点（见图 6.1.1 右），则长轴变量能够完全解释这些数据点的变化，由二维到一维的降维就自然完成了。椭圆的长短轴相差越大，降维也越有道理。

和二维类似，三维变量对应有三维空间椭球，高维变量对应有高维空间椭球，椭球的主轴也是互相垂直的（也叫正交，相互间线性无关），是原始变量的线性组合，叫作主成分（principal component）。把高维椭球的各个主轴找出来，再选出几个主轴作为原始变量的代表，这样，主成分分析（principal component analysis）就基本完成了。正如二维椭圆有两个主轴，三维椭球有三个主轴一样，有几个变量就有几个主成分。

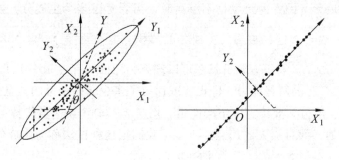

图 6.1.1　二维空间主成分分析的几何意义（右边是极端情况）

6.1.2　基本理论

设对某一事物的研究涉及 n 个相关变量，分别用 $X_1, X_2, \cdots, X_n$ 表示，这 n 个变量构成的 n 维随机向量为 $\boldsymbol{X} = (X_1, X_2, \cdots, X_n)^{\mathrm{T}}$。作如下的线性变换：

$$\begin{cases} Y_1 = a_{11}X_1 + a_{12}X_2 + \cdots + a_{1n}X_n \\ Y_2 = a_{21}X_1 + a_{22}X_2 + \cdots + a_{2n}X_n \\ \qquad\qquad\cdots\cdots\cdots\cdots \\ Y_n = a_{n1}X_1 + a_{n2}X_2 + \cdots + a_{nn}X_n \end{cases}$$

这个线性变换需要满足 $(i, j = 1, 2, \cdots, n)$：

（1）每个 Y_i 的系数：$a_{i1}^2 + a_{i2}^2 + \ldots + a_{in}^2 = 1$（限定在单位圆上的特征向量，它代表一个"方向"，它就是常说的主成分方向，不然方差可以任意增大而没有意义，因为任意非零数乘以特征向量还是特征向量）。

（2）$Y_1, Y_2, \cdots, Y_n$ 之间尽可能不含重复信息，线性无关，协方差满足 $\mathrm{cov}(Y_i, Y_j) = 0$，$i \neq j$。

（3）Y_1 是一切满足第（1）条的线性组合中方差最大者。

Y_2 与 Y_1 线性无关，是一切满足第（1）条的线性组合中方差最大者，即在所有方差中，第二大；……；Y_k 与 $Y_1, Y_2, \cdots, Y_{k-1}$ 线性无关，是一切满足第（1）条的线性组合中方差最大者，即在所有方差中，第 k 大。

这些条件手工实现起来比较麻烦，但对于专门的计算软件，则较容易；实际上，计算出 n 维随机向量为 $\boldsymbol{X} = (X_1, X_2, \cdots, X_n)^{\mathrm{T}}$ 的特征根 $\lambda_1, \lambda_2, \cdots, \lambda_n$，特征根就是前面几何意义中高维椭球的主轴长度，如 $\lambda_1 \geqslant \lambda_2 \geqslant \cdots \geqslant \lambda_n \geqslant 0$，则第 i 个特征根 λ_i 对应的特征向量 $(a_{i1}, a_{i2}, \cdots, a_{in})^{\mathrm{T}}$，就是第 i 个主成分 $Y_i = a_{i1}X_1 + a_{i2}X_2 + \cdots + a_{in}X_n$ 对应的系数 $a_{i1}, a_{i2}, \cdots, a_{in}$。

通过满足上述线性变换得到的新变量 $Y_1, Y_2, \cdots, Y_n$，分别为第一、为二、……、第 n 主成分，第 i 个主成分对应的方差就是特征根 λ_i。

进行主成分分析时，事先一般不知道要提取多少个主成分才合适，可先输出所有的主成分，再观察特征值及方差贡献率，第 i 个主成分的方差贡献率等于 $\lambda_i \Big/ \sum_{i=1}^{n} \lambda_i$；在很多情况下，第一主成分 Y_1 的方差贡献率不够高时，需要考虑多个主成分，如选择 k 个主成分 $Y_1, Y_2, \cdots, Y_k$，一般希望这些被选的主成分的累积方差贡献率 $\sum_{i=1}^{k} \lambda_i \Big/ \sum_{i=1}^{n} \lambda_i$ 达到一定的值（比如达到 80% ~ 90%）。累积方差贡献率可以理解为用前 k 个主成分 $Y_1, Y_2, \cdots, Y_k$ 来解释原始变量 $X_1, X_2, \cdots, X_n$ 时的解释能力，即提取或保留了多少原始变量的信息。

具体选几个主成分，要依实际情况而定。用 $k(k \leqslant n)$ 个新变量代替 n 个原始变量，达到了降维的目的，而且损失的信息并不多。我们把这种做法称为主成分降维技术。如果所涉及的变量都不怎么相关，就很难降维了。

主成分分析的结果受量纲的影响，由于各变量的单位可能不一样，如果各自改变量纲，结果会不一样，所以实际中可以先把各变量的数据标准化，然后使用协方差矩阵或相关系数矩阵进行分析。在 SPSS 中，无须标准化，因为 SPSS 就是后台对原始数据标准化以后再进行分析的。

6.1.3 实例操作

例 **6.1.1** 某班 100 个学生的数学、物理、化学、语文、历史、英语的成绩，格式如下（具体数据集见本章附录 1）：

学号	数学	物理	化学	语文	历史	英语
1	65	61	72	84	81	79
2	50	63	82	66	89	78
…	…	…	…	…	…	…

我们的问题是，怎么把这个数据的 6 个变量用一两个综合变量来表示？综合变量包含多少原始信息，以及怎么解释并应用综合变量对学生排序？

这里每个学生有六科成绩，每一维代表了一个变量，即每个观测值可看成是 6 维空间中的一个点。这些变量间相关，因此可以把它们用某种综合变量来代表。

下面在 SPSS 中对这个数据集进行主成分分析：

（1）在 SPSS 中，打开对应数据文件，依图 6.1.2 所示点击菜单"分析→降维→因子分析"（SPSS 中，主成分分析和因子分析属于同一个总选项，操作界面相同，只是选项有所不同），出现如图 6.1.3 所示"因子分析"对话框。

图 6.1.2　SPSS 因子分析菜单　　　　　　图 6.1.3　SPSS 因子分析菜单设置

（2）选择参与因子分析的变量（图 6.1.3）。

①"变量"框：选取参与因子分析的变量。这里选择"数学、物理、化学、语文、历史、英语"。选取不同的变量，其结果是不一样的。

②"选择变量"框：如果空置，则全部参与数据因子分析；如果选择该项，则根据选择变量的给定值来筛选参加因子分析的数据。

下面对图 6.1.3 右侧的重点按钮进行说明：

（1）单击"描述"按钮，弹出对话框（见图 6.1.4），可输出描述统计量和初始分析结果。

图 6.1.4　描述统计菜单设置

（2）单击"抽取"按钮，系统弹出对话框（见图 6.1.5 左），因子分析有关控制参数设置：因子提取方法，默认的是主成分；主成分分析，则选主成分；对于因子分析，点击下拉菜单倒三角▼，出现多种方法供选择（见图 6.1.5 左），可以根据实际情况选择一种方法。

碎石图是图示特征值（方差），可以直观地反映特征值的大小变化。

提取因子数，默认的是特征值大于 1，若想输出所有的因子，填 0，也可以直接填上要提取的因子个数。

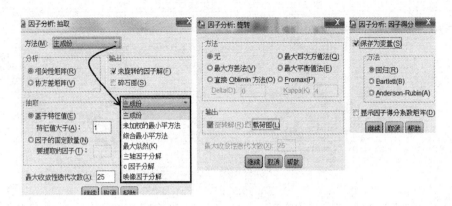

图 6.1.5　因子分析菜单设置

最大迭代次数默认为 25，如果数据变量较多或样本较大，经过 25 次迭代可能计算过程仍然未能收敛，可以改为 50 次、100 次乃至更多，否则 SPSS 无法给出计算结果。迭代次数越多，计算时间就越长。

（3）单击"旋转"按钮，弹出对话框（见图 6.1.5），选择旋转方法：主成分分析，默认的是"无"；对于因子分析，根据实际情况选择（如后面对例 6.1.1 继续进行因子分析时，选择最大方差法）。

载荷图可以直观地反映选取的主成分（或因子）与原始变量的相关性。

（4）单击"得分"按钮，弹出对话框（见图 6.1.5 右），选择将因子得分保存为变量时，就会在数据集上，添加新变量 FAC1_1、FAC2_1、…来保存因子得分，可以根据因子得分进行排序。

完成所有设置后，单击"OK"按钮，便可输出下面一系列结果（见表 6.1.1）。

表 6.1.1　解释的总方差

成分	初始特征值			抽取平方和载入		
	合计	方差的%	累积%	合计	方差的%	累积%
1	3.735	62.254	62.254	3.735	62.254	62.254
2	1.133	18.887	81.142	1.133	18.887	81.142
3	0.457	7.619	88.761			
4	0.323	5.376	94.137			
5	0.199	3.320	97.457			
6	0.153	2.543	100.000			

这个数据集的点是六维的，每个观测值可看成是 6 维空间中的一个点。这里的初始特征值（initial eigenvalues）是 6 维空间椭球的六个主轴长度，又称特征值（是数据相关矩阵的特征值），最大的有 3.735，占所有特征值总和（又叫总方差）的 62.254%[=3.735÷（3.735+1.133+0.457+0.323+0.199+0.153）]，前两个主成分的特征值累积占总方差的 81.142%（=62.254%+18.887%），后面的特征值的贡献越来越少，这里选择前两个主成分。

碎石图 6.1.6（是特征值的图示，连线的陡峭程度直观地展示了特征值的大小变化）直观地展示了这一点。

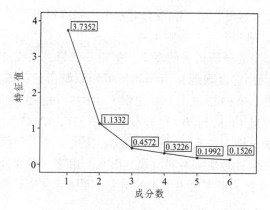

图 6.1.6　六个成分的特征值的碎石图

主成分是原数据六个变量的线性组合。那么前两个主成分具体怎么表达呢？SPSS 输出成分矩阵表（component matrix），见表 6.1.2、表 6.1.3。

表 6.1.2　成分矩阵

	成分		
	1	2	…
数学	−0.806	0.353	…
物理	−0.674	0.531	…
化学	−0.675	0.513	…
语文	0.893	0.306	…
历史	0.825	0.435	…
英语	0.836	0.425	…

表 6.1.3　成分得分系数矩阵

	成分		
	1	2	…
数学	−0.216	0.311	…
物理	−0.180	0.468	…
化学	−0.181	0.453	…
语文	0.239	0.270	…
历史	0.221	0.384	…
英语	0.224	0.375	…

表 6.1.2 的列向量分别是数据相关阵的各个特征值所相应的特征向量（eigenvector），这里它不是单位向量，而是单位特征向量乘以相应特征值的平方根（称为载荷）。载荷为对应的主成分（因子）和原变量的相关系数，这也是单位特征向量乘以相应特征值的平方根的原因。

$$0.806^2+0.674^2+0.675^2+0.893^2+0.825^2+0.836^2=3.736\,507$$
$$0.353^2+0.531^2+0.513^2+0.306^2+0.435^2+0.425^2=1.133\,225$$

表 6.1.2 的每一列代表一个主成分作为原来变量线性组合的系数。如果用 x_1，x_2，x_3，x_4，x_5，x_6 分别表示原先的六个变量"数学、物理、化学、语文、历史、英语"，而用 y_1，y_2，y_3，y_4，y_5，y_6 表示第一、……、第六主成分，则

$$y_1 = -0.806x_1 - 0.674x_2 - 0.675x_3 + 0.893x_4 + 0.825x_5 + 0.836x_6$$
$$y_2 = \quad 0.353x_1 + 0.531x_2 + 0.513x_3 + 0.306x_4 + 0.435x_5 + 0.425x_6$$

这些系数称为主成分载荷（loading），表示主成分和原始变量的线性相关系数。如上面第一主成分和数学变量 x_1 的相关系数为-0.806。相关系数（绝对值）越大，主成分对该变量的代表性也越大。这里，第一主成分对各个变量解释得都很充分[相关系数（绝对值）都比较大]，而其后的几个主成分则不然。

为了更直观地解释主成分所代表的意义，把第一和第二主成分对应的载荷配对，画出载荷图（见图 6.1.7），它直观地显示了如何解释原始变量：该图左面三个点是数学（-0.806，0.353）、物理（-0.674，0.531）、化学（-0.675，0.513）三科；右边三个点是语文（0.893，0.306）、历史（0.825，0.435）、外语（0.836，0.425）。第一主成分既充分解释了数学、物理、化学三科，也充分解释了语文、历史、外语三科；只是文理科的符号相反，这也许由这两类科目的性质不同所致。因此，用第一主成分可以识别出偏于理科（负方向很大）或偏于文科（正方向很大）的学生；而第二主成分则大体上比较平均地体现了所有六科的成绩。

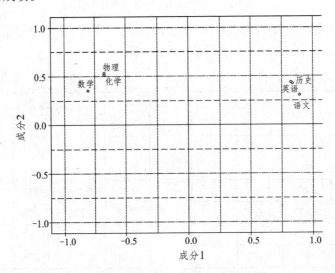

图 6.1.7　前两个主成分的载荷图

新增变量 FAC1_1、FAC2_1 的值，即因子得分，它们是如何计算出来的？它们等于成分得分系数和对应变量标准化后值的乘积之和。这里的标准化，具体到本数据集，变量"数学"的均值 74.98，样本标准差 9.688，则数学成绩 65 对应的标准化后的值为

$$-1.030 = \frac{65 - 74.98}{9.688}$$

。同样的方法可得到其他学科的标准化值，如表 6.1.4 所示。

表 6.1.4　数据的标准化值

学号	Z 数学	Z 物理	Z 化学	Z 语文	Z 历史	Z 英语
1	-1.030	-1.128	-0.207	0.988	0.409	0.656
2	0.209	0.015	0.092	-0.517	-0.669	-1.622
...	...	...	...	...	...	...

结合表 6.1.3，学号 1 的第一、第二主成分得分 FAC1_1、FAC2_1 计算公式如下：

$$0.936 = -0.216 \times (-1.030) - 0.180 \times (-1.128) - 0.181 \times (-0.207) + 0.239 \times 0.988 +$$
$$0.221 \times 0.409 + 0.224 \times 0.656$$
$$-0.272 = 0.311 \times (-1.030) + 0.468 \times (-1.128) + 0.453 \times (-0.207) + 0.270 \times 0.988 +$$
$$0.384 \times 0.409 + 0.375 \times 0.656$$

根据因子得分的大小，可以对学生进行排名、分类等分析。

这一类数据所涉及的问题可以推广对企业、学校，进行分析、排序、判别和分类等问题。

6.2 因子分析

因子分析（factor analysis）是由英国心理学家 Spearman 在 1904 年提出来的，他成功地解决了智力测验得分的统计分析，长期以来，教育心理学家不断丰富和发展了因子分析理论与方法，并应用这一方法在行为科学领域进行了广泛的研究。它是通过研究众多变量之间的内部依赖关系，探求观测数据中的基本结构，并用少数几个假想变量来表示其基本的数据结构。这几个假想变量能够反映原来众多变量的主要信息。原始变量是可观测的显在变量，而假想变量是不可观测的潜在变量，称为因子。需要强调的是，这里的因子和试验设计里的因子（或因素）是不同的，它比较抽象和概括，往往是不可以单独测量的。

6.2.1 基本原理

因子分析是事先确定要找几个成分（component），也称为因子（因子分析）。变量和因子个数的不一致使得在数学模型、计算方法上，因子分析和主成分分析有不少区别，因子分析的计算要复杂一些，还多一道工序即因子旋转，可以使结果更令人满意，更具有解释性。和主成分分析类似，因子分析也根据相应特征值大小来选择因子，选择因子的标准也类似。在输出的结果中，因子分析也有因子载荷（因子分析 loading）的概念，代表了每个因子（成分）与原先每个变量的线性相关系数，可以对因子进行解释甚至命名，它的二维载荷图意义与主成分分析的载荷图类似。

6.2.2 基本理论

下面先介绍因子分析的因子 f_i 与原来变量 x_i 之间的模型和关系（假定原先有 n 个较强相关性的变量 $x_1, x_2, \cdots, x_n$ 及 k 个不可观测因子 $f_1, f_2, \cdots, f_k$，$k<n$），即每个 x_i 可由 k 个公共因子 $f_1, f_2, \cdots, f_k$ 和自身对应的独特因子 u_i 线性表出：

$$x_1 = a_{11}f_1 + a_{12}f_2 + \cdots + a_{1k}f_k + c_1u_1$$
$$x_2 = a_{21}f_1 + a_{22}f_2 + \cdots + a_{2k}f_k + c_2u_2$$
$$\cdots\cdots\cdots\cdots$$
$$x_n = a_{n1}f_1 + a_{n2}f_2 + \cdots + a_{nk}f_k + c_nu_n$$

用矩阵表示：

$$\begin{pmatrix} x_1 \\ x_2 \\ \vdots \\ x_n \end{pmatrix} = (a_{ij})_{n\times k} \cdot \begin{pmatrix} f_1 \\ f_2 \\ \vdots \\ f_n \end{pmatrix} + \begin{pmatrix} c_1u_1 \\ c_2u_2 \\ \vdots \\ c_nu_n \end{pmatrix}$$

简记为

$$\underset{(n\times 1)}{X} = \underset{(n\times k)}{A} \cdot \underset{(k\times 1)}{F} + \underset{\substack{(n\times n)\\(\text{对角阵})}}{C} \underset{(n\times 1)}{U}$$

这里，a_{ij} 为第 i 个变量 x_i 和第 j 个因子 f_j 之间的线性相关系数，也称载荷，体现了第 i 个变量 x_i 和第 j 个公共因子 f_j 上的权重，反映了第 i 个变量 x_i 和第 j 个公共因子 f_j 上的重要性，矩阵 A 称为因子载荷矩阵。前两个成分的载荷图就是点（a_{11}, a_{12}），（a_{21}, a_{22}），$\cdots$，（a_{n1}, a_{n2}）等，且满足：

（1）$k \leqslant n$。

（2）$\mathrm{cov}(F, U) = 0$（即 F, U 不相关）。

（3）$E(F) = 0, \mathrm{cov}(F) = I_k$（即公共因子 F 是不可观测的随机变量，F 间不相关,相互独立）。

（4）$E(U) = 0, \mathrm{cov}(U) = I_n$，即 $u_1, u_2, \cdots, u_n$ 不相关，且都是标准化的变量，假定 $x_1, x_2, \cdots, x_n$ 也是标准化的。

因子分析后得到的因子得分函数：

$$f_1 = \beta_{11}x_1 + \beta_{12}x_2 + \cdots + \beta_{1n}x_n$$
$$f_2 = \beta_{21}x_1 + \beta_{22}x_2 + \cdots + \beta_{2n}x_n$$
$$\cdots\cdots\cdots\cdots$$
$$f_k = \beta_{k1}x_1 + \beta_{k2}x_2 + \cdots + \beta_{kn}x_n$$

因子分析的目的就是以不可观测因子 $f_1, f_2, \cdots, f_k$（其含义须结合实际问题确定）代替可测变量 $x_1, x_2, \cdots, x_n$，由于一般有 $k \leqslant n$，从而达到降维的目的。代入每个观测值的 x_1, x_2，$\cdots$，x_n，可以计算出因子得分。

建立因子分析数学模型的目的，不仅是要找出公共因子 $f_1, f_2, \cdots, f_k$ 并对变量进行分组，更重要的是要知道每个公共因子的意义，按公共因子包含变量的特点（即公因子内涵）对因子解释命名，以便对实际问题作科学分析。为此，当因子载荷阵的结构不便对主因子进行解释时，由因子载荷阵的不唯一性和线性代数的知识，我们对因子载荷阵施行一次正交变换，对应坐标系就有一次旋转。这种变换因子载荷阵的方法为因子轴的旋转，目的是使初始因子载荷阵经一系列旋转后结构简化，即达到以下原则：

（1）每个公共因子只在少数几个变量上具有较大载荷（系数比较大），其余变量载荷很小或不太大。

（2）每个变量仅在一个公共因子上有较大载荷，而在其余公共因子上的载荷较小或不太大。

可见，旋转的目的是使每一个变量在新的坐标轴上的射影尽可能向 1 和 0 两极分化。

因子载荷阵旋转的方法有多种，如正交旋转、斜交旋转等。其中，正交旋转法主要有方差最大法、四次方最大法和等量最大法。

方差最大法从简化因子载荷矩阵的每一列出发，使和每个因子有关的载荷的平方的方差最大。当只有少数几个变量在某个因子上有较高的载荷时，对因子的解释最简单。方差最大的直观意义是希望通过因子旋转后，使每个因子上的载荷尽量拉开距离，一部分的载荷趋于±1，另一部分趋于 0；四次方最大旋转是从简化载荷矩阵的行出发，通过旋转初始因子，使每个变量只在一个因子上有较高的载荷，而在其他的因子上有尽可能低的载荷。如果每个变量只在一个因子上有非零的载荷，这时的因子解释是最简单的。四次方最大法使因子载荷矩阵中每一行的因子载荷平方的方差达到最大。等量最大法把四次方最大法和方差最大法结合起来，求它们的加权平均最大。

6.2.3 实例操作

例 6.2.1 继续对例 6.1.1 的数据（具体数据集见本章附录 1）进行因子分析。

SPSS 操作时，因子分析与主成分分析类似，其不同之处：单击"旋转"按钮，打开"因子分析：旋转"（因子分析→旋转）选项单，见图 6.2.5，在"Method（方法）"栏中选中"Varimax（最大方差法）"。

当我们用 x_1，x_2，x_3，x_4，x_5，x_6 表示变量数学、物理、化学、语文、历史、英语，确定两个因子 f_1 和 f_2，SPSS 输出旋转成分矩阵表，得到用因子 f_1 和 f_2 来表示与原来变量的关系的 SPSS 的输出结果（见表 6.2.1）。

表 6.2.1　旋转成分矩阵

	两个因子		三个因子		
	成分		成分		
	1	2	1	2	3
数学	−0.387	0.790	−0.386	0.615	0.498
物理	0.172	0.841	−0.170	0.929	0.224
化学	−0.184	0.827	−0.183	0.282	0.924
语文	0.879	−0.343	0.879	−0.254	−0.232
历史	0.911	−0.201	0.911	−0.152	−0.133
英语	0.913	−0.216	0.912	−0.162	−0.144
提取方法：主成分					
旋转法：具有 Kaiser 标准化的正交旋转法					

注：a. 旋转在 4 次迭代后收敛。

则它们这些原变量之间的关系：

$$x_1 = -0.387 f_1 + 0.790 f_2$$
$$x_2 = -0.172 f_1 + 0.841 f_2$$
$$x_3 = -0.184 f_1 + 0.827 f_2$$
$$x_4 = \ \ \ 0.879 f_1 - 0.343 f_2$$
$$x_5 = \ \ \ 0.911 f_1 - 0.201 f_2$$
$$x_6 = \ \ \ 0.913 f_1 - 0.216 f_2$$

这里，第一个因子 f_1 主要和语文、历史、英语三科有很强的正相关，相关系数绝对值都比较大，分别为 0.879，0.911，0.915；第二个因子 f_2 主要和数学、物理、化学三科有很强的正相关，相关系数分别为 0.790，0.841，0.827。因此可以给第一个因子命名"文科因子"，第二个因子命名"理科因子"。由此看出，因子分析的结果比主成分分析的解释性更强，把不同性质的变量区分得更清楚。这里的系数所形成的载荷图（见图 6.2.1）直观地反映了这个特点，可以直观地看出每个因子代表了一类学科，和该数据的主成分分析图（见图 6.1.7）进行比较，可以看出两种分析方法的区别。

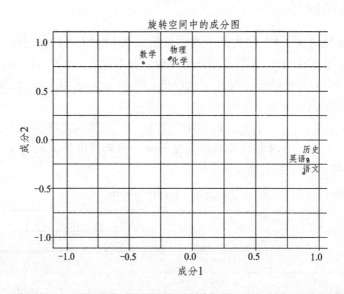

图 6.2.1　因子载荷图（原始变量和这两个因子的线性相关关系）

而成分得分系数矩阵表（表 6.2.2）给出了因子 f_1 和 f_2 如何用原来变量来表示，第一和第二主因子（习惯上用字母 f 来表示因子）可以按照如下公式计算因子得分（因子分析 score）：

$$f_1 = 0.036 x_1 + 0.165 x_2 + 0.155 x_3 + 0.357 x_4 + 0.417 x_5 + 0.413 x_6$$
$$f_2 = 0.377 x_1 + 0.474 x_2 + 0.462 x_3 + 0.052 x_4 + 0.151 x_5 + 0.142 x_6$$

表 6.2.2　成分得分系数矩阵

	成分	
	1	2
数学	0.036	0.377
物理	0.165	0.474
化学	0.155	0.462
语文	0.357	0.052
历史	0.417	0.151
英语	0.413	0.142
提取方法：主成分		
旋转法：具有 Kaiser 标准化的正交旋转法		

计算出每个学生的第一和第二主因子的因子得分 f_1、f_2 的大小，从而对学生分别按照文科和理科排序。这里 x_1，x_2，x_3，x_4，x_5，x_6 是各变量标准化后的值，如学号 1 的 FAC1_1=0.538 60，FAC2_1=-0.812 86。

FAC1_1=0.538 60=0.036×（-1.030 14）+0.165×（-1.127 96）+0.155×（-0.206 86）+0.357×0.988 2+0.417×0.408 5+0.413×0.655 71；

FAC2_1=-0.812 4=0.377×（-1.030 14）+0.474×（-1.127 96）+0.462×（-0.206 86）+0.052×0.988 2+0.151×0.408 5+0.142×0.655 71

从这些学生的因子得分图（图 6.2.2）可以看出，第一个因子得分最高的是 96 号学生，最低的为 80 号学生；而第二个因子得分第二高的是 86 号学生（其第一因子是倒数第 20 位），排在第 92 位的是 93 号（但其第一因子得分是第 5 位），这说明这些学生有些偏科。

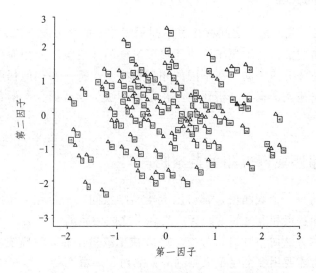

图 6.2.2　100 个学生的前两个因子得分图

6.3　聚类分析

俗语说"物以类聚，人以群分"，现实世界存在大量分类问题。如大学里，按学习成绩，把学生分为优秀、良好、合格、不合格等；按兴趣爱好，形成学校的各个社团；中国的大学有 211、985、双一流建设等重要分类；世界各国也有发达国家、发展中国家等。简言之，聚类，就是把"类似"的人或物聚在一块。

通常，人们可以凭经验和专业知识来实现分类。但分类的根据是什么呢？可以用某一项指标来分类，也可以同时考虑多项指标来分类。要想对某班 80 个学生按学习成绩分类，如果只知道他们的数学成绩，将成绩在数轴上标出，形成 80 个点，把距离近的点归于一类；如果还知道他们的物理成绩，则可以在二维平面上，标出以各个同学的成绩（数学、物理）为坐标的对应的 80 个点，然后按照平面上聚集的距离远近来分类；三维或者更高维的情况也是类似，只是无法直观地看出来。

聚类分析（cluster analysis）是基于距离这一概念的一种多元统计分类的方法。这里主要介绍系统聚类（或分层聚类）和 K-均值聚类。系统聚类又分为 Q 型聚类（对观测值，即行或样品聚类，把具有相同特点的样本聚在一起）和 R 型聚类（对研究对象的观测变量或列进行聚类，把具有共同特征的变量作为一类）。

聚类分析的研究目的是把相似的对象归并成类，研究的主要内容是如何度量相似性以及怎样构造聚类的具体方法以达到分类的目的。

6.3.1　基本原理

所研究的样品（或变量）之间存在着不同程度的相似性（或亲疏关系），于是根据一批样品的多个观测变量，具体找出一些能够度量样品或变量之间相似程度的统计量，然后以这些统计量为分类的依据，在不同的相似程度上，把一些相似程度较大的样品或变量聚为一类。简单地说，聚类分析作为一种定量方法，从数据分析的角度，给出了一个更准确、细致的分类工具。

6.3.2　度量距离远近和关系亲疏

多元统计中的每一个观测值，都可以看成高维空间的一个点。按照远近程度来聚类需要明确两个概念：点和点之间的距离、类和类之间的距离。

要用数量化的方法对事物进行分类，就必须用数量化的方法描述事物之间的相似程度。一个事物常常需要用多个变量来刻画。如果对于一群有待分类的样本点需用 p 个变量描述，则每个样本点可以看成是 p 维空间中的一个点。因此，很自然地想到可以用距离来度量样本点间的相似程度。

记 Ω 是样本点集，距离 $d(\cdot,\cdot)$ 是 $\Omega \times \Omega \to R^+$ 的一个函数，满足条件：

（1） $d(x,y) \geqslant 0, x,y \in \Omega$ ； $d(x,y) = 0 \Leftrightarrow x = y$ 。

（2） $d(x,y) = d(y,x), x,y \in \Omega$ 。

（3） $d(x,y) \leqslant d(x,z) + d(z,y), x,y,z \in \Omega$ 。

即满足正定性、对称性和三角不等式。

点间距离有很多定义方式。定义两点间的远近，最简单最自然的方式是欧氏距离，还有一些和距离不同但起同样作用的概念，比如相似性等，两点越相似，相当于它们的距离越近。

类间距离是基于点间距离定义的。一个点组成的类是最基本的类，如果每一类都由一个点组成，那么点间的距离就是类间距离。如果类中包含不止一个点，那么就要确定类间距离。类间距离也有许多定义的方法，比如两类中最近点之间的距离可以作为这两类之间的距离，也可以用两类中最远点之间的距离作为这两类之间的距离，也可以用类的中心之间的距离来作为类间距离。在计算时，各种点间距离和类间距离的选择是通过统计软件的选项实现的。选择不同的距离，结果会不同，但一般不会差太多。

常用的点间距离有欧氏距离（Euclidean Distance）、平方欧氏距离（Squared Euclidean Distance）、Chebychev 距离、Minkowski 距离、绝对距离（Block 或 Absolute Distance）等。

关于 p 维点（向量）$(x_1,\cdots,x_p)$ 和 $(y_1,\cdots,y_p)$ 之间的距离度量公式如下：

（1）欧氏距离（欧几里得距离）： $\sqrt{\sum_i (x_i - y_i)^2}$ 。

欧氏距离也有明显的不足之处。例如当改变测量单位时，测算出的距离数值不同；当数量指标的各分量代表不同质的东西或者分量的差异很大时，欧氏距离常会出现"大数吃小数"的现象。如考察病人时用指标 $X=(x, y)'$，x 表示白血球数（个/mm³），y 表示体温（℃），下面三个样品：

$$X_1 = (6000, 37)', \quad X_2 = (5000, 37.1)', \quad X_3 = (6500, 39)'$$

其欧氏距离 $d(X_1, X_2) \gg d(X_1, X_3)$，但从医学常识知，$X_2$ 与 X_1 靠近，X_3 是高烧，与 X_1 相差甚远。

（2）平方欧氏距离： $\sum_i (x_i - y_i)^2$ 。

（3）绝对距离： $\sum_i |x_i - y_i|$ 。

（4）Chebychev 距离： $\max_i |x_i - y_i|$ 。

（5）Minkowski 距离： $\left(\sum_i (x_i - y_i)^q \right)^{\frac{1}{q}}$，$q > 0$ 。

当 $q = 1,2$ 或 $q \to +\infty$ 时，则分别得到绝对值距离、欧氏距离、Chebychev 距离。

（6）马氏距离（Mahalanobis 于 1936 年提出的）： $d(x,y) = \sqrt{(x-y)^{\mathrm{T}} \boldsymbol{\Sigma}^{-1} (x-y)}$ 。

其中：x,y 为来自 p 维总体 $\boldsymbol{Z}$ 的样本观测值；$\boldsymbol{\Sigma}$ 为 $\boldsymbol{Z}$ 的协方差矩阵，实际中 $\boldsymbol{\Sigma}$ 往往是不知道的，需要用样本协方差来估计。马氏距离对一切线性变换是不变的，故不受量纲的影响，马氏距离与测量单位无关，但是它夸大了变化微小的变量（或指标）的作用，这是它在实际应用中的缺点。

在聚类分析中，对于定量变量，最常用的是 Minkowski 距离；在 Minkowski 距离中，最常用的是欧氏距离，它的主要优点是当坐标轴进行正交旋转时，欧氏距离是保持不变的，如果对原坐标系进行平移和旋转变换，则变换后样本点间的距离和变换前完全相同。在采用 Minkowski 距离时，一定要采用相同量纲的变量。如果变量的量纲不同，测量值变异范围相差悬殊时，建议首先进行数据的标准化处理，然后再计算距离；还应尽可能地避免变量的多重相关性，因为多重相关性造成的信息重叠，会片面强调某些变量的重要性。

在实际工作中，变量聚类法的应用也是十分重要广泛。在系统分析或评估过程中，为避免遗漏某些重要因素，往往在一开始选取指标时，尽可能多地考虑所有的相关因素，而这样做的结果则是变量过多，变量间的相关度高，给系统分析与建模带来很大的不便。因此，人们常常希望能研究变量间的相似关系，按照变量的相似关系把它们聚合成若干类，进而找出影响系统的主要因素。在对变量进行聚类分析时，首先要确定变量的相似性度量。常用的变量相似性度量有两种：夹角余弦（cosine）、Pearson 相关系数等。

关于 p 维点（向量）$(x_1,\cdots,x_p)$ 和 $(y_1,\cdots,y_p)$ 之间的相似性度量如下：

夹角余弦：$\cos\theta_{xy}=\dfrac{\sum\limits_i x_i y_i}{\sqrt{\sum\limits_i x_i^2 \sum\limits_i y_i^2}}$。

Pearson 相关系数：$r_{xy}=\dfrac{\sum\limits_i (x_i-\overline{x})(y_i-\overline{y})}{\sqrt{\sum\limits_i (x_i-\overline{x})^2 \sum\limits_i (y_i-\overline{y})^2}}$。

夹角余弦和相关系数称为相似系数。各种定义的相似度量的绝对值越接近 1，$(x_1,\cdots,x_p)$ 和 $(y_1,\cdots,y_p)$ 之间越相关或越相似；相似度量越接近 0，则相似性越弱。

假定要确定类 G_p 和类 G_q 之间的距离 D_{pq}，用 $d(x_i,x_j)$ 表示在属于 G_p 的点 x_i 和属于 G_q 的点 x_j 之间的距离，常用的类 G_p 和类 G_q 间的距离可以用下面的一系列方法定义：

（1）最短距离法（nearest neighbor or single linkage method）：

$$D_{pq}=\min d(x_i,x_j)$$

它的直观意义为两个类中最近两点间的距离。如果使用最短距离法来测量类与类之间的距离，称其为系统聚类法中的最短距离法（又称最近邻法），它由 Florek 等人于 1951 年和 Sneath 于 1957 年引入。

（2）最长距离法（farthest neighbor or complete linkage method）：

$$D_{pq}=\max d(x_i,x_j)$$

它的直观意义为两个类中最远两点间的距离。

（3）重心法（centroid method）：

$$D_{pq} = \min d(\overline{x}_p, \overline{x}_q)$$

其中 $\overline{x}, \overline{y}$ 分别为类 G_p 和类 G_q 的重心。

（4）类平均法（group average method）：

$$D_{pq} = \frac{1}{n_1 n_2} \sum_{x_i \in G_p} \sum_{x_j \in G_q} d(x_i, x_j)$$

它等于类 G_p 和类 G_q 中两两样本点距离的平均，式中 n_1, n_2 分别为类 G_p 和类 G_q 中的样本点个数。

（5）离差平方和法（sum of squares method）：

$$D_1 = \sum_{x_i \in G_p} (x_i - \overline{x}_p)'(x_i - \overline{x}_p), D_2 = \sum_{x_j \in G_q} (x_j - \overline{x}_q)'(x_j - \overline{x}_q),$$

$$D_{1+2} = \sum_{x_k \in G_p \cup G_q} (x_k - \overline{x})'(x_i - \overline{x}) \Rightarrow D_{pq} = D_{1+2} - D_1 - D_2$$

其中 $\overline{x}_1 = \dfrac{1}{n_1} \sum_{x_i \in G_p} x_i$ ，$\overline{x}_2 = \dfrac{1}{n_2} \sum_{x_j \in G_q} x_j$ ，$\overline{x} = \dfrac{1}{n_1 + n_2} \sum_{x_k \in G_p \cup G_q} x_k$ 。

若类 G_p 和类 G_q 内部点与点距离很小，则它们能很好地各自聚为一类，并且这两类又能够充分分离（即 D_{1+2} 很大），这时必然有 $D_{pq} = D_{1+2} - D_1 - D_2$ 很大。因此，按定义可以认为：类 G_p 和类 G_q 之间的距离很大。

离差平方和法最初是由 Ward 在 1936 年提出，后经 Orloci 等人 1976 年发展起来的，故又称为 Ward 方法。

聚类就是使各类之间的距离尽可能远，而类中各点的距离尽可能近，且分类结果还要有令人信服的解释。

6.3.3　系统聚类

系统聚类也称分层聚类（hierarchical cluster），是聚类分析方法中最常用的一种方法。它的优点在于可以指出由粗到细的多种分类情况，典型的系统聚类结果可由一个聚类图展示出来。其原理是：设有 n 个点，开始时，每个点看作一类，n 个点就是 n 类。第一步，先把最近的两类（点）合并成一类，原来的 n 类减少了 1 类，变成了 $n-1$ 类；第二步，再把剩下的 $n-1$ 类最近的两类合并成一类，原来的 $n-1$ 类减少了 1 类，变成了 $n-2$ 类；这样下去，每次减少一类，……，直到最后只有一大类为止。系统聚类能够给出 n 个样品各自成一类，到全部样品聚为一类这个过程中所有的结果，即从划分成一类到划分成 n 类，所有的中间结果都有。显然，在这个合并过程中，越是后来合并的类之间，类间距离越远。到底取划分成多少类才符合实际，需要结合样品数据特征以及专业背景进行具体分析。

6.3.4 K-均值聚类

系统聚类分析需要保存距离矩阵，如果样本量很大，将占用计算机大量的内存和花费较多的计算时间，甚至会因计算机硬件的限制而无法计算。采用 K-均值聚类分析，可以克服分层聚类在大样本下产生的困难，提高聚类效率，节省内存和运算时间。K-均值聚类（k-means cluster，也称快速聚类，quick cluster）要求事先确定观测值划分成多少类，假定 k 类，然后选择 k 个点作为"聚类种子"，相当于作为初始 k 类的中心，接着按照到这 k 个点的距离远近，把所有点分成 k 类，再确定这新 k 类的中心为新的"种子"，原来的"种子"就没用了，重新分成新的 k 类，……，直到达到停止迭代的要求或收敛，即 k 类的中心稳定以及成员不变，得到最终的 k 类。

6.3.5 实例操作

例 6.3.1（具体数据集见本章附录 2，数据结构见样表 6.3.1） 根据中国火灾统计年鉴（2001—2004 年）整理，统计了我国 31 个省（市、自治区）火灾 6 个方面的属性：火灾起数、死人数、伤人数、损失、烧毁建筑、受灾户数，采用 2000 年、2001 年、2002 年 3 年数据的平均值，并对数据进行预处理，把每个属性里的最大数据变为 1，最小数据变为 0，其他的数据按照比例变为 0 到 1 中间的某个数，以消掉不同单位的影响。考虑到属性死人相对其他属性更加严重，更加受人关注，于是将这个属性的每个数据都乘以 2，以增加它的权重。现在希望利用这六个变量对这些地区进行聚类。当然，也可以用其中某些变量而不是全部变量进行聚类。

表 6.3.1　数据结构

地区	火灾起数	死人	伤人	损失	烧毁建筑	受灾户数
北京	0.38	0.34	0.27	0.16	0.08	0.05
天津	0.37	0.24	0.09	0.09	0.07	0.24
⋮	⋮	⋮	⋮	⋮	⋮	⋮

如果按照这六个指标的任何一项来分类，问题就很简单了；只要把该指标相近的地区放到一起就行了。如何同时根据这六个指标来聚类呢？其想法也类似，就是把距离近的放到一起。

在 SPSS 中打开数据文件，如图 6.3.1 所示，菜单栏依次点击"分析"→"分类"，系统界面随即出现选项"K-均值聚类、系统聚类、判别分析"；点击进入"系统聚类分析"对话框，如图 6.3.2 所示。

（1）选择参与聚类分析的变量（图 6.3.2）。

①"变量"框：选取参与聚类分析的变量。这里选择火灾起数、死人、伤人、损失、烧毁建筑、受灾户数。显然，选取不同的变量，结果是不一样的。

②如果是 Q 型聚类，选择个案；如果是 R 型聚类，则选择变量。

图 6.3.1　系统聚类分析　　　　　　图 6.3.2　"系统聚类分析"菜单设置

（2）单击"统计量"按钮（图 6.3.2），选择是否输出合并的进程。如果确定分类数（具体的一个或一个范围），会输出不同分类时，每个个体属于哪一类的类别数。

（3）单击"图形"按钮（图 6.3.2），选择是否输出树状图，它直观地显示了个案逐步合并的过程。此图可以直观反映分类进程，为具体分多少类提供参考，如何得出最后的分类结果由用户决定，取决于用户选择怎样的分类标准。K-均值聚类则不会输出树状图。

（4）单击"方法"按钮（图 6.3.2），系统弹出图 6.3.3，系统聚类分析有关参数设置：聚类方法，选择类与类之间的距离计算方法，点击下拉菜单倒三角，出现多种方法供选择。要注意参与分析的变量的数据类型，选择区间、计数、二分类，点击下拉菜单倒三角，出现多种方法供选择，选择点与点之间的距离计算方法。如果参与分析的数据类型为区间，还可以从下拉菜单倒三角选择标准化方法。

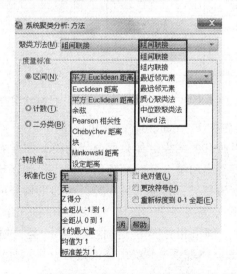

图 6.3.3　"系统聚类分析方法"数据类型标准化设置

（5）单击"保存"按钮（图 6.3.2），当确定了具体分类数目时，数据集添加新变量

CLU3_1 来保存每个个案属于哪一类。

完成所有设置后，单击"OK"按钮，SPSS 输出一系列结果（见图 6.3.4）。

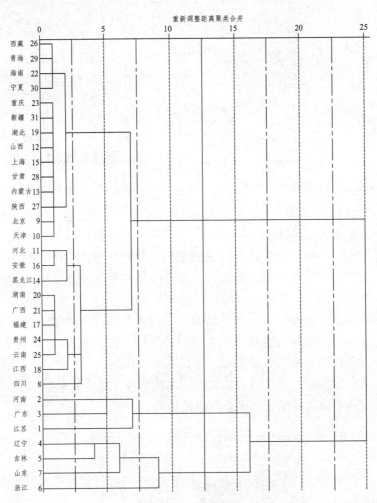

图 6.3.4　使用平均联接（组间）的树状图

图 6.3.4 所示的聚类树状图（dendrogram）可以给出 31 个样品各自成一类，到全部样品聚为一类这个过程中所有的结果。如果要分成两类，则在右边只有两条横线处纵向"切开"，从横线长短可以看出两类合并时距离的远近，得到辽宁、吉林、浙江、山东、四川、江苏、河南、广东为一类，其他为另一类。而如果要分成三类，则在只有三条横线处"切开"，结果是：第二类为辽宁、吉林、浙江、山东、四川，损失相对比较大；第三类为江苏、河南、广东，损失相对居中；其他的为第一类，损失相对比较小。

SPSS 可以输出聚类表，体现系统聚类的凝聚过程，显示具体每一步合并的过程和每次合并的两类的距离等。

例 6.3.2　继续对例 6.3.1 数据进行 K-均值聚类。

如要把这 31 个省（市、自治区）分成 3 类，在图 6.3.1 选择"K-Menas Cluster"，然后把火灾起数、死人、伤人、损失、烧毁建筑、受灾户数选入"变量"，在"Number of Clusters"处选择 3（想要分几类，就输入数字几），如果想知道某省分到哪类，则选"Save"，再选"Cluster Membership"，则原数据集增加变量：QCL_1（案例的类别号）。SPSS 只迭代了 2 次就达到目标了，得到最后的三类的中心（在六维空间中的坐标），以及每类有多少点，还可以输出哪些分在一起。结果是：辽宁、吉林、浙江、山东、四川为第二类；江苏、河南、广东为第三类；其他的为第一类。

6.3.6 聚类要注意的问题

显然，聚类结果主要受所选择的变量影响：如果去掉一些变量，或者增加一些变量，结果会不同；相比之下，聚类方法的选择则不那么重要。比方说，如果在例 6.3.1 的分类时移除火灾起数、受灾户数等变量，得到的结果大不相同。因此，聚类之前一定要清楚聚类的动机和目的，要使各类之间的距离尽可能远，而类中各点的距离尽可能近，而且分类结果还要有令人信服的解释，这一点就需要熟悉数据的背景。另外到底分多少类，分层聚类的结果（如树状图）可以给出一些提示。

实际操作中，不妨试探性地多选择几个距离公式分别进行聚类，然后对它们的结果进行对比分析，以确定最合适的距离。

数据是否标准化主要用于各变量量纲不同的情况。可以进行比较，以及选择合适的方法。

6.4 判别分析

人们常说"像诸葛亮那么神机妙算""像泰山那么稳固""如钻石那样坚硬"等，可见，任何判别都是有参照物或标准的。判别分析是在研究对象已知有一个已经明确知道类别的样品，以及这些样品的观测数据，然后利用这个已知数据和类别，建立判别准则，由此对未知类别的观测值进行判别分类。判别分析（discriminant analysis）起源于 1921 年 Pearson 的种族相似系数法，1936 年 Fisher 提出线性判别函数，并形成把一个样本归类到两个总体之一的判别法。它是根据所研究的个体的观测指标来推断该个体所属类型的一种统计方法，在自然科学和社会科学的研究中应用广泛。如医生要根据某人的各项化验指标的结果来判断该人属于什么病症；又如根据已有气象资料（气温、气压等）来判断明天是晴天还是阴天、是否有雨等。判别分析是应用性很强的一类多元统计分析方法。

聚类分析和判别分析都是研究分类问题，利用距离远近对对象归类。它们经常联合起来使用，判别分析要求先知道各类总体情况才能判断未分类的新样品属于哪一类，即进行判别的目的是要把一个新的对象（或样品）归于这些已知类型中的一个。聚类分析是在未知类型的个数或对于各种类型的结构未作任何假设情况下的一种分类方法，当总体分类不清楚时，可先用聚类分析对原来的一批样品进行分类，然后再用判别分析对新样品进行判别。

6.4.1 常用判别分析方法

这里主要简单介绍四种常用的判别方法，即距离判别法、费歇（Fisher）判别法、贝叶斯（Bayes）判别法和逐步判别法。

1. 距离判别法

首先根据已知分类的数据，分别计算各类的重心即分组（类）的均值，判别准则是对任给的一次观测，若它与第 i 类的重心距离最近，就认为它来自第 i 类。距离判别法，对各类（或总体）的分布，并无特定的要求，这种判别比较直观，适应面广，不足之处是没有考虑各个总体的分布和错判造成的损失。

2. 费歇（Fisher）判别法

费歇判别法于 1936 年提出，它对总体的分布并未提出特定的要求，是一种先投影的方法，就是寻找一个方向进行投影，把高维空间中的点向低维空间进行投影，使各类分得更清楚。有了投影之后，再用前面讲到的距离远近的方法来得到判别准则。

一般来说，如果有很多变量和很多类，Fisher 判别法的原理就是找到这样的投影，使得各类之间分得越清楚越好，而各类内部各点则越紧密越好。这样的投影可以有若干个。当然从最重要的投影开始选，如果第一个投影的判别结果不理想，还可以多选。每一个投影相应于一个函数，称为判别函数。

下面主要介绍不等协差阵的两总体 Fisher 判别法。

从两个总体中抽取具有 p 个指标的样品观测数据，借助方差分析的思想构造一个判别函数或称判别式：$y = c_1x_1 + c_2x_2 + \cdots + c_px_p$，其中系数 c_1, c_2, $\cdots$, c_p 确定的原则是使两组间的区别最大，而使每组内部的离差最小。有了判别式后，对于一个新的样品，将它的 p 个指标值代入判别式中求出 y 值，然后与判别临界值（或称分界点后面给出）进行比较，就可以判别它应属于哪一个总体。

判别函数的导出：假设有总体 G_1、G_2，从第一个总体中抽取 n_1 个样品，从第二个总体中抽取 n_2 个样品，每个样品观测 p 个指标如下：

G_1 总体

样品	x_1	x_2	$\cdots$	x_p
$x_1^{(1)}$	$x_{11}^{(1)}$	$x_{12}^{(1)}$	$\cdots$	$x_{1p}^{(1)}$
$x_2^{(1)}$	$x_{21}^{(1)}$	$x_{22}^{(1)}$		$x_{2p}^{(1)}$
$\vdots$	$\vdots$	$\vdots$		$\vdots$
$x_{n_1}^{(1)}$	$x_{n_11}^{(1)}$	$x_{n_12}^{(1)}$	$\cdots$	$x_{n_1p}^{(1)}$

G_2 总体

样品	x_1	x_2	$\cdots$	x_p
$x_1^{(2)}$	$x_{11}^{(2)}$	$x_{12}^{(2)}$	$\cdots$	$x_{1p}^{(2)}$
$x_2^{(2)}$	$x_{21}^{(2)}$	$x_{22}^{(2)}$		$x_{2p}^{(2)}$
$\vdots$	$\vdots$	$\vdots$		$\vdots$
$x_{n_2}^{(2)}$	$x_{n_21}^{(2)}$	$x_{n_22}^{(2)}$	$\cdots$	$x_{n_2p}^{(2)}$

设新建立的判别式为 $y = c_1x_1 + c_2x_2 + \cdots + c_px_p$，将待判样品观测值代入判别式，则得

$$y_i^{(1)} = c_1 x_{i1}^{(1)} + c_2 x_{i2}^{(1)} + \cdots + c_p x_{ip}^{(1)}, \quad i = 1, \cdots, n_1$$

$$y_i^{(2)} = c_1 x_{i1}^{(1)} + c_2 x_{i2}^{(1)} + \cdots + c_p x_{ip}^{(2)}, \quad i = 1, \cdots, n_2$$

对上边两式分别左右相加，再乘以相应的样品个数，则有

$$\overline{y^{(1)}} = \sum_{k=1}^{p} c_k \overline{x_k^{(1)}} \qquad \text{——第一组样品的“重心”}$$

$$\overline{y^{(2)}} = \sum_{k=1}^{p} c_k \overline{x_k^{(2)}} \qquad \text{——第二组样品的“重心”}$$

为了使判别函数能够很好地区别来自不同总体的样品，则希望：

（1）来自不同总体的两个平均值 $\overline{y^{(1)}}, \overline{y^{(2)}}$ 相差愈大愈好。

（2）对于来自第一个总体的 $\overline{y_i^{(1)}}(i = 1, \cdots, n_1)$，要求它们的离差平方和 $\sum\limits_{i=1}^{n_1} (y_i^{(1)} - \overline{y^{(1)}})^2$ 愈小愈好，同样也要求 $\sum\limits_{i=1}^{n_2} (y_i^{(2)} - \overline{y^{(2)}})^2$ 愈小愈好。

综合以上两点，就是要求：

$$I = \frac{(\overline{y^{(1)}} - \overline{y^{(2)}})^2}{\sum\limits_{i=1}^{n_1} (y_i^{(1)} - \overline{y^{(1)}})^2 + \sum\limits_{i=1}^{n_2} (y_i^{(2)} - \overline{y^{(2)}})^2}$$

愈大愈好。

记 $Q = Q(c_1, c_2, \cdots, c_p) = (\overline{y^{(1)}} - \overline{y^{(2)}})^2$ 为两组间离差，$F = F(c_1, c_2, \cdots, c_p) = \sum\limits_{i=1}^{n_1} (y_i^{(1)} - \overline{y^{(1)}})^2 +$ $\sum\limits_{i=1}^{n_2} (y_i^{(2)} - \overline{y^{(2)}})^2$ 为两组内的离差，则有

$$I = \frac{Q}{F}$$

利用微积分求极值的必要条件可求出使 I 达到最大值的 $c_1, c_2, \cdots, c_p$。

为此，将上式两边取对数，令

$$\frac{\partial \ln I}{\partial c_k} = \frac{\partial \ln Q}{\partial c_k} - \frac{\partial \ln F}{\partial c_k} = 0, \quad k = 1, \cdots, p$$

则

$$\frac{1}{Q} \cdot \frac{\partial Q}{\partial c_k} = \frac{1}{F} \cdot \frac{\partial F}{\partial c_k}$$

即

$$\frac{1}{I} \cdot \frac{\partial Q}{\partial c_k} = \frac{\partial F}{\partial c_k}$$

而
$$Q = (\overline{y^{(1)}} - \overline{y^{(2)}})^2 = \left(\sum_{k=1}^{p} c_k \overline{x_k^{(1)}} - \sum_{k=1}^{p} c_k \overline{x_k^{(2)}} \right)^2$$

$$= \left[\sum_{k=1}^{p} c_k (\overline{x_k^{(1)}} - \overline{x_k^{(2)}}) \right]^2 \triangleq \left[\sum_{k=1}^{p} c_k d_k \right]^2$$

其中 $d_k = \overline{x_k^{(1)}} - \overline{x_k^{(2)}}$，得

$$\frac{\partial Q}{\partial c_k} = 2 \left(\sum_{l=1}^{p} c_l d_l \right) d_k$$

而
$$F = \sum_{i=1}^{n_1} (y_i^{(1)} - y^{(1)})^2 + \sum_{i=1}^{n_2} (y_i^{(2)} - y^{(2)})^2$$

$$= \sum_{i=1}^{n_1} \left[\sum_{k=1}^{p} c_k (x_{ik}^{(1)} - \overline{x_k}^{(1)}) \right]^2 + \sum_{i=1}^{n_2} \left[\sum_{k=1}^{p} c_k (x_{ik}^{(2)} - \overline{x_k}^{(2)}) \right]^2$$

$$= \sum_{i=1}^{n_1} \left[\sum_{k=1}^{p} c_k (x_{ik}^{(1)} - \overline{x_k}^{(1)}) \sum_{l=1}^{p} c_l (x_{il}^{(1)} - \overline{x_l}^{(1)}) \right] + \sum_{i=1}^{n_2} \left[\sum_{k=1}^{p} c_k (x_{ik}^{(2)} - \overline{x_k}^{(2)}) \cdot \sum_{l=1}^{p} c_l (x_{il}^{(2)} - \overline{x_l}^{(2)}) \right]$$

$$= \sum_{k=1}^{p} \sum_{l=1}^{p} c_k c_l \left[\sum_{i=1}^{n_1} (x_{ik}^{(1)} - \overline{x_k}^{(1)})(x_{il}^{(1)} - \overline{x_l}^{(1)}) + \sum_{i=1}^{n_2} (x_{ik}^{(2)} - \overline{x_k}^{(2)})(x_{il}^{(2)} - \overline{x_l}^{(2)}) \right]$$

$$= \sum_{k=1}^{p} \sum_{l=1}^{p} c_k c_l s_{kl}$$

其中
$$s_{kl} = \sum_{i=1}^{n_1} (x_{ik}^{(1)} - \overline{x_k}^{(1)})(x_{il}^{(1)} - \overline{x_l}^{(1)}) + \sum_{i=1}^{n_2} (x_{ik}^{(2)} - \overline{x_k}^{(2)})(x_{il}^{(2)} - \overline{x_l}^{(2)})$$

所以
$$\frac{\partial F}{\partial c_k} = 2 \sum_{l=1}^{p} c_l s_{kl}$$

从而
$$\frac{2}{I} \left(\sum_{l=1}^{p} c_l d_l \right) d_k = 2 \sum_{l=1}^{p} c_l s_{kl}$$

即
$$\frac{1}{I} \left(\sum_{l=1}^{p} c_l d_l \right) d_k = \sum_{l=1}^{p} c_l s_{kl}, \quad k = 1, \cdots, p$$

令
$$\beta = \frac{1}{I} \sum_{l=1}^{p} c_l d_l$$

β 是常数因子，不依赖于 k，它对方程组的解只起到共同扩大 β 倍的作用，不影响它的解 $c_1, \cdots, c_p$ 之间的相对比例关系。它对判别结果来说没有影响，所以取 $\beta = 1$，于是方程组：

$$\sum_{l=1}^{p} c_l s_{kl} = d_k, \quad k = 1, \cdots, p$$

即
$$\begin{cases} s_{11}c_1 + s_{12}c_2 + \cdots + s_{1p}c_p = d_1 \\ s_{21}c_1 + s_{22}c_2 + \cdots + s_{2p}c_p = d_2 \\ \quad\quad\quad \cdots\cdots\cdots\cdots \\ s_{p1}c_1 + s_{p2}c_2 + \cdots + s_{pp}c_p = d_p \end{cases}$$

矩阵方程为

$$\begin{bmatrix} s_{11} & s_{12} & \cdots & s_{1p} \\ s_{21} & s_{22} & \cdots & s_{2p} \\ \vdots & \vdots & & \vdots \\ s_{p1} & s_{p2} & \cdots & s_{pp} \end{bmatrix} \begin{bmatrix} c_1 \\ c_2 \\ \vdots \\ c_p \end{bmatrix} = \begin{bmatrix} d_1 \\ d_2 \\ \vdots \\ d_p \end{bmatrix}$$

得

$$\begin{bmatrix} c_1 \\ c_2 \\ \vdots \\ c_p \end{bmatrix} = \begin{bmatrix} s_{11} & s_{12} & \cdots & s_{1p} \\ s_{21} & s_{22} & \cdots & s_{2p} \\ \vdots & \vdots & & \vdots \\ s_{p1} & s_{p2} & \cdots & s_{pp} \end{bmatrix}^{-1} \begin{bmatrix} d_1 \\ d_2 \\ \vdots \\ d_p \end{bmatrix}$$

有了判别函数之后，欲建立判别准则还要确定判别临界值（分界点）y_0，在两总体先验概率相等的假设下，一般常取 y_0 为 $\overline{y^{(1)}}$ 与 $\overline{y^{(2)}}$ 的加权平均值，即

$$y_0 = \frac{n_1 \overline{y^{(1)}} + n_2 \overline{y^{(2)}}}{n_1 + n_2}$$

如果由原始数据求得 $\overline{y^{(1)}}$ 与 $\overline{y^{(2)}}$ 满足 $\overline{y^{(1)}} > \overline{y^{(2)}}$，则建立判别准则：对一个新样品 $X = (x_1, \cdots, x_p)'$，代入判别函数中所得值记为 y，若 $y > y_0$，则判定 $X \in G_1$；若 $y < y_0$，则判定 $X \in G_2$。对于 $\overline{y^{(1)}} < \overline{y^{(2)}}$，有类似结果。

概括起来就是将表面上不易分类的数据通过投影到某个方向上，使得投影类与类之间得以分离的一种判别方法。

需要指出的是：首先参与构造判别式的样品个数不宜太少，否则会影响判别式的优良性；其次判别式选用的指标不宜过多，指标过多不仅使用不方便，而且影响预报的稳定性。所以，建立判别式之前应仔细挑选出几个对分类特别有关系的指标，要使两类平均值之间的差异尽量大些。

3. 贝叶斯（Bayes）判别法

Fisher 判别法随着总体个数的增加，建立的判别式也增加，因而计算起来还是比较麻烦的。距离判别法是利用所给样品到各个总体的距离的远近来判断其归属，但这种方法未考虑各个总体各自出现的可能性（概率）大小，同时也未涉及误判之后造成的损失如

何，所以优势明显不够合理。下面用一个地震预报的例子来说明这个问题。

例 6.4.1　设根据历史上若干次发生地震和无震时的 p 项观测结果（如地下水中氢的含量、地磁强度、井下水位高度等）已经估计出有震总体 G_1 与无震总体 G_2 的有关参数。现在要根据当前观测到的 p 项指标来判断所获得的样品是属于 G_1 还是 G_2，即是预报"明天有震"还是"明天无震"。若简单地用样品到 G_1 和 G_2 的距离来预报就不够妥当了。首先，在全年的 365 天中有地震是较少的，破坏性地震更是罕见的。如果考虑到这个因素，在没有特大的异常时就应该预报"无震"，这样较为稳妥。历史上的先验知识告诉我们："有震"与"无震"这两个总体本身各自出现的概率相差悬殊，在难以判断时，应优先判为出现的概率较大的那个总体。其次，误判有两种："有震"报为"无震"，是"漏报"；"无震"报为"有震"，是"虚报"。二者都可能造成损失，但损失却会很不相同。"漏报"会使人民群众在毫无准备的情况下，面临巨大灾难，会造成大量伤亡；而"虚报"则造成人心不安，生产停顿，有时损失也不亚于"漏报"造成的损失。

这个例子说明，判断一个样品属于哪一个总体时，既要考虑各个总体各自出现的概率的大小，还应考虑到错报造成的损失情况，最后才能决定样品的归属。基于以上考虑，贝叶斯学派提出了 Bayes 判别法，将误判概率、误判造成的损失以及各个总体出现的先验概率结合起来建立的一种判别规则。

4. 逐步判别法

前面介绍的判别方法都是用已给的全部变量 $x_1, x_2, \cdots, x_p$ 来建立判别式的，但这些变量在判别式中所起的作用，一般来说是不同的，也就是说各变量在判别式中判别能力不同，有些可能起重要作用，有些可能作用低微，如果将判别能力低微的变量保留在判别式中，不仅会增加计算量，而且会产生干扰影响判别效果，如果将其中重要变量忽略了，这时做出的判别效果也一定不好。逐步判别法筛选出具有显著判别能力的变量来建立判别式。逐步判别法与逐步回归法的基本思想类似，都是采用"有进有出"的算法，即逐步引入变量，每引入一个"最重要"的变量进入判别式，同时也考虑较早引入判别式的某些变量，如果其判别能力随新引入变量而变为不显著了（例如其作用被后引入的某几个变量的组合所代替），应及时从判别式中把它剔除，直到判别式中没有不重要的变量需要剔除，而剩下来的变量也没有重要的变量可引入判别式时，逐步筛选结束。这个筛选过程实质就是作假设检验，通过检验找出显著性变量，剔除不显著变量。

6.4.2　实例分析

例 6.4.2（具体数据集见本章附录 3）　某专家编出一套打分体系来描绘企业的状况。该体系对每个企业的一些指标（变量）进行评分。这些指标包括：企业规模、服务、雇员工资比例、利润增长、市场份额、市场份额增长、流动资金比例、资金周转速度等。企业已经被划分为上升企业、稳定企业和下降企业。我们希望根据这些企业的上述变量的打分和它们已知的类别 group（1 代表上升，2 代表稳定，3 代表下降）找出一个分类标准：对没有被分类的企业进行分类。该数据有 90 个企业（观测值），其中 30 个属于上升型，30 个属于稳定型，30 个属于下降型。

SPSS 中，如图 6.3.1 所示选择"判别分析"（图 6.4.1），在此输入分组变量 group 及定义范围、自变量、选择变量"一起输入自变量还是使用步进式方法"；然后对右上角的"统计量、方法、分类、保存"等分别设置。

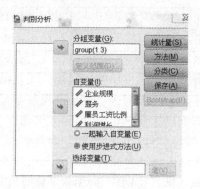

图 6.4.1　判别分析

例 6.4.3（距离判别法，不用投影）　有 8 个用来建立判别标准的变量，每一个企业的打分在这 8 个变量所构成的 8 维空间中是一个点。由于已经知道所有点的类别了，所以可以求得每个类别的中心。这样只要定义了如何计算距离，就可以得到任何给定的点（企业）到这三个中心的距离。显然，最简单的办法就是离哪个中心距离最近，就属于哪一类。通常使用 Mahalanobis 距离。用来比较到各个中心距离的函数称为判别函数（discriminant function）。这种根据远近来判别的方法，原理简单，直观易懂。

步进式判别法（逐步判别法）中，一个变量的判别能力的判断方法有很多种（见图6.4.2），主要利用各种检验，例如 Wilks' Lambda、Rao's V、Mahalanobis 距离、最小 F 值等检验。这些不同方法可由 SPSS 的各种选项来实现。

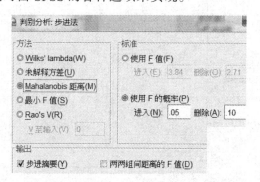

图 6.4.2　步进法设置

SPSS 软件的步进式判别法淘汰了例 6.4.2 中不显著变量"流动资金比例"，还剩下 7 个变量：企业规模、服务、雇员工资比例、利润增长、市场份额、市场份额增长、资金周转速度，分别用 x_1，x_2，x_3，x_4，x_5，x_6，x_7 表示。

表 6.4.1　典型判别式函数系数

	函数	
	1	2
企业规模	0.035	0.005
服务	3.283	0.567
雇员工资比例	0.037	0.041
利润增长	−0.007	0.012
市场份额	0.068	0.048
市场份额增长	−0.023	0.044
资金周转速度	−0.385	−0.159
（常量）	−3.166	−4.384
非标准化系数		

通过典型判别式函数系数（见表 6.4.1），得到两个典型判别函数（canonical discriminant function coefficients）：

$$F_1 = -3.166 + 0.035x_1 + 3.283x_2 + 0.037x_3 - 0.007x_4 + 0.068x_5 - 0.023x_6 - 0.385x_7$$

$$F_2 = -4.384 + 0.005x_1 + 0.567x_2 + 0.041x_3 + 0.012x_4 + 0.048x_5 + 0.044x_6 - 0.159x_7$$

这两个函数实际上给出了在 Fisher 判别法中，将 7 维空间的一个点向两个方向投影后在新的二维空间中的坐标。根据这两个函数，代入每个企业的观测值，算出每个企业的 F_1 和 F_2，这样 90 个企业的观测值（F_1, F_2）就形成二维平面上的 90 个点，如图 6.4.3 所示，可以看出，第一个投影（相应于来自第一个典型判别函数横坐标值）已经能够很好地分辨出三个企业类型了。

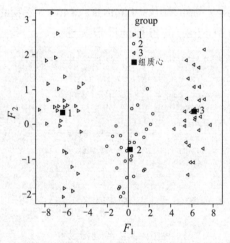

图 6.4.3　两个典型判别函数导出的 90 个企业的二维点图

当然，这两个典型判别函数的地位并不是平等的。投影的重要性与特征值的贡献率有关，SPSS 输出的特征值（见表 6.4.2）给出了判别函数（投影）的重要程度，该表说明第一个函数的贡献率已经是 99% 了，而第二个只有 1%。

表 6.4.2　特征值

函数	特征值	方差的百分比/%	累积百分比/%
1	26.682	98.9	98.9
2	0.284a	1.1	100.0

SPSS 输出的分类函数系数表（见表 6.4.3）给出了三个线性分类函数的系数，从而得到判别公式。把每个观测点代入三个函数，就可以得到分别代表三类的三个值，哪个值最大，该点就属于相应的哪一类。

表 6.4.3　分类函数系数

	group		
	1	2	3
企业规模	0.118	0.338	0.554
服务	0.770	21.329	41.616
雇员工资比例	0.345	0.542	0.811
利润增长	0.086	0.029	−0.001
市场份额	0.355	0.743	1.203
市场份额增长	0.368	0.173	0.081
资金周转速度	7.531	5.220	2.742
常量	−57.521	−53.704	−96.084
Fisher 的线性判别式函数			

判别分析注意事项：训练样本中必须有所有要判别的类型，分类必须清楚，不能有混杂；收集数据时，要选择好可能用于判别的变量，这是最重要的一步；还要检查用于的预测变量中是否有些不适宜的；判别分析是为了正确地分类，但同时也要注意使用尽可能少的预测变量来达到这个目的。使用较少的变量意味着节省资源和易于对结果进行解释。

习　题

1. 对表 1 中数据进行主成分分析，并选择不同的变量，比较结果异同。

火灾基本指标：X1，火灾起数（单位：起）；X2，火灾经济损失（单位：万元）；X3，火灾死人（单位：人）；X4，火灾伤人（单位：人）。

火灾经济指标：X5 火灾发生率（单位：起/十万人口）；X6 火灾死亡率（单位：人/百万人口）；X7，火灾伤人率（单位：人/百万人口）；X8，火灾损失率（单位：元/万元 GDP）。

重特大火灾指标：X9，重特大火灾起数（单位：起）；X10，重特大火灾死人（单位：人）；X11，重特大火灾伤人（单位：人）；X12，重特大火灾经济损失（单位：万元）。

2. 假定影响某地区发电需求量的指标有：钢的产量、生铁产量、钢材产量、有色金属产量、原煤产量、水泥产量、机械工业产量、化肥产量、硫酸产量、烧碱产量、棉纱产量，共 11 个指标，收集了 1958—1980 年共 23 年的各指标和观测值发电量（见表 2），构造电量需求模型。

表 1　数据资料

省份	X1	X2	X3	X4	X5	X6	X7	X8	X9	X10	X11	X12
北京	9 781	1 671	50	114	63.6	3.25	7.41	0.25	0	0	0	0
天津	4 728	2 040.5	40	30	45.33	3.84	2.88	0.56	3	8	3	183.1
河北	7 041	4 605.1	92	65	10.28	1.34	0.95	0.46	13	15	1	1 083.7
山西	3 319	2 424.8	55	75	9.89	1.64	2.24	0.59	14	12	0	754.8
内蒙古	5 351	1 956.6	37	60	22.42	1.55	2.51	0.51	2	0	1	82.4
辽宁	22 889	9 394.6	161	128	54.23	3.81	3.03	1.17	7	10	0	425
吉林	18 852	4 928.1	135	147	69.41	4.97	5.41	1.36	7	40	96	1 138.1
黑龙江	13 488	4 750.9	71	58	35.31	1.86	1.52	0.86	5	20	13	383
上海	5 869	2 704.2	54	88	33.01	3.04	4.95	0.3	7	3	13	344.4
江苏	15 196	7 429.2	166	115	20.33	2.22	1.54	0.41	11	18	4	504.8
浙江	6 755	7 778	112	82	13.79	2.29	1.67	0.58	16	16	0	726.7
安徽	7 621	4 956.1	93	98	11.7	1.43	1.5	0.92	7	0	3	732.5
福建	6 579	6 003	97	87	18.61	2.74	2.46	0.92	13	18	7	776.2
江西	6 674	5 388.2	60	60	15.48	1.39	1.39	1.35	11	40	3	272.7
山东	16 932	6 540.1	48	52	18.31	0.52	0.56	0.35	5	30	8	87.5
河南	7 390	3 634.8	61	38	7.57	0.62	0.39	0.35	2	15	0	25.8
湖北	9 250	5 510.5	56	47	15.34	0.93	0.78	0.85	5	6	8	253.2
湖南	5 195	5 768.9	121	123	7.72	1.8	1.83	0.89	14	31	19	1 110.2
广东	13 266	12 418.4	298	350	14.43	3.24	3.81	0.57	39	121	60	2 267.5
广西	2 678	5 320.4	118	116	5.44	2.4	2.36	1.31	30	17	13	2468
海南	1 335	1 229.2	15	21	16.12	1.81	2.54	1.36	4	8	1	420.9
重庆	7 904	3 724.9	57	67	28.25	2.04	2.39	1.21	4	0	1	237.5
四川	10 676	7 688.2	114	111	12.2	1.3	1.27	1.04	13	9	7	1 297.6
贵州	2 299	2 427.1	97	62	5.85	2.47	1.58	1.25	7	16	3	259.1
云南	4 112	4 456.7	107	83	9.24	2.4	1.87	1.28	10	15	0	329
西藏	254	535.3	9	19	9.17	3.25	6.86	2.14	4	3	4	160.4
陕西	7 489	4 682.8	64	64	20.13	1.72	1.72	1.27	9	6	11	643.3
甘肃	2 526	2 468.5	30	41	9.74	1.16	1.58	1.28	9	11	4	1 087.9
青海	936	442.6	14	22	17.23	2.58	4.05	0.81	2	3	0	81.2
宁夏	3 347	913.6	7	12	56.14	1.17	2.01	1.52	2	0	0	136.5
新疆	6 209	2 810.7	61	73	30.89	3.03	3.63	1.08	8	14	1	700.2

表 2　各指标和预测值发电量

钢产量	生铁产量	钢材产量	有色金属产量	原煤产量	水泥产量	机械工业产量	化肥产量	硫酸产量	烧碱产量	棉纱产量	发电量
47.00	56.00	48.30	7 777.00	2 028.00	32.20	7.31	0.30	1.21	1.43	26.22	10.73
62.60	110.00	59.60	13 743.00	3 500.00	33.20	9.61	1.80	2.28	1.93	28.00	17.65
68.00	125.00	60.00	12 269.00	3 800.00	55.60	12.85	3.30	5.39	1.90	27.56	26.84
35.30	57.60	25.60	4 582.00	2 600.00	24.40	6.76	10.60	5.36	1.54	10.95	24.20
31.30	20.60	23.50	3 891.00	1 296.00	17.90	5.08	13.70	5.61	1.33	10.15	20.08
35.20	18.20	26.50	5 061.00	1 052.00	24.80	5.54	16.90	7.51	1.47	14.23	19.28
45.30	23.70	38.50	7 686.00	1 001.00	37.80	7.14	34.00	8.64	1.57	20.38	22.89
49.50	28.20	50.00	9 526.00	1 134.00	78.80	11.20	60.80	13.87	1.92	26.56	28.94
59.70	30.50	69.20	10 515.00	1 545.00	101.60	15.89	103.90	20.05	2.86	33.18	39.05
47.80	19.60	52.70	7 580.00	1 287.00	74.90	10.86	88.10	15.75	2.41	23.90	39.09
17.70	8.10	17.20	2 333.00	998.00	40.20	5.10	31.30	6.69	1.55	17.56	26.81
36.00	10.40	37.20	2 099.00	1 347.00	73.30	13.14	47.80	13.63	1.57	27.20	37.19
62.00	29.30	57.70	10 589.00	1 953.00	138.60	25.54	90.90	18.86	2.63	36.28	54.09
97.00	77.90	78.30	13 004.00	2 522.00	247.00	31.31	137.30	28.51	4.00	41.53	77.39
95.20	97.40	74.60	12 593.00	2 733.00	270.00	28.79	154.00	28.93	4.24	40.24	84.02
118.40	102.20	58.30	10 936.00	2 557.00	233.50	28.03	169.10	28.24	3.76	38.20	88.39
99.90	86.50	50.00	7 810.00	2 440.00	205.00	26.50	143.60	22.17	3.07	31.54	86.32
151.00	111.00	110.70	9 400.00	3 086.00	288.00	38.61	189.00	29.17	5.03	46.87	107.94
108.00	84.10	76.90	8 476.00	2 895.00	262.20	31.46	216.50	26.36	4.46	38.62	102.76
162.50	138.30	132.00	11 632.00	3 678.00	358.60	46.21	405.80	30.42	6.23	52.48	118.84
238.20	224.00	202.00	16 163.00	3 794.00	454.80	55.86	542.80	50.00	7.83	55.96	139.30
292.90	274.40	251.50	18 796.00	3 838.00	519.20	63.77	581.30	56.68	9.49	62.17	156.39
329.00	287.60	259.20	21 300.00	3 898.00	551.10	61.88	632.40	60.22	10.81	66.75	163.70

（1）对数据标准化。

（2）分别对原始数据和原始数据标准化后的数据进行主成分分析并比较;

（3）求发电量关于钢的产量、生铁产量、钢材产量、有色金属产量、原煤产量、水泥产量、机械工业产量、化肥产量、硫酸产量、烧碱产量、棉纱产量的回归方程,并与上述计算结果进行比较。

3. 讨论主成分分析和因子分析的区别与联系。

4. 对本章例 6.4.2 数据,只选取少数两三个变量进行计算。看结果有什么不同。试着在 SPSS 上利用各种不同的选项。

5. 讨论判别分析和聚类分析有什么不同。

数学	物理	化学	语文	历史	英语
65	61	72	84	81	79
77	77	76	64	70	55
67	63	49	65	67	57
80	69	75	74	74	63
74	70	80	84	81	74
78	84	75	62	71	64
66	71	67	52	65	57
77	71	57	72	86	71
83	100	79	41	67	50
86	94	97	51	63	55
74	80	88	64	73	66
67	84	53	58	66	56
81	62	69	56	66	52
71	64	94	52	61	52
78	96	81	80	89	76
69	56	67	75	94	80
77	90	80	68	66	60
84	67	75	60	70	63
62	67	83	71	85	77
74	65	75	72	90	73
91	74	97	62	71	66
72	87	72	79	83	76
82	70	83	68	77	85
63	70	60	91	85	82
74	79	95	59	74	59
66	61	77	62	73	64
90	82	98	47	71	60
77	90	85	68	73	76
91	82	84	54	62	60
78	84	100	51	60	60
90	78	78	59	72	66
80	100	83	53	73	70
58	51	67	79	91	85

数学	物理	化学	语文	历史	英语
72	89	88	77	80	83
64	55	50	68	68	65
77	89	80	73	75	70
72	68	77	83	92	79
72	67	61	92	92	88
73	72	70	88	86	79
77	81	62	85	90	87
61	65	81	98	94	95
79	95	83	89	89	79
81	90	79	73	85	80
85	77	75	52	73	59
68	85	70	84	89	86
85	91	95	63	76	66
91	85	100	70	65	76
74	74	84	61	80	69
88	100	85	49	71	66
63	82	66	89	78	80
87	84	100	74	81	76
81	98	84	57	65	69
64	79	64	72	76	74
60	51	60	78	74	76
75	84	76	65	76	73
59	75	81	82	77	73
64	59	56	71	79	67
64	61	49	100	99	95
56	48	61	85	82	80
62	45	67	78	76	82
86	78	92	87	87	77
66	72	79	81	87	66
61	66	48	98	100	96
80	98	83	58	66	66
67	76	66	86	74	79
74	89	68	59	73	73

数学	物理	化学	语文	历史	英语
75	87	66	69	70	71
83	71	81	63	77	73
67	83	65	68	74	60
85	98	81	61	69	66
80	81	77	60	67	67
71	58	45	83	77	73
75	84	97	64	68	65
84	89	81	72	74	64
90	83	91	58	60	59
73	80	64	75	80	78
87	98	87	68	78	64
69	72	79	89	82	73
72	89	69	70	80	73
84	100	73	47	50	59
79	73	69	65	73	73
68	85	76	83	93	84
87	86	88	70	73	70
85	73	68	55	73	71
76	61	73	63	60	70
99	100	99	53	63	60
78	68	52	75	74	66
72	90	73	76	80	79
90	97	76	63	58	65
69	64	60	68	74	80
68	52	70	69	65	78
62	49	61	86	86	81
66	47	51	94	96	95
100	100	100	59	73	67
78	79	62	79	87	80
52	62	65	100	96	100
70	72	56	74	82	74
74	73	66	71	88	84
72	74	75	88	91	86
68	74	70	87	87	83

附录2

地区	火灾起数	死人	伤人	损失	烧毁建筑	受灾户数
江苏	0.6	1.21	0.81	0.5	0.43	0.24
河南	0.56	2	0.67	0.46	0.46	0.38
广东	0.48	1.74	1	0.77	0.7	0.13
辽宁	0.93	1.07	0.5	0.57	0.43	0.83
吉林	0.8	0.73	0.25	0.29	0.53	0.86
浙江	0.82	1.25	0.66	1	0.93	0.49
山东	1	1.07	0.63	0.55	1	1
四川	0.3	0.83	0.59	0.3	0.63	0.47
北京	0.38	0.34	0.27	0.16	0.08	0.05
天津	0.37	0.24	0.09	0.09	0.07	0.24
河北	0.41	0.69	0.37	0.34	0.24	0.24
山西	0.16	0.32	0.21	0.18	0.18	0.16
内蒙古	0.15	0.22	0.14	0.07	0.1	0.12
黑龙江	0.61	0.57	0.33	0.49	0.42	0.38
上海	0.22	0.27	0.16	0.09	0.11	0.2
安徽	0.34	0.6	0.37	0.38	0.21	0.31
福建	0.25	0.57	0.35	0.38	0.51	0.3
江西	0.26	0.6	0.27	0.24	0.71	0.44
湖北	0.29	0.38	0.24	0.21	0.17	0.17
湖南	0.2	0.67	0.38	0.34	0.4	0.27
广西	0.14	0.6	0.41	0.21	0.39	0.26
海南	0.03	0.12	0.07	0.03	0.04	0.03
重庆	0.2	0.42	0.3	0.16	0.19	0.22
贵州	0.09	0.65	0.24	0.17	0.5	0.28
云南	0.15	0.88	0.34	0.29	0.44	0.33
西藏	0.01	0.07	0.06	0.04	0.04	0.03
陕西	0.19	0.34	0.15	0.19	0.07	0.07
甘肃	0.13	0.27	0.2	0.15	0.09	0.21
青海	0.03	0.08	0.05	0.02	0.04	0.07
宁夏	0.14	0.09	0.08	0.05	0.02	0.07
新疆	0.19	0.4	0.27	0.18	0.13	0.23

附录 3

Group	企业规模	服务	雇员工资比例	利润增长	市场份额	市场份额增长	流动资金比例	资金周转速度
1	43.2	0	8.5	214.1	23.2	95.4	15.4	8.6
1	42.2	0.1	14.4	61.8	15.4	47.5	22.6	9.1
1	2	0.1	10.7	248.2	14.5	53.9	18.9	8.7
1	34.4	0.2	14.2	123.8	21.3	62.4	12.9	8.2
1	31.8	0	5.8	268.1	2.8	60.1	24.9	9.4
1	22.7	0.2	12	153.5	3.4	97.2	27.9	8.7
1	41.8	0.1	14.8	140.3	1.8	53.6	12.2	8.4
1	37.8	0.2	15.4	197	8.9	73.8	25.9	9.4
1	24.6	0.1	14.8	95.8	24.2	69.9	21.3	7.7
1	22	0.2	15.8	256.7	10.6	32.9	26.9	9.3
1	18	0.2	7.4	271.9	17.5	96.1	10.8	7.2
1	11.9	0	15.8	162	12.2	55.5	13	7.1
1	41.7	0.1	15	175.5	19.3	35.3	24.1	7.8
1	19.3	0.1	12.1	217.7	8.8	89.2	14.4	8.2
1	43.2	0.3	7.2	131.9	8.2	46	12.2	9.3
1	13.4	0.2	11.3	161.5	18.2	68.3	13.8	9.4
1	26	0.2	11.6	185.9	12.8	76.7	24.8	7
1	22	0.1	15.1	190	11.7	59.8	29.8	7.1
1	7.2	0	15	64.8	22.9	80.7	24.1	7
1	8.2	0.2	8	115.1	9.6	32.6	15.5	8.9
1	9.6	0.1	15.2	78.3	13.1	40.4	14.2	9.4
1	12	0.2	6.5	175.2	13.6	66.9	10.1	8.1
1	33	0.3	13	121	24.5	74.9	12.3	7.5
1	29	0.2	18.8	94.1	1.3	94.7	24.7	9.2
1	40.4	0.3	13.2	167	5	45.6	25.6	9.7
1	22.5	0.2	19	117.5	24.7	70.5	10.3	7.6
1	26	0	6.4	93.2	4.8	93	26.4	8.7
1	40.8	0.2	14.4	291.8	9.9	34	14.9	8.9
1	0.6	0.3	9.7	225.9	21.7	77.7	26.3	8.5
1	33.6	0.2	9	57.9	2.7	50.6	26.7	7.6

Group	企业规模	服务	雇员工资比例	利润增长	市场份额	市场份额增长	流动资金比例	资金周转速度
2	51.9	0.5	37.4	10.2	36.4	3.5	7.3	6.7
2	54.8	0.5	38.2	25.9	26.6	18.4	14.3	7.3
2	64	0.4	59.7	16.6	25.9	13.3	13.9	6.5
2	37.9	0.3	21.3	-3.2	32.1	38.1	13.9	5.7
2	46.2	0.7	14.2	-8	17.9	49.5	15.8	6.5
2	74	0.6	59.7	61.5	15.8	11.6	8.4	5
2	55.4	0.3	15.3	11.2	23.2	25	8.5	5.6
2	65.9	0.3	42.6	-2.4	34.5	44.4	6.6	5.7
2	74.2	0.4	28.7	43.9	21.1	32.2	16.4	5.4
2	63.6	0.5	17.5	26.4	38.4	14.1	19.3	7.7
2	53.9	0.3	28	38.9	22.8	11.2	16.3	5
2	39.8	0.6	49.2	-8.2	17.7	25.8	7.8	6.2
2	63.7	0.2	42.3	12.3	20.6	22.7	14.5	6.2
2	47.2	0.5	24	41.4	32.3	38	16.4	7.3
2	66	0.5	47.4	-1.5	28	7	12.2	7.1
2	40.5	0.2	24.4	68.2	26.7	31.5	19	6.5
2	35.7	0.5	33.6	17.8	15	11.3	19.1	6.1
2	66.7	0.7	48.3	28.2	32.5	41.5	5.9	6.5
2	64	0.3	38.7	56.2	31.7	16	17.7	5.6
2	70.2	0.7	25.6	37.5	29.8	32.3	8.7	7.8
2	51.5	0.2	38.3	67.8	24.5	28.6	6.1	7.2
2	43.9	0.7	56.8	1.8	32.4	23.3	6.9	5.6
2	67.2	0.4	43.2	95.4	19.4	7.6	6	7
2	57	0.7	18.1	-4.8	28.1	46	9.5	7
2	51.2	0.5	19.6	89.3	22.8	4.1	17.9	6.9
2	57.2	0.6	25.5	66.5	19.3	47	7	7
2	69.7	0.6	39.3	88	16.1	35.4	15.4	5.3
2	36.3	0.3	10.7	25.2	38.4	8.3	6.2	5.6
2	43.7	0.5	46.4	82.5	19.5	13.1	6.7	7.4
2	67.1	0.6	51.9	98.3	20.7	2.5	10.2	5.3

Group	企业规模	服务	雇员工资比例	利润增长	市场份额	市场份额增长	流动资金比例	资金周转速度
3	72.9	0.6	75.4	7.7	37.8	7.2	9.2	2.2
3	82.9	0.6	61.3	−35.8	39.1	10.3	7.6	6.1
3	78.1	0.7	54.4	−10.9	47	1.7	8.9	1.2
3	82.3	0.9	62.9	−77	38.6	1	9.4	1.1
3	87.6	0.7	58.4	−88	38.6	−1.1	2.5	4.7
3	92.4	0.7	68.7	−51.7	49.2	−8.4	9.7	5.7
3	98.3	1	52.5	−34.7	46.8	7.6	8.1	5.2
3	94.3	0.9	51.6	−64.6	39.4	−2.3	5	3.1
3	69.5	0.8	51.2	−60.8	45.2	14.2	8.2	4.3
3	97.6	0.8	68	12.6	43	18.6	7.4	1.7
3	89.4	1	63.6	−35.1	32.4	12.5	3.3	1.6
3	66.7	0.8	73.7	−56.9	37	7.3	3.6	2.9
3	96.9	1	55	0.2	40.5	15.4	2.2	3.2
3	97.4	0.8	58.5	−11.4	33	−7.3	9.6	4.7
3	69.1	0.8	75.6	6.1	37.7	13.2	5.7	1.9
3	77.2	0.9	66	−12.2	48.6	16.4	2.3	3.4
3	82.6	0.9	58	7.2	30.4	4.4	2.1	2.2
3	95.1	0.8	63.5	−39.5	46.1	6.5	7.3	5.6
3	78.3	0.7	73.8	−9.6	48.2	11.1	8.7	5.3
3	65.2	0.5	79.3	−42.5	42.7	5.5	8.7	1.5
3	70.5	0.8	79.5	8.8	40.3	17.7	8.1	4.4
3	95.1	0.8	51.6	3	49.4	−1.6	6.2	4.1
3	81.6	0.9	54	−84	45.6	18.8	6.5	4.3
3	97.6	0.8	62.1	−24.2	30.7	12.1	5	4.8
3	92.9	0.7	64.5	−13.3	39.8	7.2	4.9	5.5
3	74	0.9	56.8	−98.9	41.9	−3.5	9.9	6.4
3	87.3	0.6	65	12.7	38.1	3.5	5.2	3.1
3	87.9	0.6	53.7	−82.6	46.3	−7.4	3	4.2
3	89.7	0.6	73.7	−17.8	34.1	−6.8	5.8	2.6
3	78.1	0.9	57.9	−4.1	32.3	−6.5	3.1	4.2

第 7 章 博弈论导引

博弈论（game theory）亦称"对策论""赛局理论"，是研究具有斗争或竞争性质现象的数学理论和方法，属于应用数学的一个分支。目前，它在生物学、经济学、国际关系、计算机科学、政治学、军事战略和其他很多学科都有广泛的应用，已经成为经济学的标准分析工具之一。博弈论与游戏密切相关，最早，人们试图研究在游戏中如何用智慧和机智去赢得对方，并探求其中的一般规律。这种游戏的特点是，参加游戏的人不但要考虑自己的行为，还要考虑对方如何行动。简言之，博弈论就是研究行为相互影响的人或组织如何根据对手的策略选择自身最大化收益行为的一种方法论，从某个角度而言，它可以看作多人决策理论。

博弈是智慧的较量，互为攻守却又互为制约。世界上资源、机会是有限的，而人的欲望可以无限膨胀，故有人的地方就有竞争，有竞争就有博弈。人生充满博弈，若想在现代社会作为一个强者，就必须懂得博弈论的运用。保罗·萨缪尔森曾说："要想在现代社会做一个有文化的人，你必须对博弈论有一个大致了解。"不管你懂不懂博弈，你都处在世事的弈局中。在单位工作，关注领导、同事，据此采取适当的对策，害人之心不可有，但防人之心不可无。平日生活，结交哪些人当朋友，选择谁当伴侣，都在博弈之中。这样看来，仿佛人生很累，但事实就是如此。古人云，世事如棋，生活中每个人如同棋手，精明慎重的棋手们相互揣摩、相互牵制，人人争赢，下出了五彩缤纷、变幻多端的棋局。

限于篇幅与读者定位，本章只给出博弈论的一些基本概念，重点讲解经典案例，希望起到抛砖引玉的作用。

7.1　博弈论的基本概念

什么是博弈论？简而言之，博弈论是研究多人谋略和决策问题的理论，分析的目的是预测博弈的结果。首先，一个博弈问题必须至少有两个参与博弈的主体，可以是个体，也可以是团体、国家，他们在博弈过程中都有各自的切身利益。由于利益的驱使，他们在做出决策时，总想使出最好的招数。其次，博弈论的各个主体之间总是不可避免地存在竞争，竞争贯穿博弈的全过程，竞争使主体紧密联系在一起，相互依存，相互较量。再次，既然主体之间要进行较量，每个博弈主体就不会闭目塞耳，而是需要"眼观六路，耳听八方"，尽量掌握博弈中对手的特点及已经或可能采用行动的知识和信息。最后，博弈主体非常关心博弈结果，而博弈结果随主体使出的招数不同而不同。

7.1.1　博弈论的要素

据《辞海》所言，"博"有多种含义，通常是指大、广、通，如博学多闻、博古通今；除此之外，还有"众多"、"丰实"之意；作为动词，其意为"换取，取得"，如以博欢心、聊博一笑等；但在古文中，"博"的本意指局戏，即六箸十二棋，故"博"作为动词还隐含"下棋"的意思。又据《辞海》所言，"弈"，即围棋，所以，仅从字面上看，博弈，即下围棋。在英文里，博弈对应 game，意指娱乐或消遣，也有"为达目的所用方法或策略"和"按规则进行的体力或智力比赛"甚至"赌博"的含义。现在"博弈"一词意义广泛，统指"运用策略的各主体之间所进行的计谋互动过程"。

博弈作为一种争取利益的竞争，自从人类存在的那一天开始，博弈便存在。而博弈论则是一种系统的理论，属于应用数学的分支，形成于 20 世纪。博弈论主要研究公式化了的激励结构间的相互作用，考虑游戏中的个体预测行为和实际行为，并研究他们的优化策略。所使用的基本工具是数学模型和逻辑推理。为了较严谨论述博弈论，下面对其几个重要概念给出明确定义，这也是博弈的要素。

（1）参与者：参与者指的是一个博弈中的决策主体，通常也称参与人或局中人，他们参与博弈的目的是通过合理选择行动，以明确取得最大化收益（效用）水平，可以是自然人，也可以是团体、国家等。博弈论是研究理性人行为选择的理论。什么是理性人？按经济学家的定义，理性人就是有能力追求效用最大化的个人。尽管现实生活中的个人基于信息采集及处理的高成本和有限的计算能力，往往不可能在个人行为选择中实现其效用最大化，通常选择的行为是次优而非最优。但是，学者只是将研究的注意力集中在个人的理性行为方面，因为只有做出这种限定之后，才有可能获得明确的结果和对现象做出预测，而预测能力是科学理论应具有的根本功能。一般情况下，在博弈中率先做出决策的一方称为决策人，这一方往往依据自身的感受、经验和表面状态优先采取一种有方向性的行动。在二人对局博弈中行动滞后的那个人称为对抗者，与决策人做出基本反面的决定，并且他的动作是滞后的、默认的、被动的，但最终可能占优。他的策略可能依赖于决策人劣势的策略选择，因此对抗是唯一占优的方式。在一场竞赛或博弈中，每一个有决策权的参与者称为一个局中人。只有两个局中人的博弈现象称为"两人博弈"，而多于两个局中人的博弈称为"多人博弈"。

在博弈论中，有时为了分析的需要，还有一个虚拟参与者——自然，这里"自然"是指不以博弈参与者的意志为转移的外生事件。"自然"选择的是外生事件的各种可能现象，并用概率分布描述"自然"的选择机理。

（2）战略：战略也称策略，是参与者如何对其他参与者的行动做出反应的行动规则。一局博弈中，每个局中人都有选择实际可行的完整的行动方案，即方案不是某阶段的行动方案，而是指导整个行动的一个方案，一个局中人的一个可行的自始至终全局筹划的行动方案，称为这个局中人的一个战略。如果在一个博弈中，局中人都总共有有限个战略，称为"有限博弈"，否则称为"无限博弈"。

通常用小写 s_i 表示参与者 i 的特定战略；$S = \{s_i\}$ 表示参与者 i 所有可能选择的战略集合，称为战略空间。如果 n 个参与者每人选择一个战略，那么 n 维向量 $s = (s_1, \cdots, s_n)$ 称为一个战略组合，其中 s_i 表示参与者 i 的特定战略。

（3）收益：有些称为支付或得失，指一局博弈结局时的收获的结果。每个局中人在一局博弈结束时的收益，不仅与该局中人自身所选择的策略有关，而且与全体局中人所取定的一组策略有关。所以，一局博弈结束时每个局中人的"收益"是全体局中人所取定的一组策略的函数，通常称为支付函数。决策主体之所以投入到博弈中来，就是为了争取最大的利益，利益越大，对参与者的吸引力便越大，博弈的过程也就越激烈。利益是一个抽象的概念，不单指钱，也可以指战争胜利、获得荣誉、赢得比赛，但是有一点，必须是决策主体在意的东西才能称为利益。

（4）信息：信息指参与者在博弈过程中能了解到和观察到的知识。这些知识包括自然选择，其他参与人的特征和行动等。信息对参与者至关重要，因为他需要根据观察到的其他参与者的行动和了解到的有关情况做出最佳选择。利益是博弈的目的，策略是获得利益的手段，信息是指定策略的依据，要想制定出战胜对方的策略，就要获得全面的信息，对对方有更多的了解。《孙子兵法》中说，"知己知彼，百战不殆"。信息能左右博弈双方的输赢，因此信息也成了一种作战手段。传递错误信息迷惑对方，声东击西，已经成为商战和两军作战中常用的战术，比如蒋干盗书，上了大当。既然信息有真假，甄别信息真假就显得格外重要。

除了甄别真假，还应该学会从平常的事物中识别信息。有一个流传很广的故事。19世纪的中叶，在美国加州发现了金矿，很多人都觉得这是一个千载难逢的发财机会，其中就有一个美国17岁的小农民亚莫尔。随着越来越多的人蜂拥而至，加州一时间遍地都是淘金的人。不但金子难淘，就连大家的生活都越来越艰难。因为当地气候很干燥，水源十分缺乏，而淘金还是一个体力活儿，所以不少淘金者不但没有圆淘金的美梦，相反却葬身此处。亚莫尔和其他的淘金者一样都没有发现黄金，而且被饥渴折磨得半死了。有一天，亚莫尔听到一些人议论后突发奇想，淘金的希望十分渺茫，而找水的希望还是很大的；挖金子倒不如卖水。于是亚莫尔停止了淘金，开始找水，他把河水引过来，进行过滤，变成饮用水，再装到桶里，拉到山谷中，一壶壶地卖给那些淘金的人。当时有人嘲笑亚莫尔胸无大志，但是亚莫尔对他们的话并不放在心上，因为在他看来没有哪个地方的水可以像在这里，可以卖到和金子一样的价格。结果几个月后，大多数淘金者是空手而归；小农民亚莫尔在很短的时间卖水挣了 6 000 美元，这在当时是相当可观的。其中的关键便是他识别了一条信息：不一定每个人都能淘到金子，但是每一个人肯定要喝水。

博弈论中所谓的"共同知识"，指"所有参与者知道，所有参与者知道参与者知道，……"的知识。完全信息指所有参与者各自选择的行动的不同组合所决定的各个参与者的收益对所有者来说是共同知识。

（5）均衡：均衡不是平均分配，是一种稳定的状态，是平衡的意思，在经济学中，均衡即相关量处于稳定值。在供求关系中，某一商品市场如果在某一价格下，想以此价格买此商品的人均能买到，而想卖的人均能卖出，此时我们就说，该商品的供求达到了均衡，在博弈论中，均衡指的是所有参与者的最优战略组合，通常记为 $s^* = (s_1^*, \cdots, s_i^*, \cdots, s_n^*)$，其中 s_i^* 是参与者 i 在均衡状态下的最优战略，即参与者 i 所有可能的战略中使效用函数 u_i 或平均效用函数 Eu_i 最大化的战略。

纳什均衡是一稳定的博弈结果，即在一策略组合中，所有的参与者面临这样一种情况，当其他人不改变策略时，他此时的策略是最好的。也就是说，此时如果他改变策略将会降低自己的收益。在纳什均衡点上，每一个理性的参与者都不会有单独改变策略的冲动。

博弈开始之前局中人拥有的禀赋称为势，比如，在扑克牌游戏中摸牌完成后的花色品种分布及有无王牌等。拥有好的"势"对博弈取胜至关重要。当你摸到了大小王牌后，你会喜形于色，因为取胜的把握增大了几分！由于势如此重要，故在战争开始之前，敌对双方都会花大力气进行造势，以形成有利之势，比如抢占制高点、鼓舞士气等。在围棋博弈中，开始几步通常着眼于造势，抢占有利地盘，然后才厮杀。正是由于"势"这种不对称条件的存在，围棋博弈中"执黑先行"者通常就有"先动优势"；而在足球比赛中，开球时通过裁判抛硬币来决定哪一方开出第一球，这是为了公平地分配比赛双方的"势"。在商战博弈中，商家凭计谋取胜更被视为商战高招。孙子云：不战而屈人之兵，善之善者也。企业在竞争中也会运用"造势"来形成竞争优势。譬如，某些企业会抢先进入新兴行业并通过迅速扩大规模来阻止竞争对手。因为其巨大的生产规模带来的规模经济优势使其拥有较大的价格下调空间，从而迫使潜在的竞争者不得不考虑价格战所造成的巨大损失，使其最终放弃进入行业的打算。后面学习中，我们不再考虑造势，即假定局中人禀赋给定。

7.1.2　博弈论的分类

依据不同的标准，博弈有不同的分类方式。下面结合实例一一介绍。

（1）如果参与者同时选择各自的行动，则这类博弈称为静态博弈。"同时"指参与者在同一时间一起行动，也指参与者行动虽然有先后，但后行动者并不知道先行动者采取了什么具体的行动。比如，"石头、剪刀、布"属于静态博弈。动态博弈指参与者的行动有先后顺序，并且后行动者能观察到先行动者所选择的行动。比如，下象棋、打扑克属于动态博弈。

下面我们举两个例子说明静态博弈和动态博弈。

静态博弈：某单位要建一栋大楼，面向社会招标，几个大型建筑公司都想承建这项工程，都向招标处发出了自己的投标意向书，其中包括各自公司对这项工程的设计和报价。竞标的截止日期是 10 月 1 日，有的公司 8 月份就投标了，有的公司 9 月下旬才投标。在这场博弈中，投标公司拼的就是对工程的设计和报价，这也是公司的策略。在这里，每个公司投标的时候不知道其他公司的策略，尽管有的公司 8 月份就投标了，也即做出了策略，但是因为他的内容对外的保密性，并没影响到后来者做出决策。尽管投标时间有先后，但取得的效果与大家同时投标是一样的，所以这是一场静态博弈。

动态博弈：一位老奶奶早早地来到菜市场买菜，走到一个卖西红柿的摊位前询问价格。摊主说："四元一斤。"老奶奶嫌太贵，让其便宜点，说一块五一斤。摊主说自家西红柿沙瓤且自然熟，是好西红柿，一块五买不了这种品种，让她去买别家看看。老奶奶一家人都爱吃西红柿，常买菜也认出这品种确实不错，就说："我再抬高点，二元一斤，我多买点，行吗？"摊主语气略着急地说："多买更不行，这个价格我赔钱！咱都痛快点，三块五。"老奶奶和蔼地说："二块五一斤吧，我要六斤，你六六顺，大早上的，开开张，也吉利。"摊主一听，老奶奶要的确实不少，六六顺，自己也图个吉利，就笑着说："您这，行吧行吧，可别给其他人说这个价在我这买啊！"在这场讨价还价博弈中，类似谈判，双方使出的策略都是根据对方策略做出的，是一场典型的动态博弈。

（2）传统上博弈论分为合作博弈和非合作博弈，其区别在于博弈过程中的局中人之间能否达成一个具有约束力的协议。若能达成协议，就是合作博弈；若不能达成协议，则是非合作博弈。可见，合作博弈并不是指参与者有合作的意向或合作的态度，而是参与者之间具有约束力的协议、约定或者契约，参与者必须在这些协议的范围内进行博弈。合作博弈是研究合作中如何分配利益的问题，目的是使得协议框架内所有参与者满意，而非合作博弈的目的是研究如何为自己争取最大化的利益，并不考虑其他参与者的利益。合作博弈使我们认识到合作的力量和团队的效率，但是，从另一方面看，正是一些行业的寡头之间进行合作博弈，签订协议，强强联合，达到了对一些行业垄断的目的。垄断之后，它们便协议商定产量和价格，获得最大利益。非合作博弈是对自己最大利益的争取，不考虑其他参与者的利益，与其他参与者之间没有共同遵守的协议，它远比合作博弈复杂。总体而言，非合作博弈是研究的主流，在没有特别说明的情况下，一般人们所说的博弈都指非合作博弈。人际交往的本质是利益交换，竞争是第一位的，与 A 的合作也往往是为了与 B 对抗。

对于非合作博弈，基于分析的需要，可根据博弈问题本身的信息结构分为完全信息博弈和不完全信息博弈。所谓的完全信息博弈，是指所有局中人对博弈问题的信息结构是完全的了解，没有不确定性；所谓的不完全信息博弈，是指在博弈前，至少有一个局中人对博弈问题的信息结构没有完全了解，存在不确定性。

（3）按照博弈的结果来分，博弈分为负和博弈、零和博弈、正和博弈。

负和博弈是指博弈的参与者最后得到的收获都小于付出，都没有占到便宜，是一种两败俱伤的博弈。网络上流传着一个笑话：有两个经济学家，在马路上散步，便讨论经济问题，甲经济学家看见了一塑料瓶脏水，思索着对乙经济学家说："你喝了这瓶脏水吧，我给你100万元钱。"乙经济学家犹豫了一会儿，但是还是经受不住诱惑，喝了那瓶脏水，当然，作为条件，甲经济学家给了他100万元钱。过了一会儿，乙经济学家也看见了一塑料瓶脏水，就对甲经济学家说："你喝了这瓶脏水吧，我也给你100万元钱。"甲经济学家犹豫了一会儿，但是还是经受不住诱惑，喝了那瓶脏水。当然，作为条件，乙经济学家把甲给他的100万元还了回去。走着走着，乙经济学家忽然缓过神来了，对甲说："不对啊，我们谁也没有挣到钱，却喝了两瓶脏水。"甲也缓过神了，思考了一会儿说："可是，我们创造了200万元的GDP啊！"

战争是典型的负和博弈。战争中看似一方是获胜者，其实结果是两败俱伤。为什么大家都知道战争是负和博弈，但又控制不住呢？这是因为有人的地方就有竞争，就有对抗，就存在矛盾，而解决矛盾的首要策略是谈判，当谈判失败且矛盾不可调和时，战争就可能爆发，这是解决矛盾最好且有效的手段。在人际交往的时候，如果处理不当，也会陷入负和博弈。人是群居的高等动物，只要生活在世界上，就免不了与其他人交往，这种交往关系就是人际关系。由于每个人都有自己的追求，都有自己的利益，可能是物质方面的，也可能是精神方面的，因此难免会发生冲突。冲突的结局无非三种，或两败俱伤，或一方受益，或双方共赢。两败俱伤是最糟糕的一种，也是经常发生的一种。因此，我们在处理人际关系的时候，要做到"己所不欲，勿施于人"，不能自私自利，更不能见利忘义。

零和博弈又称零和游戏，与非零和博弈相对，是博弈论的一个概念，属非合作博弈。零和博弈指参与博弈的各方，在严格竞争下，一方的收益必然意味着另一方的损失，博弈各方的收益和损失相加总和永远为"零"，双方不存在合作的可能。也可以说：自己的幸福是建立在他人的痛苦之上的，且二者的大小完全相等，因而双方都想尽一切办法以实现"损人利己"。如果各局中人支付之和并不等于零而恒等于一个常数，称此博弈是常数和博弈或恒和博弈。从博弈的本质特征看，常数和博弈与零和博弈并无不同。因此，我们习惯上将恒和博弈称为零和博弈。这是因为，效用函数在加上或减去一个常数后仍为同一偏好序的效用函数，而当常数和博弈中的各局中人支付加上或减去一个常数后，常数和博弈就变成了零和博弈。零和博弈的结果是一方吃掉另一方，一方的所得正是另一方的所失，整个社会的利益并不会因此而增加一分。一般来说，朋友之间玩扑克是一种典型的零和游戏，无论哪一个人赢，都会有其他的人输；两个人打羽毛球且必须有胜负，那么胜者赢的分数恰好是另一方输的分数。生活中的两人零和博弈远比体育比赛复杂，但是输赢的范围还是可以计算和控制的。计算出利润的最大值便是博弈中我们最希望看到的结果，而最小值是我们最不愿意看到的结果。这也比较符合人做事的思想，那就是"抱最好的希望，做最坏的打算"。零和游戏之所以广受关注，主要是因为人们发现在社会的方方面面都能发现与"零和游戏"类似的局面，胜利者的光荣后面往往隐藏着失败者的辛酸和苦涩。从个人到国家，从政治到经济，似乎无不验证了世界正是一个巨大的零和游戏场。这种理论认为，世界是一个封闭的系统，财富、资源、机遇都是有限的，个别人、个别地区和个别国家财富的增加必然意味着对其他人、其他地区和国家的掠夺。

正和博弈亦称合作博弈，是指博弈双方的利益都有所增加，或者至少是一方的利益增加，而另一方的利益不受损害，因而整个社会的利益有所增加。合作共赢的模式在古代战争中经常被小国家采用，他们无力抵抗强国，便联合其他与自己处境相似的国家，结成联盟，其中最典型的例子莫过于春秋战国时期的"合纵"策略。六国间的结盟就是一场正和博弈，博弈的参与者都可以得到自己想要的东西，即不担心秦国的入侵。可惜的是这场博弈最后变成了负和博弈。他们放弃合作，纷纷与秦国交好，失去了作为一个整体与秦国对话的优势，最后集体灭亡。通过合作双赢已经是当今社会的共识。无论在人际交往方面，还是企业与企业之间、国家与国家之间，都是如此。然而，由于一些人的贪心，合作共赢有时候很难实现，但从长远来看，合作是增加集体利益的唯一正确的选择。

7.2　经典案例

博弈论原本是数学的一个分支，20 世纪 50 年代才开始融入主流经济学。以往经济学中频繁出现供给、需求、均衡等名词，而现在更多出现的是纳什均衡、囚徒困境、博弈等博弈论相关概念。经济学作为博弈论的应用领域，极大地推动了博弈论的发展。不过，源于数学的博弈理论，总少不了抽样的概念、深奥的理论、严密的推导。由于"感性→理性→感性"是认识事物的一般规律，除了日常中的石头剪刀布、猜硬币等常见博弈外，本节让读者再熟悉几个经典的博弈实例。它们是想要学习博弈论者的"导游"，这些例子将引导你由浅入深地去了解博弈论的各种概念、理论和方法，更重要的是通过例子去认识博弈论在经济学、社会、政治、军事等领域的应用。

7.2.1　田忌赛马

齐国的大将田忌，很喜欢赛马，有一回，他和齐威王约定，要进行一场比赛。他们商量好，把各自的马分成上、中、下三等。比赛的时候，上马对上马，中马对中马，下马对下马。由于齐威王每个等级的马都比田忌的马强一些，所以比赛了几次，田忌都失败了。

有一次，田忌又失败了，觉得很扫兴，比赛还没有结束，就垂头丧气地离开赛马场，这时，田忌抬头一看，人群中有个人，原来是自己的好朋友孙膑。

孙膑招呼田忌过来，拍着他的肩膀说："我刚才看了赛马，威王的马比你的马快不了多少呀。"孙膑还没有说完，田忌瞪了他一眼："想不到你也来挖苦我！"孙膑说："我不是挖苦你，我是说你再同他赛一次，我有办法准能让你赢了他。"田忌疑惑地看着孙膑："你是说另换一匹马来？"孙膑摇摇头说："一匹马也不需要更换。"田忌毫无信心地说："那还不是照样得输！"孙膑胸有成竹地说："你就按照我的安排办事吧。"齐威王屡战屡胜，正在得意扬扬地夸耀自己马匹的时候，看见田忌陪着孙膑迎面走来，便站起来讥讽地说："怎么，莫非你还不服气？"田忌说："当然不服气，咱们再赛一次！"说着，"哗啦"一声，把一大堆银钱倒在桌子上，作为他下的赌钱。齐威王一看，心里暗暗好笑，于是吩咐手下，把前几次赢得的银钱全部抬来，另外又加了一千两黄金，也放在桌子上。齐威王轻蔑地说："那就开始吧！"一声锣响，比赛开始了。孙膑先以下等马对齐威王的上等马，第一局田忌输了。齐威王站起来说："想不到赫赫有名的孙膑先生，竟然想出这样拙劣的对策。"孙膑不去理他。接着进行第二场比赛。孙膑拿上等马对齐威王的中等马，获胜了一局。齐威王有点慌乱了。第三局比赛，孙膑拿中等马对齐威王的下等马，又战胜了一局。这下齐威王目瞪口呆了。比赛的结果是三局两胜，田忌赢了齐威王。还是同样的马匹，由于调换一下比赛的出场顺序，就得到转败为胜的结果。

不同局中人的理性程度（比如计算能力）存在一定的差异，这种差异在很大程度上将决定着最终的胜负。在田忌赛马中，田忌的理性程度低于齐威王，而齐威王的理性程度又低于孙膑，所以田忌输给了齐威王，齐威王又输给了经孙膑点拨之后的田忌。

7.2.2　海滩占位

现在设想较长的海滩上比较均匀地散布着许多日光浴者。假如有甲与乙两个小贩来到海滩，以同样的价格、同样的质量向日光浴者提供同一品牌的矿泉水（或啤酒）。再作一个合乎逻辑的假定：通常情况下，日光浴者总是到距自己最近的摊位购买矿泉水。在直线状的海滩上他们应当如何合理地安置自己的摊位呢？若将海滩长度标准化为 1（见图 7.2.1），按通常的想法，如果海滩左端为 0，甲在 1/4 处设摊，乙在 3/4 处设摊，这样既方便了顾客，又照顾了甲、乙各占约一半的顾客，可谓公平合理，但问题没这么简单。

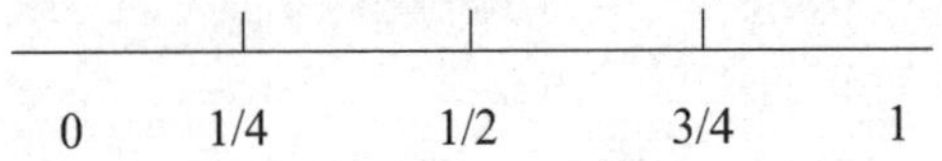

$$0 \quad\quad 1/4 \quad\quad 1/2 \quad\quad 3/4 \quad\quad 1$$

图 7.2.1　海滩占位

其实，生意人都有自己的"理性"，只要手段合法，总是希望自己的生意尽可能地红火，至于他人生意的好坏则不管自己的事。正是出于这种理性，小贩甲自然地产生如下想法：如果我将自己的摊位往乙那儿挪动一下，这样无疑地我从乙那儿"夺"走了一部分生意。毋庸置疑，这是个好主意！然而，乙也是一个"理性"的商人，乙自然也会将自己的摊位往甲的方向挪动。不难想象,双方"斗智"的结果将使甲、乙两个小贩的摊位都到海滩中点 1/2 处相互为邻,并相安无事地做起他们的矿泉水买卖。

社会经济领域内,就有不少类似海滩占位的现象。比如,在城市商业网点的布局中,常常会出现相同行业的多家商店聚在一起,形成"电子一条街""饮食广场"等。如果把城市想象成"海滩",我们就可部分解释此类现象。当然,这其中也存在规模效应,相似商家聚在一起,方便了顾客选择,从而更易吸引顾客。又如,同一城市的不同航空公司经营的飞往同一目的地的航班,常常出现起飞时刻几乎相同的现象。

在文化娱乐方面,也可运用海滩占位给出博弈论解释。如果把电视剧中高雅艺术和低俗节目看作海滩两端,众多观众可以看作散布在海滩上的游客。电视台常常将黄金时段的电视节目定位在中等档次,以提高收视率。

思考:为什么有肯德基的地方就有麦当劳呢?

7.2.3 囚徒困境

两个犯罪嫌疑人作案后被警察抓住,分别关在不同的屋子里接受审讯。警察知道两人有罪,但缺乏足够的证据。警察告诉每个人,"坦白从宽,抗拒从严":如果两人都坦白,则两人罪名成立,各判 6 年;如果两人中一个坦白而另一个抵赖,坦白的放出去,抵赖的判 9 年;如果两人都采取沉默的抗拒态度,因警方证据不足,两人将均被判为轻度犯罪,入狱各 1 年。

于是,每个囚徒都面临两种选择:坦白或沉默。然而,不管同伙选择什么,每个囚徒的最优选择都是坦白:如果同伙沉默、自己坦白的话可以放出去,不坦白的话判一年,坦白比不坦白好;如果同伙坦白、自己也坦白的话判六年,但不坦白的话判九年,坦白还是比不坦白好。结果,两个犯罪嫌疑人都选择坦白,各判刑六年。

如果两人都沉默,则各判一年,显然这个结果好,但这个帕累托改进做不到,因为它不能满足人类的理性要求。囚徒困境所反映出的深刻问题是,人类的个人理性有时会导致集体的非理性——聪明的人类可能会因自己的聪明而作茧自缚,自取灭亡。囚徒困境颠覆了传统经济学中亚当·斯密的理论:每个人都追求利益的最大化时,也会为整个社会带来最大公共利益。实际上,资本主义社会的经济危机也印证了囚徒困境的局面。

另外,需要说明的是,单次发生的囚徒困境和多次重复的囚徒困境结果不会一样。在重复的囚徒困境中,博弈被反复地进行,因而每个参与者都有机会去"惩罚"另一个参与者前一回合的不合作行为。这时,合作可能会作为均衡的结果出现。欺骗的动机这时可能被受到惩罚的威胁所克服,从而可能导致一个较好的、合作的结果。作为反复接近无限的数量,纳什均衡趋向于帕累托最优。

囚徒们虽然彼此合作,坚不吐实,可为全体带来最佳利益(无罪开释),但在资讯不明的情况下,因为出卖同伙可为自己带来利益(缩短刑期),也因为同伙把自己招出来可为他带来利益,因此彼此出卖虽违反最佳共同利益,反而是自己最大利益所在。但实际上,执法机构不可能设立如此情境来诱使所有囚徒招供,因为囚徒们必须考虑刑期以外之因素（出卖同伙会受到报复等），而无法完全以执法者所设立之利益（刑期）来考量。当然，在现实世界里，信任与合作很少达到如此两难的境地。谈判、人际关系、强制性的合同和其他许多因素左右了当事人的决定。但囚徒的两难境地确实抓住了不信任和需要相互防范背叛这种真实的一面。现实中，类似囚徒困境的问题还很多。

1. 军备竞赛

冷战时期，两个超级大国将自己锁定在一场 40 年的军备竞赛中，其结果对双方都毫无益处，这就是军备竞赛问题。军备竞赛是指和平时期敌对国家或潜在敌对国家互为假想敌、在军事装备方面展开的质量和数量上的竞赛。各国之间为了应对未来可能发生的战争，竞相扩充军备，增强军事实力。美苏冷战时期，两个超级大国构成了博弈的两方，可供选择的战略是：扩军、裁军。如果两方都热衷于扩军，则都要为此付出高额的军费，从社会福利角度看，这是一笔庞大的负收益，因为有限的资源用在扩军上，用到医疗、教育等上的资源就会减少。如果两方都选择裁军，则可省下这笔钱建设国内的设施、改善国内的民生、发展国内的经济等，这对双方都好；如果一方裁军，另一方扩军，扩军一方就会以武力威胁甚至战争，这时，战争胜败双方的收益和支付将会出现难以估计的差异。于是，博弈的结果是双方都扩军。

2. 电信价格战

"囚犯困境"在经济学上有很多应用，有力地解释了一些经济现象。

根据我国电信业的实际情况，我们来构造电信业价格战的博弈模型。假设此博弈的参加者为电信运营商 A 与 B，他们在电信某一领域展开竞争，一开始的价格都是 P_0，A 是老牌企业，实力雄厚，占据了绝大多数的市场份额；B 刚刚成立不久，是政府为了打破垄断鼓励竞争而筹建起来的。

正因为 B 是政府扶植起来鼓励竞争的，所以 B 得到了政府的一些优惠，其中 B 的价格可以比 P_0 低 10%。这一举动还不会对 A 产生多大的影响，因为 A 的根基实在是太牢固了。在这样的市场分配下，A、B 可以达到平衡，但由于 B 在价格方面的优势，市场份额逐步壮大，到了一定程度，对 A 造成了影响。这时候，A 该怎么做？不妨假定：

A 降价而 B 维持，则 A 获利 15，B 损失 5，整体获利 10；

A 维持且 B 也维持，则 A 获利 5，B 获利 10，整体获利 15；

A 维持而 B 降价，则 A 损失 10，B 获利 15，整体获利 5；

A 降价且 B 也降价，则 A 损失 5，B 损失 5，整体损失 10。

从 A 角度看，显然降价要比维持好，在概率均等的情况下，A 降价的收益为 $15\times0.5-5\times0.5=5$，维持的收益为 $5\times0.5-10\times0.5=-2.5$，为了自身利益的最大化，A 不可避免地选择了降价。从 B 角度看，效果也一样，降价同样比维持好，其降价收益为 5，维持收益为 2.5，它也同样会选择降价。在这轮博弈中，A、B 都将"降价"作为策略，因此各损失 5，整体损失 10，整体收益是最差的。我们构造的这一电信业价格战博弈模型是典型的囚徒困境现象，各个局部都寻求利益的最大化，而整体利益却不是最优，甚至是最差。遗憾的是：如果 A、B 两家企业的所有权属于"同一人"，则"此人"就会约束他们，阻止他们降价竞争，达到自己的整体利益最大化，但此时会损害消费者的利益。

3. 旅行者困境

两个旅行者从一个以出产细瓷花瓶著称的地方旅行回来，他们都买了 888 元的花瓶。提取行李的时候，发现花瓶被摔坏了，于是他们向航空公司索赔。航空公司知道花瓶的价格估计不会超过 1 000 元，但是不知道两位旅客买的时候确切价格是多少，害怕他们漫天要价。于是，航空公司请两位旅行者在不同房间各自写下自己花瓶的购买价格，如果两人写的一样，航空公司将认为讲的是真话，则如数赔偿；反之，则价格写的低者为真话，按写的低者的价格赔偿，并奖励其 200 元，对写的高者认为是讲假话而罚款 200 元。

这样就开始了一场博弈。原本，为了获得最大赔偿，双方最好的策略是都写 1 000 元，获赔 1 000 元。但甲"精明"地认为如果自己写 900 元而乙会写 1 000 元，他将得到 1 100 元；可是乙更"精明"，他算计到甲会算计他写 900 元，一不做二不休，直接写 800 元，虽然这个价格已经低于自己购买花瓶时的 888 元，但是再加上 200 元奖励，自己可拿到 1 000 元，还是赚不少；可甲更"精明"，……如此重复博弈下去，两人都"彻底理性"地能看透对方十几步甚至上百步的博弈过程，最后落到每个人都写 689 元，因为这个价格再加上 200 元奖励，就是 889 元，比自己当初花的钱还多 1 元。

可能你会想，生活中不会发生如上述例子中的事情，但这个案例旨在告诉我们：一方面，人们在为私利考虑的时候不要太"精明"，因为精明不等于高明，太精明往往会坏事；另一方面，它对于理性行为假设的适用性提出了警告。比如我们的古语说"逢人只说三分话，未可全抛一片心"，这当然足够理性，甚至可以说是"真理"，但如果每个人都这样"理性"的话，那么每个人得到的都将是"三分真话"，这无疑会极大地增加人们的交际成本。所以，对于纯粹的"理性"，我们也要辩证地看待，否则事情的结果会与初衷大相径庭，非但损人，而且不利己。

4. 枪打出头鸟：多人"囚徒困境"

【案例 1】在一个笼子里关了一群猴子，主人每过一天就打开笼子抓一只猴子杀掉。每天主人来时，每个猴子都紧张，它们不敢有任何举动，怕引起主人的注意而被主人选中。当主人把目光落在其中一个猴子身上时，其余的猴子就希望主人赶快决定。当主人最终做出决定时，没有被选中的猴子非常高兴。那个被选中的猴子拼命反抗，其余的猴子在一旁幸灾乐祸地观看，这只猴子被杀掉了。这样的过程日复一日地进行着，最终猴子全部被宰杀掉了。

如果这群猴子群起而攻之，这一群猴子有可能会逃掉。但每只猴子不知道其余的猴子是否会和它一起反抗，它怕自己的反抗会引起主人的注意而被主人选中宰杀掉。

【案例 2】劫匪在公共场合抢劫，而目击者纷纷绕道而行，无人出来制止的新闻常常见诸报端。最典型的莫过于在长途客车上，突然两个"乘客"从座位上站起，挥着刀，喊道："都把钱交出来，谁不老实捅死谁"，这种形式抢劫往往能成功，车上几十号人眼睁睁看着劫匪扬长而去。记者对此类新闻的评价往往归于世风日下，以至于没有出来伸张正义的人，并号召大家共同起来与犯罪分子作斗争。可实际情况是，当如此的犯罪行为再次出现时，群众的反映仍然一样，依旧保持着充满默契的冷漠。

从道德层面来讲，我们每个人都应该坚决地与恶势力作斗争。可在现实生活中，理性的个人除了道德因素外，也会综合考虑其他因素，如果用博弈论的知识来分析，你就会明白为什么很难有人站起来。要想了解当事人心理，最好的办法就是假设你是当时车上一名乘客，然后问自己一句：如果是你，你会第一个起来反抗吗？在乘客面对抢劫的时候，每个人都面临两种选择：一是起来反抗；二是保持沉默。站在任意一个乘客的角度，如果他选择反抗，而其他人都选择沉默，那么他必然受到劫匪的报复，个人财产和人身安全都遭受损失；如果大家共同起来反抗，那么他个人财产得以保全，正义也得到伸张；如果他选择沉默，其他人也沉默，那么只是财产受到损失，人身安全不会受到损失；如果他选择沉默的同时其他人起来反抗，那么他既可以保全个人财产，又不用冒生命危险去与歹徒搏斗。每个人都自己与他人的想法中挣扎着，这是一个典型的"囚徒困境"。我们都知道，囚徒困境的最终结果是两个囚徒都做出了从个人角度来说最合理，却无法实现个人和集体利益最大化的决策，同样，每个乘客出于对自身利益的理性考虑，都做出了沉默的决策，因为此时无论其他人如何决策，沉默都是最理性的个人选择。因此沉默在此种博弈中成为个人的最优策略，集体的沉默使整个博弈达到一种稳定的均衡，这也是为什么大多数乘客选择沉默的原因。

更进一步分析，我们会发现造成如此困境的诸多原因：

（1）信息不畅，决策者之间难以信任。在公车抢劫的例子中，劫匪的突然出现和穷凶极恶会给乘客造成心理畏惧，并放出狠话，"谁不老实捅死谁"，阻止乘客之间的交流以防止他们联合起来反抗。

（2）此类博弈的一次性特点。虽然公车抢劫的现象时有发生，但次数毕竟有限，同一个乘客经历多次抢劫的概率很小，因而对于每个乘客来说可以近似地看作是一次性博弈，因而博弈之后，大家无法共同讨论并做出实现集体利益最大化的决策调整。博弈论可以得出：一次博弈，欺骗是最优策略；而多次博弈，合作是最优策略。

很多集体行为时间一长便成了习惯。上车排队是好习惯；挤车则是坏习惯，也称为集体恶习，集体恶习源于集体不合作。多人"囚徒困境"反映了集体恶习的一个特点，就是集体中成员都知道这是一种对集体有害无益的行为，但不去改正，因为这些成员能从集体恶习中获得收益。人们之所以不在乎集体恶习，一个重要原因是这种恶习带来的隐患远在未来。

5. 公共产品供给

假如小李住在某集体公寓的顶楼——八楼，小张住在七楼。这个公寓是单位的房改房，没有物业管理公司的进入，只是当初约定了所有住户自己负责楼梯卫生和照明。恰好有一天，七楼楼梯间的灯坏了。小张回家时都要用手机当作电筒才能打开房门，小李回家时也要经过没有灯的七楼楼梯间，唯恐踩空了阶梯。事情持续了好几天，但是始终都没有人换上新的灯泡。为什么呢？

公共产品的供给也是一个类似囚徒困境的问题。每个人可供选择的战略为"出钱、不出钱"。如果大家都出钱兴办公共事业，则所有人的福利会增加。问题是，公共产品往往具有共享性，即一旦建好，很难阻止某人不享受此服务，比如国防，不出钱建国防的人也会享受国防的好处，于是就会出现：如果我出钱你不出钱，我得不偿失；如果我不出钱你出钱，我就可以占便宜。结果是，每个人的最优选择都是不出钱。在共享公有物的社会中，由于每个人也就是所有人都追求各自的最大利益，因此在信奉公有物自由的社会当中，毁灭是所有人都奔向的目的地。

6. 污染博弈

假如市场经济中存在着污染，但政府并没有管制的环境，企业为了追求利润的最大化，宁愿以牺牲环境为代价，也绝不会主动增加环保设备投资。按照看不见的手的原理，所有企业都会从利己的目的出发，采取不顾环境的策略，即都污染环境。如果一个企业从利他的目的出发，投资治理污染，而其他企业仍然不顾环境污染，那么这个企业的生产成本就会增加，价格就要提高，它的产品就没有竞争力，甚至企业还要破产。这是一个"看不见的手的有效完全竞争机制"失败的例证。直到20世纪90年代中期，中国乡镇企业的盲目发展造成严重污染的情况就是如此。只有在政府加强污染管制时，企业才会采取低污染的策略组合。企业在这种情况下，获得与高污染同样的利润，但环境将更好。

许多其他行业的价格竞争都是典型的囚徒困境现象，如可口可乐公司和百事可乐公司之间的竞争、各大航空公司之间的价格竞争等。

需要说明的是，博弈分析需要假定"参与者都是理性的"是共同知识，因为"疯子"是不可预测的。遗憾的是人是有感情的，在很多情况下特别不理智，更可怕的是，为了赌气可能自残，甚至带走无辜的人。因此在遇到不理智人的时候，最好不要讲理，不要谈优化，而要顺其自然，甚至躲之。一个理智的人来到一群不理智的人中，你可能就变为"不理智"了，甚至成为一个悲剧。另外，一个人在为自己谋求私利的时候不要太精明，因为精明不等于聪明，也不等于高明，太过精明反而往往会坏事，可谓"聪明反被聪明误"。

7.3　博弈中的随机行动

前面的例子讲述的都是博弈中的参与人在某一个确定的策略下，展开某一种行动，就可以使得自己的效益最优。但有些时候，参与人采用"混合策略"下的"随机行动"才能使得收益最好。这点我们通过"警察与小偷"博弈的案例说明。

某个小镇上只有一名警察，他负责整个镇的治安。现在我们假定，小镇的一头有一家酒馆，另一头有一家银行。再假定该地只有一个小偷。因为分身乏术，警察一次只能在一个地方巡逻；而小偷也只能去一个地方。若警察选择了小偷偷盗的地方巡逻，就能把小偷抓住；而如果小偷选择了没有警察巡逻的地方偷盗，就能够偷窃成功。假定银行需要保护的财产价格为 2 万元，酒馆的财产价格为 1 万元。警察怎么巡逻才能使效果最好？

用我们前面介绍的博弈分类来看，这属于静态博弈，参与者双方事先都不知道对方的选择，自己策略的指定也与对方策略无关。同时，这还是一个完全信息博弈。在这场博弈中，镇上有两处地方都有值钱的物品，警察只能选择一处巡逻，小偷只能选择一处下手作案，以及镇上的交通等，都是双方的共同认知，这些信息对警察和小偷都是公开的，因此这是一场完全信息博弈。假设有一天警察想出了一个捉住小偷的好主意：传出虚假信息，声称自己晚上将去银行巡逻，但暗中去酒馆蹲守。不过，这一切小偷并不知道，他不知道这是警察设下的一个圈套，结果他去酒馆偷盗，最终被警察抓住。在这场博弈中，警察采用了声东击西的策略，但小偷并不知道，因此，这场博弈便变成了不完全信息博弈。

更进一步思考，一种最容易被警察采用而且确实也更为常见的做法是，警察对银行进行巡逻。这样，警察可以保住 2 万元的财产不被偷窃。但是假如小偷去了酒馆，偷窃一定成功。这种做法是警察的最好做法吗？答案是否定的，因为我们完全可以通过博弈论的知识，对这种策略加以改进。警察的一个最好的策略是，抽签决定去银行还是酒馆。因为银行的价值是酒馆的 2 倍，所以用两个签代表，比如抽到 1、2 号签去银行，抽到 3 号签去酒馆。这样警察有 2/3 的机会去银行进行巡逻，1/3 的机会去酒馆。而在这种情况下，小偷的最优策略是：以同样抽签的办法决定去银行还是去酒馆偷盗，与警察不同的是抽到 1、2 号签去酒馆，抽到 3 号签去银行。这样小偷有 1/3 的机会去银行，2/3 的机会去酒馆。

警察与小偷之间的博弈，提供了混合策略的思路，但更形象的样板是"剪刀、石头、布"的游戏。在这样一个游戏中，不存在纯策略均衡。对每个小孩来说，出"剪刀""布"还是"石头"的策略应当是随机的，不能让对方知道自己的策略，甚至是策略的倾向性。一旦对方知道自己出某个策略的可能性增大，那么在游戏中输的可能性也就增大了。还有一种常见的混合策略样板就是猜硬币游戏。比如在足球比赛开场，裁判将手中的硬币抛掷到空中，让双方队长猜硬币落下后朝上的是正面还是反面。由于硬币落下后的正反是随机的，概率都是 0.5。那么，猜硬币游戏的参与者选择正反的概率都是 0.5，这时博弈达到混合策略纳什均衡。对混合策略的传统解释是，局中人应用一种随机方法来决定所选择的策略。从警察和小偷的不同角度计算最佳混合策略，会得到一个有趣的共同点：同样的成功概率。也就是说，警察若采用自己的最佳混合策略，就能将小偷的成功概率

$$1-\frac{1}{3}\times\frac{2}{3}-\frac{2}{3}\times\frac{1}{3}=\frac{5}{9}$$ （警察视角）

拉到他采用自己的最佳混合策略所能达到的成功概率

$$\frac{1}{3} \times \frac{2}{3} + \frac{2}{3} \times \frac{1}{3} = \frac{4}{9} \quad （小偷视角）$$

并且，小偷的收益为 $2 \times \frac{1}{9} + 1 \times \frac{4}{9} = \frac{2}{3}$，警察的收益为 $2 \times \frac{2}{9} + 1 \times \frac{2}{9} = \frac{2}{3}$。这并非巧合，而是两个选手的利益严格对立的所有博弈的一个共同点。这个结果称为"最小最大定理"，由数学家约翰·冯·诺伊曼创立。这一定理指出，在二人零和博弈中，参与者的利益严格相反（一人所得等于另一人所失），每个参与者尽量使对手的最大收益最小化，而他的对手则努力使自己的最小收益最大化。他们这样做的时候，会出现一个令人惊讶的结果，即最大收益的最小值（最小最大收益）等于最小收益的最大值（最大最小收益）。双方都没办法改善自己的收益，因此这些策略形成这个博弈的一个均衡。最小最大定理的证明相当复杂，但其结论却很实用。假如你想知道的只不过是一个选手之得或者另一个选手之失。你只要计算其中一个选手的最佳混合策略并得出结果即可。

所有混合策略的均衡具有一个共同点：每个参与者并不在意自己的任何具体策略。一旦有必要采取混合策略，找出你自己的策略的方法，就是让对手觉得他们的任何策略对你的下一步都没有影响。这听上去像是朝向混沌无为的一种倒退，其实不然。因为它正好符合零和博弈的随机化动机：一方面，要发现对手任何有规则的行为，并相应采取行动，假如他们确实倾向于采取某一种特别的行动，这只能表示他们选择了最糟糕的策略；另一方面，也要避免一切会被对方占便宜的模式，坚持自己的最佳混合策略。因此，采取混合或者随机策略，并不等同于毫无策略地"瞎出"，这其中仍然有很强的策略性。其基本要点在于，运用偶然性防止别人发现你的有规则行为并占你的便宜。

在传统政治中，有所谓"君臣一日而百战"的说法，来形容国君与大臣之间博弈的激烈程度。因为激烈，所以其层出不穷的招式给博弈论的研究提供了丰富的案例。《吕氏春秋》中记载了这样一个故事。战国时，宋康王极端变态，整天喝酒，异常暴虐。凡群臣中有来劝谏的，都被他找理由撤职或者关押起来。臣下也因此对他更加反感，经常非议他。他十分苦恼地对宰相唐鞅说："我处罚的人很多了，但是大臣们越发不畏惧我，这是什么原因呢？"唐鞅说："您所治罪的，都是一些犯了法的人。惩罚他们，没有犯法的好人当然不会害怕。如果您要让您的臣子们害怕，就必须不区分好人坏人，也不管他犯法没有犯法，随便抓住就治罪。这样的话，大臣们就知道害怕了。"唐鞅提出的这个建议，虽然缺德了一些，但却不能不说是深刻地把握住了混合策略博弈的精髓之处。能够预测的惩罚，大臣总会想方设法地加以规避，而无法预测的惩罚，却是防不胜防的，因而也是更令人心惊胆战的。宋康王也是个聪明人，听了这个主意以后恍然大悟，深深地点了点头。他听从了唐鞅的建议，随意想杀谁就杀谁，后来他也把唐鞅杀了，大臣们果然十分害怕，每天上朝时都战战兢兢，不敢多说一句话。

这个故事告诉我们，随机惩罚正是一条制造可信威胁的有效策略。宋康王只是想对臣下进行威胁，使所有大臣有所收敛。如果只惩罚冒犯他的人，大臣们会想法加以规避，宋康王的目的必然无法达到，而随机惩罚使得大臣都担心无法预测的惩罚，所以他们也就不敢再放肆了。随机策略并不意味着你可以随自己的某种偏好而进行惩罚，因为如果出现某种倾向，那就偏离了最佳混合策略。这样一来，宋康王的策略对所有大臣的威胁程度将会大打折扣。

结论：当对手无论怎样做都处于同样的威胁之下，并且不知道采取哪种具体策略的时候，你的最佳策略就是随机策略。但要注意，随机策略必须是主动保持的一种策略。

7.4　有趣的智力游戏

在游戏中学习，在学习中游戏，才能其乐无穷。从博弈论的英文翻译 Game theory 来看，博弈本身就是游戏，如果把游戏当实战，在实战中便可以像对待游戏一样坦然。下面通过几个有趣的智力游戏来体会博弈的奥妙，有助于理解博弈中的"理性"及"共同知识"，能更好地体会"知彼知己，百战不殆"，从而提高自己的决策水平。

7.4.1　猜数游戏

某博弈论老师随机挑选了十多位同学，让每人从 1 到 100 中任选一个整数，看谁最接近所有人平均数的一半。两分钟思考后，每人在纸上写下一个 100 内的正整数上交。题目就这么简单，有价值的是思考的逻辑过程。先说下我写的数字，我在简单思考后写下 21。遗憾的是这个数字不是最后的最佳答案，但思路是正确的，那么，我为什么选了这个数字？这里面涉及博弈论和运筹学的知识。如何赢得结果呢？

第一轮思考，我们设想一个极端的情况，大家都选100。此时，平均数就是100，结果应该是 100/2=50。由此来看，这个游戏的结果不可能大于 50，如果有人选了，可能这个同学没有听课或者没听明白老师的问题等，事实上，还真的有这样的人。现在可以看出，结果一定是 1~50 中的一个数，那么是多少呢？

第二轮思考，我们假定所有人都认真参与到游戏中，那么不会有人选大于 50 的数字。换句话说，大家选的数字最大是 50，那么所有人平均数的一半最大是 25。现在，大家都会想到，自己选的数字不能超过 25，因为最大是 25。

第三轮思考，我们很容易想到，如果大家都选择小于 25 的数字，那么结果最大是 12。

第四轮思考，如果大家都选择小于 12 的数字，那么结果最大是 6。

到这里，已经很清晰了，在相同逻辑的不断重复后，最后剩下的数字一定是 1，而 1 的一半是 0.5。又因为可选数字最小是 1，所以选 1 的人最接近答案，结局就可能是所有人都选 1，所有人都胜出。当然，有个前提是所有人都足够聪明、理性，都能够在两分钟内考虑到这个层面，都很团结的选 1，而现实中却不尽然。有写超过 50 的，20 以下比较少，比较集中的是 20~50 的范围。理论上，数字越小说明这个团队整体智商越高。

游戏虽然很简单，却也给我们一些感受和启发。总结如下：

（1）运筹与决策不是为了告诉别人看透一切，而是"胜出"。其实这个游戏来源于

Yale University 的博弈论公开课。Yale 的学生有六七人选了 1，很多人评论，这说明 Yale 的学生智商高。智商确实高，但只能说是"小聪明"，因为这几个人太理性了，他们应该预估得出来不是所有人都会选 1，在这种情况下，自己选 1 毫无意义，而即便自己"看破了红尘"，也应该通过博弈来决策自己最终要选择的数字，否则就是"迂腐了"。我们的目标是"胜出"，这点应谨记。

（2）实践中一定会遇到很多需要决策的事情，教授、书本、经验都无法告诉我们具体事情该如何决策，但会教我们分析问题的思维，尝试分析对手处于什么层次的智商/能力，尝试分析对手可能出的牌，然后再决策，这样胜算更大些。这就是中国古代所说的"知己知彼百战不殆"。

（3）尽量不要走极端，1 和 50 都是理论值中极端，现实中是不可取的。

（4）我们周围存在太多智商比我们高或比我们低的人，我们不知道各有多少人。然而很多时候"胜出"并不需要知道这么详细，我们只需要利用好这些人即可。不因别人智商高而气馁，不因别人智商低而傲慢。两个人都在做决策，猜忌是不可避免的，"魔高一尺道高一丈"，努力让自己更高一些吧。

（5）如果你是高手，而周围的人都比你差太多，那么你应该努力逃离这个环境，因为你的高智商可能被周围人的无能而埋没。如果你是弱者，别人都是高手，那么也应该逃离这个环境，别以为跟强者在一起你就一定能变强，很多时候我们跟不上高智商人的思路，差距会越来越远。如果大家都是高手，游戏会变得更有意思，但是真正的高手也许不会按套路出牌。

理论上如此，现实中却可能是另一种情况，比如官渡之战。曹操为了拉长袁绍的补剂线，从白马、延津退守官渡，在官渡与袁绍相持不下，几乎弹尽粮绝，关键时刻，许攸叛变，报告了袁绍粮仓在乌巢的消息。如果运用传统运筹的思维，原来是 50%守城、20%骚扰、30%运粮的战术分配，现在知道袁绍粮仓在乌巢，可能会作出 50%守城、30%运粮、20%偷袭乌巢，而曹操却亲自率领绝对精兵奇袭乌巢，一举定了胜负。有人可能会说，因为奇袭乌巢最重要，所以应该是 50%奇袭乌巢。但是有一个很重要的因素，当时谁也不知道，奇袭乌巢能够取得决定性的胜利。站在稳定的角度，守官渡，最多一败，退回许都，卷土重来未可知。重兵袭乌巢，如果袁绍听从张合建议，重兵支援乌巢，则曹操在乌巢被擒，官渡失陷，继而许都沦陷。因此，站在运筹学的角度肯定是坚守官渡，而与运筹学相悖的风险之举则取得了胜利。

7.4.2 海盗与金币

有五个海盗分别是 ABCDE，都很理性、聪明。他们找到了 100 个金币，需要想办法分配金币。海盗有严格的等级制度，A > B > C > D > E。

分配原则：等级最高的海盗提出一种分配方案。所有的海盗投票决定是否接受分配，包括提议的这个海盗。方案如果有超过或等于 $\frac{1}{2}$ 的人同意，则通过；若没通过，则提议者将被扔进海里喂鲨鱼，然后由下一个最高职位的海盗提出新的分配方案；海盗们都绝对理性，以自己尽可能多获得金币为目的，在收益相等的情况下，会倾向把提出者扔到海里。

"海盗分金"其实是一个高度简化和抽象的模型，体现了博弈的思想。在海盗分金模型中，任何"分配者"想让自己的方案获得通过的关键是事先考虑清楚挑战者的分配方案是什么，并用最小的代价获取最大收益，拉拢挑战者分配方案中最不得意的人们。假如你是 A，你如何分配？你的首要目标是活命，其次是获得最多的金币。有的说平均分配原则，每人 20 金币，但这显然不行，后面 4 个海盗会投反对票干掉你。有的说自己少一点，给别人多一点。这很好理解，A 给自己分配得少，以避免被扔进海里，毕竟保命要紧。但这也不行，一则没有完成获得最多金币的任务；二则后面的人都是"海盗"，不会因为你的做法就放过你，你仍然会被干掉。还有的说自己说服另外其中两个海盗干掉另外两个然后平分金币，但这还是不行，因为有前提是"海盗都是理性的"。

（1）因为 E 是最安全的，没有被扔下大海的风险，因此他的策略也最为简单，即最好前面的人全都死光光，那么他就可以独得这 100 个金币了。假如 ABC 全死了，只剩下 DE。D 提出 (100,0) 的分配方案，一共两个人，D 自己同意，超过或等于 $\frac{1}{2}$ 的人同意，E 就没有金币了。所以 E 不会同意只剩下 DE 两个人。

（2）再假定 AB 死了，剩下 CDE。C 知道，D 肯定希望联合 E 干掉 C，那样 D 就能获得 100 个金币。所以 C 必须联合 E，而且只要 C 给 E 哪怕 1 个金币，E 也只能支持 C；否则 E 一个金币也得不到。所以 C 的方案一定是 (99,0,1)。

（3）再往前推，假定只有 A 死了，剩下 BCDE，B 设计分配方案。B 知道，如果自己被干掉，D 的命运将在下一轮终结，因此自己联合 D 可以干掉 CE，而如上轮道理，联合 D 只需要 1 个金币，于是 B 的方案是 (99,0,1,0)，并且不管 A 怎么提都不会同意。

（4）再往前推，便可得 A 的分配方案。因为 B 肯定不会同意，但只要给 C 1 个金币，E 两个金币（如果只给 1 个，E 完全可以等 C 分配时拿 1 个金币再同意）就能获得通过。B 的方案中，会给 D 1 个金币，如果 A 的方案里会给他两个金币（同上，如果只给 1 个，D 可以等 B 分配时再同意），D 是会同意的。所以答案是

$$(97,0,1,0,2) \text{ 或 } (97,0,1,2,0)$$

海盗分金模型的最终答案可能会出乎很多人的意料，因为从直觉来看，此模型中如此严酷的规定，A 真是最不幸的人了。因为作为第一个提出方案的人，其存活的机会是微乎其微，即使他一个金币也不要，都无私地分给其他四个人，那四个人也很可能因为觉得他的分配不公而反对他的方案，那他也就只有死路一条了。可是看起来处境最凶险的 A，却凭借着其超强的智慧和先发的优势，不但消除了喂鲨鱼的危险，最终还使自己的收益最大化。

7.4.3　赢者的诅咒

在文献中，最早对"赢者的诅咒"进行的讨论是由 Atlantic Richfield 的三位工程师卡

彭、克拉普和坎贝尔（Capen，Clapp and Campbell，1971）发起的，它的思想很简单。假设有许多石油公司对特定的某块土地很感兴趣，想要购买它的开采权。假定对所有出价者来说，开采权的价值是相同的，也就是说这个拍卖属于"公共价值"拍卖。另外，假设每个竞标公司都从专家那里得到了关于开采权价值的估价，而且这些估价都是客观的，所以这些估价的平均值和这块地的公共价值相等。那么拍卖结果将会怎样呢？由于某块特定的油田的石油产量很难准确估计，专家的估价也就会有很大不同，有的估价高，有的则低。即使公司的实际出价比专家的估价要低一些，估价较高的公司肯定会比估价较低的公司出价高。事实上，赢得拍卖的公司很可能就是专家估价最高的公司。如果真是这样，竞拍的赢者就很可能会亏损。可以从两个方面说明赢者是被"诅咒"的：

（1）赢者的出价高于这块土地的价值，所以该公司会亏钱。

（2）这块土地的价值低于专家的估价，赢了拍卖的公司也会大失所望。

这两种情况分别叫作"赢者的诅咒 1"和"赢者的诅咒 2"。注意，即使在竞拍胜者盈利的情况下，只要盈利比竞拍时预期得低，程度较轻的"赢者的诅咒 2"仍然适用。两种情况都会使赢者对结果不太满意，所以两个定义看起来都是恰当的。当然，如果所有的竞标者都是理性的，赢者的诅咒就不会发生，所以在市场机制的背景下出现"赢者的诅咒"现象就构成了一种反常现象。尽管如此，要在公共价值拍卖中理性地出价也是很困难的。要想理性地出价，必须首先区分事前已有信息条件下，对拍卖标的物的期望价值和赢得拍卖条件下的预期价值。但是，即使竞价者能很好地理解这个基本观念，如果他低估了为补偿其他竞价者而做的必要的调整金额，第二种情况的赢者的诅咒仍然会发生。

在通常的拍卖中，竞价高的投标人获胜并支付竞标金额，需要考虑两个起着相反作用的因素。其他投标人的增加意味着，为了赢得这场拍卖你必须更积极地出价，但即使你赢了，他们的在场也会增加你高估标的物价值的可能性——这说明其实你应该更谨慎地出价。寻求一个最优的出价并不是个小问题。因此，这是一个在不同情况下，竞价者是名副其实的赢家还是遭遇"赢者的诅咒"的倒霉者的实证问题。下面提供一些实验证据和实地研究的证据来表明，赢者的诅咒可能是个很普遍的现象。

"装满硬币的罐子"就是这样一个例子，它实际上是由马克斯·巴泽尔曼和威廉姆·萨缪尔森在实验室条件下完成的。实验对象是波士顿大学选修了微观经济学课程的 MBA 学生。拍卖的标的物是整罐的硬币，或者其他（如每枚价值四美分的文件夹等）物品。受试者们不知道的是，每个罐子的价值都是 8 美元。受试者们提交了已密封好的出价，并被告知，出价最高的人将得到标的物的价值与其出价的差额。实验一共进行了 48 次拍卖，12 个班级里每班 4 次。直到整个实验完全结束后才为受试者提供信息反馈。受试者们还被要求对每个罐子的价值进行估计（点估计，且置信度为 90%），并对每个班里最精确的估价者提供 2 美元的奖金。对真实价值的估计结果是下偏的，这些罐子的估价均值是 5.13 美元，远低于其真实价值 8 美元。这种偏差，加上对风险的规避，将会对赢者的诅咒现象起反向作用。然而，赢者出价的均值却是 10.01 美元，平均每个赢者亏损 2.01 美元。比较庆幸的是，这个差额补给了赢者。

萨缪尔森和巴泽尔曼在不同背景下，做了关于"赢者的诅咒"的另外一系列实验。

在下面的情境中，你将代表 A 公司（收购方），正准备通过投标的方式收购 T 公司（标的物）。你计划用现金收购 T 公司的全部股份，但不能肯定应该出价多少。复杂之处主要在于：这家公司的价值与其正在进行的一项重要的石油开发项目结果直接相关，并且 T 公司的存亡直接取决于这项开发项目的结果。在最差的情况下（这个开发项目完全失败），在当前的管理层控制下这家公司将一文不值——每股 0 美元。在最好的情况下（项目开发完全成功），在当前的管理层控制下，该公司的股票将高达 100 美元每股。给定了开发结果的变化范围，股价在每股 0 美元和 100 美元之间每个价位都有相同的可能性。在所有可能的情形中，如果这家公司被 A 公司控制会比在当前的管理层控制下价值高很多。事实上，不管当前管理层控制下 T 公司价值多少，由 A 公司控制会比 T 公司控制的价值高出 50%。A 公司的董事会要求你确定购买 T 公司股票的出价。在石油开发项目的结果出来之前，你必须做出决定。因此，当你（代表 A 公司）递交竞标价时，并不知道开发项目的结果，但是 T 公司在决定是否接受你们的竞价时，是已经知道结果的。另外，T 公司被认为会接受 A 公司做出的、任何高于或等于其在自身管理层治理下的公司价值（每股股票价格）。作为 A 公司的代表，你正谨慎地在每股 0 美元和每股 150 美元的价格之间作选择。你将会出什么价格呢？

典型的受试者考虑这个问题的思路大致如下：对 T 公司来说，股价的期望值是 50 美元时，对 A 公司来说值 75 美元。因此，如果我提议在 50 美元和 75 美元之间出价，A 公司应该会赚钱。而这种分析没有考虑到这个问题中的信息不对称因素。正确的分析方法是，必须要在标价被接受的基础上计算该公司的期望价值。我们可以通过一个例子来说明这个问题。假设你出价 60 美元，如果出价被接受，那么，在当前的管理层治理下，该公司的价值肯定不会高于 60 美元。由于所有低于 60 美元的数值都具有同等的可能性，这就意味着对于公司当前股东来说，它的平均价值是 30 美元，或者对你来说平均价值是 45 美元。若出价 60 美元你将会亏损 15 美元。事实上，对于任何大于 0 的出价 x，你都会亏损 $0.25x$。因此，这就产生了赢者的诅咒中最极端的一种形式，在这种形式下，任何大于零的出价都将会导致竞标者的亏损。但是，实验的结果是：超过 90% 的受试者的出价都大 0，大多数出价都在 50 美元和 75 美元之间。

注意：赢者的诅咒是在特定条件下出现的，而现实往往不满足这个条件，因此，在现实中，赢者往往就是赢者。甚至当你拍卖一罐硬币时，可能根本就没有人理会你，更别提出价了。

7.5 合作中的博弈

在肯尼亚有一种猴子，受到威胁的时候就会嚎叫，它的朋友也会跟着嚎叫助阵。而助阵的猴子大都是上次互相抓痒的猴子，不互相抓痒的猴子很少相互助阵。在大海的珊瑚礁中，也有一种小鱼，可以为大鱼清除牙齿中的寄生虫，当然小鱼清除寄生虫时也获得了食物。

　　来自生物界的这两个例子深刻地说明了合作产生的根源：存在合作利益、保持长期关系并且能够识别和惩罚欺骗者。这对于生物界的合作必不可少。生物界还有很多合作的例子，一种简单的合作是互惠合作，因为每个个体可以从这种合作中得到比独自行动更大的利益。比如，研究者发现，在冬天白鹡鸰会联合占有和保卫一个取食领域，因为这样做比它们各自占有一个领域更能增加他们的取食率，共同保卫领域所带来的好处超过了它们共同分享食物所带来的不利。又如，在狮群中，单独一只雌狮捕食斑马的成功率很低，但如果与另一只雌狮合作，则捕食成功率就会大大提高，这种成功足以弥补捕猎成功分享同一猎物所遭受的损失。也许这种简单的互惠合作并不太吸引人，但是它确实展现了生物界的合作关系，更有意思的是，生物界同样存在大量的"知恩图报"式合作。这种合作方式对生物的要求会更高一些，因为与他人协作的好处可能不是即时实现的。

　　如果大家认真仔细地观察，相信可以发现不仅仅生物界存在这种合作现象，在人类世界这种合作现象就更普遍了，合作也是人类世界最根本的规则（至少通过博弈论得到的结论是这样），有时人们会为了达成长久的合作即使在短期有所牺牲也在所不惜。"一荣俱荣，一损俱损"是红楼梦对四大家族的评语，四大家族有各自的利益，也有共同的利益。帮助别人的时候看似动用了自己的人际关系和钱财，但是他们也明白这是一种投资，因为自己也会需要别人的那一天。如果其中一家不与其他三家往来，表面上看省去了许多开支，但从总体和长远来看，是把自己的发展之路变窄了，失去的比剩下的多得多。应该说，人类社会的合作范围与数量远远超出动物界、植物界的合作。这其中的原因，一方面是个人在自然界中势单力薄，需要集体协作，但更重要的是人类大脑的发达使得人类能够识别出那些给自己带来好处以及给自己造成损害的人，从而使人们不容易在合作中上当受骗，这样，合作行为才能得以产生并扩展。并且，随着人类智慧的提升，一些社会、经济、法律制度的出现也使得合作更有保证，即使是向陌生人购买东西，我们并不会担心他一旦收了钱马上转身就跑。当然，正如我们所观察到的一样，制度越完善的国家，人类的合作情形就越好，也就越团结。如果一个社会像一盘散沙，则很可能是制度导致了团体关系冷漠。

7.6　合理制度促进社会进步

　　一个好的制度可以使坏人变好，一个坏的制度可以使好人变坏。如果一个单位存在很多问题，风气不正，那么管理者具有不可推卸的责任，因为这一定程度上是他们造成的，领导要有能力从全局出发制定合理制度。

7.6.1　猎狗狩猎

　　一条猎狗将兔子赶出了窝，一直追赶它，但是追了很久，仍没有捉到。牧羊看到此种情景，讥笑猎狗说："你们两个之间小的反而跑得快得多。"猎狗回答说："你不知道，我们两个跑的目的是完全不同的！我仅仅为了一顿饭而跑，他却是为了性命而跑呀！动力不一样啊！"可惜，这话被猎人听到了。猎人想：猎狗说得对，那我要想得到更多的猎物，得想个好法子。于是，猎人又买来几条猎狗，规定：凡是能够在打猎中捉到兔子的，就可以得到几根骨头，捉不到的就没有饭吃。"引进竞争"这一招果然有用，猎狗们纷纷去努力追兔子，因为谁都不愿意看着别人有骨头吃，自己没得吃。

就这样过了一段时间，问题又出现了。大兔子非常难捉到，小兔子好捉。但捉到大兔子得到的奖赏和捉到小兔子得到的骨头差不多，猎狗们善于观察，发现了这个窍门，专门去捉小兔子。慢慢地，猎狗们都发现了这个窍门。猎人对猎狗说最近你们捉的兔子越来越小了，为什么？猎狗们说反正没有什么大的区别，为什么费那么大的劲去捉那些大的呢？

猎人经过思考后，决定不将分得骨头的数量与是否捉到兔子挂钩，而是采用每过一段时间，就统计一次猎狗捉到兔子的总重量的方法。按照重量来评价猎狗，决定其在一段时间内的待遇。于是猎狗们捉到兔子的数量和重量都增加了。猎人很开心。但是过了一段时间，猎人发现，猎狗们捉兔子的数量又少了，而且越有经验的猎狗，捉兔子的数量下降的就越厉害。于是猎人又去问猎狗。猎狗说："我们把最好的时间都奉献给了您，主人，但是我们随着时间的地推移会变老，当我们捉不到兔子的时候，您还会给我们骨头吃吗？"

猎人做了论功行赏的决定，分析与汇总了所有猎狗捉到兔子的数量与重量，规定如果捉到的兔子超过了一定的数量后，即使捉不到兔子，每顿饭也可以得到一定数量的骨头。猎狗们都很高兴，大家都努力去达到猎人规定的数量。

一段时间过后，终于有一些猎狗达到了猎人规定的数量。这时，其中有一只猎狗说："我们这么努力，只得到几根骨头，而我们捉的猎物远远超过了这几根骨头，我们为什么不能给自己捉兔子呢？"于是，有些猎狗离开了猎人，自己捉兔子去了。猎人意识到猎狗正在流失，并且那些流失的猎狗像野狗一般和自己的猎狗抢兔子。情况变得越来越糟，猎人不得已引诱了一条野狗，问他到底野狗比猎狗强在哪里。野狗说："猎狗吃的是骨头，吐出来的是肉啊！"接着又道："也不是所有的野狗都顿顿有肉吃，大部分最后骨头都没得舔！不然也不至于被你诱惑。"于是猎人进行了改革，规定每条猎狗除基本骨头外，可获得其所猎兔肉总量的 $n\%$，而且随着服务时间加长，贡献变大，该比例还可递增，并且有权分享猎人总兔肉的 $m\%$。就这样，猎狗们与猎人一起努力，将野狗们逼得叫苦连天，纷纷强烈要求重归猎狗队伍。

只有永远的利益，没有永远的朋友。日子一天一天地过去，冬天到了，兔子越来越少，猎人们的收成也一天不如一天。而那些服务时间长的老猎狗们老得不能捉到兔子，但仍然在无忧无虑地享受着那些他们自以为应得的大份食物。终于有一天猎人再也不能忍受，把它们扫地出门，因为猎人更需要身强力壮的猎狗……

启示：引进竞争，改进考核方式，大大提高了工作效率。但是，任何方案都有一定的缺陷，真是"上有政策，下有对策"。作为管理者，一定要与时俱进，因势而定。作为

246

员工，你一定要变得有价值，当你失去价值的时候，也就是被抛弃的时候。但是，为了避免管理者滥用权力，制定对自己有利的制度，社会应该制衡管理者。

7.6.2 智猪争食

猪圈里有两头猪，一头大猪，一头小猪。猪圈的一边有个踏板，每踩一下踏板，在远离踏板的投食口就会落下 10 个单位的食物。如果有一只猪去踩踏板，另一只猪就有机会抢先吃到投食口落下的食物。当小猪踩动踏板时，大猪会在小猪跑到食槽之前刚好吃光所有食物；若是大猪踩动了踏板，则还有机会在小猪吃完落下的食物之前跑到食槽，争吃到一点残羹。假定每拱一次开关需要消耗 2 个单位饲料的能量。

那么两只猪各会采取什么策略？答案是：小猪将选择"搭便车"策略，也就是舒舒服服地等在食槽边；而大猪则为一点残羹不知疲倦地奔忙于踏板和食槽之间。原因何在？因为，小猪踩踏板将一无所获，不踩踏板反而能吃上食物。对小猪而言，无论大猪是否踩动踏板，自己不踩踏板总是好的选择。反观大猪，明知小猪是不会去踩动踏板的，自己亲自去踩踏板总比不踩强吧，所以只好亲力亲为，为一点残羹不知疲倦地奔忙于踏板和食槽之间。

"小猪躺着大猪跑"的现象是由故事中的游戏规则所导致的。规则的核心指标是：每次落下的食物数量、踏板与投食口之间的距离。如果改变核心指标，猪圈里还会出现同样的"小猪躺着大猪跑"的景象吗？不妨试试看。

改变方案一：减量方案。投食仅为原来的一半分量。结果是小猪大猪都不去踩踏板了。小猪去踩，大猪将会把食物吃完；大猪去踩，小猪也会把食物吃完。谁去踩踏板，就意味着为对方贡献食物，所以谁也不会有踩踏板的动力了。

如果目的是想让猪们去多踩踏板，这个游戏规则的设计显然是失败的。

改变方案二：增量方案。投食为原来的一倍分量。结果是小猪大猪都会去踩踏板。谁想吃，谁就会去踩踏板。反正对方不会一次把食物吃完。小猪和大猪相当于生活在物质相对丰富的社会，所以竞争意识不会很强。对于游戏规则的设计者来说，这个规则的成本相当高（每次提供双份的食物）；而且因为竞争不强烈，想让大猪小猪们去多踩踏板的效果并不好。

改变方案三：减量加移位方案。投食仅为原来的一半分量，但同时将投食口移到踏板附近。结果呢，小猪和大猪都在拼命地抢着踩踏板。等待者不得食，而多劳者多得。对于游戏设计者，这是一个最好的方案。成本不高，但收获最大。

原版的"智猪博弈"故事给了竞争中的弱者（小猪）以等待为最佳策略的启发，即搭便车策略。但是对于社会而言，因为小猪未能参与竞争，小猪"搭便车"时的社会资源配置并不是最佳状态。为使资源最有效配置，规则的设计者是不愿看见有人搭便车的，而能否有效杜绝"搭便车"现象，就要看游戏规则的核心指标设置是否合适了。比如，公司的激励制度设计，奖励力度太大，又是持股，又是期权，公司职员个个都成了百万富翁，成本高不说，员工的积极性并不一定很高。这相当于"智猪博弈"增量方案所描述的情形。如果奖励力度不大，而且见者有份（不劳动的"小猪"也有），一度十分努力的大猪也不会有动力了——就像"智猪博弈"减量方案所描述的情形。最好的激励机制设计就像改变方案三"减量加移位"的办法，奖励并非人人有份，而是直接针对个人（如业务按比例提成），既节约了成本（对公司而言），又消除了"搭便车"现象，能实现有效的激励。

现实生活中，很多人在不自觉地使用小猪的策略。股市上等待庄家抬轿的散户；等待产业市场中出现具有赢利能力新产品、继而大举仿制牟取暴利的游资；公司里不创造效益但分享成果的人，等等。因此，对于制订各种经济管理的游戏规则的人，必须深谙"智猪博弈"指标改变的个中道理。

1. 社会制度改革

在改革者与保守派的博弈中，改革者充当社会进步的动力，他们摇旗呐喊、流汗，甚至付出鲜血和生命，而对立者由于利益的矛盾而与之斗争是可以理解的，但是小猪们（大众或小势力）的搭便车是为了免费获得改革结果的好处，事实上他们不具备博弈的资本，或者害怕做出牺牲，因此看上去"静观其变"是比较好的选择。但是，当全社会都没有人站出来要求变革时，人人都害怕出力不得利，那么社会制度就永远不会得到冲击，这也是为什么有些社会制度明明不合理，但是可以长期存在的原因。一个能自动纠正不合理制度的社会才是一个合理的社会，即社会存在自我学习、自我进步的能力。

2. 公司治理结构

现代企业制度下的大股东、小股东和管理层存在博弈互动，一般情况下，小股东缺乏监督管理层的动力，因为监督管理层很可能付出比收益更大的成本，甚至可能导致大股东与管理层的合谋掠夺小股东利益的情况。大股东实力雄厚，在能力和资本上更有条件去监督管理层，这时小股东的搭便车行为更容易得到推崇。但是，在欧美等股权分散的企业里，没有绝对的大股东存在，这样都希望变成搭便车的小猪，所以有很多公司就出现了管理层掌握企业控制权的情况。

3. 广告便车

有一种现象是，在大酒店和大宾馆的周围有很多小酒店和小旅馆聚集，这又是一个典型的小猪搭便车模式。大公司（大猪）有实力打广告吸引客户和人流，这是小公司小酒店不可能复制的营销策略，那么靠在大公司旁边自然可以利用别人吸引来的客流和人流。

为什么农家乐聚集在名胜风景区旁边，也是这个道理。

4. 公司员工搭便车

在公司的办公室政治中，有一个常用语"鞭打快牛"和"能者多劳"，确实存在越能干越辛苦的现象。当大家都形成统一的认识，一个人比较能干后，大家都会选举他做劳模，知道一个人比较懒时，都会说他懈怠敷衍。但是劳模偶尔没有完成任务就会被数落，但是经常懈怠的人每次都完不成任务反而别人不会再说他。"你是先进、你是优秀，你怎么可以落下工作呢？"

员工和企业也存在一个"智猪博弈"过程，员工相当于大猪，员工有两种选择，努力工作或者消磨时间。如果员工努力工作，那么企业和员工都受益；如果员工敷衍工作，拿多少工资干多少活，那么最终会被企业辞退。员工只有行动才会受益，不行动则不受益或者受损。而企业可以选择物质奖励，也可以选择说教等待，物质奖励企业必先拿出部分资金作为奖励品，显然收益为负，而等待则不受损，即使辞退员工也可以有人填补空缺，让员工有危机感反而会促进员工的积极性。所以，聪明的员工会选择努力工作引起领导关注而得到加薪。

对于企业经营者来说，如何理解博弈论，如何运用博弈论原理指导企业有效管理，这是值得思考的事情。要克服公司搭便车现象，就要对公司各个职位的权、责、利进行明确的界定和保护，从而打消某些员工的懈怠和搭便车的机会。

5. 公司并购中的搭便车

面对收购者，如果存在大股持有人和小股持有人，小股持有人宁愿当搭便车者，因为收购之后的股价会超出收购价格（收购溢价），由于小股持有人无论出售股权还是保留股权都不能成为收购成功与否的决定因素，所以以不变应万变，选择不卖的优势策略。而大股持有人只有出售才能促成收购的成功，不出卖就得不到收购价格，逼迫他出卖股权，而小股东也会得利。为了打击小股东的搭便车行为，往往公司成立之初就会通过法律来界定权利，比如规定收购者一旦接管公司就有权利稀释那些没有转让的股权。

搭便车现象反映出了权利界定和权利配置缺失的问题，如果存在第三方，比如法院，来监督执行权力配置，多劳多得、不劳不得，那么就不会有不劳而获的搭便车行为。人们往往同情"大猪"，憎恶搭便车、不劳而获的"小猪"，而事实正好相反，小猪才是权利界定确实的受害者，他们没有能力保护自己的成果，只能采取搭便车行为。

6. 中小企业的搭便车

大企业就好比大猪，中小企业就好比小猪，而控制按钮可以比作技术创新，可以给企业带来收益。大企业资金雄厚，生产力强，有更多能力进行技术创新，推出新产品后可以迅速占领市场并获得高额利润。而小企业的最优选择就是等待，等大企业技术创新后，跟在大企业后，抢占市场份额，从这种创新中获得利益。

"智猪博弈"启发我们：竞争中的弱者以"等待"为最佳策略。每个中小企业在其起步阶段都会遇到一个选择，是直接进入产品市场已经成熟的领域去分"大猪"的一杯羹，还是开发新产品做自己踩踏板的"大猪"。若自己开发有前途的新产品，自然有机会在新领域迅速崛起进而成为实力雄厚的大企业，但是开发新领域的过程中除去产品生产技术的研究，更要在市场推广方面花费大量的资金。再好的产品如果消费者不了解、不接受，没有销路，自然无法生存。经济实力并不雄厚的中小企业经常难以承受巨额的广告及市场推广费用，致使计划夭折。在这个踩踏板的过程中，成本过高，让小猪难以承受，就算成功踩了踏板流出了食物，也会有大猪来抢食，结果还是得不偿失。若是生产那些市场成熟被消费者所认可的产品，必然是有大企业已经开发好的市场，不愁销路，是大猪们已经踩过的踏板，小猪只需去分食物就好了。

因此，起步阶段的中小企业选择较为成熟的产品市场是更好的选择。在小企业经营中，学会如何"搭便车"是一个精明的职业经理人最基本的素质。在某些时候，如果能够让其他的大企业首先开发市场，是一种明智的选择。这时候有所不为才能有所为！当然也不要觉得做"小猪"没有发展。如果食物足够多，那小猪在踩踏板的情况下依然可以得到充足的食物。同样的，如果市场需求足够大，中小企业就可以趁机去踩踏板，即使有大企业来分食，依然能占领一片可观的市场，使自己得以发展壮大。还可以在合适的情况下，选择与大企业一起踩踏板，也不失为一个走出困境的好办法。高明的管理者善于利用各种有利的条件来为自己服务。

如果说做一个不用踩踏板只等着分食的小猪是一件幸福的事，那就未免过于狭隘了。市场风云千变万化，食物时多时少、时远时近，并不像题目中的一成不变，没有踏板主动权只等分食的小猪时刻面临着食不果腹的风险。所以"智猪博弈"中不可避免地产生了"小猪困境"。一个中小企业在大企业开发的市场中能站稳一席之地也许不算太难，可若想在此基础上抢夺大量市场，发展成为实力雄厚的大企业，希望实在是渺茫，也只能等着分一杯羹。

总结：智猪博弈理论在解决问题中给了我们很大的启发，可智猪博弈的结果毕竟是在某一特定的题设条件下得出的。事实上，要辛苦踩踏板的大猪不见得是一个费力不讨好的角色，看似幸运小猪也不会永远都有免费的午餐，故在实际应用中，我们更应具体情况具体分析，辩证地去看待大猪与小猪之间的关系，并灵活、巧妙地去运用它。作为管理者，应该去制定游戏规则，而不应该单纯地去做裁判，因为制度比个人的权威和魅力更重要。邓小平同志讲过一句话，一个好的制度可以约束坏人；一个坏的制度可以使好人变坏。比如，当年英国政府将流放澳洲的犯人交给往来于澳洲之间的商船来完成，但经常会发生因商船主或水手虐待犯人，致使大批流放人员因此死在途中，葬身大海的情况。后来，大英帝国对运送犯人的制度稍加改变，流放人员仍然由往来于澳洲的商船来运送，只是运送犯人的费用要等到犯人送到澳洲后才由政府支付给商船。仅这样一点小小的"改变"，几乎再也没有犯人于中途死掉的事情发生。

习 题

1. 利用囚徒困境博弈解释可口可乐与百事可乐的价格竞争。
2. 利用博弈论解释 OPEC 组织成员国之间的合作与背叛。
3. 牧民与草地的故事：当草地向牧民完全开放时，每一个牧民都想多养一头牛，因为多养一头牛增加的收益大于其购养成本，是有利润的。尽管因为平均草量下降，增加一头牛可能使整个草地的牛的单位收益下降。但对于单个牧民来说，他增加一头牛是有利的。可是如果所有的牧民都看到这一点，都增加一头牛，那么草地将被过度使用，从而不能满足牛的需要，导致所有牧民的牛都饿死。这个故事就是公共资源的悲剧。

（1）请利用博弈论解释牧民的选择。

（2）作为管理者，怎么制定制度可以避免公共资源悲剧。

第8章 博弈论的表述方式

博弈论中，一般可以用两种不同的表述方式来表达一个博弈：一种是标准式（也称战略式，strategic form representation）表述；另一种是扩展式（extensive form representation）表述。从理论上讲，两种表述方式是等价的，任何博弈都既可以用标准式表述，也可以用扩展式表述，但相对而言，标准式表述更适合静态博弈，扩展式表述更适合动态博弈。

标准式博弈，又称战略式表述（strategic form）或矩阵式表述（matrix form），是指博弈问题的一种规范性描述。标准式博弈是一种最常用的博弈问题描述方式，是一种相互作用的决策模型，这种模型假设每个参与人仅选择一次行动或行动计划（战略），并且这些选择是同时进行的。因此，对于那些不需要考虑博弈进程的完全信息博弈问题，如完全信息静态博弈，非常适合用标准式博弈来描述。

8.1.1 基本概念

1. 标准式博弈定义

标准式表述包含以下三个基本要素：① 博弈的参与者集合，$\Gamma = \{1, 2, \cdots, n\}$；② 每个参与者的战略集 S_i，$i \in \Gamma$；③ 每个参与者的支付函数集 V_i，$i \in \Gamma$。

例 8.1.1（新产品开发博弈） 两开发商（不妨称为开发商 A 和开发商 B）准备各自开发同一个新产品，并投放市场。开发中开发商的投入—产出如图 8.1.1 所示。

开发商（A）
- 开发：投入2000元
  - 需求大
    - 开发商（B）不开发，获利润800万元
    - 开发商（B）开发，获利润300万元
  - 需求小
    - 开发商（B）不开发，获利润200万元
    - 开发商（B）开发，赔400万元
- 不开发：不投入，利润为0

图 8.1.1 新产品开发的投入—产出图

试用标准式博弈对两个企业都知道市场需求且企业同时决策的博弈情形，即完全信息静态的"新产品开发博弈"进行建模。

用标准式博弈对问题进行建模，只需说明构成博弈问题的三个要素——参与者、参与者的战略和参与者的支付。假设市场需求大，那么完全信息静态的"新产品开发博弈"的标准式描述可用表 8.1.1 来表示。

表 8.1.1 "新产品开发博弈"的标准式（需求大时）

		开发商（B）	
		开发	不开发
开发商（A）	开发	300, 300	800, 0
	不开发	0, 800	0, 0

在表 8.1.1 中，开发商 A 和开发商 B 为博弈中的参与人，"开发"和"不开发"是两个参与者的行动（或战略），每个方格中的一组数字表示参与者采用相应的战略组合所得到的支付，其中第一个数字表示左边的参与者（开发商 A）的支付，第二个数字表示右边的参与者（开发商 B）的支付。

从表 8.1.1 中可以清楚地看到博弈问题中的参与者，参与者的战略及参与者的支付，因此在博弈分析中，对于只有两个参与者的有限博弈问题，一般都用表 8.1.1 的形式来表示一个博弈问题的标准式描述。表 8.1.2 给出了当市场需求小时，完全信息静态的"新产品开发博弈"的标准式描述。

表 8.1.2　"新产品开发博弈"的标准式（需求小时）

		开发商（B）	
		开发	不开发
开发商（A）	开发	-400, -400	200, 0
	不开发	0, 200	0, 0

2. 注意事项

标准式表述的博弈模型需要明确以下要素内容：

（1）局中人（player），也称为参与者，指参与博弈的成员，可以是作为自然人的个人，也可以是企业、团体、组织机构、国家甚至国际联盟组织等。博弈论假定局中人是追求效用最大化的理性人。当局中人是企业、团体、组织机构甚至国家时，假定构成这类组织的自然人也是追求效用最大化的理性人。在具体的分析中，可以用利润最大化或其他目标函数来代替效用最大化，但这些不同的目标函数之间并不存在矛盾，它们都应被理解以效用最大化为一致性基础的相互可替代的表达方式。

记 n 为一个博弈中局中人的个数（ $n = 1, 2, \cdots$ ），Γ 为所有局中人构成的集合，$\Gamma = \{1, 2, \cdots, n\}$，$i$ 为一个特定的局中人（ $i = 1, 2, \cdots, n$ ），$i \in \Gamma$。

一个特别的局中人可能是"自然"，它是我们上述规定的例外，因为它既不是自然人，也不是由自然人构成的组织，同时也不是追求效用最大化的行为主体，它往往表示一种博弈面临的环境或外生条件。

（2）战略空间（strategy space），指每一个局中人可以选择的战略所构成的集合。一个战略（strategy）是指局中人选择行动的规则，而行动是指局中人的决策变量。一个战略告诉局中人在什么时候选择什么行动。记第 i 个局中人的战略空间为 S_i，记 S_i 中的一个元素为 $s_i \in S_i$，$i \in \Gamma$。

（3）信息，指参与者在博弈中拥有的相关知识，特别是有关其他参与者的特征和行动的知识。

（4）支付函数，指参与者从博弈中获得的效用水平或利润水平或其他形式的目标函数。根据我们在前面给出的说明，无论是什么样形式的支付函数，它们一般都是以效用函数为基础的。

（5）结果，这是一个内容较为广泛的概念，通常指研究者对博弈结束时所带来的各种感兴趣的效应或要素的集合。

记第 i 个局中人的支付函数为 $u_i = u_i(s_1, \cdots, s_i, \cdots, s_n), i \in \Gamma$，局中人的支付不仅是该局中人自己所选战略的函数，而且还是所有其他局中人选择战略的函数，这正是博弈论所强调的互动效应的数学描述。

（6）均衡，指所有局中人都选择的最优战略或行动的组合。在博弈论中，有不同的均衡概念，但基础性的均衡概念指的是"纳什均衡"。

我们一般将局中人、行动、结果统称为博弈规则，一个具体的博弈规则将决定相应的博弈均衡（但均衡不一定是唯一的）。

3. 有限标准式博弈

我们在标准式博弈研究中，经常会遇到一类较为简单的博弈，称为有限标准式博弈。其定义如下：当参与者的个数 n 为有限数且每个参与者的战略空间中的元素只有限个时，称博弈为有限标准式博弈（finite strategic game）。

8.1.2　两人的标准式表述

1. 两人的标准式博弈定义

在有限标准式博弈中，参与者个数 n 为 2，且每个参与者的战略空间中的元素只有有限个，称为两人的标准式博弈。

2. 注意事项

两人的标准式博弈是最简单的也是最常见最有用的博弈表述。现实中的好多博弈都可以抽象概括为两人的标准式博弈。在两两博弈中，只需考虑博弈的三个要素：① 博弈的参与者集合；② 每个参与者的战略集；③ 每个参与者的支付函数集。并不需要考虑参与者采取战略的时间序列。两人的标准式博弈适合于完全信息静态博弈。

3. 实际应用

例 8.1.2（囚徒困境博弈）　两个小偷甲和乙联手作案，私入民宅被警方逮住但未获证据。警方将两人分别置于两个房间分开审讯。政策是若一人招供但另一人未招，则招者立即被释放，未招者判入狱 9 年；若二人都招，则两人各判刑 6 年；若两人都不招，则未获证据但因私入民宅各拘留 1 年。如何描述这个博弈？他们将如何选择？

用标准式对该博弈进行描述，如表 8.1.3 所示。

表 8.1.3 "囚徒困境博弈"的标准式

		囚徒 A	
		坦白	抵赖
囚徒 B	坦白	-6, -6	0, -9
	抵赖	-9, 0	-1, -1

例 8.1.3（攻守博弈） 如果给你两个师的兵力，由你来当"司令"，任务是攻克"敌人"占据的一座城市，而敌军的守备力量是三个师。规定双方只能整师调动兵力。通往城市道路只有甲、乙两条。当你发起攻击时，如果你的兵力超过敌人，你就获胜；否则失败。那么，你将如何制订攻城方案？

其实除去假象、情报、气象、水文、装备、训练、士气等因素，敌我胜算的概率都是 50%。

敌人的部署方案：

◆ A：三个师都驻守甲方向；

◆ B：两个师驻守甲方向，一个师驻守乙方向；

◆ C：一个师驻守甲方向，两个师驻守乙方向；

◆ D：三个师都驻守乙方向。

我方的部署方案：

◆ X：两个师都从甲方向攻击；

◆ Y：一个师从甲方向攻击，一个师从乙方向攻击；

◆ Z：两个师都从乙方向攻击。

用 1，-1 表示我方攻克，敌方失守；-1，1 表示我方败退，敌方守住。交战双方胜负分析如表 8.1.4 所示。

表 8.1.4 "攻守博弈"双方全部部署方案的标准式

		敌			
		A	B	C	D
我	X	-1, 1	-1, 1	1, -1	1, -1
	Y	1, -1	-1, 1	-1, 1	1, -1
	Z	1, -1	1, -1	-1, 1	-1, 1

从我方角度无法马上分出优劣，现从对方角度出发，只要敌方是趋利避害、争赢防输的理性人，就不会采用方案 A 和 D（见表 8.1.5）。

表 8.1.5 "攻守博弈"考虑对方部署方案的标准式

		敌	
		B	C
我	X	-1, 1	1, -1
	T	-1, 1	-1, 1
	Z	1, -1	-1, 1

此时，看起来敌方的胜算大，其实不然。既然敌方不会采用策略 A 和 D，我方的策略 Y 也就没有意义了（见表 8.1.6）。

表 8.1.6　"攻守博弈"考虑敌我双方部署方案的标准式

		敌	
		B	C
我	X	-1, 1	1, -1
	Z	1, -1	-1, +1

例 8.1.4（石头，剪刀，布博弈）　"石头，剪刀，布"是一个校园猜拳游戏。苏珊和苔丝是玩这个游戏的两个孩子，她们同时选择代表石头、剪刀或布的手势。输赢规则如下：布包石头（布赢石头），石头砸碎剪刀（石头赢剪刀），剪刀剪碎布（剪刀赢布）。

用标准式描述该博弈如表 8.1.7 所示。

表 8.1.7　"石头，剪刀，布博弈"的标准式

		苏珊		
		布	石头	剪刀
苔丝	布	0, 0	1, -1	-1, 1
	石头	-1, 1	0, 0	1, -1
	剪刀	1, -1	-1, 1	0, 0

例 8.1.5（性别战博弈）　这个博弈说的是一对处于热恋中的青年男女准备来一次约会，男孩喜欢欣赏足球比赛而女孩喜欢看芭蕾舞表演。当然，他们俩都更喜欢在一起看表演而不愿分离，分离（哪怕是短暂的）带给他俩的痛苦会完全抵消掉独自看自己喜欢的表演所带来的快乐，当心爱的人不在身边时，哪有心思去欣赏表演或比赛呢？

用标准式对该博弈进行描述，如表 8.1.8 所示。

表 8.1.8　"性别战博弈"的标准式

		女	
		足球	芭蕾
男	足球	2, 1	0, 0
	芭蕾	0, 0	1, 2

8.1.3　三人的标准式表述

1. 三人的标准式博弈定义

在有限标准式博弈中，参与者个数 n 为 3，且每个参与者的战略空间中的元素只有限

个，称为三人的标准式博弈。

2. 注意事项

前面我们讨论了最简单的两人博弈，只有两个参与者，参与者选择战略时只需要考虑单一对手的反应。但是，大多数现实世界中的相互作用，往往包括两个以上的参与者，两个以上的战略，或者两者兼有，有时候参与者或战略的数量是很大的。在博弈论中，三人博弈或多人博弈的应用也十分广泛，有必要研究三人博弈。对此，主要基于两方面的考虑：首先，三人博弈比较简单，运用比两人博弈稍微复杂的分析技巧，就可以处理三人博弈问题。其次，对三人博弈的研究可以拓展到多人博弈，两人博弈却无法做到这一点。例如，在三人博弈中，两个参与者很有可能联合起来对抗第三方，而这在两人博弈中是不可能发生的。

3. 实际应用

例 8.1.6（国际联盟博弈） 兰尼斯坦、圣吉亚和乌特兰是毗邻欧弗海湾的三个国家，各国在海湾附近都驻扎着陆军和海军。要想控制整个海湾，至少需要两个国家联合起来，而且与军队部署密切相关。如果两国联手控制了海湾，就将以牺牲第三国利益为代价，促进本国贸易和经济的繁荣。三个国家需要考虑的战略是在什么地点部署本国兵力：兰尼斯坦可以把军队部署在海湾的南面和北面，圣吉亚的军队可能在海湾的东面或西面，乌特兰军队控制了斯瓦普岛的近海处或陆地上。

表 8.1.9 直观说明了三个国家的战略与收益情况，乌特兰的战略位于表右上方，圣吉亚战略位于乌特兰战略之下的竖列，兰尼斯特的战略位于横行。矩阵中间的数字为各国收益，顺序为兰尼斯坦，圣吉亚和乌特兰。例如，若三个国家选择的战略是（南，东，近海处），则兰尼斯坦的收益为 1，圣吉亚和乌特兰的收益都为 7。

表 8.1.9　"国际联盟博弈"的标准式

		乌特兰			
		陆地上		近海处	
		圣吉亚		圣吉亚	
		西	东	西	东
兰尼斯坦	北	6, 6, 6	7, 7, 1	7, 1, 7	0, 0, 0
	南	0, 0, 0	4, 4, 4	4, 4, 4	1, 7, 7

例 8.1.7（政治博弈中的拆台者博弈） 第三方有时会充当"拆台者"的角色。所谓拆台者，是指自己不可能获胜却可以阻止其他人获胜的参与者。在美国总统选举中，"拆台者"的存在是相当普遍的。许多人认为，2000 年大选中，拉夫尔·纳德就扮演了"拆台者"的角色。

表 8.1.10 说明了纳德为什么是一个"拆台者"，该表与前面的表 8.1.9 类似。作为博弈的第三方，纳德的战略位于右上方，其收益排在最后。候选人布什被称为富有同情心的保守主义者，宣传中可采取两种战略：侧重"保守主义"，或者是"同情心"。戈尔可以选择以"自由主义者"或者以"中立者"的身份参加竞选，而纳德的战略是"参选"或"不参选"。各参与者的收益用获得的普选票数表示。

当博弈中存在三个或三个以上参与者时，对任一参与者而言，与大多数人合作总是比较好的选择下面举一个例子。

表 8.1.10 "政治博弈中的拆台者博弈"的标准式

		纳德			
		参选		不参选	
		戈尔		戈尔	
		自由主义	中立	自由主义	中立
布什	保守主义	45, 50, 1	45, 49, 3	45, 53, 0	45, 52, 0
	同情心	48, 46, 2	46, 47, 3	48, 48, 0	46, 50, 0

例 8.1.8（股票投资建议博弈）卢维坦亚是一个小国，该国的股票市场相当活跃，但是只有通用材料公司（GS）一家企业，还有琼、朱丽亚和奥古斯塔三个市场顾问。当至少两名顾问推荐购买通用材料公司的股票时，股价才会上升，推荐"买"的顾问会赢得声誉、客户群和一定的收入。当至少两名顾问推荐卖出通用材料公司的股票时，股价将下跌，推荐"卖"的顾问同样会赢得声誉、客户群和一定的收入。

表 8.1.11 为三名顾问的收益情况。通过分析可以发现，该博弈存在两个纳什平衡：一是三人都推荐"买"；二是三人都推荐"卖"。若三名顾问意见产生分歧，孤立者将遭受损失，进而会改变其战略选择。

给我们的启示是，当博弈中存在三个或多于三个参与者时，对任一参与者而言，都会努力与其他参与者步调保持一致。

表 8.1.11 "股票投资建议博弈"的标准式

		琼			
		买入		卖出	
		朱丽亚		朱丽亚	
		买入	卖出	买入	卖出
奥斯古塔	买入	5, 5, 5	6, 0, 6	6, 6, 0	0, 6, 6
	卖出	0, 6, 6	6, 6, 0	6, 0, 6	5, 5, 5

8.2 扩展式表述

对博弈问题的规范性描述是科学、系统地分析博弈问题的基础。上一节介绍了一种常用的博弈问题描述方式——标准式博弈，虽然这种博弈模型结构简单，只要给出问题的三个基本构成要素（即参与人，参与人的战略及参与人的支付），就可以完成对博弈问题的建模。但是，由于标准式博弈假设每个参与人仅选择一次行动或行动计划（战略），并且需要参与人同时进行选择，因此从本质上来讲标准式博弈是一种静态模型，一般适用于描述不需要考虑博弈进程的完全信息静态博弈问题。

虽然标准式博弈可以对动态博弈问题进行建模，但是从所得到的模型中只能看到博弈的结果，而无法直观地了解到博弈问题的动态特性。在例 8.1.1 中，给出了"开发商（A）先决策，开发商（B）观察到开发商（A）的选择后再进行选择"这样一种博弈情形的标准式描述，即表 8.1.1 和表 8.1.2。虽然表 8.1.1 和表 8.1.2 都完整地给出了博弈问题的三个要素——参与人、参与人的战略及参与人的支付，但是知道的仅仅是开发商各自选择自己的战略时所得到的结果，无法直观地看到博弈的过程"开发商（A）先行动，开发商（B）观察到开发商（A）的行动后再行动"的博弈过程。

本节将介绍一种新的博弈问题的描述方式——扩展式博弈。

8.2.1 扩展式博弈概念

扩展式博弈包括以下要素：① 参与者集合；② 行动次序，即谁在何时行动；③ 参与者的支付函数，即作为参与者所选择行动函数的参与者得益（博弈结果）；④ 参与者行动时所选择的策略；⑤ 每一参与者行动时所了解的信息。

从上述定义可以看到，如果要用扩展式博弈对一个博弈问题进行建模（或者描述），那么除了要说明博弈问题所涉及的参与人及每位参与人的支付函数，还必须对博弈过程中参与人所遇到的决策问题的序列结构进行详细的解释，说清楚每个参与人在何时行动，以及参与人行动时可供选择的行动方案和所了解到的信息。

例 8.2.1（新产品开发博弈） 试用扩展式博弈对两个开发商都知道市场需求且开发商（A）先决策，开发商（B）观察到开发商（A）的选择后再进行选择的博弈情形，即完全信息动态"新产品开发博弈"进行建模。

注意事项：

（1）参与人的行动顺序，采用博弈树（game tree）来表示，记为 T。

（2）博弈树规则：每一个结点至多只有一个其他结点位于其前面；没有一条路径可以使一个结点与其自身连接；每个结点是唯一的初始结点的后续结点，即博弈树必须有初始结点；每个博弈树只有一个初始结点。如果有两个以上初始结点，可利用"自然"构建一个限于这几个初始结点的"原始初始结"。

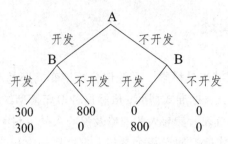

图 8.2.1　"新产品开发博弈"的扩展式

（3）博弈树的终点结与得益函数：不是任何结点的前续结点的结点被称为"终点结"，记为 $z \in Z$。每个 z 完全确定了博弈树中的一条路径，因此可用函数 $u:Z \to R$ 来描画一系列行动的得益，其中 $u_i(z)$ 表示到达终点结时参与者 i 的得益。

（4）行动集的表述：引入映射 $i:X \to \Gamma$，表示在结点 x 采取行动的参与者 $i(x)$。引入有限行动集 A 以及函数 i，用来给每一个非初始结点 x 标上达到它的最后一次行动。要求 i 在每一结点的直接后续结点的集合上是——对应的，因此不同的后续结点对应不同的行动。同时，用 $A(x)$ 表示 x 结点上可行的行动集。

（5）信息集（information sets）的表述：参与者选择行动时所掌握的信息用信息集 $h \in H$ 来表示，它把树的结点进行了划分，即每一个结点仅在一个信息集中。我们要求，如果 x 与 x' 属于同一个信息集，则在这两个结点上应该由同一个参与者采取行动，而此时拥有该信息集 $h(x)$ 的参与者对自己究竟处于 x 还是 x' 其实是不确定的。进一步要求，如果 $x' \in h(x)$，那么 $A(x') = A(x)$，即该参与者在该信息集的每一结点上都有相同的选择集。因此，可用 $A(h)$ 表示信息集 h 上的行动集。

8.2.2　完美信息博弈

在一个扩展式博弈中，如果所有的信息集都是单点集，则称该博弈为完美信息博弈（games with perfect information）。

在完美信息博弈中，参与者在每个时点采取一个行动，在其决策的时候知道以前所有的行动。以下为实例应用。

例 8.2.2（棒球博弈）　棒球击球手的安打率如表 8.2.1 所示。

表 8.2.1　棒球击球手的安打率

击球手	投手	安打率
右击	右投	0.255
右击	左投	0.274
左击	右投	0.291
左击	左投	0.266

现在是棒球比赛的第九局，巴尔的摩金莺队和纽约扬基队打成平局。纽约扬基队的

投手是 A，他是右打投手。巴尔的摩金莺队的击球手是 B，他是右打击球手。巴尔的摩金莺队的总教练正在考虑是否把 B 换成左打击球手C。他更愿意 C 对阵 A，以得到更好的结果。然而，作为回应，纽约扬基队的总教练可以将 A 替换成左打投手 D。相比 C 来说，巴尔的摩金莺队的总教练更愿意让 B 对阵 D。当然，两个队的总教练的偏好相对立。

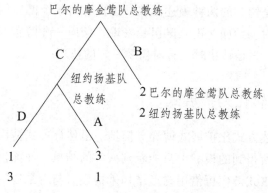

图 8.2.2 "棒球博弈"的扩展式

例 8.2.3（军力调拨博弈）　1914—1918 年的欧洲血战，是损失最为惨重的一场战争，参与者为法国和德国，收益用战争导致的灾难程度衡量。将这场战争的灾难程度记为 10，没有战争时的灾难程度记为 0。由于灾难程度是一种非正收益，收益数字均为非正数。如果两国都调拨大炮，双方收益均为-10；如果双方都不调拨大炮，双方收益均为 0。若一方调拨大炮，另一方按兵不动，那么调拨的国家损失就小，记为-9，而按兵不动的国家损失就多，记为-11。该博弈的扩展式如图 8.2.3 所示。

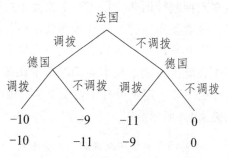

图 8.2.3 "军力调拨博弈"的扩展式

通过扩展式博弈模型，不仅可以看到博弈的结果，而且还能直观地看到博弈的进程。从侧重博弈结果的描述对比，扩展式博弈更注重对参与人在博弈过程中所遇到决策问题的序列结构的详细分析。一般而言，要了解一个博弈问题的具体进程，需弄清楚以下两个问题：① 每个参与人在什么时候行动（决策）；② 每个参与人行动时，他所面临决策问题的结构，包括参与人行动时可供他选择的行动方案及所了解的信息。上述两个问题构成了参与人在博弈过程中所遇到决策问题的序列结构，那么就意味着知道了博弈问题的具体进程，即可用扩展式博弈描述。

8.3　两者之间的转换

标准式和扩展式是博弈的两种表述形式。虽然有时某个博弈用其中的一种形式表述更为方便，但并不绝对。约翰·冯·诺伊曼发现，任何一个博弈都可以表示成标准式，也可以表示成扩展式。只是转化时，有时需要一定的技巧。

8.3.1　标准式转化为扩展式

标准式博弈的描述方式比扩展式博弈更简洁。虽然标准式博弈也可以对动态博弈问题进行建模，但是从所得到的模型中只能看到博弈的结果，而无法直观地了解到博弈问题的动态特性。而扩展式博弈可借用树形结构来描述参与者采取的序列行动，并描述了这些行动的博弈环境，包括可供参与者选择的行动方案与博弈中参与者所面临的博弈状况。有时候，为了了解参与人在博弈过程中所遇到决策问题的序列结构的详细情况，将标准式转换为扩展式更为直观形象。而且一个标准式博弈可以转化为多个扩展式博弈。下面通过几个案例来说明标准式转换为扩展式。

例 8.3.1（托斯卡博弈）《托斯卡》是一部关于爱、忠诚、腐败、淫欲和谋杀的故事。剧中主要人物有托斯卡、托斯卡的恋人卡瓦拉多西和警察总监斯卡比亚。斯卡比亚觊觎托卡斯的美貌，设计了一系列毒辣的阴谋。首先，他逮捕了卡瓦拉多西，然后告诉托卡斯第二天早上会将卡瓦拉多西押赴行刑队，他（斯卡比亚）可以令行刑队使用真子弹，这样卡瓦拉多西肯定会死，或者使用空弹，这样卡瓦拉多西可以活下来。斯卡比亚以此要求托斯卡委身于他，托卡斯必须决定是否屈服于他。在斯卡比亚做出对卡瓦拉多西的判决后，斯卡比亚和托斯卡在晚上见面。托卡斯面对斯卡比亚（她知道斯卡比亚已经做出决定，但不知道决定是什么）要决定是委身于他还是拿刀刺向这个恶魔。

这个博弈的标准式如表 8.3.1 所示。

表 8.3.1　"托卡斯博弈"的标准式

		斯卡比亚	
		真子弹	空弹
托斯卡	刺杀	2, 2	4, 1
	屈服	1, 4	3, 3

标准式转化为扩展式如图 8.3.1 或图 8.3.2 所示。

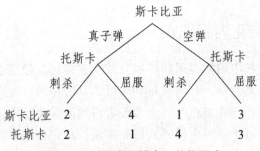

图 8.3.1　"托卡斯博弈"的扩展式

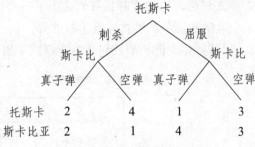

图 8.3.2　"托卡斯博弈"的扩展式

例 8.3.2（性别战博弈）　将例 8.1.5（性别战博弈）的标准式转化为扩展式（图 8.3.3）。

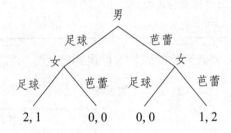

图 8.3.3　"性别战博弈"的扩展式

例 8.3.3（股票投资建议博弈）　将例 8.1.8（股票投资建议博弈）的标准式转化为扩展式（图 8.3.4）。

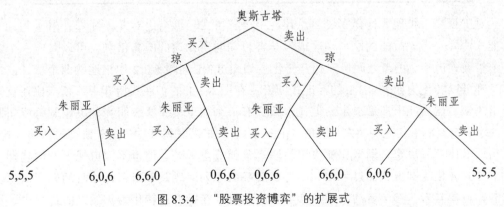

图 8.3.4　"股票投资博弈"的扩展式

8.3.2 扩展式转化为标准式

扩展式博弈是一种常用的博弈问题描述方式。它的优点是描述了参与者在博弈过程中所遇到决策问题的序列行动，参与者行动时可供其选择的行动方案及所了解的信息集和参与者的支付函数，即博弈结束时每个参与者得到的博弈结果。与扩展式博弈相比，标准式博弈更为简单。对于每一个扩展式博弈来说，总存在一个标准式表达式。尽管每个扩展式博弈只可以转化为一个相对应的标准式博弈，标准式却可以转化为多个扩展式博弈。这就意味着在将扩展式转化为标准式时，我们丢失了一些信息，但这些丢失的信息无关紧要。下面通过几个案例来说明扩展式转换为标准式。

例 8.3.4 将例 8.2.2（棒球博弈）的扩展式转化为标准式（表 8.3.2）。

表 8.3.2　"棒球博弈"的标准式

		纽约扬基队总教练	
		保留里夫萨	将里夫萨替换成约翰逊
纽约扬基队总教练	保留洛佩斯	2，2	2，2
	将洛佩斯替换成吉本斯	3，1	1，3

例 8.3.5 将例 8.2.3（军力调拨博弈）的扩展式转化为标准式（表 8.3.3）。

表 8.3.3　"军力调拨博弈"的标准式

		德国	
		调拨	不调拨
法国	调拨	−10，−10	−9，−11
	不调拨	−11，−9	0，0

对于每一个扩展式博弈来说，总存在一个标准式模型与之对应。同样，对于每一个标准式博弈，考虑战略的序列顺序或参与者行动时所知道的博弈信息，可以对应一个或多个扩展式模型，两者之间可以相互转化。如图 8.3.1 和图 8.3.2 中描述的两个扩展式博弈，都可以转化为如表 8.3.1 的标准式博弈。在图 8.3.1 的扩展式博弈中，斯卡比亚首先做出决定，然后托卡斯做决定，但托卡斯只有一个信息集，这表明当她决定刺杀或屈服时，她不知道斯卡比亚的决定。同理，在图 8.3.2 的扩展式博弈中，托卡斯首先做出决定，然后斯卡比亚做决定，斯卡比亚决定使用真子弹或空弹时，他也不知道托卡斯的选择。在扩展式转化为标准式的过程中，不考虑战略的序列问题及参与者行动时的博弈信息，只需知道参与者、参与者的决策及参与者的支付。在标准式转化为扩展式的过程中，不

仅要知道参与者在博弈过程中所遇到决策问题的序列行动，还要知道参与者行动时可供选择的行动方案及所了解的信息集和参与者的支付函数。

标准式和扩展式各有优缺点，可以根据实际问题的需要采取不同的描述形式。

习 题

1.（垃圾处理博弈）琼斯先生和史密斯先生各自在郊区拥有一套周末别墅，该地区不提供垃圾日常处理服务。他们可以共雇一辆卡车处理垃圾，但收费很高，每人每年需支付 500 美元。此外，他们还有另外两种选择：一种是，他们都焚烧垃圾；另一种是，琼斯可以将垃圾倒在史密斯房子旁边的一块属于自己的空地上，史密斯也可以将垃圾倒在琼斯房子旁边的一块属于自己的空地上。如果别人不在别墅附近倒垃圾，别墅带给每位房主的年收益假定为 5 000 美元，如果有人倒垃圾，则为 4 000 美元。利用以上信息，给出该博弈的标准式模型。

2.（斗鸡博弈）"斗鸡"是古代盛行于世界各地的一种古老的游戏，想必许多人对"斗鸡"中雄鸡那特有的姿势和进退动作有着深刻的印象。现实生活中有许多斗鸡博弈的例子，如奥林匹克运动员的击剑比赛，击剑运动员们总是以这样一种战略进行比赛，即对方进攻时后退，对方后退时进攻。给出该博弈的标准式模型。

3.（市场阻挠博弈）有两个销售同样产品的销售商 A 和 B 打算进入某一区域性市场。由于这个区域市场对产品的需求是有限的，当他们都同时进入该区域市场时，他们各自占有的市场规模都偏小，从而造成 1 个单位的亏损；但是，当只有一个销售商进入该区域性市场时，则获得 1 个单位的利润；当然，不进入市场时的利润为零。假如 A 和 B 同时进行决策或者他们在进行各自的决策时并不知道另一方的选择，则博弈被称为是一种"静态"博弈，刻画它们的支付情况的矩阵被称为"支付矩阵"。给出该博弈的标准式模型。

现在我们将这个博弈作一种修改，假定博弈是"动态"的，即 A 和 B 在行动选择上有"先"与"后"的顺序。假定 A 先选择，B 在 A 完成了其选择后再进行自己的行动选择，并且 B 在进行行动选择前知道 A 的选择结果。试用扩展式描述该博弈。

4.（卖水博弈）汤姆、迪克和哈里都经营瓶装水生意。如果一人或两人扩大生产，他们就可以从没有扩大生产的人手里抢到生意，获得较高利润。但是，如果三人都扩大生产的话，又会回到原来的平衡状态。列出该博弈的标准式模型。

5.（囚徒困境博弈）8.1 节给出了囚徒困境博弈的标准式，试将该博弈的标准式转化为扩展式。

6.（听话博弈）阿达曼要与妹妹芭芭拉分一个棒棒糖。阿达曼有两个选择：与妹妹一人一半或自己留 90%。芭芭拉也有两个选择：接受或拒绝。图 1 为该博弈的扩展式。

试将如上扩展式转化为标准式。

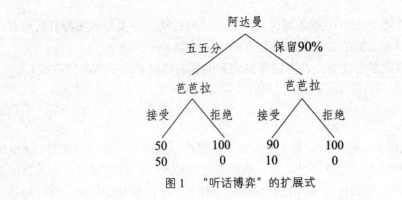

图 1 "听话博弈"的扩展式

第9章 完全信息静态博弈

完全信息静态博弈（perfect information static game）指博弈方同时决策，或虽非同时但后行者并不知道先行者采取了什么具体行动，同时每个参与人对其他所有参与人的特征、策略空间及支付函数有准确认识的博弈。完全信息静态博弈，属于非合作博弈中最基本的类型之一。囚徒困境、智猪博弈、田忌赛马、猜硬币、石头剪刀布等都属于这种博弈。

在博弈论发展史上，均衡的概念有一段发展演化的过程。从早期的占优策略均衡、重复剔除劣策略的占优策略均衡，到后来的纳什均衡，博弈论的基本框架才算完成。继纳什均衡之后，又出现了混合策略的纳什均衡，一些更为精致的均衡概念也被陆续提出，而且研究还在不断深入。本章介绍完全信息静态博弈的几种均衡和经典模型及其应用等。

9.1 占优均衡

9.1.1 基本概念

一般来说，每个参与人的最优策略选择依赖于所有其他参与人的策略选择。但在一些特殊的博弈中，一个参与人的最优策略可以不依赖于其他参与人的策略选择，即参与人有占优策略。

所谓占优策略（dominant strategy），是指在一个博弈中，不管其他博弈方选择什么策略，参与人的某个策略给他带来的收益始终高于或至少不低于其他策略的策略。如果某个参与人有占优策略，那么该参与人的其他可选择策略被称为"劣策略"。

由所有参与者的占优策略组合所构成的均衡就是占优策略均衡。因为没有一个理性的参与人会选择劣策略，所以在一个博弈里，如果所有参与人都有占优策略存在，那么占优策略均衡是可以预测到的唯一的均衡。

为了表达上的简略，第 i 个局中人的"对手"标记为 $-i$，第 i 个局中人所选择策略为 $s_i \in S_j$，S_i 表示第 i 个局中人可以选择的所有策略所构成的集合。其他所有局中人所选择的策略组合向量记为

$$s_{-i} = (s_1, \cdots, s_{i-1}, s_{i+1}, \cdots, s_n), \ s_i \in S_j$$

又记为

$$s = (s_1, \cdots, s_{i-1}, s_{i+1}, \cdots, s_n) = (s_i, s_{-i})$$

定义 9.1.1 设 $s_i, s_i' \in S_i$，若满足

$$u_i(s_i, s_{-i}) \leqslant u_i(s_i', s_{-i}), \quad \forall s_{-i} \prod_{j \neq i} S_j \tag{9.1}$$

其中：$\prod_{j \neq i} S_j$ 表示 $s_1, \cdots, s_{i-1}, s_{i+1}, \cdots, s_n$ 构成的欧几里得乘积空间。则称 s_i 为 s_i' 的劣策略，称 s_i' 为 s_i 的占优策略。当不等式（9.1）对某些 s_{-i} 变成等式时，称 s_i 为 s_i' 的弱劣策略，称 s_i' 为 s_i 的弱占优策略。

当不等式（9.1）对任何 s_{-i} 都是严格不等式时，则称 s_i 为 s_i' 的严格或强劣策略，称 s_i' 为 s_i 的严格或强占优策略。

显然，s_i' 为 s_i 的占优策略就是无论在其他局中人选择什么策略的情形下，局中人 i 选 s_i' 都是相对于他选 s_i 为最优的策略。

在博弈论中，我们通常所说的（弱）劣策略并不是指（弱）劣于所有其他策略的策略。只要某个策略（弱）劣于另一策略，我们就可称之为（弱）劣策略。

对于某局中人来说，假如存在某个强占优策略可选择，我们就没有理由相信他会不选择这个策略。如果所有局中人都选择了各自的强占优策略，那么可以预测没有任何人会改变已有的策略选择。从另一角度看，如果在一个博弈中，每一个局中人都存在一个

强占优策略（显然，此时这种强占优策略必然是唯一的），我们可预测每一个局中人都会选择其各自的强占优策略。所以，我们自然地将这种可能出现的均衡状态当作一种可预测结果。于是有如下定义：

定义 9.1.2 当一个博弈中的所有局中人都选择各自的强占优策略时，我们称博弈达到了占优策略均衡。

当所有局中人都选择了各自的强占优策略时，根据理性人假定，我们可预测任何一个局中人都不会改变其已有的策略选择，因而这种已有的策略组合是一种均衡。

需要指出，当我们把定义 9.1.2 中的"强占优策略"改为"占优策略"时，也会得到一种类似的均衡概念。但是，对于弱占优策略，我们不能预测局中人一定会选择它，因为还至少存在另一种可选择的策略，它给局中人带来的支付在其他局中人选择某些特定的策略组合时，与该策略带来的支付相等。这样，我们不能预测博弈的最终策略组合选择。或者说，在这种场合，可能出现的博弈结局有多种可能，因而存在多个不同的"占优策略均衡"。

为了避免这种不确定性，博弈论中通常将"占优策略均衡"按定义 9.1.2 的方式给出，即只考虑由强占优策略组合构成的"占优策略均衡"。

例 9.1.1 当我们把定义 9.1.2 中的"强占优策略"用"占优策略"取代时，就可能存在多个"占优策略均衡"。表 9.1.1 给出了一个例子。

表 9.1.1　存在四个"占优策略均衡"的博弈

		B		
		L	M	R
A	a	1, 1	2, 0	3, 1
	b	0, 2	1, 1	2, 2
	c	1, 3	2, 2	3, 3

当把定义 9.1.2 中的"强占优策略"用"占优策略"取代时，A 有两个占优策略，即策略 a 和策略 c，B 也有两个占优策略，即策略 L 和策略 R；但 a、c 只是 A 的弱占优策略，L、R 只是 B 的弱占优策略。显然，(c, L)、(c, R)、(a, L) 和 (a, R) 都是在这种意义下的"占优策略均衡"。

9.1.2　囚徒困境模型

囚徒困境最早是由美国普林斯顿大学数学家阿尔伯特·塔克（Albert Tucker）1950 年提出来的。他当时编了一个故事向斯坦福大学的一群心理学家们解释什么是博弈论，这个故事后来成为博弈论中著名的案例。囚徒困境是非零和博弈中的代表性案例，属于完全信息静态博弈，反映个人最佳选择并非团体最佳选择。虽然困境本身只属模型性质，但现实中的价格竞争、环境保护等方面，也会频繁出现类似情况。

例 9.1.2（囚徒困境模型） 两个犯罪嫌疑人 A 和 B 作案后被警察抓住，隔离审讯；

警方的政策是"坦白从宽，抗拒从严"，如果两人都坦白则各判 6 年；如果一人坦白另一人不坦白，坦白的放出去，不坦白的判 9 年；如果都不坦白则因证据不足各判 1 年。

写出博弈的支付矩阵，每个格子中左侧数字为囚徒 B 的支付或得益，右侧数字为囚徒 A 的支付或得益，见表 9.1.2。

表 9.1.2　囚徒困境博弈的支付矩阵

		囚徒 A	
		坦白	抵赖
囚徒 B	坦白	-6, -6	0, -9
	抵赖	-9, 0	-1, -1

如同博弈论的其他例证，囚徒困境假定每个参与者（即"囚徒"）都是利己的，即都寻求自身利益最大化，而不关心另一参与者的利益，且理性的参与者绝不会选择严格劣势策略。另外，没有任何其他力量干预个人决策，参与者可完全按照自己意愿选择策略。

囚徒到底应该选择哪一项策略，才能将自己个人的刑期缩至最短？两名囚徒由于隔绝监禁，并不知道对方选择；而即使他们能交谈，还是未必能够相信对方不会反口。对于任一犯罪嫌疑人，如果对方坦白，自己坦白被判 6 年，抵赖被判 9 年，坦白好于抵赖；如果对方抵赖，自己坦白被释放，抵赖被判 1 年，坦白好于抵赖，所以无论另一犯罪嫌疑人是选择"坦白"或是选择"抵赖"，他选择"坦白"都是相对于选择"抵赖"的最优的策略。因此，"坦白"是"抵赖"的占优策略，而"抵赖"是"坦白"的劣策略，并且，"坦白"还是"抵赖"的强占优策略，"抵赖"是"坦白"的强劣策略。

双方都抵赖，各判 1 年，但因为坦白是各自的占优策略，抵赖是双方的严格劣策略，结果双方都选择坦白，都被判 6 年。各人追求利己行为而导致的最终结局是一个均衡，也是对所有人都不利的结局，故该模型被称为"囚徒困境"。一旦陷入囚徒困境，其中任何一方都无法独善其身，即使对方都有合作的意愿，也很难达成合作。

1. 囚徒困境的应用

7.2 节介绍了囚徒困境在经济学、军备竞赛、电信价格战、公共品供给、污染问题等方面的应用，除此之外，以下现象中也有囚徒困境的应用。

（1）关税战。

两个国家，在关税上可以有以下两个选择：① 提高关税，以保护自己的商品（背叛）；② 与对方达成关税协定，降低关税以利各自商品流通（合作）。

当一国因某些因素不遵守关税协定，而独自提高关税（背叛）时，另一国也会有同样反应，亦背叛，这就引发了关税战。共同背叛的结果是，两国的商品失去了对方的市场，对本身经济也造成损害。

（2）行业价格战。

许多行业的价格竞争都是典型的囚徒困境现象。在价格博弈中，只要以对方为敌手，那么不管对方的决策怎样，自己总是以为采取低价策略会占便宜，这就促使双方都采取低价策略，最终使双方陷入困境。

在国内的家电大战中，虽然不是两个对手之间的博弈，但由于在众多对手当中每一方的市场份额都很大，每一个主体人的行为后果受对手行为的影响都很大，所以其情景大概也是如此。商家本可以合作起来，制定比较高的价格，那样大家都可以避免价格大战而获得较高的利润，但是往往这些商家处于利益驱动的"囚徒困境"，五花八门的价格联盟总是短暂的，双赢也就成了泡影。

20 世纪末的"彩电价格战"是我国价格战的开端。1999 年 4 月 12 日，长虹公司为扩大市场宣布彩电产品降价，结果对整个行业市场造成巨大震动，随即康佳、TCL、创维等达成彩电联盟，宣称都不降价。但 4 月 20 日晚，康佳开始降价，随后其他品牌也纷纷降价，价格战立即蔓延开来。大家都降价对于各自扩大市场没有多大帮助，反而使得利润都被削减了，据统计，1996—2000 年彩电行业发生大的价格战达到 8 次以上，行业利润减少 147 亿元，整个行业全面亏损。2012 年苏宁京东的"8·15 价格战"引起全社会的广泛关注，京东和苏宁在网上商城展开激烈的价格战，通过降价来吸引消费者，最终的结果是双方陷入囚徒困境，消费者成了赢家。

（3）公共资源的过度使用。

当人们都在追求自身利益最大化时，公共资源常常是受人照顾最少的事物。例如渔业，公海中的鱼是属于公共的，而在自己不滥捕其他人也会滥捕的思想下，渔民会没有节制地捕鱼，结果导致海洋生态被破坏，渔民的生计也受影响（共同背叛的结果）。

2. 走出囚徒困境

（1）做出可以置信的承诺。走出囚徒困境的第一个做法，就是要向对手做出可以置信的承诺。那什么样的承诺是可以让别人相信的呢？

在很多经济活动中，对方都认为你会首先考虑自身的利益，因此承诺时，如果你的承诺不符合自身利益，或让对方感到不符合你的自身利益，对方就不会相信你的许诺。所以在现实生活中，我们做的许诺，要让别人认为和你的利益是相符的。另外，一般公开的承诺比私下的许诺相对来讲更加可信一些，所以在承诺时，尽量在公开的环境进行。

（2）建立权威机制。在囚徒困境中，每个人都秉承个体理性行事，集体理性是缺位的，没有人从集体理性的角度考虑问题。如果能够找到一个人，让他代表集体理性，从集体理性出发来做决策，让个体理性和集体理性统一起来，那就有可能走出囚徒困境。

能代表集体理性的这种人，我们称之为权威，这里的权威指组织权威，即在一个组织中具有一定的领导地位，大家都遵从他的话语权。组织权威从整体利益最大化的角度出发做决策，从这个角度来讲，他成为集体理性的化身，所以作为组织的权威，既要明辨是非又要有洞察力，能够从集体理性出发做决策，让个体理性和集体统一起来，避免走入囚徒困境。

（3）产权机制。产权一般指财产权利，如果是公共财产，就涉及权利的使用问题。公共财产的使用者之间，往往容易陷入一种囚徒困境式的博弈。

1968 年，英国经济学家加勒特·哈丁教授，在一篇名为《公地悲剧》的论文中首先论述公共资源过度滥用问题。他在论文中没有使用博弈论概念，而是使用的"公地悲剧"一词。公地代表公共资源，悲剧指公共资源被过度滥用的后果，其实质就是公共资源使用问题所产生的一个囚徒困境。

例如，一片公共草场能容纳牛羊的头数是有限的，牛羊过多就会把草连根吃掉，导致第二年长不出草来，草场可能慢慢沙化。这种情况下，如果牧民只考虑自身的最大利益，过度放牧，盲目扩大来这片草场吃草的牛羊数量，使牛羊数量远远超过草场的承载力，最后就会导致草场沙化。事实上，早些年我国内蒙古地区确实出现了这种情况。那最后是如何解决问题的呢？

在公共资源的使用上，主要靠对公共资源使用权力的安排来走出囚徒困境，即建立良好的产权机制。例如，把公共资源的使用权力以付费的方式交给个人，并且个人在一段时期内对使用权力具有独断性，这样就可以减少对公共资源的过度滥用问题。

除了公共资源，产权机制还涉及公共事务。当涉及一些公共事务的时候，每个人都可能向外推托，从而形成公共事务的囚徒困境。产权机制的核心其实是一种激励的方式，让做决策的个体理性和集体理性能够统一起来。

最早提出这个思想的是美国的两位经济学家——阿尔奇安和德姆塞茨。他们在 1972 年发表了一篇名为《生产信息成本和经济组织》的论文。论文指出，企业这个经济组织是一种团队生产，团队生产中总有公共事务。这种情况下，如果每个人的个体理性都选择偷懒，企业的效率就比较低下，整体的效益不可能很好。

阿尔奇安和德姆塞茨在论文中还提出，为了提升企业的经营效益让组织走出囚徒困境，可以让团队生产当中的某一个人成为监督者，然后由他去监督其他人。监督者有积极性进行监督的最好办法，是让他拥有一部分企业的财产权利，比如有一定的股份。拥有了企业的一部分财产权利，企业经营得好这部分股份，带给他的收益就会提升。因此，为了自身的利益，他愿意去扮演这个集体理性的角色，也就更愿意去努力监督其他人工作，对那些偷懒的行为进行惩罚。这样一来，就避免了团队生产中的囚徒困境。

（4）重复博弈。在重复的囚徒困境中，博弈反复地进行，因而每个参与者都有机会去"惩罚"另一个参与者前一回合的不合作行为。这时，合作可能会作为均衡的结果出现，从而可能导向一个较好的、合作的结果。

9.2　重复剔除的占优均衡

9.2.1　基本概念

尽管严格占优策略均衡是博弈模型能给出的一种很好的博弈结局预测，但存在严格占优策略均衡的博弈模型并不多见，存在占优策略均衡的博弈模型也很少。也就是说，运用严格占优策略均衡（甚至占优策略均衡）对博弈行为进行预测不具普遍性。然而，严格占优的概念对于寻找许多博弈模型的均衡解仍然具有启发性。如果我们将对"严格占优策略"的要求放松至"相对严格占优策略",即不要求某策略比其他所有策略都严格为优,仅要求某策略只比另一策略严格为优,此时,我们有理由预测局中人不会选择另一策略(即劣策略),从而将其从博弈模型中剔除并得到一个新的博弈模型。

假设其他局中人知道该局中人剔除了另一策略,而该局中人也知道其他局中人知道该局中人剔除了另一策略,博弈就在一个新的策略空间组合条件下进行。这种过程可以重复地进行,因为剔除了某个劣策略的新博弈模型仍然可能含有新的属于其他局中人的劣策略,从而循着同样的方法将其剔除。当这种重复剔除劣策略的过程进行到最后时,倘若博弈模型只剩下唯一的一个策略组合,那么,可以预言这个策略组合是一种均衡,我们称其为"重复剔除劣策略的严格占优策略均衡"(iterated dominance equilibrium),简称"重复剔除的占优策略均衡"。

定义 9.2.1 如果 $s^* = (s_1^*, \cdots, s_n^*)$ 是重复剔除严格劣策略后剩下的唯一的策略组合,称其为重复剔除劣策略的严格占优策略均衡。当这种唯一的策略组合存在时,称该博弈是重复剔除占优可解的(dominance solvable)。

重复剔除占优策略均衡的方法:首先找到某一博弈参与人的严格劣策略,将它剔除掉,重新构造一个不包含已剔除策略的新的博弈,然后继续剔除这个新的博弈中某一参与人的严格劣策略,重复进行这一过程,直到最后剩下唯一的参与人策略组合为止,这个唯一剩下的参与人策略组合就是重复剔除的占优均衡。

例 9.2.1(攻守博弈) 如果给你两个师的兵力,由你来当司令,任务是攻克"敌人"占据的一座城市,通往城市的道路只有甲乙两条,而敌军的守备力量是三个师。规定:双方的兵力只能整师调动,当你发起攻击的时候,你的兵力超过敌人,你就获胜;你的兵力比敌军的守备兵力少或相等,你就失败。那么,你将如何制定攻城方案?

该案例来自美国普林斯顿大学的一份博弈论入门课程的练习题。人们的第一直觉是,敌多我寡,还规定兵力相等则敌胜我败,规则太不公平,我方获胜的可能性太小了。其实抽掉假象、情报、气象、水文、装备、训练、士气等因素,敌我胜算的概率都是50%。

根据博弈的矩阵型表示,先来看博弈双方的部署方案。首先看敌方,因为敌方有三个师布防在甲、乙两条通道上,由于必须整师布防,所以敌方的部署方案有四个;而我方有两个师,所以部署方案有三个。

敌方的部署方案:
◆ A:三个师都驻守甲方向;
◆ B:两个师驻守甲方向,一个师驻守乙方向;
◆ C:一个师驻守甲方向,两个师驻守乙方向;
◆ D:三个师都驻守乙方向。

我方的部署方案:
◆ X:两个师都从甲方向攻击;
◆ Y:一个师从甲方向攻击,一个师从乙方向攻击;

◆ *Z*：两个师都从乙方向攻击。

下面写出博弈双方的支付矩阵。不妨把"敌方"写在上面，他的四种部署方案 *A*、*B*、*C*、*D*，左侧是"我方"三种方案 *X*、*Y*、*Z*。我们用（1，-1）表示我方攻克，敌方失守，用（-1，1）表示我方败退，敌方守住。按照博弈的矩阵式表述，得到敌我双方的支付矩阵，见表 9.2.1。

容易发现，表格中（1，-1）和（-1，1）的分布各占一半，似乎双方取胜的机会一样大。下面我们分别站在我方和敌方的立场，来看哪些方案不可取，应被排除在实际可能性之外。

表 9.2.1　"我来当司令"双方支付矩阵

		敌			
		A	*B*	*C*	*D*
我	*X*	-1，1	-1，1	1，-1	1，-1
	Y	1，-1	-1，1	-1，1	1，-1
	Z	1，-1	1，-1	-1，1	-1，1

首先从我方立场入手，两两比较 *X*、*Y*、*Z* 方案。容易发现，无论采取哪种方案，我方获胜的机会都占 50%，各策略说不上孰优孰劣。换个角度，从敌方立场入手，来比较方案 *A* 和方案 *B*。如果我方采取 *X* 方案，敌方采取 *A* 和 *B* 都会赢，结果是一样的。如果我方采取 *Y* 方案，敌方采取 *A* 方案会输、采取 *B* 方案会赢，如果我方采取 *Z* 策略，敌方采取 *A* 和 *B* 都会输。可见，站在敌方立场上，策略 *B* 比策略 *A* 好。这样，敌方应该没有道理采取策略 *A*。所以，本博弈中 *B* 是占优策略，*A* 是劣策略。

同样，比较 *C* 和 *D* 可知，*C* 是占优策略，*D* 是劣势策略。这样，敌方在理性的情况下没有道理采取方案 *D*，那么我们就可以将 *A*、*D* 策略删除，从而得到一个新的支付矩阵（见表 9.2.2）。

表 9.2.2　"我来当司令"双方取胜表

敌

		B	*C*
我	*X*	-1，+1	+1，-1
	Y	-1，+1	-1，+1
	Z	+1，-1	-1，+1

在剩下的 6 个格中，（-1，1）比（1，-1）多，似乎敌方获胜的机会比较大，其实不然。当敌方只剩下 *B*、*C* 策略时，我方的三个策略中，原来不是劣势策略的 *Y* 策略现在就变成了劣势策略，所以我们也应将 *Y* 策略删除。最后，得到一个两行两列的支付矩阵（见表 9.2.3）。

276

表 9.2.3　"我来当司令"的均衡

敌

		B	C
我	X	-1，+1	+1，-1
	Z	+1，-1	-1，+1

最终情况是：敌军采取 B、C 那样的布防，我军采取 X、Z 那样的攻击策略。双方取胜的概率各占 50%。

这虽是个模拟的例子，却具有相当的现实意义，诺曼底登陆战役以前的情况大体也是这个样子。跨海作战攻方能够调动来渡海作战的兵力，通常总是比守方可以用于防备的兵力少，模拟作战中假设敌方兵力两个师，而守方兵力为三个师就是这样的背景。另外渡海登陆作战通常在一开始的时候，攻方要承受很大的牺牲，模拟作战中规定，若攻守双方兵力相等则攻方失败，体现了这个意思。事实上，该练习题的名称，就叫诺曼底战役模拟。

上述分析过程我们按下面几步完成：先找出了敌方的占优策略和劣势策略，然后把劣势策略剔除掉，重新构造一个不包含已剔除策略的新的博弈，再剔除这个新的博弈中我方的劣势策略，如果情况复杂，再重复这一过程，最后得到重复剔除占优策略均衡。

例 9.2.2（古诺寡头竞争模型）　数理经济学的先驱古诺（Cournot，1838）早年提出的寡头竞争模型中，局中人是两个生产同质产品并在同一市场上展开竞争的企业，记为企业 1 和企业 2。每个局中人的策略空间有两种表达，通常用企业可选择的产量作为策略空间元素，但也可将企业选择的价格作为其策略空间元素。在这里，我们将局中人的策略空间定义为企业可选择的产量范围，而局中人的支付为其可获利润。于是，有如下策略式表述的博弈：

$S_1 = S_2 = [0,\infty)$，$C_i(q_i)$ 为企业 i 的成本函数，q_i 为企业 i 的产量，$i=1,2$；设逆需求函数为 $P = P(q_1 + q_2)$，其中 P 为产品价格。

局中人 i 的支付函数为

$$\pi_i(q_1, q_2) = q_i P(q_1 + q_2) - C_i(q_i), \quad i = 1,2$$

对于局中人 i，给定局中人 $j(j \neq i)$ 的产量 q_j，其最优产量 q_i（利润最大化产量）满足以下一阶条件：

$$\frac{\partial \pi_i}{\partial q_i} = P(q_1 + q_2) + q_i P'(q_1 + q_2) - C'_i(q_i) = 0, \quad i = 1,2$$

该式定义了局中人 i 对局中人 $j(j \neq i)$ 的反应函数：

$$q_i^* = R_i(q_j), \quad i \neq j, i, j = 1,2$$

令 $q_i^m = R_i(0)$ 为局中人 i 的最优垄断产量（即局中人 j 不生产时局中人 i 的最优产量）。为了简化数学过程，假定两个局中人具有相同的常数平均成本，即 $C_i(q_i) = Cq_i$，$i = 1,2$，且逆需求函数取如下线性形式：

$$P = a - (q_1 + q_2)$$

于是，一阶条件变为

$$a - (q_1 + q_2) - q_i - c = 0,\ i = 1,2$$

我们定义"反应函数"为

$$q_i^* = \frac{1}{2}(a - q_j - c),\ i \neq j,\ i,j = 1,2$$

在图 9.2.1 中，描出了两条反应函数的图像。

从图中看出，$q_i \in (q_i^m, \infty)$ 是劣策略，因没有企业会选择大于垄断产量的产量，在图 9.2.1 中，$q_i \in (q_i^m, \infty)$ 是任何情况下局中人 i 也不会选择的产量，故第一轮剔除劣策略后得到 $S_i(1) = [0, q_i^m]$，$i = 1,2$。然后，给定局中人 i 知道局中人 j 不会选择 $q_j > q_j^m$，i 将不会选择 $q_i < R_i(q_j^m) = \underline{q}_i^2$，因 $q_i < \underline{q}_i^2$ 严格劣于 $\underline{q}_i^2$，$i = 1,2$。故第二轮剔除劣策略后得到，$S_i(2) = [R_i(q_j^m),$ $q_i^m] \equiv [\underline{q}_i^2, q_i^m]$，$i \neq j$，$i,j = 1,2$。接着，给定 i 知道 j 不会选择 $q_j < R_j(q_i^m) \equiv \underline{q}_j^2$，$i$ 将不会选择 $q_i > R_i(\underline{q}_j^2) \equiv \underline{q}_i^3$，因 $q_i > \underline{q}_i^3$ 严格劣于 $\underline{q}_i^3$，故第三轮剔除劣策略后得到 $S_i(3) = [\underline{q}_i^2, R_i(\underline{q}_j^2)$ $\equiv [\underline{q}_i^2, \overline{q}_i^3)]$。如此不断重复剔除下去，每次剔除使剩余的策略空间不断缩小，如图 9.2.1 所示。一般地，在 $m = 2k+1$ 次剔除时，$S_i(m) = [\underline{q}_i^{2k}, R_i(\underline{q}_j^{2k})] \equiv [\underline{q}_i^{2k}, \overline{q}_i^{2k+1})]$，$k = 0,1,\cdots$。显然该过程要经过无穷次剔除且序列 $\underline{q}_i^m$ 和 $\overline{q}_i^m$ 都收敛于 q_i^*，$i = 1,2$，$m = 1,\cdots$。故重复剔除的占优策略均衡为 $E(q_1^*, q_2^*)$。

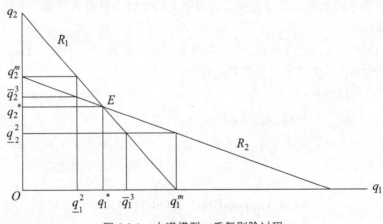

图 9.2.1　古诺模型：重复剔除过程

9.2.2　重复剔除顺序对结果的影响

例 9.2.3　一个策略式博弈的重复剔除劣策略过程见表 9.2.4。

表 9.2.4　一个策略式博弈的重复剔除劣策略过程

		B		
		L	M	R
A	U	1, 0	1, 2	0, 1
	D	0, 3	0, 1	2, 0

（a）

		B	
		L	M
A	U	1, 0	1, 2
	D	0, 3	0, 1

（b）

		B	
		L	M
A	U	1, 0	1, 2

（c）

该博弈（a）的参与人 B 有一个严格劣策略 R，因为策略 M 严格优于策略 R。假定 B 是理性的，则 B 将剔除策略 R；假定 A 知道 B 是理性的，因而 A 预测 B 会剔除 R，从而博弈变成表中（b）的情形；此时，A 有严格占优策略 U，假定 A 是理性的，他将剔除严格劣策略 D，从而博弈变成了表中的情形（c）；假定 B 知道 A 是理性的，并且 B 知道 A 知道 B 是理性的，从而 B 知道博弈变成了情形（c）；此时，理性人 B 将选择 M，因而得到重复剔除劣策略的严格占优策略均衡 (U, M)。

在一个具体的博弈中，劣策略可能不是唯一的，即可能存在多个策略相对其他策略来说是劣策略。此时，一个可能被提出的问题是：剔除劣策略的顺序（包括对同一局中人，策略空间中的不同劣策略剔除顺序，以及对不同局中人策略空间中的劣策略剔除顺序）是否会影响到最后得到的均衡？不同的剔除劣策略顺序是否会给出不同的均衡？

答案是：对于有限博弈，倘若每一次剔除的是严格劣策略，则均衡与剔除的顺序无关；对于无限博弈，剔除同一局中人的劣策略顺序可能与均衡有关，但在特定剔除方法假定下（指将同一局中人的所有劣策略一次性剔除的方法）均衡与不同局中人劣策略剔除顺序无关，具体见如下定理。

定理 9.2.1　如果每一次剔除将同一局中人的所有劣策略剔除掉，则一个策略式表述博弈在经过重复剔除（严格）劣策略后，剩下的博弈与剔除的（局中人）顺序无关。

推论 9.2.1　若博弈是重复剔除占优可解的，则重复剔除的占优策略均衡，与剔除劣策略的（局中人）顺序无关。

在定理 9.2.1 和推论 9.2.1 中，我们都假定剔除的是严格劣策略，即当剔除的是严格劣策略时，结果与剔除顺序无关。倘若被剔除的包括有非严格劣策略，剔的顺序与均衡结果有关吗？

答案是肯定的。当被剔除的策略中含有非严格劣策略时，剔除顺序不同则剩下的博弈是不同的，当剩下的博弈恰好就是均衡策略组合时，剔除的顺序不同则剩下的博弈均衡也可能不同。在表 9.2.5 中，我们给出这样一个例子。

表 9.2.5　剔除非严格劣策略将导致均衡结果与剔除顺序有关的例子

		B		
		L	M	R
A	U	1, 3	2, 1	2, 3
	H	0, 3	0, 1	0, 2
	D	0, 2	0, 1	0, 4

当我们以顺序 D、R、M、H 剔除时，均衡为 (U, L)；但若剔除顺序改为 M、H、L、D，则均衡为 (U, R)。

9.2.3　智猪博弈

智猪博弈是经典的博弈模型，在现实生活中也有广泛的体现。

1. 智猪博弈模型

例 9.2.4 与 7.6 节中的智猪争食本质上是一样的，只是数量上稍有区别。

例 9.2.4（智猪博弈）　有两头非常聪明的猪，一大一小，共同生活在一个猪圈里。在猪圈的一端放有一个猪食槽，另一端装有一个按钮，它控制着猪食的供应量，只要按一下，就会出现 10 个单位食物，但要付出 2 个单位的成本。每只猪都有按与不按两种选择。

两只猪一起去按，然后一起回槽边进食，由于大猪吃得快可吃下 7 个单位的食物，小猪只能吃到 3 个单位食物。若大猪去按，小猪在槽边等候，则大猪由于来回跑耽误时间只吃到 6 单位食物，小猪吃到 4 单位。若小猪去按，小猪只吃到 1 单位，大猪吃到 9 单位。两只猪都不去按，则什么也吃不到。

这里，每头猪都有两个策略：按或等待。表 9.2.6 给出了智猪博弈的策略式表述。

表 9.2.6　智猪博弈

		小猪	
		按	等待
大猪	按	5, 1	4, 4
	等待	9, −1	0, 0

该博弈中小猪有一个严格占优策略，但大猪没有占优策略。我们可用重复剔除劣策略的方法找出重复剔除劣策略的占优策略均衡解。

假定：小猪是理性的，因而它会选择严格占优策略"等待"，从而会将劣策略"按"剔除。假定大猪正确地预测到小猪会剔除"按"并选择"等待"，故而博弈就变成了表 9.2.7 的情形。

表 9.2.7　剔除劣策略后的智猪博弈

		小猪
		等待
大猪	按	4，4
	等待	0，0

显然，在新的博弈中，大猪有一个严格占优策略"按"，而此时"等待"仍是小猪的严格占优策略（小猪此时只有一种策略"等待"），假定大猪也是理性的（因而才被称为"智猪"），则大猪不会选择"等待"。因此，在这个新的博弈中，存在严格占优策略均衡（按，等待），即大猪选择"按"，小猪选择"等待"。

博弈似乎是在公平、合理的竞争环境中进行的，最终的结果却并不是那么公平，这种情况在现实中比比皆是。比如在某种新产品刚上市，其某些性能和功能还不为人所熟识的情况下，如果进行新产品生产的除了一家小企业，还有其他生产能力和销售能力更强的企业，那么小企业完全没有必要做出头鸟去投入大量广告宣传，只要采用跟随策略即可。

智猪博弈告诉我们，谁先去按这个踏板谁就会造福全体，但多劳并不一定多得。在现实生活中，很多人都只想付出最小的代价，得到最大的回报，争着做那只坐享其成的小猪。"一个和尚挑水喝，两个和尚抬水喝，三个和尚没水喝"说的正是这样一个道理。这三个和尚都想做小猪，不想付出劳动，不愿承担起大猪的义务，最后导致每个人都无法获得利益。

2. 智猪博弈的应用

因为"按"是小猪的劣策略，所以无论大猪选择什么策略，理性的小猪都会选择"等待"，这种现象被称为"搭便车"。对于社会而言，"小猪"未能参与竞争并创造价值，社会资源配置并非最佳状态。7.6 节提到了智猪博弈在社会制度改革、公司治理结构、广告便车等方面的应用，从以下几个方面体现了"搭便车"现象：

（1）用智猪博弈模型解释股市现象。在股市中，大户是"大猪"，散户是"小猪"。大户要自己搜集信息，进行投资分析，而散户只是选择"跟大户"。

（2）用智猪博弈模型解释企业技术创新。大企业进行研究开发、花钱进行技术创新，而小企业等待大企业开发出新技术新产品后，通过模仿或创新成果的扩散生产并出售类似产品。

（3）用智猪博弈模型解释公共品的提供。在一些乡村，通常由有钱的富户出钱修路，因为富户家中来往的宾客多，其出门次数多，富户从修路中获得的好处较多；而路的好坏对穷人的效用影响没这么大，所以他们不愿意出钱修。

（4）用智猪博弈模型解释改革中的积极性差异。在经济或社会体制改革中，我们常看到某些人或社会阶层十分积极地推动改革，而其他人或社会阶层则相对冷漠。这是因为同样的改革带给一部分人的好处可能比另一部分人大得多。此时，前一部分人比后一部分人更有积极性，改革往往就是由这些"大猪"推动的。譬如，年轻人可能在改革中获益较大，因而年轻人一般较为积极地投入改革。

3. 走出智猪博弈

智猪博弈告诉我们一个企业制度和流程的重要性，以及不好的规则给公司带来的影响。这就要求，规则的设计者应慎重考虑，制定出前瞻性、适应性和高效性规则。智猪博弈存在的基础，是双方都无法摆脱共存局面，而且必有一方要付出代价换取双方的利益。而一旦有一方的力量足够打破这种平衡，共存的局面便不复存在。

能否完全杜绝搭便车现象，要看游戏规则的核心指标设置是否合适。智猪博弈的核心指标一般来说有两个：实物数量，踏板与食槽之间的距离。

那么如何改变这两个关键指标，可以杜绝搭便车的现象呢？

首先看减量方案。食物只有原来的一半，也就是 5 个单位的食物。这种情况下，小猪大猪都不去踩踏板。小猪去踩踏板，大猪将会把食物吃完；大猪去踩踏板，小猪也将会把食物吃完。谁去踩踏板，就意味着为对方作嫁衣，所以谁也不会有踩踏板的动力。如果目的是想让两只猪去踩踏板，这个制度的设计显然是非常失败的，见表 9.2.8。

表 9.2.8 "减量"的智猪博弈

		小猪	
		按	等待
大猪	按	1.5，−0.5	0，3
	等待	5，−2	0，0

其次看增量方案。食物是原来的两倍，也就是 20 个单位的食物。结果是小猪大猪都会抢着去踩踏板。谁想吃，谁就会去踩踏板。因为对方不可能一次把食物吃完，小猪和大猪相当于生活在应有尽有的天堂，当然它们的竞争意识也不会得到提高。对于制度设计者来说，这个制度的成本提高了一倍。在不需要付出多少代价就可以得到所需食物的情况下，两只猪自然都不会有多少动机去增加踩踏板的数量。这个制度的设计明显激励作用不足，见表 9.2.9。

表 9.2.9 "增量"的智猪博弈

		小猪	
		按	等待
大猪	按	12，4	10.5，7.5
	等待	16，2	0，0

最后再来看移位方案，探讨因移位而产生的几种改变方案：

（1）移位并减少食物投放量。食物只有原来的一半，但同时将食槽与踏板之间的距离缩短。这种情况下，小猪大猪都会拼命地抢踩踏板。等待者不得食，而多劳者多得。每次的收获刚好消费完。

（2）移位并增加食物投放量。正常情况移位用不着增量，大猪小猪都会去踩踏板。如果适当增量，成员会快速成长，小猪会长大，大猪会出栏，效益就会增长。不过需要把握成本增加的度，适当的增量更符合组织与个人的需求。

（3）移位但不改变食物投放量。由于食槽与踏板之间的距离缩短，去踩踏板的劳动量减少，大猪小猪都会争着去踩踏板。如果把踩踏板的次数增加，吃到的食物会更多，对食物的不懈追求，将驱动合作机制的形成和生产效率的提高。对于游戏设计者，这是一个最好的方案。成本不高，但收获最大。

智猪博弈制度规则的改变对于企业的经营管理者而言，就是采取不同的激励方案去调动员工的积极性，但并不是足够多的激励就能充分调动员工的积极性。比如企业实行职工全员持股的方案，结果如第二个方案一样，人人有股但没有起到相应的激励作用。

同样的，企业在构建策略性激励体系过程中，也需要从目标出发设计相应的合理方案。首先，根据不同激励方式的特点，结合企业自身发展的要求，准确定位激励方案的目标和应起到的作用；其次，根据激励方案的目标和应起到的作用，选择相关激励方式，并明确激励的对象范围和激励力度。

换句话说，要迅速提高整个社会的生产力水平，就需要有一个自身具有很大消费需求的群体，并且需要给他们一定的奖励。第三种改变方案反映的就是这种情况，方案中降低了取食的成本，在现实中，也可以等同于增加了对取食者的奖励。

9.2.4 关于重复剔除的占优策略均衡的说明

尽管重复剔除劣策略方法在求博弈模型均衡解时，比占优策略均衡方法前进了一步，但这种方法仍然存在不足，不具备普遍适用性。比如，许多博弈模型不是重复剔除占优模型。另外，重复剔除的占优策略均衡的一个致命缺陷是，这种方法对局中人过高的理性要求，实际上超出了现实中大多数自然人的真实理性程度。譬如，在例 9.2.3 中，我们要通过重复剔除劣策略方法得到均衡（U，M），就不仅需要假定 A 和 B 都是理性的，而且还要假定 A 知道 B 是理性的，B 知道 A 是理性的，并且 B 知道 A 知道 B 是理性的。

一般地，A 是理性的和 B 是理性的，并不意味着 A 知道 B 是理性的和 B 知道 A 是理性的，更不意味着 B 知道 A 知道 B 是理性的，和 A 知道 B 知道 A 是理性的。因此，假定 A 知道 B 是理性的实际上对 A 的理性程度，做了比 A 是理性的和 B 是理性的假定更高的理性程度假设；假定 A 知道 B 知道 A 是理性的，又更进一步对 A 的理性程度做了更高的假设。

在一般的博弈场合，若对所有局中人的理性程度做出最高程度的假设，即假设所有局中人是理性的、所有局中人知道所有局中人是理性的、所有局中人知道所有局中人知道所有局中人是理性的，……，则这种假设在博弈论中被称为"理性是局中人的共同知识（common knowledge）"假设。

在博弈论中，许多模型在"理性是局中人的共同知识"的假定下可轻易地求得均衡解，但是，模型解往往与现实中的真实博弈结果大相径庭。造成这种矛盾的原因是多方面的，但"理性是局中人的共同知识"，假定对局中人理性程度做出过高假设也许是主要的原因。

博弈论要研究的是在局中人的理性程度完全相同的条件下，局中人如何在策略选择下达到某种均衡。在博弈论中，与"理性是局中人的共同知识"假定发生有趣关联的还有一个博弈故事，称为电子邮件博弈（E-mail Game）。

例 9.2.5（电子邮件博弈） 在欧洲大陆还处于巧取豪夺、强盗横行和诸侯割据的中世纪，有三个地方军阀各自占据了一个城堡。我们用 A、B 和 C 分别代表这三个军阀。有一天，军阀 A 获得重要情报，即发现军阀 C 拥有巨量财宝。假定军阀 A 和 B 联合起来进攻军阀 C，可保证有足够的力量攻破 C 的城堡并打败军阀 C，但军阀 A 和 B 中任何一个单独进攻 C，都会招致失败并被 C 击溃。

现在，军阀 A 写一封信给军阀 B，信中告诉 B 他所获得的情报，并建议 B 与 A 联合起来，于第二天向 C 的城堡发起进攻，共同瓜分从 C 那里抢夺来的财宝。假定 C 的城堡中藏匿着的财宝数量巨大，足以补偿两支进攻军队在战斗中蒙受的损失。于是，A 将写好的信封好后令一位士兵向 B 送去。我们现在的问题是：尽管 A 和 B 组成联军向 C 发起进攻是一个最优（对 A 和 B 来说）的选择，但 B 收到 A 的信后果真会于第二天派出军队向 C 进攻吗？

乍看起来，答案好像是 B 会于第二天向 C 进攻，但如果我们沿用博弈论中的理性人思维逻辑进行推演，所获得的结论却恰好相反，即 B 不会于第二天向 C 进攻。这是因为，尽管 B 收到 A 的信并读了信中内容，但 B 不能保证 A 知道 B 收到 A 的信，从而 B 不能保证 A 会在第二天也向 C 进攻。如果 A 认为 B 未收到信，则 A 不敢贸然向 C 进攻（根据假设，A 和 B 中任何一方单独向 C 进攻都必然招致毁灭性打击），如果 A 不向 C 进攻，B 也不敢单独向 C 进攻。所以，B 又需要给 A 回一封信，告诉 A 他已收到 A 的来信并赞同 A 在信中所提的建议，于是令那位送信士兵将回信带回去交给 A。

现在的问题是，当 A 收到 B 的回信后，A 会在第二天向 C 进攻吗？答案仍然是"不会"。因为 A 不知道 B 是否知道 A 收到 B 的回信，因而 A 不能保证 B 会向 C 进攻。如果 B 认为 A 可能未收到 B 给 A 的回信，那么，B 就不敢贸然向 C 进攻。B 不向 C 进攻，A 也就不敢向 C 进攻。这样，A 还需再向 B 写一封回信，说明已收到 B 的回信并于第二天向 C 进攻。显然，当 B 收到 A 的回信后，B 仍然不敢向 C 进攻，因为 B 不能保证 A 知道 B 收到了 A 的回信。于是，还需 B 再向 A 写第二封回信，……。

于是，只要这种信件来回的次数是有限的，A 和 B 组成联军向 C 发起进攻的事就不会发生。我们可以用逆推法来说明其中的道理：不妨设经过有限次信件来回后，最后一封信传到 B 手中，此时 B 仍不敢向 C 进攻，因为 B 不知道 A 是否知道 B 已收到最后一封信，如果 B 未收到，A 就不能保证 B 是否知道 A 已收到 B 给 A 的倒数第二封信，倘若

B 认为 A 未收到倒数第二封信，B 就不能保证 A 是否知道 B 已收到 A 给 B 的倒数第三封信，……。

显然，我们要使 A 和 B 联合进攻 C 这件事干成，只有做出"理性是局中人的共同知识"的假定，即假定"A 知道 B 知道 A 知道 B 知道 A 知道 B 知道……会向 C 进攻"，或者假设 A 与 B 之间来往无限次信件，但这在实际生活中是不可能的，即使是传输速度极快的电子邮件或无线电话，严格按上述逻辑也仍然会导出同样结论，因为上面对电子邮件博弈的分析只要在信息传递的速度是有限的条件下都是成立的。如果我们不相信有超距作用，那么，电子邮件博弈的逻辑总是成立的。

电子邮件博弈的本质是局中人之间难以在多个博弈均衡之间进行选择，因为任何一个局中人都不能预测其他局中人会选择哪一种均衡策略。表 9.2.10 给出了电子邮件博弈的一种策略式表述。

表 9.2.10　电子邮件博弈（其中 a 是充分大的正数）

		B	
		进攻	不进攻
A	进攻	1, 1	$-a$, 0
	不进攻	0, $-a$	0, 0

在表 9.2.10 中，"进攻"和"不进攻"都是 A 的均衡策略，也都是 B 的均衡策略。但是，如果 A 不能预测 B 会选择"进攻"还是"不进攻"，则 A 就不能决定是否选择"进攻"。假设局中人 A、B 将失败或被消灭视为极为可怕的事情，则表 9.2.10 中的 a 就是一个充分大的正数。a 充分大意味着当 A 不能肯定 B 一定会选"进攻"时（从而 A 预测 B 有可能选择"不进攻"），A 就一定会选择"不进攻"。

同样，B 也会在不能肯定 A 一定会选"进攻"下选择"不进攻"。在这个博弈中，（进攻，进攻）是最优的，但真正出现的是（不进攻，不进攻）。假若 A 与 B 之间能进行沟通，似乎可以合谋达成最优均衡（进攻，进攻），但前述分析表明这种合谋又是不能达成的。一般地，博弈中常出现多重均衡，局中人之间在沟通上的局限和不完全性使得局中人在策略选择上，难以达成最优均衡，除非我们假定局中人之间可以非现实地进行无数次沟通。

另外，由于重复剔除的占优策略均衡对局中人的理性程度要求过高，不允许局中人犯丝毫错误，因而按此均衡对实际结果进行预测往往欠合理。表 9.2.11 给出了一个策略式博弈，其中（U, L）是重复剔除占优均衡，但如果我们做一个实验，可能有很多人会选 D 而不是 U。因为尽管局中人 A 百分之百地相信 B 是理性的因而会选 L，从而 U 是 A 的最优选择，但是，如果 B 有千分之一的概率选 R，A 选 D 就优于 U。所以，若现实中的 A 和 B 不是重复剔除的占优策略均衡中所要求的那样具有绝对理性，则（D, L）就可能是一个较（U, L）更好的预测。

表 9.2.11　重复剔除的占优策略均衡作为一个不好的预测的例子

		B	
		L	R
A	U	8, 10	−1000, 9
	D	7, 6	6, 5

9.3　纳什均衡

博弈论的整个大厦建立在两个定理之上，它们分别是冯·诺依曼 1928 年提出的最大最小定理和约翰·纳什 1950 年发表的均衡定理。最大最小定理是有关纯粹对立的两人零和博弈理论的奠基石，均衡定理可以看作最大最小定理的一种推广。纳什均衡概念在博弈论发展史上具有里程碑式的地位，它的提出标志着博弈论进入了一个有着完整方法论体系的、新兴学科的迅猛发展时期。

9.3.1　纳什均衡概念的提出

与重复剔除的占优策略均衡相关的问题：一是对局中人理性程度要求过高及"理性是局中人的共同知识"假定的非现实性问题；二是许多博弈模型并不存在重复剔除的占优策略均衡，即许多博弈模型是重复剔除占优不可解的。在博弈论的发展初期，博弈论专家们关注的主要问题是，在一般情况下寻找一种均衡概念，使博弈模型都存在均衡解。

博弈论的创始人之一冯·诺依曼提出的"最大最小定理"能保证在一般情况下，两人零和博弈总是存在"最大最小均衡"。在纳什提出"纳什均衡"概念之前，冯·诺依曼的零和博弈占据着博弈论研究的中心位置。1949 年，兰德（RAND）公司的数学家、军事策略家和经济学家几乎一直在集中研究两人之间完全冲突的零和博弈，在这种情况下，我所得即你所失，反之亦然。

但是包括经济、军事在内的博弈几乎都是非零和的，即赢方所得并不等于输方所输，甚至可能根本不存在输方。两个敌对国家在经过一场核战争后，可能并不存在赢方结果是两败俱伤，即使有胜者，胜者所得也不等于败者所失。例如，对于当时苏美两大超级大国间的核冲突问题，零和博弈并不实用。随着武器变得愈来愈具有破坏性，即便是全面战争也不再形成对手之间毫无共同利益的纯粹冲突的局面。向一个敌人施加最彻底的破坏，用炸弹将他们送回石器时代，已不再是明智之举。

20 世纪 40 年代后期，在博弈论的发源地普林斯顿大学，聚集了一大批对博弈论做出重要贡献的数学家和经济学家。他们当时研究博弈论的主要目的是，打算在美苏军事冲突和经济分析中引入严格的数学理论，这种数学理论在描述局中人的策略和行动选择时假定局中人都是理性的。同时，学者们也注意到，还需要引入模型的一个重要变量是局中人之间在决策上的相互依赖性。作为当时另一个博弈论研究中心的兰德公司，也正在考虑如何将博弈论应用于战后的美苏军事平衡研究。

兰德的一位策略家谢林博士曾深刻地指出博弈论需纳入局中人决策互动的必要性，他写道："在国际事务中，存在相互依存和对抗。两个对手的利益完全相反的纯粹冲突是一个特例，只可能出现在你死我活的完全灭绝性的战争中，在其他类型的战争中也不会出现。相互迁就的可能性与冲突的要素一样重要和富于戏剧性。类似威慑力、有限战争、裁军以及谈判这样的概念，牵涉到可能存在于一场冲突的局中人之间的共同利益和相互依存性。"

谢林接着解释了他这样说的原因："在这些博弈中，尽管冲突的要素提供了值得关注的利益，相互依存性仍然是逻辑结构的一部分，要求某种合作或相互迁就，也许是心照不宣的，也许是明确宣布的，哪怕只是为了阻止共同面临的灾难。"

1950 年，一些经济学家们已经认识到，如果博弈论要发展成为一个描述性的理论，可以有效应用于现实生活的军事和经济冲突，人们就必须将注意力集中在同时考虑合作与冲突的博弈。

冯·诺依曼理论中的缺陷和瑕疵，对于当时正在普林斯顿大学数学系攻读博士学位的约翰·纳什很有吸引力。纳什观察到，在博弈互动中，局中人选择的策略给局中人带来的支付不仅取决于自己所选择的策略，而且还取决于其他局中人所选择的策略。同时，局中人之间在博弈中不一定是竞争性的关系，更多的还存在着合作性关系，即局中人之间可能在某些策略组合上达成一种互利性的共赢或合作。这样，局中人选择什么样的策略对于局中人是最优的，取决于其他局中人的策略选择，反之亦然。

纳什由此想到，如果无论其他局中人选择什么策略，给定局中人的策略选择都是最优的，那么可预测此时没有任何一位局中人有改变已选定策略的动机。纳什将这种"胶着"状态定义为一种均衡，即纳什均衡。纳什还进一步证明，在一般情况下，博弈模型总是存在至少一个纳什均衡。

如今，纳什均衡概念是社会科学和生物学相关理论的基本范式之一，它唤醒各个局中人根据自己的最优策略行事，同时估计其他局中人也按照他们的最优策略行事。所以解决个体理性与集体理性之间冲突的办法，不是否认个体理性，而是设计一种机制，在满足个体理性的前提下达到集体理性，认识到个体理性与集体理性的冲突对于认识制度安排是非常重要的。

9.3.2 纳什均衡的概念

1. 纳什均衡的基本概念

纳什均衡是一种策略组合，每个参与人的策略是对其他参与人策略的最优反应。

定义 9.3.1 对于 n 人策略式表述博弈 $G = \{S_1, \cdots, S_n; u_1, \cdots, u_n\}$，若策略组合 $s^* = (s_1^*, \cdots, s_n^*)$ 满足如下条件，则称 s^* 是一个纳什均衡：

$$u_i(s_i^*, s_{-i}^*) \geqslant u_i(s_i, s_{-i}^*) , \quad \forall s_i \in S_i, i = 1, \cdots, n \text{（符号"}\forall\text{"表示"任意的"）}$$

即如果对于每一个 $i = 1, \cdots, n$ ，s_i^* 是给定其他局中人选择 $s_{-i}^* = (s_1^*, \cdots, s_{i-1}^*, s_{i+1}^*, \cdots, s_n^*)$ 的情况下第 i 个局中人的最优策略。

纳什均衡的含义：当局中人在某一选定的策略组合下都没有积极性偏离各自已选定的策略时，该策略组合就构成一个纳什均衡。

定义 9.3.1 给出的纳什均衡是一种"弱纳什均衡"概念。当定义 9.3.1 中的不等式为严格不等式时，得到"强纳什均衡概念"，于是有如下定义：

定义 9.3.2 如果给定其他局中人的策略，每一个局中人的最优选择是唯一的，当且仅当对于所有的 $i = 1, \cdots, n$ ，$s_i' \neq s_i^*$ ，有

$$u_i(s_i^*, s_{-i}^*) > u_i(s_i', s_{-i}^*)$$

则称 s^* 是一个强（strict 或 strong）纳什均衡。

或者用另一种表达方式：当且仅当 s_i^* 是下述最大化问题的解时，s^* 是一个纳什均衡：

$$s_i^* \in \arg\max u_i(s_1^*, \cdots, s_{i-1}^*, s_i, s_{i+1}^*, \cdots, s_n^*) , \quad i = 1, \cdots, n , \quad s_i \in S_i$$

在弱纳什均衡情况下，有些局中人的均衡策略可能与非均衡策略之间是无差异的，所以强纳什均衡概念比弱纳什均衡更为可取。

纳什均衡是关于博弈将会如何进行的"一致"预测，意思是，如果所有参与人预测特定纳什均衡会出现，那么没有参与人会采用与均衡不同的行动。纳什均衡具有的一个性质是，参与人能预测到它，同时预测到他们的对手也会预测到它，如此继续。任何非纳什组合如果出现，就意味着至少有一个参与人"犯了错"，或者是在对对手行动的预测方面犯了错，或者是在最优化自己的收益时犯了错。

当剔除一轮严格劣势策略，出现唯一策略组合 $s^* = (s_1^*, \cdots, s_i^*)$ 时，这一策略组合必然是一个纳什均衡（实际上是唯一的纳什均衡），即如果单个策略组合在初步提出严格劣势策略后遗留下来，那么它是博弈的唯一纳什均衡。这是因为，任何策略 $s_i \neq s_i^*$ 必然劣于 s_i^* 。特别地，

$$u_i(s_1, s_{-i}^*) < u_i(s_i^*, \cdots, s_{-i}^*)$$

纳什均衡理论奠定了现代主流博弈理论和经济理论的基础。正如克瑞普斯（Kreps，1990）在《博弈论和经济建模》一书的引言中所说"在过去的一二十年内，经济学在方法论以及语言、概念等方面，经历了一场温和的革命，非合作博弈理论已经成为范式的中心……"，纳什均衡在经济学或者与经济学原理相关的金融、会计、营销和政治科学等学科中，产生了重要影响。

2. 纳什均衡的作用

（1）改变了经济学的体系和结构。非合作博弈论的概念、内容、模型和分析工具等，均已渗透到微观经济学、宏观经济学、劳动经济学、国际经济学、环境经济学等经济学

科的绝大部分学科领域，改变了这些学科领域的内容和结构，成为这些学科领域的基本研究范式和理论分析工具，从而改变了原有经济学理论体系中各分支学科的内涵。

（2）扩展了经济学研究经济问题的范围。原有经济学缺乏将不确定性因素、变动环境因素以及经济个体之间的交互作用模式化的有效办法，因而不能进行微观层次经济问题的解剖分析。纳什均衡及相关模型分析方法，包括扩展型博弈法、逆推归纳法、子博弈完美纳什均衡等概念方法，为经济学研究提供了深入的分析工具。

（3）加强了经济学研究的深度。纳什均衡理论不回避经济个体之间直接的交互作用，不满足于对经济个体之间复杂经济关系的简单化处理，分析问题时不只停留在宏观层面上而是深入分析表象背后深层次的原因和规律，强调从微观个体行为规律的角度发现问题的根源，因而可以更深刻准确地理解和解释经济问题。

（4）形成了基于经典博弈的研究范式体系。即可以将各种问题或经济关系，按照经典博弈的类型或特征进行分类，并根据相应的经典博弈的分析方法和模型进行研究，将一个领域所取得的经验方便地移植到另一个领域。

（5）扩大和加强了经济学与其他社会科学、自然科学的联系。纳什均衡之所以伟大，就因为它普通，而且普通到几乎无处不在。纳什均衡理论既适用于人类的行为规律，也适用于人类以外的其他生物的生存、运动和发展规律。纳什均衡和博弈论的桥梁作用，使经济学与其他社会科学、自然科学的联系更加紧密，形成了经济学与其他学科相互促进的良性循环。

3. 实际应用

例 9.3.1（霍特林价格竞争模型） 一个长度为 1 的线性城市位于横坐标线上，消费者在这一区间上以密度 1 均匀分布。有两个商场位于城市的两端，他们销售同样的商品。企业 1 在 $x=0$ 处，企业 2 在 $x=1$ 处，每个商场的单位成本是 c。消费者承担每单位距离的交通成本为 t，他们具有单位需求，当且仅当两个商场的最小总价格（价格加上交通成本）不超过一定数目 $\bar{s}$ 时，他们购买一个单位产品。如果价格"不是太高"，对企业 1 的需求等于发现从企业 1 购买更为便宜的消费者的数量。令 p_i 为企业 i 的价格，对企业 1 的需求由下式给出：

$$D_1(p_1, p_2) = x$$

其中

$$p_1 + tx = p_2 + t(1-x)$$

或者

$$D_1(p_1, p_2) = \frac{p_2 - p_1 + t}{2t}, \quad D_2(p_1, p_2) = 1 - D_1(p_1, p_2)$$

设价格同时选择，纳什均衡是一种组合 (p_1^*, p_2^*)，使得对于每个参与人 i，

$$p_i^* \in \arg\max_{p_i}\{(p_i - c)D_i(p_i, p_{-i}^*)\}$$

例如，企业 2 的反应曲线 $r_2(p_1)$（在相应区域中）由下式给出：

$$D_2(p_1, r_2(p_1)) + [r_2(p_1) - c] \frac{\partial D_2}{\partial p_2}(p_1, r_2(p_1)) = 0$$

纳什均衡由 $p_1^* = p_2^* = c + t$ 给出（且当 $c + \frac{3t}{2} \leq \overline{s}$ 时，以上分析有效）。

9.3.3　用划线法寻找纳什均衡

一般而言，不同情况下的纳什均衡有不同的求解方法。在两人有限博弈的策略式表述中，可直接使用一种简便的方法找出模型中所有的纯策略（参与人在每一个给定的信息情况下只选择一种特定的行动）纳什均衡，这就是"划线法"。

以表 9.3.1 为例，在给定 A 的每一个策略选择下，找到 B 的最大支付所对应的 B 的策略，然后在该最大支付的下端划上一条短横线；同样地，接着在给定 B 的每一策略选择下找到 A 的最大支付所对应的 A 的策略，然后在该最大支付的下端画一条短横线。最后，将那些 A 和 B 的支付下端都画有短横线所对应的策略组合找出来，它们就是纯策略纳什均衡。于是，策略组合（D，M）构成了一个纳什均衡。

表 9.3.1　用划线法求纳什均衡

		B		
		L	M	R
A	U	3, 2	4, <u>7</u>	5, 1
	H	<u>6</u>, 1	2, <u>8</u>	1, 1
	D	3, 7	<u>8</u>, 9	<u>10</u>, 4

再如前面提到的囚徒困境博弈，我们在给定囚徒 A 的每一个策略选择下找到囚徒 B 的最大支付所对应的 B 的策略，然后在该最大支付的下端画一条短横线；同样地，接着在给定 B 的每一策略选择下找到 A 的最大支付所对应的 A 的策略，然后在该最大支付的下端画一条短横线。最后，我们将那些 A 和 B 的支付下端都画有短横线所对应的策略组合找出来。于是，策略组合（坦白，坦白）构成了一个纳什均衡，见表 9.3.2。

表 9.3.2　用划线法求囚徒困境的纳什均衡

		囚徒 A	
		坦白	抵赖
囚徒 B	坦白	<u>-6</u>, <u>-6</u>	<u>0</u>, -9
	抵赖	-9, <u>0</u>	-1, -1

根据纳什均衡的定义，很容易理解为什么通过划线法找出的策略组合是纳什均衡。在两个局中人的支付下端都画有短横线的策略组合中，给定任一局中人的策略，另一个局中人的策略都是最优策略，因而这个策略组合就是一个纳什均衡。

9.4 混合策略的纳什均衡

如果一个博弈没有纳什均衡，或纳什均衡不唯一，前面介绍的方法就不足以帮助我们对博弈的最终结果做出明确预测，无法给参与博弈的局中人提供明确的决策建议。因此，我们需要拓展纳什均衡的概念，引入新的分析工具。

"石头、剪子、布"这种游戏有着古老的起源，世界各地都有类似玩法。"棍子、老虎、鸡、虫子"游戏与"石头、剪子、布"游戏大同小异。在"石头、剪子、布"游戏中，有两个玩手，游戏规则是这样的：石头胜剪子，剪子胜布，布胜石头。譬如，当一方出石头而另一方出布时，则后者赢了前者。在"棍子、老虎、鸡、虫子"游戏中，也有两个玩手，游戏规则是：棍子胜（打死）老虎，老虎胜（吃掉）鸡，鸡胜（吃掉）虫子，而虫子胜（蛀掉）棍子。

"石头、剪子、布"游戏和"棍子、老虎、鸡、虫子"游戏都是二人零和博弈。冯·诺依曼对于二人零和博弈提出的最大最小定理表明，它们通常有最大最小均衡，这是否说博弈中的局中人真的会选择最大最小均衡策略？

表 9.4.1 给出了"石头、剪子、布"的一种策略式表述。

表 9.4.1　"石头、剪子、布"博弈

		B		
		石头	剪子	布
A	石头	0, 0	1, -1	-1, 1
	剪子	-1, 1	0, 0	1, -1
	布	1, -1	-1, 1	0, 0

显然，该博弈有 9 个最大最小均衡，即局中人 A 和 B 的所有策略都是最大最小均衡策略，因此，我们若按最大最小均衡策略来决定局中人的策略选择，则局中人选任意策略都是无差异的。但是，当局中人 A 选择"石头"时，B 会选择"布"，而给定 B 选"布"，A 的最优选择又是"剪子"而不是"石头"，而给定 A 选"剪子"，B 的最优选择又是"石头"而非"布"，等等。

通过划线法发现，"石头、剪子、布"游戏不存在纯策略纳什均衡。那么，这种博弈是否存在均衡呢？

相信大家在玩"石头、剪子、布"游戏时都有这样一种体验——为了避免对方猜出自己的选择，我们总是在出示自己的选择之前尽量迷惑对手，不给对方一点暴露自己选择意向的信息。在重复多次的游戏过程中，我们尽量不重复或少重复自己的同一策略选择。比如我们在玩"石头、剪子、布"游戏时，总是尽量随机性地选择策略——在"石头、剪子、布"中随机选择。那么，这是一种什么博弈，它是否也存在相应的均衡概念？

这将是我们在本小节中要介绍的混合策略博弈（mixed strategy game）概念，其相应的均衡概念是纯策略纳什均衡概念在混合策略博弈中的扩充，即混合策略博弈纳什均衡。

策略是参与人在给定信息集的情况下选择行动的规则，它规定参与人在什么情况下选择什么行动，是参与人的"相机行动方案"。如果一个策略规定参与人在每一个给定的信息情况下只选择一种特定的行动，该策略为纯策略。如果一个策略规定参与人在给定信息情况下以某种概率分布随机地选择不同的行动，则该策略为混合策略。

9.4.1　混合策略博弈举例

正如在前面所讲到的那样，"石头、剪子、布"游戏博弈没有纯策略纳什均衡，除了这个例子之外，还可以举出许多不存在纯策略纳什均衡的例子。

例 9.4.1（"棍子·老虎·鸡·虫子"博弈）　这个博弈在前面已做了介绍，这里用具体的博弈矩阵加以刻画，见表 9.4.2。

显然，这个博弈没有纯策略纳什均衡（它也是一个零和博弈）。

表 9.4.2　"棍子·老虎·鸡·虫子"博弈

		2			
		棍子	老虎	鸡	虫子
1	棍子	0, 0	1, −1	0, 0	−1, 1
	老虎	−1, 1	0, 0	1, −1	0, 0
	鸡	0, 0	−1, 1	0, 0	1, −1
	虫子	1, −1	0, 0	−1, 1	0, 0

例 9.4.2（社会福利博弈）　政府在实行公共福利政策时，通常会遇到激励问题。譬如，当政府对失业者进行救济时，可能会激励失业者不再愿意努力寻找工作。表 9.4.3 给出了这种博弈的一种具体描述。

表 9.4.3　社会福利博弈

		失业者	
		寻找工作	游荡
政府	救济	3, 2	−1, 3
	不救济	−1, 1	0, 0

政府救济失业者的前提是失业者必须试图寻找工作，否则视失业者为自愿失业者，对于自愿失业者政府不会给予救济；失业者只有在得不到政府救济时才会寻找工作，否则会挨饿。给定政府救济，失业者的最优策略是游手好闲；给定流浪汉无所事事地四处游荡，政府的最优策略是不救济；给定政府不救济，失业者的最优策略是寻找工作；而给定失业者寻找工作，政府的最优策略是救济，等等。这个博弈不存在纯策略纳什均衡，没有一个策略组合构成纯策略纳什均衡。

例 9.4.3（猜谜游戏） 两个小孩手里各拿着一枚硬币，决定要出示正面或反面。如果两枚硬币同时以相同的面被两个小孩出示，则小孩 A 付给小孩 B 一元钱；否则，小孩子 B 输给小孩 A 一元钱。表 9.4.4 给出了这个博弈的博弈矩阵。

表 9.4.4　猜谜游戏

		小孩 B	
		正面	反面
小孩 A	正面	–1, 1	1, –1
	反面	1, –1	–1, 1

这个博弈也是一个没有纯策略纳什均衡的纯策略博弈。

上述博弈都不存在纯纳什均衡。参与人的支付取决于其他参与人的策略；以某种概率分布随机地选择不同的行动。每个参与人都想猜透对方的策略，而每个参与人又不愿意让对方猜透自己的策略。

在这类博弈中，每个局中人选择策略一定要避免规律性。例如在猜谜游戏中，每个局中人最合理的做法，是随机地出示正面或反面，让对手摸不着北，然后看能不能凭运气击败对手。局中人这种随机化自己可选策略的做法，就是"混合策略"的思想。

9.4.2　混合策略纳什均衡与期望支付

与混合策略相伴随的一个问题是，局中人支付的不确定性。为刻画不确定情形下局中人的支付，需要借助期望支付的概念。

在初等概率论中我们知道，如果一个数量指标（随机变量），如预报未来的降雨量，有 n 个可能的取值 $X_1, X_2, \cdots, X_n$，并且这些取值发生的概率分别为 $p_1, p_2, \cdots, p_n$，那么我们可以将这个数量指标的期望值定义为以发生概率作为权重的所有可能取值的加权平均，也就是

$$p_1 X_1 + p_2 X_2 + \cdots + p_n X_n$$

在例 9.4.3（猜谜游戏）中，我们把 A 的混合策略表示为随机地以 p 的概率出正面和以 $1-p$ 的概率出反面，把 B 的混合策略表示为随机地以 q 的概率出正面和以 $1-q$ 的概率出反面，见表 9.4.5。

表 9.4.5　猜谜游戏（续）

		小孩 B	
		正面 q	反面 $1-q$
小孩 A	正面 p	–1, 1	1, –1
	反面 $1-p$	1, –1	–1, 1

A 出正面 B 也出正面，A 将得-1，但 A 出正面的概率为 p，B 出正面的概率为 q，

所以 A 出正面 B 也出正面的概率为 pq ；A 出正面 B 出反面，A 将得 1，但 A 出正面的概率为 p ，B 出正面的概率为 $1-q$ ，所以 A 出正面 B 也出正面的概率为 $p(1-q)$ ；A 出反面 B 出正面，A 将得 1，但 A 出正面的概率为 $1-p$ ，B 出正面的概率为 q ，所以 A 出正面 B 也出正面的概率为 $(1-p)q$ ；A 出反面 B 也出反面，A 将得-1，但 A 出正面的概率为 $1-p$ ，B 出正面的概率为 $1-q$ ，所以 A 出正面 B 也出正面的概率为 $(1-p)(1-q)$ 。

这样，甲的期望支付为

$$\begin{aligned}
U_A(p,q) &= (-1)pq + 1p(1-q) + 1(1-p)q + (-1)(1-p)(1-q) \\
&= -pq + p - pq + q - pq - 1 + p + q - pq \\
&= -4pq + 2p + 2q - 1 \\
&= 2p(1-2q) + (2q-1)
\end{aligned}$$

按照同样的思路，乙的期望支付为

$$U_B(p,q) = 2q(2p-1) - (2p-1)$$

期望支付的标准写法是 EU，从而甲的期望支付的标准写法是 EU_A。但是已知概率 p 和 q 时，也可以写成 $U_A(p,q)$ 。 $U_B(p,q)$ 与 EU_B 的关系亦然。

下面，对有 n 个参与人的混合策略给出如下定义：

定义 9.4.1　在一个有 n 个局中人参与的策略式博弈 $G = \{S_1, \cdots, S_n; u_1, \cdots, u_n\}$ 中，假定局中人 i 有 k 个纯策略，即 $S_i = \{s_{i1}, \cdots, s_{iK}\}$ ，则概率分布 $p_i = \{p_{i1}, \cdots, p_{iK}\}$ ，其中 $0 \leqslant p_{ik} \leqslant 1$ ， $\sum_{k=1}^{K} p_{ik} = 1$ ，称为局中人 i 的一个混合策略，这里 $p_{ik} = p(s_{ik})$ 表示局中人 i 选择纯策略 s_{ik} 的概率 $k = 1, \cdots, K$ 。

从二人同时决策博弈看，混合策略纳什均衡必须是两个局中人的相对最优混合策略的组合。所谓相对最优混合策略，是指在给定对方选择该相对最优混合策略的条件下，能使局中人自身的期望支付达到最大的混合策略，即如果 $p^* = (p_1^*,\ p_2^*)$ 是二人博弈的一个纳什均衡，它必须满足：

$$\pi_1(p_1^*,\ p_2^*) \geqslant \pi_1(p_1,\ p_2^*),\ \text{对于任意的} p_1 \in \sum\nolimits_1$$

和

$$\pi_2(p_1^*,\ p_2^*) \geqslant \pi_2(p_1^*,\ p_2),\ \text{对于任意的} p_2 \in \sum\nolimits_2$$

其中 $\pi_i(p_1^*,\ p_2^*)$ 表示在 p^* 混合策略下第 i 个人的期望支付， $i = 1, 2$ 。

更一般地，对于一个有 n 个局中人参与的静态博弈，其混合策略纳什均衡的定义可表述如下。

定义 9.4.2　设 $p^* = (p_1^*, \cdots, p_i^*, \cdots, p_n^*)$ 是 n 个策略式博弈在一个有 n 个局中人参与的策略式博弈 $G = \{S_1, \cdots, S_n; u_1, \cdots, u_n\}$ 的一个混合策略组合， $i = 1, \cdots, n$ ， $\pi_i(p_i^*, p_{-i}^*) \geqslant \pi_i(p_i, p_{-i}^*)$，对于每一个 $p_i \in \sum\nolimits_i$ 都成立，则称混合策略组合 $p^* = (p_1^*, \cdots, p_i^*, \cdots, p_n^*)$ 是这个博弈的一个纳什均衡。

从定义 9.4.2 可以看出，前面介绍的纯策略纳什均衡是混合策略纳什均衡的特例。具体来说，如果 $p^* = (p_1^*, \cdots, p_i^*, \cdots p_n^*)$ 是一个混合策略的纳什均衡，但对每个 $i = 1, \cdots, n$，概率分布 $p_i = \{p_{i1}^*, \cdots, p_{iK}^*\}$ 都取 $p_i^* = (1, 0, \cdots, 0)$，$p_i^* = (0, \cdots, 0, 1, 0, \cdots, 0)$ 或者 $p_i^* = (0, \cdots, 0, 1)$ 的形式，那么这个混合策略纳什均衡就是纯策略的纳什均衡。

其实，混合策略纳什均衡的概念与前面的纯策略纳什均衡概念在本质上是相同的，即每个局中人的策略选择都是针对其他局中人的策略选择或策略组合的最佳对策，没有局中人愿意单独偏离或改变该策略组合中自己的策略选择。

图 9.4.1 给出了几种均衡的关系。

图 9.4.1　几种均衡的关系

9.4.3　寻找混合策略纳什均衡

进行博弈分析的目的，是找到博弈的均衡解。寻找同时决策有限博弈的混合策略纳什均衡，比较常用的方法有支付最大值法、支付等值法和反应函数法。

下面通过例 9.4.2（社会福利博弈）来简单介绍这几种求解方法。

例 9.4.2 中，政府想帮助流浪汉，但前提是后者必须试图寻找工作，否则，不予帮助；而流浪汉若知道政府采用救济策略的话，他就不会寻找工作。他们只有在得不到政府救济时才会寻找工作。求解混合策略纳什均衡如下：

（1）假定政府采用混合策略：$\sigma_G = (\theta, 1-\theta)$，即政府以 θ 的概率选择救济，$(1-\theta)$ 的概率选择不救济。

（2）流浪汉的混合策略：$\sigma_L = (r, 1-r)$，即政府以 γ 的概率选择寻找工作，$1-r$ 的概率选择游闲。

解法一：支付最大值法。

由表 9.4.3 给出的支付矩阵，政府的期望效用函数为

$$u_G = \theta[3r + (-1)(1-r)] + (1-\theta)[-r + 0(1-r)]$$
$$= \theta(5r-1) - r$$

对上述效用函数求偏导，得到政府的最优化条件

$$\frac{\partial u_G}{\partial \theta} = 5r - 1 = 0 \Rightarrow r^* = 0.2$$

即从政府的最优化条件找到流浪汉混合策略——流浪汉以 0.2 的概率选择寻找工作，0.8 的概率选择游闲。

流浪汉的期望效用函数为

$$u_L = r[2\theta + 1(1-\theta)] + (1-r)[3\theta + 0(1-\theta)]$$
$$= -r(2\theta - 1) + 3\theta$$

令

$$\frac{\partial u_L}{\partial r} = -(2\theta - 1) = 0$$

$$\Rightarrow \theta^* = 0.5$$

从流浪汉的最优化条件找到政府混合策略——流浪汉以 0.5 的概率选择救济，0.5 的概率选择不救济。

$$\max_{\theta} u_G = \theta[3r - (1-r)] + (1-\theta)(-r)$$
$$\max_{r} u_L = r[2\theta + (1-\theta)] + 3(1-r)\theta$$

故

$$\theta = 0.5, r = 0.2$$

解法二：支付等值法。

政府选择救济策略 $\theta = 1$，期望效用

$$u_G(1, r) = 3r + (-1)(1-r) = 4r - 1$$

政府选择不救济策略 $\theta = 0$，期望效用

$$u_G(0, r) = -1r + 0(1-r) = -r$$

如果一个混合策略是流浪汉的最优选择，必然意味着政府在救济与不救济之间是无差异的，即

$$u_G(1, r) = 4r - 1 = -r = u_G(0, r)$$
$$\Rightarrow r^* = 0.2$$

如果一个混合策略是政府的最优选择，那一定意味着流浪汉在寻找工作与游闲之间是无差异的，即

$$u_L(1, \theta) = 1 + \theta = 3\theta = u_L(0, \theta)$$
$$\Rightarrow \theta^* = 0.5$$

如果政府救济的概率小于 0.5，则流浪汉的最优选择是寻找工作；如果政府救济的概

率大于 0.5，则流浪汉的最优选择是游闲等待救济。如果政府救济的概率正好等于 0.5，流浪汉的选择无差异。

解法三：反应函数法。

$$u_G = \theta(5r-1) - r, \quad u_L = r(1-2\theta) + 3\theta$$

分别得到政府和流浪汉的最佳反应函数

$$\theta = \begin{cases} 0, & \text{当}\, r < 1/5 \\ [0,1], & \text{当}\, r = 1/5 \\ 1, & \text{当}\, r > 1/5 \end{cases}, \qquad r = \begin{cases} 1, & \text{当}\, \theta < 1/2 \\ [0,1], & \text{当}\, \theta = 1/2 \\ 0, & \text{当}\, \theta > 1/2 \end{cases}$$

现在，我们在以 θ 为纵轴、r 为横轴的直角坐标中，画出政府和流浪汉的最佳反应函数，两个反应函数重合的地方，就是混合策略的纳什均衡，如图 9.4.2 所示。

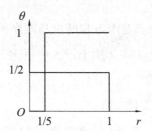

图 9.4.2 反应函数曲线相交方法

从而得到社会福利博弈的混合策略纳什均衡，即 $(\theta^*, r^*) = (1/2, 1/5) = (0.5, 0.2)$。

上面的均衡要求每个参与人以特定的概率选择纯策略。也就是说，一个参与人选择不同策略的概率不是由他自己的支付决定的，而是由他的对手的支付决定的。正是由于这个原因，许多人认为混合策略纳什均衡是一个难以令人满意的概念。

事实上，正是因为它在几个（或全部）策略之间是无差异的，他的行为才难以预测，混合策略纳什均衡才会存在。

尽管混合策略不像纯策略那样直观，但它确实是一些博弈中参与人的合理行为方式。扑克比赛、垒球比赛、划拳就是这样的例子，在这一类博弈中，参与比赛的总是随机行动以使自己的行为不被对方所预测。经济学上的监督博弈也是这样的例子，税收检查、质量检查、惩治犯罪、雇主监督雇员等都可以看成猜谜博弈。

9.4.4 混合策略博弈举例

例 9.4.4（田忌赛马博弈） 据《史记》记载，战国时孙武的后代孙膑因受同窗庞涓的迫害致残而远走他乡，最后流落在齐国名将田忌帐下作谋士。

一日，孙膑见田忌闷闷不乐，便问田忌有何不快之事。田忌告诉孙膑，近来齐威王

（齐国国王）常要他与其赛马，赛马规则是每次双方各出三匹马，一对一比赛三场，每一场的输方要赔一千斤铜给赢方。齐威王的三匹马和田忌的三匹马按实力都可分为上、中、下三等，而齐威王的上、中、下三匹马都分别比田忌的上、中、下三匹马略胜一筹，因此田忌每次都是连输三场，要输掉三千斤铜。

孙膑闻得此事，心中筹划如何为田忌献计赢得赛马。调查发现，田忌的上马虽不如齐威王的上马，却要比齐威王的中马和下马都要好，同样，田忌的中马则比齐威王的下马要好一些。于是，孙膑为田忌出奇计：先用田忌的下马对抗齐威王的上马，再用田忌的上马对抗齐威王的中马，最后才用田忌的中马对抗齐威王的下马。这样，田忌可以输掉第一场作为代价而赢得后两场比赛，每次比赛可净赢齐威王一千斤铜。

这里假设田忌（和孙膑）与齐威王在智力上是不分高下的（或许违反了历史真实），并且在这里会自然想到该博弈不存在纯策略纳什均衡。我们可以求出这个博弈的所有混合策略博弈纳什均衡解，但这可能面临十分烦琐的数学计算，这里不展开这种计算，只给出其中一个对称均衡。

齐威王和田忌的纯策略空间都是由各自的出马顺序所构成，即

$$S_{齐威王}=\{上中下，上下中，中上下，中下上，下上中，下中上\}$$

$$S_{田忌}=\{上中下，上下中，中上下，中下上，下上中，下中上\}$$

表 9.4.6 给出了这个博弈的支付矩阵。

表 9.4.6　田忌赛马博弈

		田忌					
		上中下	上下中	中上下	中下上	下上中	下中上
齐威王	上中下	3, −3	1, −1	1, −1	1, −1	−1, 1	1, −1
	上下中	1, −1	3, −3	1, −1	1, −1	1, −1	−1, 1
	中上下	1, −1	−1, 1	3, −3	1, −1	1, −1	1, −1
	中下上	−1, 1	1, −1	1, −1	3, −3	1, −1	1, −1
	下上中	1, −1	1, −1	1, −1	−1, 1	3, −3	1, −1
	下中上	1, −1	1, −1	−1, 1	1, −1	1, −1	3, −3

设齐威王和田忌的均衡混合策略分别为

$$\sigma_1=\left(\theta_1,\theta_2,\theta_3,\theta_4,\theta_5,1-\sum_{k=1}^{5}\theta_k\right) \text{和} \sigma_2=\left(\gamma_1,\gamma_2,\gamma_3,\gamma_4,\gamma_5,1-\sum_{k=1}^{5}\gamma_k\right),$$

其中 $0\leqslant\theta_k<1$，$0\leqslant\gamma_k<1$，$k=1,\cdots,5$，$1>\sum_{k=1}^{5}\theta_k>0$，$1>\sum_{k=1}^{5}\gamma_k>0$。

$$
有\begin{cases}
3\gamma_1+\gamma_2+\gamma_3+\gamma_4-\gamma_5+\left(1-\sum_{k=1}^{5}\gamma_k\right)=\gamma_1+3\gamma_2+\gamma_3+\gamma_4+\gamma_5-\left(1-\sum_{k=1}^{5}\gamma_k\right)\\
3\gamma_1+\gamma_2+\gamma_3+\gamma_4-\gamma_5+\left(1-\sum_{k=1}^{5}\gamma_k\right)=\gamma_1-\gamma_2+3\gamma_3+\gamma_4+\gamma_5-\left(1-\sum_{k=1}^{5}\gamma_k\right)\\
3\gamma_1+\gamma_2+\gamma_3+\gamma_4-\gamma_5+\left(1-\sum_{k=1}^{5}\gamma_k\right)=-\gamma_1+\gamma_2+\gamma_3+3\gamma_4+\gamma_5+\left(1-\sum_{k=1}^{5}\gamma_k\right)\\
3\gamma_1+\gamma_2+\gamma_3+\gamma_4-\gamma_5+\left(1-\sum_{k=1}^{5}\gamma_k\right)=\gamma_1+\gamma_2+\gamma_3-\gamma_4+3\gamma_5+\left(1-\sum_{k=1}^{5}\gamma_k\right)\\
3\gamma_1+\gamma_2+\gamma_3+\gamma_4-\gamma_5+\left(1-\sum_{k=1}^{5}\gamma_k\right)=\gamma_1+\gamma_2-\gamma_3+\gamma_4+\gamma_5+3\left(1-\sum_{k=1}^{5}\gamma_k\right)
\end{cases}\quad(9.2)
$$

解得 $\gamma_1=\gamma_2=\gamma_3=\gamma_4=\gamma_5=\dfrac{1}{6}$，据对称性有 $\theta_1=\theta_2=\theta_3=\theta_4=\theta_5=\dfrac{1}{6}$，故均衡为

$$
\left\{\left(\frac{1}{6},\frac{1}{6},\frac{1}{6},\frac{1}{6},\frac{1}{6},\frac{1}{6}\right),\ \left(\frac{1}{6},\frac{1}{6},\frac{1}{6},\frac{1}{6},\frac{1}{6},\frac{1}{6}\right)\right\}
$$

将此结果代入式（9.2）中任一等式的任一端，得齐威王的期望支付为 1，同样可得田忌的期望支付为-1。所以在此均衡中齐威王平均在一次赛马中会赢去田忌一千斤铜，这是因为齐威王的三匹马相比田忌的三匹马略胜一等，从而齐威王具有绝对优势。

例 9.4.5（监督博弈） 一些看似完全不同的现象，在博弈论专家看来是没有什么本质区别的。这里介绍的监督博弈实际上刻画了诸如税收检查、质量检查、惩治犯罪、雇主监督雇员等许多现象的博弈论本质。

因为监督检查存在成本，所以监督者不会总是对被监督者的所有情形都实施检查，而是随机地采取检查或不检查的策略，被监督者也知道监督者的这种策略选择，因而也以随机方式选择努力或不努力的策略。这样，监督者与被监督者之间就展开了混合策略博弈。

下面以税收检查为例来说明。这个博弈的局中人是税收机关和纳税人。税收机关的纯策略空间中包括"检查"和"不检查"两个元素，纳税人的纯策略空间中包括"逃税"和"不逃税"两个元素。表 9.4.7 给出了这个博弈的支付矩阵，其中 a 为应纳税款，c 是检查成本，F 是罚款量。为使模型有意义，假定 $c<a+F$，此时不存在纯策略纳什均衡。

表 9.4.7　监督博弈

		纳税人	
		逃税	不逃税
税收机关	检查	$a-c+F,\ -a-F$	$a-c,\ -a$
	不检查	$0,\ 0$	$a,\ -a$

设税收机关检查的概率为 θ，纳税人逃税的概率为 γ。不难求得均衡

299

$$\left\{\left(\frac{a}{a+F}, \frac{F}{a+F}\right), \left(\frac{c}{a+F}, \frac{a+F-c}{a+F}\right)\right\}$$

显然，对逃税的惩罚愈重，应纳税款愈多，纳税人逃税的概率就愈小；检查成本愈高，纳税人逃税的概率就愈大。为什么应纳税款愈多，纳税人逃税的概念反而愈小呢？这是因为，应纳税款愈多，税收机关检查的概率就愈高，逃税被抓住的可能性就愈大，因而纳税人反而不敢逃税了。这一点或许可以解释为什么逃税现象在小企业中比在大企业中更为普遍，在低收入阶层比在高收入阶层更普遍。

9.5　多重纳什均衡及其甄别

许多博弈往往有不止一个纳什均衡，有时候甚至有无穷多个纳什均衡。这种情况下，哪个纳什均衡最有可能成为最终的博弈结果，往往取决于某种能使局中人产生一致性预测的机制或判断标准。现实中，人们可以通过一些约定俗成的观念或者某种具有一定合理性的机制，引导博弈的结果朝着比较有利于局中人的方向发展。下面简单介绍两种这样的机制或判别标准。

9.5.1　帕累托优势标准

虽然有些博弈存在多个纳什均衡，但这些纳什均衡之间有可能存在明显的优劣差异，导致所有局中人都偏好同一个纳什均衡。一种情况是，博弈的某一个纳什均衡给所有局中人带来的收益，都大于其他纳什均衡给他们带来的收益，这种情况下，每个局中人不仅自己会选择由该纳什均衡所规定的策略，而且会预料所有其他局中人也会选择由该纳什均衡所规定的策略，因而该纳什均衡就有可能成为博弈的最终结果。在这种情况下，局中人不会面临任何进一步选择的困难，因为所有局中人对于纳什均衡的理性选择倾向，都表现出一致。

在资源配置中，按照支付大小筛选方案，如果至少有一个人认为方案 A 优于方案 B，而没有人认为 A 劣于 B，则认为 A 优于 B，这就是所谓的帕累托（Vilfredo Pareto，1848~1923 年）优势标准。

下面举一个帕累托优势均衡的例子，战争与和平博弈形式见表 9.5.1。

表 9.5.1　战争与和平博弈

		国家 B	
		战争	和平
国家 A	战争	<u>-5</u>, <u>-5</u>	8, -10
	和平	-10, 8	<u>10</u>, <u>10</u>

这个博弈中有两个纯策略纳什均衡，（战争，战争）和（和平，和平），显然后者帕累托优于前者，所以，（和平，和平）是该博弈的一个按帕累托优势标准筛选出来的纳什均衡。

下面介绍另一个著名的博弈模型——猎人博弈。假设在古代的一个地方有两个猎人，为了简单起见，假设主要的猎物只有两种，鹿和兔子。在古代，由于人类的狩猎手段比较落后，弓箭的威力也有限，我们可以进一步假设，两个猎人一起去猎鹿才能猎获 1 只鹿，一个猎人单兵作战只能打到 4 只兔子。从填饱肚子的角度来说，4 只兔子能解决一个人 4 天的食物问题，1 只鹿能解决一个人 20 天的食物问题。这样，两个猎人的行为决策，大体上就可以写成以下的博弈形式（见表 9.5.2）。

表 9.5.2　猎人博弈

		猎人乙	
		猎鹿	打兔
猎人甲	猎鹿	<u>10, 10</u>	0, 4
	打兔	4, 0	<u>4, 4</u>

如表 9.5.2，打到 1 只鹿，两人平分，每人吃 10 天；打到 4 只兔子，只能供一人吃 4 天。如果他打兔子而你去猎鹿，他可以打到 4 只兔子，而你将一无所获。

如果对方愿意合作猎鹿，你的最优行为是与他合作猎鹿；如果对方只想自己去打兔子，你的最优行为也只能是自己打兔子，如果你去猎鹿，因为一个人单独制服不了 1 只鹿，所以你将一无所获。这样，运用前面讲过的划线法可知，这个猎人博弈有两个纳什均衡：一是两人一起去猎鹿，得（10，10）；二是两人各自去打兔子，得（4，4）。

两个纳什均衡，就是两个可能的结局。那么，究竟哪一个会发生呢？很明显，两人一起去猎鹿的好处（10，10）比各自去打兔子的获益（4，4）要大得多。甲、乙一起去猎鹿得（10，10）的纳什均衡比两人各自去打兔子得（4，4）的纳什均衡具有帕累托优势（Pareto Advantage）。这个猎人博弈的结局，最大可能是具有帕累托优势的纳什均衡——甲、乙一起去猎鹿得（10，10）。

经济学思想史上，人们对于经济如何才算是有效率的，一直有很不相同的看法。例如太平天国信奉"不患寡，患不均"，就很有代表性，但是大家都知道，只讲究平均，不能作为效率的标准。公平是经济学中最富争议的概念，效率也是很有争议的一个概念。

自从现代经济学主要关注社会资源的配置以来，经济学家求同存异，逐渐撇开一般效率评价的许多分歧，倾向接受以帕累托命名的所谓帕累托效率标准：经济的效率体现于配置社会资源以改善人们的境况，主要看资源是否已经被充分利用。如果资源已经被充分利用，要想再改善，我就必须损害你或别的什么人；要想再改善，你就必须损害另外某个人。总之，要想再改善，任何人都必须损害别的一些人了，这时候就说经济已经实现了帕累托效率。相反，如果还可以在不损害别人的情况下改善任何人，就认为经济资源尚未充分利用，就不能说经济已经达到帕累托效率。这时候就说经济处于帕累托非效率的状态。

9.5.2 风险优势标准

筛选多个纳什均衡的另一个常用方法，是风险优势标准。它的基本思路是：如果按照支付标准或帕雷托优势标准，难以确定局中人将采用两个或多个纳什均衡中的哪一个纳什均衡规定的策略的时候，可以考虑不同纳什均衡之间的风险状况，风险小的优先。下面我们通过一个具体例子来说明这种筛选标准。

某博弈的矩阵表示如表9.5.3所示。我们把左方局中人甲的策略叫作"上"和"下"，把上方局中人乙的策略叫作"左"和"右"。运用相对优势策略下划线法可知，该博弈有两个纳什均衡：一是左上角的格子，甲选择上策略乙选择左策略双方得（9，9）；二是右下角的格子，甲采用下策略乙采用右策略双方得（7，7）。那么，两个纳什均衡中，究竟哪一个发生的可能性比较大呢？

表9.5.3　风险优势

		乙	
		左	右
甲	上	<u>9</u>, <u>9</u>	0, 8
	下	8, 0	<u>7</u>, <u>7</u>

我们先站在甲的位置分析。甲可以设想，乙采用左策略和右策略的机会各占一半。这样，如果甲采用上策略，他得9的机会和得0的机会是一半对一半，他的期望支付将是$(9 + 0) \div 2 = 4.5$；如果甲采用下策略，他得8的机会和得7的机会也是一半对一半，他的期望支付将是$(8 + 7) \div 2 = 7.5$。所以，从期望支付来看，甲采用下策略是比较稳妥的，至少可以得7，运气好可以得8；如果采用上策略，运气好固然可以得9，但是运气不好将得0。为了稳妥起见，还是不要冒可能得0的风险。

在前景不确定的情况下，期望的结果如何，即各种可能结果的加权平均值如何，是重要的判断标准。设身处地想，如果你是局中人甲，你将采用哪个策略呢？你应该会选择下策略。这个博弈是对称的，乙的处境和甲完全一样。所以，乙多半也要选用稳妥的右策略，至少可以得7，运气好可以得8，他不会冒可能得0的风险去搏9。甲多半选下策略，乙多半选右策略，所以博弈的实际结局，很可能是甲采用下策略乙采用右策略双方各得7。

在这种情况下，右下角格子代表的"甲下乙右"得（7，7）的纳什均衡，具有风险优势。注意，风险优势不是表示风险大，反而是说风险比较小，优势在于风险小。

习　题

1．判断题

（1）囚徒困境说明个人的理性选择不一定是集体的理性选择。　　　　　　（　　）

（2）纳什均衡一定是上策均衡。　　　　　　（　　）

（3）在一个博弈中只可能存在一个纳什均衡。   （ ）

（4）在博弈中纳什均衡是博弈双方能获得的最好结果。   （ ）

（5）在博弈中如果某博弈方改变策略后得益增加则另一博弈方得益减少。 （ ）

（6）纳什均衡即任一博弈方单独改变策略都只能得到更小利益的策略组合。 （ ）

2. 在下表所示的策略式博弈中，找出重复删除劣策略的占优均衡。

		参与人 II		
		L	M	R
参与人 I	U	4, 3	5, 1	6, 2
	M	2, 1	8, 4	3, 6
	D	3, 0	9, 6	2, 8

3. 求解下表所示的策略式博弈的所有纳什均衡。

		参与人 II		
		L	M	R
参与人 I	T	7, 2	2, 7	3, 6
	B	2, 7	7, 2	4, 5

4. BF 航空公司和 XH 航空公司分享了从北京到南方冬天度假胜地的市场。如果它们合作，各获得 500 000 元的垄断利润，但不受限制的竞争会使每一方的利润降至 60 000 元。如果一方在价格决策方面选择合作而另一方却选择降低价格，则合作的厂商获利将为零，竞争厂商将获利 900 000 元。

（1）将这一市场用囚徒困境的博弈加以表示。

（2）解释为什么均衡结果可能是两家公司都选择竞争性策略。

5. 设啤酒市场上有两家厂商，各自选择是生产高价啤酒还是低价啤酒，相应的利润（单位：万元）由下表的得益矩阵给出。

		厂商 B	
		低价	高价
厂商 A	低价	100, 800	50, 50
	高价	−20, −30	900, 600

（1）有哪些结果是纳什均衡？

（2）两厂商合作的结果是什么？

6. 求例 9.4.1（"棍子·老虎·鸡·虫子"博弈）的混合策略纳什均衡。

7. 下表的博弈是否存在纯策略的纳什均衡，如果没有，采用混合策略纳什均衡分析，并求出其混合策略的纳什均衡。

		参与人 II	
		C	D
参与人 I	A	2, 3	5, 2
	B	3, 1	1, 5

8. 给定两家酿酒企业 A、B 的收益矩阵如下表：

		A 企业	
		白酒	啤酒
B 企业	白酒	700, 600	900, 1000
	啤酒	800, 900	600, 800

表中每组数字前一个数字表示 B 企业的收益，后一个数字表示 B 企业的收益。

（1）求出该博弈问题的均衡解，是占优策略均衡还是纳什均衡？

（2）是否存在帕累托优势均衡？如果存在，在什么条件下可以实现？

（3）如何改变上述 A、B 企业的收益才能使均衡成为纳什均衡或占优策略均衡？如何改变上述 A、B 企业的收益才能使该博弈不存在均衡？

第**10**章 章

完全信息动态博弈

　　前面我们讨论了静态博弈，在这类博弈中，局中人同时选择他们各自的策略，每一个局中人在做出策略选择时，不知道对手的策略选择。但在现实中，还会有局中人的选择、行为有先后次序，后决策的人知道先决策的人的已经做出的决策，这就是动态博弈。本章主要讨论完全信息动态博弈，包括所有博弈方都对博弈过程和得益完全了解的完全且完美信息动态博弈，信息不充分、不对称的完全非完美信息动态博弈以及重复博弈。这类博弈也是现实中常见的基本博弈类型。动态博弈中博弈方的选择、行为有先后次序，因此在表示方法、利益关系、分析方法和均衡概念等方面，都与静态博弈有很大区别。本章对动态博弈分析的概念和方法，特别是子博弈精炼纳什均衡和逆推归纳法作系统介绍，并介绍各种经典的动态博弈模型。

10.1　完全且完美信息动态博弈

动态博弈的基本特征是，博弈方的行为有先后次序。如果后行动的博弈方在自己的行为之前，可以观察到先前行动博弈方的行为，有关于前面阶段博弈进程的充分信息，称为"完美信息"；如果动态博弈的所有博弈方都有完美信息，就是完美信息动态博弈。如果各博弈方对得益情况也是有"完全信息"的，这就是我们这一节要讲的完全且完美信息动态博弈，简称动态博弈。

10.1.1　动态博弈的表示方法与特点

动态博弈中博弈方先后采取策略，使得动态博弈在表示方法、策略、分析方法等方面与静态博弈有很大不同。

1. 动态博弈的表示方法

动态博弈中，博弈方的选择有先后次序，通常将一个博弈方的一次选择称为一个阶段。动态博弈中也可能存在几个博弈方同时选择的情况，这时这些博弈方的同时选择构成了一个阶段。一个动态博弈至少有两个阶段，但常常有多个甚至很多个阶段，例如象棋博弈。因此，动态博弈也称为多阶段博弈。首先，我们通过一个例子对完全信息动态博弈做一个直观上的理解。

例 10.1.1（仿冒和反仿冒博弈）　设有一家企业的产品被另一家企业仿冒，如果被仿冒企业采取措施制止仿冒，企业会停止仿冒；如果被仿冒企业不制止，仿冒企业会继续仿冒。对被仿冒企业来说，被仿冒企业造成经济损失，但制止仿冒也是有成本的，因此遭到仿冒是否制止需要斟酌。对仿冒企业来说，仿冒不被制止能获得很大的利益，被制止会偷鸡不成反蚀把米，是否仿冒也需要推敲。两个企业在仿冒和制止仿冒方面存在着行为与利益相互的博弈关系，由于只有已经遭到仿冒的情况下被仿冒企业才需要考虑是否制止，这必然是一个动态博弈。

这种通过选择节点、从选择节点出发代表可能选择的线段，以及终点处得益数组的表示方法，我们称为动态博弈的扩展式或博弈树（见图 10.1.1）。

博弈树描述了所有博弈方可以采取的所有可能的行动及博弈的所有可能结果。博弈树由节点及楞（或枝）组成，节点又分为决策节点和末端节点。通常博弈树从左往右，或者从上往下延伸。博弈方的决策都在博弈树的决策节点上做出，博弈树以楞把节点连接起来。每棵博弈树都有一个初始决策节点，也称博弈树的根，它也是博弈开始的地方。末端节点是博弈结束的地方，也是博弈的一个可能的结果，每一个末端节点都与一个支付向量对应，支付向量的维数就是博弈的参与人的数目。参与人越多，可供选择的策略就越多，相应的博弈的末端节点也就越多。

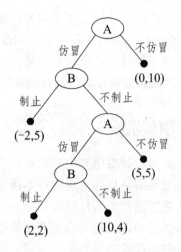

图 10.1.1　仿冒和反仿冒扩展式

2. 动态博弈的特点

动态博弈有很多不同于静态博弈的特点，对分析动态博弈有相当重要的影响。这里先对动态博弈的策略和结果，以及博弈方之间的不对称性等作讨论，其余特点在分析具体动态博弈模型时再讨论。

（1）策略和结果。

在静态博弈中，博弈方的策略是各局中人在进行决策时可以选择的方法，各个策略组合和对应的得益数组就是博弈的结果。与策略相关的另一个概念是行动，即博弈方在某个时点的一个行动选择。静态博弈中局中人是一次性的同时的行动，因此策略等同于行动。但在动态博弈中，各个博弈方的选择和行动不仅有先后之分，还可能有多次，而且多次行动之间有内在联系。动态博弈中博弈方选择的不是博弈方在单个阶段的行动，而是在整个博弈中轮到选择的每个阶段，针对前面阶段的各种情况作相应选择的完整计划。动态博弈中博弈方的"策略"就是指这种计划。

博弈方的一个策略，应当能够指示这个博弈方自己或代理人在博弈的每一种情况下应当选择的行动。把动态博弈理解成各博弈方以这样的策略对抗时，形式上与静态博弈就一致了，也可以用得益矩阵表示，称为动态博弈的"得益矩阵形"或"策略形"。得益矩阵表示动态博弈的缺点是无法反映动态博弈的次序关系，以及不同阶段之间的内在影响和联系。

在仿冒和反仿冒博弈中，双方实施上述策略组合会形成一条联结各个阶段的"路径"（path），即"第一阶段 A 仿冒，第二阶段 B 不制止，第三阶段 A 仿冒，第四阶段 B 制止"。最终两个博弈方 A 和 B 各得到 2 单位得益，对应上述路径终端处得益数组。动态博弈的结果包括双方采用的策略组合，实现的博弈路径和各博弈方的得益。

（2）非对称性。

动态博弈中，博弈方的选择行为有先后次序，且后行动者能观察到先行动博弈方的行动。先行动博弈方可能拥有先行的主动权，这是一种先动优势。后行动博弈方则可以有针对性地相机选择，而且有更多信息帮助选择行动，可以后发制人，这就是后动优势。动态博弈中要根据具体博弈环境、利益关系决定究竟是先行有利还是后行有利。但可以肯定的是，动态博弈的博弈方之间通常存在形势利益的某种不对称性。

10.1.2 动态博弈的纳什均衡

纳什均衡概念本身在动态博弈和静态博弈中其实是一样的。一个策略是纳什均衡仍然是局中人的策略针对其他人的策略是最佳选择这一本质不会改变，就是不会单独有局中人偏离这个策略组合。但是静态博弈的纳什均衡的分析方法如划线法、箭头法、反应函数法等是否还能应用到动态博弈中，这是动态博弈分析遇到的第一个挑战。动态博弈要想把局中人的策略表达清楚并不像静态博弈那么简单，因为动态博弈存在相机选择问题，会导致博弈方策略的"可信性"疑问，造成纳什均衡不稳定，所以静态博弈的纳什均衡分析不能满足动态博弈分析的需要，动态博弈分析需要新的均衡概念。

1. 相机选择和可信性

动态博弈中，博弈方的策略是事先设定的、在博弈相应阶段实施的计划。但这些策略并没有强制力，无法阻止博弈方在博弈过程中改变计划，这就是动态博弈中的"相机选择"问题。相机选择会使博弈方策略设定的行为缺乏"可信性"。

我们以"投资买货博弈"为例，解释相机选择导致可信性问题的原因。甲想采办一价值 6 000 万元货物去卖时缺 2 000 万元资金，而乙正好有 2 000 万元闲置资金。甲想说服乙将资金借给自己，许诺采卖完货物后双方对半分成。乙是否该同意借钱？假设货物经过权威部门确认且销路都有保障，乙需要担心的只是甲卖完货物后是否会履行诺言跟自己平分，还是会卷款潜逃。可以用图 10.1.2 所示的扩展式表示这个博弈问题。

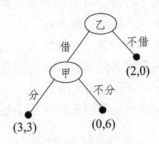

图 10.1.2 投资买货博弈

乙决策的关键是判断甲的许诺是否可信。一般假设博弈方都以自身利益最大化为目标，不会考虑道德因素。在这样的假设下，甲的选择必然是"不分"得最大利益 6 000 万元。乙应该清楚甲的这种"人品"，知道甲采卖完货物后决不会跟自己平分，因此理性选择是"不借"而不是"借"，保住本钱为上。对乙来说，利益关系决定了本博弈中甲的许诺是不可信的。

不可信的许诺使得甲、乙的合作成为不可能，这当然不是最佳结局，因为卖货物的4 000 万元净利益没有实现。所以希望甲的许诺是可信的，从而让乙愿意选择"借"，然后甲遵守诺言选择"分"，最终双方都获益，也就是要对甲进行制约。该博弈中乙面对甲的不可信诺言，只能消极拒绝合作以免被骗的根本原因是甲选择"不分"独吞 6 000 万元货款时，乙没有保护自己权益的武器。如果法律可以保护乙在甲违约时自己的利益，那么双方的选择都会发生改变，博弈的结果也就不同了。假设双方打官司乙能够获胜，但打官司通常要消耗人力物力，假设打官司时乙只能收回成本 2 000 万元，而甲失去全部货款，如图 10.1.3 所示。

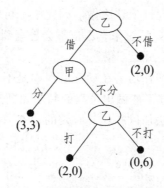

图 10.1.3 有法律保障的投资买货博弈

甲完全清楚乙的思想，知道乙的威胁是可信的。如果知道自己第二阶段选择"不分"，等着自己的必是一场官司和失去所有收入，因此甲的理性选择是"分"而不是"不分"，双方共享利益，各得 3 000 万元。也就是说，这时甲"分"的许诺就可信了。这样，乙第一阶段选择"借"就是理性选择。最终结果是：乙第一阶段选择"借"，甲第二阶段选择"分"，双方各得 3 000 万元皆大欢喜。因此完善公正的法律制度不但能保障社会的公平，还能提高社会效率，是实现分工合作的重要保障。

若法制不健全或保护、惩处力度不足，也会对社会分工合作和经济效率造成损失。比如在第三阶段已选择打官司，这时乙不仅不能收回成本，还要进一步承受 1 000 万元的损失，或者虽然赢了官司，但执行起来很难。此时理性的乙不可能选择打官司，甲清楚乙的情况，知道乙的打官司的威胁不可信，因此甲选择不分，那么理性的乙只能选择不借，才能保护自己不受损失。

可见，可信性对动态博弈中博弈方的选择及博弈方策略内容有很大关系。因此，策略的可信性是动态博弈分析的核心问题之一。

2. 动态博弈的纳什均衡

由于策略可信性问题，静态博弈的纳什均衡的分析方法对动态博弈不适用。在法治不健全下的投资买货博弈，根据纳什均衡的定义，乙的策略"第一阶段借，当甲第二阶段选择不分时，第三阶段打"，甲的策略"第二阶段无条件分"，构成纳什均衡。给定对方的策略，双方的策略都是符合自己最大利益的最佳策略，单独偏离对自己都是不利的。

例如，给定乙第一、第三阶段的选择，甲第二阶段"不分"会导致法律纠纷得不偿失，"分"是最好的；而给定甲第二阶段会"分"，乙第一阶段"借"，第三阶段"打"，也符合自己利益。关于纳什均衡的讨论，这个策略组合应该有稳定性，应该判断两个博弈方会选择这个策略组合。

但前面直接分析的结论是，在这个博弈中乙第一阶段不会选择"借"，甲第二阶段也不会选择"分"，乙第三阶段也不会选择"打"，与上述纳什均衡的结果正好完全相反。为什么会出现这样明显的矛盾呢？因为不可信的威胁承诺，上述纳什均衡在这个动态博弈中是不稳定的。如果甲在第二阶段选择"不分"，乙策略中设定的第三阶段"打"不可能真正实施，因为乙的理性不允许他这么做。因此甲不可能理睬乙策略中的"打"官司威胁，第二阶段不会选择"分"。反过来，乙也不会愚蠢到想靠不可信的威胁，冒险将资金借给甲，因此他第一阶段也不可能"借"。

策略的不可信性，导致了纳什均衡在动态博弈中是不稳定性的。纳什均衡的这种缺陷使得他在分析动态博弈时往往不能做出可靠的判断和预测，作用和价值受到很大限制，必须用更有效的概念和分析方法加以替代。有效的动态博弈分析方法，必须要能够应对动态博弈中策略的不可信性。

10.1.3 逆推归纳法

对博弈分析的最终目的是想知道博弈的结果，由 10.1.2 节我们已知静态博弈的纳什均衡的分析方法并不适用动态博弈，逆推归纳法是解析动态博弈的一般方法。其方法是：从博弈树最后的决策结为起点，求出对应的参与人的最优选择；然后在给定这种选择的情况下，倒推至该决策结的前一个决策结求出对应的参与人的最优选择；然后再向前倒推，直至初始的决策结。逆推归纳法的基础是前一阶段的参与人是理性的，他在做决策时必然会考虑后一阶段的参与人的行动决策，只有后一阶段的参与人选择确定后，前一阶段的参与人的行动才有可能确定。我们以"海盗分金"模型为例来说明逆推归纳法。

"海盗分金"模型：5 个亡命之徒抢得 100 颗珠宝，他们按抽签的顺序依次提出分配方案：首先由 1 号提出分配方案，然后 5 人表决，投票要超过半数同意方案才被通过，否则他将被扔入大海喂鲨鱼，依此类推，直到某一方案被通过。假定：① 海盗是足够理智、聪明而且乐于得到更多珠宝；② 在相同条件下宁愿保留同伴的性命而尽早结束游戏；③ 珠宝以颗为单位，海盗之间不能共享（私人契约不能执行）。第一个人应提出什么样的方案才可以得到更多珠宝？

在"海盗分金"模型中，任何"分配者"想让自己的方案获得通过的关键是事先考虑清楚"挑战者"的分配方案是什么，并用最小的代价获取最大收益，拉拢"挑战者"分配方案中最少得益的人们。

我们看最先提分配方案的 1 号海盗的思考方式：

（1）该博弈的最后阶段是剩下 4 号、5 号两个海盗，由 4 号提分配方案，5 号表决，根据规则，4 号需要 5 号支持，方案才能通过。显然，4 号提出任何分配方案（除非提出

5 号得全部 100 颗宝石），5 号都会否决，因为轮到 5 号时，他会理直气壮地得到全部宝石，故在最后阶段，4 号被扔进大海，5 号独吞全部宝石。

（2）倒推到剩下 3 个海盗的情形，这时由 3 号提分配方案，他需要争取 4 号和 5 号中至少有一个人支持。由于 3 号预见到最后阶段的结局，他知道 4 号会竭力阻止博弈进入最后阶段，自己提出的任何方案 4 号都会同意而保住性命，故 3 号提出自己得 99 颗宝石，4 号得 1 颗宝石、5 号什么都不得的方案会通过。

（3）倒推到剩下 4 个海盗的情形，这时由 2 号提分配方案，2 号需要争取 3 号、4 号、5 号中两个支持即可。由于 2 号预见到下一阶段的结局，3 号肯定会投反对票，因此 2 号会放弃 3 号，争取 4 号、5 号，故 2 号提出自己得 97 颗宝石，4 号得 2 颗宝石，5 号得 1 块宝石，3 号什么都不得的方案会得到 4 号、5 号的同意而通过。

（4）倒推到博弈的开始阶段，这时由 1 号提分配方案，同样，由于 1 号预见到后面各阶段的结局，他提出的方案只要有 2 人支持就能通过。故 1 号提出自己得 97 颗宝石，3 号得 1 颗宝石，5 号得 2 颗宝石，2 号什么都不得的方案会得到 2 个人的同意而通过。这就是在"完全理性"假设下，1 号海盗得以通过而又使自己得益最多的分配方案（见表10.1.1）。

表 10.1.1   "海盗分金"模型（同意人数超过半数）分配方案

	5	4	3	2	1
第五个海盗	100	100	0	1	2
第四个海盗		0	1	2	0
第三个海盗			99	0	1
第二个海盗				97	0
第一个海盗					97

逆推归纳法等于把多阶段动态博弈化为一系列的单人博弈，通过对这些单人博弈的分析，确定各博弈方在各自决策阶段的选择，最终对动态博弈结果，包括博弈路径和各博弈方得益做出判断。归纳各个博弈方各阶段的选择，便可得到各博弈方在整个动态博弈中的策略。由于逆推归纳法确定的各个博弈方在各阶段的选择，都是建立在后续阶段各个博弈方理性选择基础上的，自然排除了包含不可信威胁或承诺的可能性，因此确定的各博弈方策略组合具有稳定性。逆推归纳法在动态博弈分析中非常有用。

10.1.4   子博弈和子博弈精炼纳什均衡

由于纳什均衡在动态博弈中不能排除不可信的行为选择，不是真正具有稳定性的均衡，所以需要发展新的均衡概念以满足动态博弈分析的需要。塞尔顿 1965 年提出的"子博弈精炼纳什均衡"正是满足动态博弈分析需要的博弈均衡概念。

1. 子博弈

通过前面的讨论，我们总可以把一个动态博弈表示为一个博弈树，而树的一个分支又可看成一个树，这就引入子博弈概念。

我们以前面介绍的法制不健全的投资买货博弈为例，如果乙第一个阶段选择借，意味着这个动态博弈进行到了甲选择的第二阶段。此时，甲面临一个在乙已经借钱给他的前提下，自己选择是否分成，然后再由乙选择是否打官司。我们称这个两阶段动态博弈为原三阶段博弈的一个子博弈，如图 10.1.4 所示的虚线框部分。这里再给出一个较正式的定义。

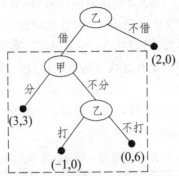

图 10.1.4　法律不健全的投资买货博弈

定义 10.1.1　从一个动态博弈第一阶段以外的某阶段开始的后续博弈阶段构成，有初始信息集和进行博弈所需要的全部信息，能够自成一个博弈的原博弈组成部分，称为原动态博弈的一个子博弈。

由于子博弈常常是动态博弈，还有多个阶段，可以进一步定义子博弈的子博弈。按照子博弈的定义，上面博弈的子博弈中，当甲选择不分，轮到乙选择打还是不打的第三阶段，就是这个子博弈的子博弈。

并不是动态博弈的任何部分都能构成子博弈，也不是所有动态博弈都有子博弈。首先子博弈不能包括原博弈的第一个阶段，这也意味着动态博弈本身不是自己的子博弈。其次子博弈必须有一个明确的初始信息集，意味着子博弈不能分割任何信息集，有多节点信息集的不完美信息博弈可能不存在子博弈。

2. 子博弈精炼纳什均衡

有了子博弈概念就可以引入子博弈精炼纳什均衡概念，这里用比较直观简单的方法给出子博弈精炼纳什均衡的定义。

定义 10.1.2　如果一个动态博弈的某个策略组合满足在整个动态博弈及它的所有子博弈中都构成纳什均衡，那么称之为该动态博弈的一个子博弈精炼纳什均衡。

子博弈精炼纳什均衡一定是纳什均衡，但反之，纳什均衡一定是子博弈精炼纳什均衡吗？显然不一定。当我们用博弈树考察一个纳什均衡时，只要局限于某一个子博弈上，它不再是纳什均衡，那么所考察的纳什均衡就不是子博弈精炼纳什均衡。因此，子博弈精炼纳什均衡是比纳什均衡更强的一个概念。

子博弈精炼纳什均衡与纳什均衡的根本不同之处，还在于它能够排除均衡策略中不可信的威胁或承诺，因此具有真正的稳定性。子博弈精炼纳什均衡能排除不可信行为选择的原因是，虽然包含不可信行为选择的策略组合可以构成整个博弈的纳什均衡，但不可信行为至少在某些子博弈中无法构成纳什均衡，因此会被排除出去。

我们仍然以前面介绍的法制不健全的投资买货博弈为例，策略组合（借，打，分）是整个博弈的纳什均衡。但其中乙的策略要求乙在第三阶段单人博弈构成的子博弈中选择打就不是该子博弈的纳什均衡。根据子博弈精炼纳什均衡的定义，该组合不是子博弈精炼纳什均衡。相反，策略组合（不借，不打，不分）是子博弈精炼纳什均衡。因为该策略组合不仅在整个博弈中构成纳什均衡，而且在两个子博弈中也构成纳什均衡，不存在不可信的威胁或承诺。这个动态博弈中只有这一个子博弈完美纳什均衡。双方按照该地策略行为，博弈路径是乙第一个阶段选"不借"，结束博弈，双方得益分为 2 和 0，也就是合作不可能实现。

动态博弈分析必须先找出它们的子博弈精炼纳什均衡，求动态博弈子博弈精炼纳什均衡的基本方法正是逆推归纳法。逆推归纳法从动态博弈的最后一级子博弈开始，逐步找博弈方在各级子博弈中的最优选择。逆推归纳法确定的各博弈方策略不可能包含不可信的行为选择，找出的均衡策略组合一定是子博弈精炼纳什均衡。

10.1.5 先动优势与后动优势

动态博弈有一个重要特征是，总有一个局中人先采取行动，那么自然就有局中人后行动，然后可能有第三个，第四个。那么先行的策略是否是好的呢？答案是不一定。为了便于研究，我们先给出下面的概念。

定义 10.1.3 在动态博弈中率先采取行动可能得益大于后行动得益的情况称为先动优势，反之称为后动优势。

商场上常讲一句话："先下手为强，后下手遭殃。"捷足先登是商场赢利的一大原则。但是，"后发制人""后发优势"也是我们时常挂在嘴边上的，那么究竟先动合适，还是后动合适呢？

其实，先动与后动各有其优势。先动者的优势在于"位置"，即可以抢占有利地形。这个位置概念是广义的，包括时间定位、空间定位、价格定位、产品质量定位、生产规模定位等。一旦先动者抢占了有利的位置，后来者便可能处于两难境地。如果与先动者处在同样的位置，就意味着两者展开白热化竞争，很可能结果是两败俱伤；当资源有限时，后来者可能根本就无法再获得与先动者同样的位置；但如果避开先动者的位置，其他的位置则不如之。

当年苹果公司率先开发了 iPhone 手机，定价为 599 美元；可是不到三个月就把价格调整到 399 美元。如此，那些潜在的竞争对手便陷入两难境地：虽然 iPhone 手机市场前景很好，但是即使投入大量资金开发出了类似产品，鉴于苹果公司巨大的品牌效应，售价也只能明显低于 iPhone；而比 399 美元再低的价格就可能无利可图。但是苹果公司在 399 美元的价格上还是有可观利润的。这便是先动优势。

那么后动者又有什么优势呢？后动的优势在于"信息"，即掌握了先动者的选择，以及从选择中可以窥视到的所有信息，在此基础上再做出自己的选择。我们国家常说自己有后发优势，所谓后发优势就是有机会吸取前人的经验教训，少走前人走过的弯路。不过，当我们盲目崇尚前人时，就可能会"东施效颦"，把前人走过的弯路也当成宝贝，再去走一遍，甚至在那条弯路上流连忘返。

中国古代的"田忌赛马"就是发挥后动优势的典型案例。我们知道，田忌按照孙膑出的主意，面对齐王的整体优势，采取"上马对中马、中马对下马、下马对上马"的策略，三局两胜赢了齐王。可是胜利的前提是信息，是后发制人。所以，现在乒乓球团体比赛时，出场顺序事先一定要保密的。

既然先动与后动各有其优势，那么在一场博弈中，究竟先动者赢还是后动者胜，就取决于"位置"重要还是"信息"重要。比如在两军对垒，抢占山头时，那谁先登上山顶谁就会胜，因为居高临下，攻击有很大的优势。但是，在"剪刀、石头、布"的游戏中，谁哪怕晚 0.1 秒出手势，谁可能就赢，因为对方手型会带来许多信息。

10.2 完全非完美信息动态博弈

本节主要介绍完全非完美信息动态博弈的含义、表示方法、子博弈、完美贝叶斯均衡概念等，主要以几种形式的二手车模型为例进行分析。

10.2.1 非完美信息动态博弈的概念

前面我们讨论的博弈模型都是完全且完美信息的。即使有博弈方不完全了解得益情况，或无法观察其他博弈方的行为，但是事后通过引进不确定性的概率分布，通过数学期望决策也可以解决这个问题。但人们在现实决策活动中拥有的信息常常没有这么充分和对称，人们购买商品时常常缺乏对商品质量的了解，人事经理雇用员工时常常很难了解应聘者的真实素质等。这节主要研究完全非完美信息动态博弈，也就是博弈方在博弈进程信息方面的不对称性。

1. 概念和例子

动态博弈的基本特征是，博弈方的行为有先后次序。如果后行动的博弈方在自己的行为之前，可以观察到先前行动博弈方的行为，有关于前面阶段博弈进程的充分信息，称为"完美信息"。如果动态博弈的所有博弈方都有完美信息，就是完美信息动态博弈。由于客观条件或有些博弈方故意的保密隐瞒等，动态博弈也可能存在后行动博弈方无法看到之前的部分或者是全部博弈过程的情况。如果各博弈方都只有一次行为选择，而且所有后行动博弈方都无法看到自己选择之前其他博弈方的行为选择，这时可以当作静态博弈处理。在这种博弈中，各博弈方在信息方面是平等的，与同时选择的静态博弈没有本质的区别。可是如果只有部分博弈方无法看到之前的博弈过程，各博弈方对博弈进程掌握有差异，再或者博弈方不止一次选择，却无法观察到前面的博弈进程，也就无法将此博弈看作静态博弈，只能是"非完美信息动态博弈"。我们这节讨论的就是"完全非完美信息动态博弈"简称"非完美信息动态博弈"。

非完美信息动态博弈的基本特征是博弈方在信息方面不对称。以二手车交易的博弈问题为例，买辆二手车，过后常会发觉合算、不合算，赚了大便宜、吃了大亏，买新车这种感觉就相对较少。原因就是二手车的价值，通常卖方清楚，但是买方很难了解。

二手车交易可以抽象成这样的一个博弈问题：先是卖方，即原车主选择如何使用车子，假设有好、差两种方式，分别对应内在的质量好、质量差两种二手车；第二阶段是卖方决定是否卖，卖价可以是只有一种、有高低两种或者是更多，价格越多问题就越复杂；最后是买方决定是否买，假设买方要么接受卖方的价格，要么不买，但不能讨价还价。在这个动态博弈中，买方对第一阶段卖方的行为不了解，因此买方具有非完美信息。

又如，有许多储户在同一银行有存款，在银行经营良好的情况下，储户存款到期取款能得到利息，提前取款得不到利息也不会受损失；在银行经营不善的情况下，如果所有储户都到期取款，则大家都平均受损，但如果部分储户提前取款，这部分储户能避免损失，其他到期取款的储户要受更大的损失。如果部分储户有内部信息，大概了解银行的经营状况，这部分储户在发觉银行有经营不善迹象时，就会闻风而动。

这个问题也可以抽象成这样一个博弈：首先银行决定经营情况的"好""坏"；然后是有消息来源的储户选择是否提前取款；最后是没有消息来源的一般储户选择是否提前取款。注意，银行对经营好差的选择不是完全主动的，只是为了反映其他博弈方的信息不完美性引进的，我们并不关心这个选择本身，也不关心银行的得益。整个博弈结束时，各博弈方的得益情况是大家了解的，因此这也是一个完全非完美信息动态博弈。

2. 非完美信息动态博弈的表示

首先，讨论非完美信息动态博弈的表示方法，也就是如何反映动态博弈中博弈方信息非完美的问题。下面以二手车交易为例，暂时不考虑买卖双方各种情况下的得益，我们用图 10.2.1 来表示这个博弈。

假设车况好对买方值三千，车况差值一千，卖方要价两千。再设车况差时卖方需要花一千伪装车子，卖不出去就会白白损失一千。用净收益（收益减去成本）作为卖方得益，用消费者剩余（价值减去价格）作为买方得益。该博弈双方得益，如图 10.2.2 所示，其中得益数组第一个数字作为卖方（博弈方 1）的得益。

当卖方在第二阶段选择卖而买方在第三阶段选择不买的时候，车况好、差对买方利益毫无影响，都是既无得也无失。但买方在卖方选择卖的前提下选择买既有赚的可能（车况好），又有亏的可能（车况差），选择不买不会吃亏，也失去了获利机会，因此没有一个选择绝对比另一个好。要让买方下决心决定是否买，必须有进一步的信息，也即判断在卖方选卖的情况下，车况好、差的概率。

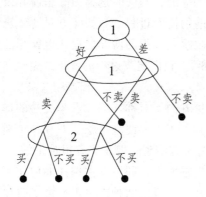 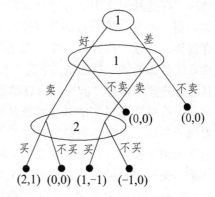

图 10.2.1　二手车交易博弈　　　　图 10.2.2　二手车交易博弈（数值）

对卖方来说，车况好时卖不卖得出去都无损失，只有得益可能，因此卖总比不卖好。但车况差时卖得出去有所得利，卖不出去却要亏损，因此是否该卖也不那么容易判断。要让卖方在后一种情况下下决心决定是否卖也必须有进一步的信息，即形成买方买下概率的判断。

如果双方各自有了需要的信息，形成了相关判断，就能对获利机会、损失风险的大小程度心中有数，可以根据自身风险偏好进行理性决策。但双方决策需要的信息、判断都与双方的选择有关，因此在两个博弈方的选择、信息和判断之间有复杂的交互决定关系。事实上，这种交互决策关系，正是非完美信息动态博弈的关键和主要研究对象。

3. 非完美信息动态博弈的子博弈

非完美信息动态博弈也是动态博弈，自然想到利用逆推归纳法和子博弈纳什均衡进行分析。但非完美信息动态博弈中的多节点信息集会对逆推归纳法和子博弈纳什均衡分析方法造成问题。

前面是这样给出子博弈的定义的："由一个动态博弈第一阶段以外的某一阶段开始的后续博弈阶段构成的，有初始信息集和进行博弈所需要的全部信息，能够自成一个博弈的原博弈的一部分。"这个定义隐含着的几个方面的含义：

（1）因为原博弈本身不会成为原博弈的后续阶段，所以子博弈不能从原博弈的第一个节点开始，也即原博弈不是自己的一个子博弈。

（2）包含所有在初始节点之后的选择节点和终点，但不包含不跟在此初始节点之后的节点。

（3）不分割任何的信息集。即如果一选择节点包含在一子博弈中，则包含该节点的信息集中的所有节点都必须包含在该子博弈中。这一条是针对有多节点信息集的非完美信息动态博弈而言的。

第（1）条和第（2）条对非完美信息动态博弈和完美信息动态博弈都是一样的。但是第（3）条是专门针对非完美信息动态博弈的，它实际上就是将类似于图 10.2.3 中虚线框部分排除在子博弈范畴之外。因为虚线框的部分,包含了博弈方 3 的两节点信息集中的一个节点,而没有包含另一个。

把图 10.2.3 中虚线框部分排除在子博弈范畴之外的根本原因是,博弈方 3 并不能在肯定该节点以达到的前提下进行选择,轮到他选择时,并不知道博弈方 1 选择的是 R 还是 L,只知道博方 2 选择的是 L,因此前两阶段存在两种可能的路径,L—L 和 R—L,博弈方 3 的选择必须在权衡两种可能性的基础上做出,而不能针对两个节点分别做出。如果把图 10.2.3 虚线框部分作为原博弈的子博弈,只会增加不必要的混乱和麻烦。

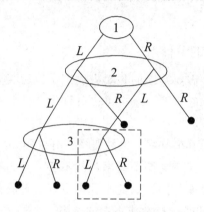

图 10.2.3　多节点信息集

10.2.2　完美贝叶斯均衡

纳什均衡可以分析静态博弈,子博弈精炼纳什均衡可以分析完全且完美信息动态博弈,且能保证均衡策略中没有不可信的威胁或承诺。那么,子博弈精炼纳什均衡可以分析完全但不完美信息的动态博弈吗?在完全非完美信息的动态博弈中,因为存在多节点信息集,一些重要的选择及其后续阶段不构成子博弈,所以子博弈完美性要求无法完全排除不可信的威胁或承诺,此时子博弈精炼纳什均衡已经不太适用了,必须引入新的均衡概念。我们用完美贝叶斯均衡来分析完全非完美信息的动态博弈,下面先给出概念。

1. 完美贝叶斯均衡的概念

定义 4　当一个策略组合满足以下几点时,称为完美贝叶斯均衡:

(1)在各个信息集,轮到选择的博弈方必须有关于博弈达到该信息集中每个节点可能性的判断。

(2)给定各博弈方的判断,他们的策略必须是序列理性的。即在各个信息集,给定选择博弈方的判断和其他博弈方的后续策略,该博弈方的行为及以后阶段的后续策略,必须使自己的得益或期望得益最大。后续策略即为相应博弈方在该信息集以后的阶段中针对所有可能情况如何行为的完整计划。

(3)在均衡路径上的信息集处,判断由贝叶斯法则和各博弈方的均衡策略决定。

（4）不处于均衡路径上的信息集处，判断由贝叶斯法则和各博弈方在此处可能有的均衡策略决定。

根据上述定义，子博弈精炼纳什均衡是完美贝叶斯均衡在完全且完美信息动态博弈中的特例。序列理性在子博弈中就是子博弈完美性，在整个博弈中就是纳什均衡。完全且完美信息动态博弈的所有信息集都是单节点的，博弈方对博弈达到所有节点的判断都是概率等于1，满足贝叶斯法则和以其他博弈方的后续策略为基础。更进一步，完美贝叶斯均衡在静态博弈中就是纳什均衡。下面我们仍以二手车交易博弈来进一步理解完美贝叶斯均衡。

2. 对完美贝叶斯均衡的解释

在二手车交易博弈中，需要判断的是卖方决定卖以后买方的选择信息集，判断内容是车况好、差，或者好、差的概率大小，可以分别用条件概率 $p(g|s)$、$p(b|s)$表示。其中 $p(g|s)+p(b|s)=1$。

买方进行判断首先要知道车况好、差的概率，分别用 $p(g)$ 和 $p(b)$表示，一般只能由经验调查、实证研究得到。仅有这两个概率当然不够。因为在车况好、差两种情况下，卖方对卖和不卖的选择很可能不同，因此车况本身好、差的概率不等于所卖车子好、差的概率。如果已知卖方好、差时选择卖或不卖的概率，即 $p(s|g)$、$1-p(s|g)$和 $p(s|b)$、$1-p(s|b)$。

可以根据贝叶斯法则计算条件概率 $p(g|s)$和 $p(b|s)$，也就是买方需要的判断。

$$p(g \mid s) = \frac{p(g) \cdot p(s \mid g)}{p(s)}$$

$$= \frac{p(g) \cdot p(s \mid g)}{p(g) \cdot p(s \mid g) + p(b) \cdot p(s \mid b)}$$

而
$$p(b|s)=1-p(g|s)$$

因此，关键任务是确定在车况好、差两种情况下，卖方分别选择卖的概率 $p(s|g)$、$p(s|b)$。由于卖方是理性的，这两个概率取决于卖方的均衡策略。因为车况好时，卖掉有正得益，卖不掉与不卖没区别，因此卖方肯定选择卖，即 $p(s|g)=1$；车况差时，选择卖而卖不出去有损失，选择需要更多斟酌。卖方选择卖还是不卖，或者选择混合策略，需要考虑卖出去的概率，即买方选择买的概率大小。假设买方买的概率是 0.5，卖方选择卖的期望得益为 $0.5×1+0.5×(-1)=0$，与不卖得益相等，风险中性的卖方可采用概率分布(0.5，0.5)选择卖或不卖的混合策略。这时候买方的判断 $p(s|b)=0.5$ 符合卖方的均衡策略，也符合买方的均衡策略。

根据 $p(s|g)=1$ 和 $p(s|b)=0.5$，以及总体车况好、差的概率 $p(g)=p(b)=0.5$，按照贝叶斯法则，有

$$p(g \mid s) = \frac{p(g) \cdot p(s \mid g)}{p(g) \cdot p(s \mid g) + p(b) \cdot p(s \mid b)}$$

$$= \frac{0.5 \times 1}{0.5 \times 1 + 0.5 \times 0.5} = \frac{2}{3}$$

这买方对卖方所卖车是好车概率的判断，差车概率为 $p(b|s) = 1 - p(g|s) = 1 - \frac{2}{3} = \frac{1}{3}$。

由于在卖方的上述策略下，买方选择的信息集有相当大概率会达到，所以它是在均衡路径上的信息集。这就是说，上述判断是满足定义中的第（3）条。运用同样的分析方法，我们也可以分析完美贝叶斯概念中的其他条件，这里我们就不一一叙述了。因此完美贝叶斯均衡不仅仅包含博弈方的策略，还包含合理的判断。

10.3　重复博弈

在静态博弈中我们考察了囚徒困境这一类博弈，在静态博弈中这类博弈是不可能实现合作的。如果博弈是重复进行的，能否实现整体利益大一些的博弈结果呢？因为存在长期利益的关系，重复博弈不是静态博弈的简单重复，必须把整个重复过程作为一个整体进行研究。本节主要讨论有限重复、无限重复以及重复次数不确定的博弈，探讨几种情形下重复博弈的各种可能结果。

10.3.1　有限重复博弈

1. 重复博弈的基本特征

重复博弈指由基本博弈的重复进行构成的博弈，即静态或动态博弈的重复进行。根据重复次数，重复博弈分为有限重复博弈、无限重复博弈及重复次数不确定的重复博弈。每次重复时，博弈的参与人都能观察到之前博弈的结果，每次的重复称为一个阶段，重复进行的基本博弈称为原博弈。

虽然重复博弈形式上只是基本博弈的重复进行，但参与人的行为选择和结果不一定是基本博弈的简单重复。另外重复博弈看起来也是有多个阶段的博弈，但它与动态博弈也是不一样的。例如企业的竞争、合作，商业中的回头客、常客、一次性买卖等都能说明重复博弈不能等同于基本博弈的简单重复，也不等同于动态博弈。

下面我们具体说明不同情况的重复博弈。

2. 有限重复博弈

（1）两人零和博弈的有限重复博弈。

重复进行猜拳游戏，不管两个博弈参与人如何选择每次的重复结果，都是得益相加为 0（见表 10.3.1）。也就是说重复进行，不会出现新的利益，因此在这个博弈中不存在双方合作的可能。即使双方都知道原博弈要重复进行有限次，也不会让他们变得合作，每个参与人的正确策略是重复采用原博弈的纳什均衡策略，即各以 1/3 的概率出石头、剪子、布。

表 10.3.1　猜拳游戏

		甲		
		石头	剪子	布
乙	石头	0，0	-1，1	1，-1
	剪子	1，-1	0，0	-1，1
	布	-1，1	1，-1	0，0

所有零和博弈的有限次重复博弈和猜拳游戏一样，博弈方的策略都是重复进行原博弈的纳什均衡策略。这个结果也可以用逆推归纳法讨论。有限次重复零和博弈的最后一次重复，就是原博弈本身，此时不再有后续博弈，博弈方没有合作的机会和必要，采用原博弈的混合策略纳什均衡是唯一的最优选择。倒退回倒数第二阶段，理性的参与人预见最后一个阶段的结果，因此这个阶段也不会采取合作的策略，以此类推，第一个阶段也只能采取原博弈的混合策略纳什均衡。

（2）唯一纯策略纳什均衡博弈的有限重复博弈。

我们以囚徒困境说明有唯一纯策略纳什均衡情况下的有限重复博弈。静态囚徒困境博弈：一个案件发生以后，警察抓到甲、乙两个犯罪嫌疑人，但是没有掌握足够的证据。这时，警方把他们隔离囚禁起来，要求坦白交代。如果他们都招供，每人将入狱三年；如果他们都抵赖，由于严重犯罪的证据不足，每人将只入狱一年；如果一个抵赖而另一个供认并且愿意作证，那么抵赖者将入狱五年，而坦白者将因为作证指认立功受奖而免于刑事处罚，如表 10.3.2 所示。

表 10.3.2　囚徒困境

		甲	
		坦白	抵赖
乙	坦白	-3，-3	-5，0
	抵赖	-5，0	-1，-1

单次的囚徒困境，甲、乙两人都有各自的严格优势策略，即坦白，因为无论对手是坦白还是抵赖，自己选择坦白对于自己的利益来说总是最好的。从而上述囚徒困境博弈的纳什均衡结果是，两个局中人都选择坦白并因此将入狱三年。然而，如果他们都选择抵赖，他们受到的惩罚都比较轻，即每人只需入狱一年。也就是说如果他们采用合作策略——抵赖，他们会得到对双方都比较好的博弈结果。采用背叛策略——坦白，他们都希望通过牺牲对手的利益来增进自己的利益，最终得到最差的结果。

首先考虑囚徒困境的两次重复博弈，用逆推归纳法来讨论。先分析第二阶段双方的选择，此时双方都会意识到，这已经是最后一次博弈没有后续阶段了，于是各人都只追求这次博弈的利益，不必为将来打算。这时候双方都会发现，背叛是自己的一个优势策略，因此为了自己的利益，双方都要选择背叛策略。结果与一次囚徒困境博弈一样。现在考虑第一阶段的博弈，局中人已经清楚，最后一次博弈对方肯定要背叛，不管自己现在对对方如何，也不会在下一次得到回报。既然这样，作为理性人现在没有理由对对方好心而损害自己的利益。双方都这样想，于是这个两阶段博弈的第一阶段博弈的结果，甲、乙双方都会采取背叛策略。

根据上面的分析，如果囚徒困境重复进行 3 次、4 次，只要是有限次，结果都是一样的，每次重复进行，双方都会采用原博弈的纯策略纳什均衡，这也是唯一纯策略纳什均衡博弈的有限重复博弈的子博弈精炼纳什均衡。

10.3.2 无限重复博弈

无限重复博弈与有限重复博弈的区别是，重复次数是无限延伸下去的，我们对下面两种情况进行分析。

1. 两人零和博弈的无限重复博弈

零和博弈的有限次重复博弈中，博弈方的策略都是重复进行原博弈的纳什均衡策略，不会出现更好的结果。零和博弈的无限次重复博弈与有限重复博弈的结果是一样的，重复次数的无限增加也不会改变每次博弈方之间的对立关系，双方的得益之和总是为 0，因此每个阶段也只能采取原博弈的混合策略纳什均衡。

2. 唯一纯策略纳什均衡博弈的无限重复博弈

囚徒困境博弈的分析表明，如果囚徒困境博弈重复的次数有限，并且博弈方都知道博弈重复的次数有限，知道博弈具体重复多少次，那么在理性人假设之下，博弈的每个参与人在每个阶段博弈仍然会采取他们的背叛策略。但是，如果囚徒困境博弈将无限次重复下去，或者重复的次数事先没有确定，结果又会怎样呢？

为了分析方便，先介绍几个常用的概念：

（1）触发策略：只要他的对手在博弈的每个阶段一直采用合作策略，那么该局中人也会在博弈的每个阶段采用合作策略；但一旦对手在博弈的某一阶段采用背叛策略，将会触发该局中人在往后的一段时期内采用不合作的策略，甚至永远采取不合作的策略，这样来对对手进行惩罚。触发策略包含着威胁和惩罚，但威胁的力度不同，可选择雷锋战略、曹操战略、冷酷战略、礼尚往来策略、心太软战略、人鬼战略、镇定者战略等。其中，冷酷策略和礼尚往来策略是根据惩罚期的长短划分的。

（2）冷酷策略：双方一开始的时候选择合作，然后继续合作，直到有一方选择背叛，从此双方永远选择背叛。这个策略之所以冷酷，是因为任何局中人的一次性不合作将触发永远的不合作。

（3）礼尚往来策略：双方一开始的时候选择合作，在以后的每个阶段，如果你的对手在最近的一次博弈中还是采取合作策略，则继续与他合作，如果你的对手在上一阶段的博弈中采取背叛策略，则你在下次博弈中采取背叛的策略报复他，但是如果你的对手在下次博弈中回心转意，则你在下下次的博弈中继续跟他合作。这次对我不好，下次我马上对你不好；你这次"改邪归正"了，下次我马上与你"和好如初"。艾克·谢罗德认为，礼尚往来法则体现4个原则：清晰、善意、激励性和宽恕性。

我们以囚徒困境的两个商场价格竞争版本讨论无限重复博弈，见表10.3.3，其中 H 表示高价，L 表示低价。此博弈的单次博弈的博弈对方肯定采取背叛策略，也就是唯一纯策略纳什均衡时 (L, L)，这是一个典型的囚徒困境博弈。

表 10.3.3　囚徒困境的价格竞争博弈

		A	
		H	L
B	H	5, 5	6, 1
	L	1, 6	3, 3

现在此博弈可以无限重复，假定 A 采取"礼尚往来"的触发策略。B 在此之前一直采取 H 策略，A 也相应采取 H 策略，也就是双方的收益为（5，5），某次 B 采取 L 策略，由于 A 不知道 B 要采取 L 策略，所以 A 仍然采取 H 策略对应，此时双方的收益为（1，6），则 B 的收益增加了1。如果 A 采取礼尚往来的策略，则 B 的这种背叛行为会招致 A 在下一次时的报复。在遭受 A 报复的这个阶段，B 有两个选择：他可以实行低价继续背叛下去，那么 A 也会继续实行低价惩罚 B，这样的话，B 从遭受报复的这个阶段开始，每阶段的损失将是 2；当然，B 也可以改邪归正转而采取合作的策略。如果 B 在背叛之后的下一次重新采取合作策略，则他在遭受惩罚的这一次将损失 4。由于 A 采取的是礼尚往来策略，所以他在惩罚一次以后接下来的仍然采取合作策略，这样的话，双方在之后的每个阶段的利润又会重新回到5。

B 的背叛有没有好处呢？我们不能把第一个阶段 B 多赚的 1 与第二阶段损失的 4 直接进行比较，我们还必须考虑金钱的时间价值，也就是 B 要考虑今天赚到的这笔钱用于投资所能产生的投资收益率或者回报率是多少？换句话说，B 需要确定今天挣多少钱，经过利率换算后，相当于下一阶段损失的 4 的收益。我们把这个金额数记为 V，称为 4 的贴现值。V 必须满足下面的等式：

$$V+rV=4，即 V=4/(1+r)$$

其中：r 为投资收益率。

则 B 需要决策：这个阶段 1 的收益与所损失的 4 的贴现值 V 进行比较，也就是只有当 $1>4/(1+r)$ 时，B 背叛一次然后与 A 继续合作才是值得的。从这个不等式解得 $r>3$。因此，只有当投资的收益率超过 300% 时，B 背叛一次然后再与 A 继续合作才是值得的。显然，收益率超过 300% 的可能性不高。因此，当一方采取礼尚往来策略时，另一方一直保持合作要优于背叛一次然后继续合作。

下面我们再讨论另一种情形：如果其中一个局中人采取礼尚往来策略，那么另一个局中人永远背叛下去是否值得？

我们仍假设 A 实行礼尚往来策略，但 B 现在采取背叛一次后就永远背叛下去的策略。这样，B 在第一个星期将多得到 1 的利润，但他在以后每个阶段都将遭受 2 的损失。B 同样需要考虑他所承受的所有损失的贴现值。我们需要计算出 B 在未来每个阶段所遭受的 2 的损失的贴现值，并把它们加总起来与第一个阶段多挣的 1 的收益比较。

第二个阶段所遭受的损失的贴现值 V 满足：$V+rV=2$，即 $V=2/(1+r)$，

第三个阶段所遭受的损失的贴现值 V 满足：$V+rV=2/(1+r)$，即 $V=2/(1+r)^2$，
…………

它们的总和为：$\dfrac{2}{1+r}+\dfrac{2}{(1+r)^2}+\dfrac{2}{(1+r)^3}+\cdots$

称 $1/(1+r)$ 为折现因子，记为 δ。计算上式的极限为 $2/r$。

此时，B 需要决策：这个阶段 1 的收益与所未来损失的总和贴现值 $2/r$ 进行比较，也就是只有当 $1>2/r$ 时，即 $r>2$ 时，B 永远背叛下去才值得。当然超过 200% 的收益率也几乎是不可能的。当双方都实行礼尚往来触发策略时，合作策略是这个博弈的一个纳什均衡。礼尚往来的善良性防止他陷入非合作的麻烦中，对对方背叛的报复则保证了对方背叛行为的谨慎性，宽容性则有助于在对方背叛后重新开始合作，而简单清晰的规则则易于被人理解，从而导出长期的合作。这样，礼尚往来策略就解决了囚徒困境的难题。

10.3.3 重复次数不确定的情形

我们在前面讨论了有限和无限重复博弈。现实中，博弈参与人可能并不清楚彼此之间的博弈关系到底会持续多久，这类博弈的应用更为广泛。在这类重复博弈中，虽然局中人并不确切地知道博弈究竟会持续多长，但他们应该对下一次博弈能否持续有一个概率的判断。

我们仍以上面讨论价格竞争版的囚徒困境为例，在实行背叛策略后的下一个阶段的损失的贴现值等于 $\delta=1/(1+r)$ 乘以损失。但是，现在双方的这种博弈关系在下一个阶段持续的概率为 $p(0<p<1)$，则下一个阶段的损失的为 p 乘以 δ 再乘以损失。例如损失为 2，则下一阶段损失的贴现值等于 $2p\delta$。显然 $2p\delta<2\delta$，因此，由于下一阶段持续与否的不确定性使得损失的贴现值相比于确定性情形变小了。再引入记号 $R=(1/p\delta)-1$，称为有效收益率。

例如，如果投资收益率是 20%（即 $r=0.2$，从而 $\delta=1/1.2=0.83$），下一次博弈持续的概率是 25%（即 $p=0.25$），那么可以计算出投资的有效收益率

$$R=\frac{1}{p\delta}-1=\frac{1}{0.25\times0.83}-1=3.82$$

从上面的分析可以发现，如果博弈在不久的将来结束的可能性足够大的话，局中人采取背叛策略将有利可图。在无限重复的情况下，当一方采用礼尚往来策略，只有当 r 超过 200% 时，另一方采取永久性背叛策略才是值得的。但是如果另一方面临的前景是

20%的投资收益率以及博弈再多持续一个阶段的概率是 25%，此时有效收益率是 382%，远远超过 200%。因此，如果重复博弈有足够高的概率在下一阶段结束，也就是 p 足够小，则通过礼尚往来策略支持的合作会由于局中人的背叛而结束。

以上分析表明，一个局中人在决定是否采取背叛行动时，除了需要考虑背叛行为所产生的即时收益以及未来需要承担的损失外，还需要考虑折现因子 δ 以及博弈持续下去的概率 p 这两个重要因素，这两个因素共同决定了有效收益率 R。

10.4　博弈中的承诺行动

10.4.1　承诺

1. 什么是承诺行动

在博弈论中，如果某个局中人采取某种行动，使得一个原来事后不可置信的威胁变成一个事后可以置信的威胁，事前最优和事后最优相一致，也就是，对未来行动进行约束，则这种行动被称为承诺。许诺和威胁都可以看成言辞上的表示，而承诺指的是一种行动，言而有信。因此承诺比许诺更重要，只有通过承诺，才能使得原本不能实现的帕累托最优成为均衡结果。让承诺能够发挥关键作用，需要花费成本。承诺行动的实质是限制自己的选择范围，也即放弃某些选择，或使得如果不选择承诺行为而选择其他行为的话，就要付出更高的代价。

2. 承诺行动的例子

例 10.4.1（承诺行动——项羽的破釜沉舟）　秦朝末年，反秦义军在新上任的统帅项羽的率领下，渡过大河与秦军精锐主力决战。当时的情况是，秦军主力是由名将章钳率领的精锐之师，而项羽统领的义军是一群缺乏训练，给养不足的乌合之众，且项羽本人又是刚刚通过斩了统帅宋义而自任统帅上台的，军心欠稳。两军相比，秦军无论在人数、装备及给养，还是士兵素质方面都远强于义军。若此两军相遇，好似狮犬之搏，一般人都会认为义军不是章钳大军的对手（宋义是在义军统帅项梁去世后接替项梁而出任义军统帅的，但在决战前夕就是因此顾虑而终日饮酒不敢出战被愤怒中的猛士项羽所杀）。这样，决定战争胜负的因素就取决于两军的士气了。项羽这个粗人是深知这一点的，他在义军渡过河后令人击碎煮饭的大锅（破釜），还将渡河用的船只悉数尽沉河底（沉舟），然后告诉义军士兵："我们已没有退路了，只有不顾一切地猛击秦军，才有一线生路"。结果义军果真一鼓作气大败秦军，俘虏了秦军大将章钳。此战实际上为彻底推翻秦王朝打下了基础，从此义军一路顺风地打到了秦朝国都咸阳。

用博弈论的语言来描述历史上的这一著名战役，我们说项羽的破釜沉舟就是一个"承诺行动"。对于义军士兵来说，其行动空间在项羽破釜沉舟之前可以说有四个元素，即{勇猛进攻、与秦军僵持不下、投降秦军、乘船返回逃跑}。如果两军相遇，义军选择"勇猛进攻"会冒很大风险，因为秦军太强大了；如果义军选择僵持不下，也不是个办法，因为拖延进攻时间对义军并无好处；如果义军选择投降，则按当时的情况无异于自取灭亡，因为秦军肯定会对投降的义军赶尽杀绝（当时的战争并无"优待俘虏"的说法）。因此，乘船逃跑很可能就是义军在强敌面前会出现的结果了。同时，秦军知道义军有退路，因而预料义军可能是一触即散的乌合之众，不会遇到顽强抵抗，因此他们会勇猛作战。再回过来，义军知道秦军有如此心理，更加对秦军产生了畏惧，选择逃跑可能是更应考虑的退路了；给定义军的这种心理状态，秦军会进一步增强信心，因而进攻会更加有条不紊和猛烈；而给定秦军的这种心理，义军就会更加胆怯，……，如此往复，可以猜想最后的结果怎样——几乎可以肯定义军会在战斗开始就出现混乱，而秦军如虎狼之势般横扫义军于河滩上。

然而，当项羽做了"破釜沉舟"的承诺行动之后，义军士兵的行动空间就减少了三个元素，变为{勇猛进攻、僵持不下、投降}。两者比较，"勇猛进攻"是占优于"投降"和"僵持不下"的，因为根据当时的情况，投降无异于自取灭亡，而选择"勇猛进攻"还可能打败秦军而获取一条生路。同样，僵持不下只会增加对方的实力，因为己方无退路而对方有后援。因而义军在此情形下必定会选择万众一心的勇猛杀敌战略。给定义军的这种选择，秦军反而胆怯了，因为他们遇到了义无反顾的拼死大军；而给定秦军胆怯，义军在心里又增强了战胜敌军的勇气；而给定义军的这种勇气，秦军会进一步准备溜走逃命而不打算拼死作战，……，如此反复，我们看到"破釜沉舟"这一承诺行动彻底扭转了两军在心理上从而在士气上的对比情况，因而使义军在人数、训练和装备较敌军为劣势的情况下，通过在心理士气上占优势而取胜。

破釜沉舟是战争史上运用承诺行动的一个著名战例，在其他的古代战争故事中也不乏此类例子，如韩信赵国之战时，将被赵军追击下的大军故意引至绝无逃路的大海边，然后高呼我们无退路了，只有拼死一战才有逃生之望，结果绝望中的士兵拼死反击追军而大获全胜。事后韩信称此计为"置之死地而后生"。其他还有三国时的曹操与袁绍的仓亭之战等。有鉴于此，古兵书中有明训"穷寇勿追"，以免被追急了的对方反咬一口。

例 10.4.2（点名博弈）旷课是许多高校教学管理工作日益突出的难题，即使是学习成绩优秀的学生，偶尔也会有旷课的心理，旷课不仅影响教学效果和质量，甚至影响正常的教学秩序。

老师在课堂上规定了上课点名的时间，老师在实施这项措施的时候可以很严格，也可以很宽松。学生也有两种选择：按时上课或旷课（见表 10.4.1）。老师不喜欢让学生觉得自己很严格，所以对老师来讲，最好的结果是即使自己不点名，学生也能按时上课；最坏的结果是尽管自己很严格地点名了，但学生还是旷课。对学生来讲，（不点名，旷课）的结果是最好的，因为他们可以去玩但又无须为旷课而受到老师的责备；但（点名，旷课）的结果对他们来讲是最差的，原因是学生从心理上非常惧怕老师的责备。

325

表 10.4.1　点名博弈

老师	学生		
		上课	旷课
	不点名	3，4	4，2
	点　名	2，3	1，1

如果这是一个静态博弈（一次性博弈），不点名是老师的优势策略，于是学生选择旷课，均衡的结果是（不点名，旷课）。如果老师在开课时就承诺执行严格的点名制度，那么对老师来讲可以得到更好的结果，如果老师不事先做出承诺，则第二阶的博弈与静态博弈是一样。当老师承诺执行严格的点名制度时，学生在第二阶段采取按时上课的策略是最好的。

如果开始上课时老师就宣布不点名，他显然不能得到任何好处；而如果老师不做出任何承诺，则学生根据得益情况分析老师肯定会不点名，从而他们就敢大胆地旷课。因此，老师必须做出承诺，表明他不会采取他在静态博弈时所采取的均衡策略。而这一行动会改变学生的策略以及他们的行动。一旦学生相信老师真的会点名，那么他们都会选择按时上课。当然，如果他们不信老师真的会点名而发生了旷课的行为，老师也可能会原谅他们。如果老师存在这种说话不算数的偏离承诺的倾向，那么他的承诺本身的可信性就会产生问题。

在这个例子中，老师通过做出一种采取劣势策略的承诺而使自己得益，因为他所做出的点名的承诺，是一个严格劣于不点名的策略。在这里我们可以这样理解优势：

（1）在对手做出某种行动选择后，我应当如何回应，在给定所有可能性的条件下，我的某种选择是否最优？

（2）如果对手与我同时采取行动，他选择某种行动，那么我的最好的选择是什么？

当然你需要考虑的，是别人如何对你的行动选择做出回应。因此，在点名博弈中，老师不需要考虑给定学生的一个可能行动的条件下自己的行动；而需要考虑的是学生如何对他可能采取的每一种行动做出回应。如果老师承诺点名，则学生会按时上课；如果老师不作出任何承诺，学生也会选择旷课。

因此老师需要做出一个可信的承诺，使学生相信老师做出的点名的承诺。那么怎么才能增加老师所做出的承诺的可信性呢？首先，承诺必须在学生行动之前做出。也就是说，老师必须在点名之前制订好点名的基本规则。其次，老师的承诺必须能被学生观察到，也就是说，学生必须清楚他们所需要遵守的规则。最后，老师的承诺必须是可信的，而且要让学生知道，他们违背规则，无论任何理由，老师都不会改变规则而原谅他们。如果做不到这一点，则学生不会认真对待老师的承诺。

例 10.4.3（企业的过剩生产能力）　经济学家发现，在许多行业中，都存在过剩生产能力的现象；同时，特别是在新兴行业中，一些先进入的企业在并不知晓未来市场规模大小的情况下，一味地建造大规模的生产基地和安装生产装备。这是为什么呢？博弈论专家对此给出的解释是，企业为了阻止潜在的竞争对手，通过显示其过剩生产能力来给潜在竞争对手一个"可置信的"威胁：你要是进入行业与我竞争，我并不会减少产量。这样，企业保持过剩生产能力就是一种"承诺行动"，其原理如下：

我们知道，任何行业中的企业生产都存在一个所谓的"盈亏平衡点"，即当产量小于某一阈值时，企业就会出现亏损；当产量大于该产量阈值时，企业才会有利润可获。这个产量阈值就被称为企业的"盈亏平衡点"。不同行业的盈亏平衡点是不同的。一般地，生产规模或生产能力愈大（资本密集型）的企业，其盈亏平衡点就愈大，因为对于资本投入较多的企业来说，只有较大的产量才能将较大的固定资本分摊到较多的产品上去，从而平均成本较低，利润就较高。

当一个行业中有一家企业拥有较大的生产能力时，如果其他企业进入该行业与之竞争，该企业不会大幅降低产量。这是因为，给定有限的市场容量，新的企业进入后，如果原有企业不降低产量，向下倾斜的需求曲线就会将产品价格拉低，因为市场上的产量增加了。如果原来的企业生产能力较小，其盈亏平衡点也较小，它减少产量不一定导致亏损，因而原有企业在新的竞争性对手进入后会减少产量，尽管它可能事先威胁并不会减产，因为这种威胁不可置信。但是，当原有企业生产能力较大时，其盈亏平衡点就较大，其威胁就是可置信的了。因为对于有较大盈亏平衡点的企业来说，维持一定的较大产量是企业不亏损的基本条件。此时，新的企业进入后，原有企业不会有大幅减产，而新企业也有一个基本的盈亏平衡点，因而市场上就会有较多的产品，产品价格就会有明显下降，结果可能使进入的企业赚钱不多甚至亏损。由于进入行业有一次性的进入成本，所以在这种情况下进入企业就很可能导致亏损。如果事先进入企业就明白这一点，它就不会进入了，而原有企业正是通过其维持的高生产能力，从而成功地将潜在的进入者拒之行业外，维持长期的垄断性经营。

对于新兴行业，重要的是先进入并成功地将后来者阻隔于行业之外，因而许多企业在进入新兴行业时首先是扩大规模（尽管它们并不知道新兴市场的容量有多大），通过这种承诺行动将后来的竞争者拒之门外。

企业的过剩生产能力往往就是垄断性企业为了达成高生产能力而过度投资的结果，因为它们很难事先准确预测市场容量；同时，过剩的生产能力正好也向潜在竞争者显示了自己是高生产能力的企业，这样可使对竞争者的威胁变得可置信。

10.4.2 威胁与许诺

1. 什么是威胁与许诺

利益导致对抗，而对抗就会相互算计。一旦我知道你如何算计我，你知道我如何算计你，当你猜测我如何算计你时，你就会采取相应的对策，而我知道你会做出这样的对策，又采取了相应的反对策……就这样无限延伸下去，直到在某个回合人们达成和解，并停止相互猜疑和算计。在达到和解的过程中，威胁和许诺起着关键的作用。承诺是对未来行动进行约束，而威胁和许诺可以看成是它的两个子集。在社会生活中，威胁和许诺是十分常见的现象。

（1）威胁分为两种：一是强迫性的威胁，用意在于强迫某人采取行动。比如，绑匪挟制人质进而要求其家人提供一定金额来赎回，如果他的要求得不到满足，就撕票；二是阻吓性威胁，目的在于阻止某人采取某种行动。威胁有时候也称为警告。比如，老师对学生说，如果再发现上课玩手机，期末挂科。这就是一种警告，其目的在于告诉其他人，他们的行动将会产生什么影响。

（2）许诺也分为两种：一是强迫性的许诺，用意在于促使某人采取对你有利的行动。比如，警察会对被告说，只要你愿意成为污点证人，指证同伙，就能得到宽大处理。当然，这种许诺带有一定的威胁性；二是阻吓性许诺，目的在于阻止某人采取对你不利的行动。比如，甲偷东西时被乙发现，甲说别举报，我分三成给你。两种许诺也面临着同样的结局：随时会发生有人不遵守诺言的情况。

威胁和许诺有时候很难区分。就像警察劝被告做污点证人，其中有威胁的成分，也有许诺的成分，是威胁还是许诺只和当时情形有关。又比如，公司规定员工迟到一次罚款 10 元，对于公司来说，它就是"威胁"员工不要迟到，但是也可以看作是"许诺"：只要不迟到就不扣钱。随着形势的转变，一个阻吓性的威胁和一个强迫性的许诺没有多大区别，一个强迫性的威胁也会变得和一个阻吓性的许诺差不多。

在你做出一个威胁或许诺的时候，不应超过一定的范围。另外，这件事做起来应该是代价越小越好，因为假如你成功影响了对方的行为，你就要实践自己的承诺，否则你将变得不可信。因此，在威胁或许诺的时候，只要达到必要的最低限度就可以了。

2. 威胁与许诺的例子

例 10.4.4（小步慢行） 世界撑竿跳高名将布勃卡有个绰号叫"一厘米王"，因为在重大国际比赛中，他几乎每次都能刷新自己保持的纪录，将成绩提高 1 厘米。当他成功地跃过 6.15 米时，他感慨地说："如果我当初就把训练目标定在 6.15 米，没准儿就被这个目标吓倒。"当然，他一次又一次地创造世界纪录，而且几乎每次都只是将成绩提高 1 厘米，此举在一定程度上也是为了从赞助商那里不断得到不菲的奖金。在现实中，多数人在实现梦想的路上之所以会半途而废，原因有时竟是因为梦想太大，让自己感觉太遥远。如果我们把梦想缩小到"1 厘米"，也许会少许多懊悔与感叹。将自己的远大理想分解为具体小目标，坚持，努力，当实现阶段目标时，适当犒赏下自己，这样你成功的概率会更大。

在博弈论中，有一个叫作"小步慢行"的策略。要渐进式地、一步步走向与对方的公开冲突，比如，某国要发动一场战争，它不会突然之间就攻打其他国家，而是让战争逐次升级。因为这样每一步投入的成本都比较小，而且国际舆论的压力也相对较小。由于冲突是慢慢升级的，所以国内反对冲突升级的力量也较易控制，易于制止冲突的升级，降低国内发生动乱的概率。

信任对方有时候要冒很大风险。如果承诺可以减少到一个足够小的范围，也就是威胁或许诺可以分解为许多小问题，每一个问题可单独解决，那么大问题就变得容易多了。也就是说，假如每次只要信任对方一点点，相互之间的信誉就能继续存在。小步慢行策略缩小了威胁或许诺的规模，即缩小了承诺的规模，因而也更容易执行。另外，采用这种战术还可以让我们有反悔的机会，不仅对过程而且可以对目标进行调整和修订。因此，我们应该循序渐进，把大的威胁或许诺分解成一个个小的威胁或许诺，这样才能达到目的。

在生活中，如果我们能合理运用小步慢行战术，既可以保证事情成功，又可以避免不必要的损失。比如你装修一座房子，可是又不了解装修公司的底细，担心提前付款的话，对方可能偷工减料或粗制滥造。然而如果要求其完工再付款的话，对方又担心你会拒绝付款。这种情况下，你可以要求双方每周或每月按工程进度结算。这样，即使发生问题，双方的损失不过是一周或一月的劳动或工程款。

例 10.4.5（杀一儆百） 杀一儆百是指处死一个人，借以警诫许多人。它出自《汉书·尹翁归传》："其有所取也，以一儆百，吏民皆服，恐惧改行自新。"历史故事是：西汉时期，河东太守田延年巡视霍光的家乡平阳发现市场吏尹翁归是个难得的人才，于是奏请皇上任命他为东海太守。东海是一个强盗横行的地方，尹翁归决定采取杀一儆百的办法，处决豪强许仲孙，于是东海变得安定起来。

在古代，杀一儆百的案例比比皆是。公元 949 年，后汉叛将李守贞率军进攻河西（今甘肃河西走廊一带）。行动前，他叫人假扮卖酒商贩，以小利引诱河西郭威部众畅饮，然后乘其酒醉，偷袭河西军营。郭威得知后，立即下令：河西除犒赏、设宴外，一律不准私自饮酒，违者当斩。一次，郭威最亲近的将领李审违犯规定喝了酒，他派人将李审找来怒斥一顿后，立即推出斩首。河西官兵从此再不敢随便喝酒。

当然，在现代社会，杀一儆百的案例也比比皆是。

而在某种情况下，"杀一儆百"的威胁是"罚"的威胁，而许诺就是"赏"。

秋天的时候，有个鲁国人在沼泽地里焚烧一大堆枯枝败叶，没想到，刮起了北风，火借风势，迅速向南延伸。当时鲁国的国君鲁哀公急了，害怕大火进一步蔓延烧到国都，于是亲自率领身边的人督促老百姓去救火。可是到了火场后，老百姓都去追逐被大火驱赶出来的野兽去了，谁也不愿意去救火。鲁哀公召见孔子，问孔子该怎么办。

孔子说："人们去追逐野兽，而不愿意去救火，原因很简单：追逐野兽任务轻松又不会受到责罚，救火不但辛苦危险，又没有奖赏。"

鲁哀公说："那就赏赐去救火的人吧！"

孔子说："事情紧急，来不及行赏了；再说凡是参与救火的人都有赏赐，那么国库的钱赏不到一千人就赏赐光了。事到如今，不如用刑罚，凡是不去救火的，与投降败逃同罪；追逐野兽的，与擅入禁地同罪。"

果然，鲁哀公下达救火的命令后，大家听说不去救火就要受罚，于是不再去追逐野兽，赶紧来救火，鲁哀公的命令还未传遍，火已经扑灭了。

从博弈论角度看，赏就是许诺，罚就是威胁，二者各有侧重。罚是纠正，赏是激励。用赏可以引导别人自觉体现价值，为事业努力奋斗；但在资源有限且存在利益冲突的博弈中，用赏的办法使自己的一个承诺对多人有效是不现实的。在这种情况下，可用可信的威胁使可能犯规的人害怕受到直接或间接的惩罚而采取合作态度。对每一个犯规者进行惩罚，由此，杀一儆百是最为原始和最基本的威胁。相对来说，罚对人的威慑力比赏的作用强。古人常说，要立威，赏不如罚。正是这个道理，杀一儆百是一种常用的方式。当然，对于自己，更可行的是赏，即将自己远大理想分解个多个步骤，每完成一个步骤给自己一点犒赏，激励自己。

管理是一门艺术，对别人有效的办法，自己用可能会适得其反，希望大家慢慢摸索其中的奥妙。世界上最重要的事就是力量平衡，偏向任何一方都会产生严重问题，因此要用制度确保平衡，依法治国。

习 题

1. 动态博弈分析中为什么要引进子博弈完美纳什均衡，它与纳什均衡是什么关系？

2. 若有人拍卖价值 100 元的金币，拍卖规则如下：无底价，竞拍者可无限制地轮流叫价，每次加价幅度为 1 元以上，最后出价最高者获得金币，但出价次高者也要交自己所报的金额且什么都得不到［这种拍卖规则是苏必克（Subik）设计的］。如果你参加了这样的拍卖，你会怎样叫价？这种拍卖问题有什么理论意义和现实意义？

3. 考虑空中客车公司与波音公司之间为开发一种新型的喷气式飞机而进行的博弈。假定波音公司率先研发，然后空中客车考虑是否研发与之竞争。如果空中客车不进行研发，则它在新型喷气式飞机只能得到 0 利润而波音公司得到 10 亿美元的利润；如果空中客车公司决定研发，则波音公司需要考虑是容忍空中客车的进入还是进行价格战。如果双方进行和平竞争，则每家公司都获利 3 亿美元；如果双方进行价格战，每家公司将损失 1 亿美元。请用博弈树的形式表述这个博弈，并用倒推归纳法找出这个博弈的均衡结果。

4. 在海盗分金博弈中如果投票要等于或超过半数同意，方案就被通过且相同条件海盗不愿保留同伴的性命。用倒推归纳法分析第一个人应提出什么样的方案才可以得到更多珠宝。

5. 试举出生活中两个"先动优势"和"后动优势"的例子。

6. 举出现实生活和经济中完全但不完美信息动态博弈的例子，并用扩展式加以表示。

7. 举出现实中昂贵的承诺的例子。

8. 用完全但不完美信息动态博弈的思想，讨论我国治理假冒伪劣现象很困难的原因。

9. 假设买到劣质品的消费者中只有一半事后会发现商品的低质量并索赔，那么有退款承诺的二手车交易模型的均衡会发生怎样的变化？

10. 若你正在考虑收购一家公司的 1 万股股票，卖方的开价是 2 元/股。根据经营情况的好坏，该公司股票的价值对于你来说有 1 元/股和 5 元/股两种可能，但只有卖方知道经营的真实情况，你所知的只是两种情况各占 50%的可能性。如果在公司经营情况不好时，卖方让你无法识别真实情况的"包装"费用是 5 万元，问你是否会接受卖方的价格买下这家公司？如果上述"包装"费用只有 5000 元，你会怎样选择？

11. 如果有限次重复田忌赛马博弈，双方在该重复博弈中的策略是什么？

12. 试举出生活中一个重复博弈以一次性博弈均衡结果不同的例子。

13. 在饮料行业中，可口可乐和百事可乐是两家占据市场主导的企业。为简单起见，我们假设整个饮料行业就只有这两家企业。假设整个市场容量是 80 亿美元。每家企业需要决定是否去做广告。如果做广告，则每家企业需要支付 10 亿美元的广告费用；如果一家企业做广告而另一家企业不做广告，则前者将得到全部的市场；如果双方都做广告，则他们平分市场并支付广告费用；如果双方都不做广告，则双方平分市场并且无须支付广告费用。

（1）请写出这个博弈的支付矩阵，找出这两家企业进行同时博弈时的纳什均衡。

（2）假设双方进行的是序贯博弈，并且可口可乐先行动，然后再轮到百事可乐。请分别画出这个博弈的博弈树和矩阵型表述，并判断这是完美信息博弈还是不完美信息博弈。

（3）从双方总体福利最大化的角度考虑，（1）和（2）的均衡是否是最好的？这两家企业怎样做才能使双方都得到更大的支付？

14. 在第 13 题中，假定可口可乐和百事可乐将这场博弈无限次地重复下去，并且每次博弈时双方都是同时进行决策。如果在博弈过程中双方都采取冷酷策略，即双方一直都不做广告直到有一方出现背叛行为，之后双方就一直做广告。请问，背叛一次给背叛者带来的一时收益是多少？如果一方背叛，那么在背叛之后的未来每一时期，每家企业的损失是多少？如果年投资收益率 $r=0.25$，双方进行合作是否值得？请找出 r 的取值范围，使得可口可乐与百事可乐能够一直维持合作。

15. 在第 13 题中，假定这两家企业都知道，在未来的任何一年，它们当中的一方有 10%的可能会倒闭。如果其中一家企业倒闭，那么它们之间的博弈也就会结束。请问，当 $r=0.25$ 即折现因子 $\delta=0.8$ 时，这一信息是否会改变这两家企业的策略选择？如果倒闭的概率增加到每年 35%，结果又怎样？

附　录

———

获奖建模论文选编

航母舰载机布列调运最优方案研究[①]

【摘 要】航母是一个国家综合实力的象征，其战斗力和作战任务的完成主要依靠舰载机。随着现代战争节奏加快，对航母的舰载机调度能力提出了新的要求。由于航母飞行甲板空间有限，舰载机的起飞、着陆、停泊、维护等很多工作都要在飞行甲板上完成。所以，合理利用甲板有限的空间资源，在较短时间内为舰载机规划出一条合理的调运路径，能够有效缩短舰载机放飞时间间隔，从而最大限度地发挥舰载机的作战能力。本题的主要任务就是针对已给出的某型航母飞行甲板站位布局，解决满足特定作战任务的舰载机合理调度规划，从而保证舰载机成功执行作战任务。

对于问题一，为解决舰载机在各类站位之间的移动实时路径规划，首先，我们利用MATLAB 软件将飞行甲板作为研究平面建立平面直角坐标系，采用几何法将舰载机和作业站位表示为几何模型，并在坐标系中确定模型坐标；其次，为避免舰载机在调运过程中发生碰撞，我们利用舰载机行为变量的微分动力学模型，建立了舰载机调运路径网络；最后，对建立的路径网络图进行赋权，结合 Dijkstra 算法，求出赋权路径网络中的最短路径，即完成了实时路径规划数学模型的建立。

对于问题二，为满足每 90 min 放飞 8 架制空战斗机和 2 架攻击机的任务条件，首先，我们充分分析攻击机和制空战斗机的保障维修时间因素，在实时路径规划模型中加入两类舰载机的时间因数，优化了规划模型。然后，我们将舰载机和实际站位情况代入规划模型，得出了舰载机与相应站位之间的最优路径，并根据路径将调度过程制定为三个阶段，总用时 44 min 41 s，成功满足问题要求。

对于问题三，为制定 24 架舰载机着舰至起飞的最优调度方案，首先，我们将维修和最大等待时间作为考虑降落顺序的主要因素，代入时间函数 T_z，得出在保证舰载机着陆、起飞时间最短的着陆顺序。接下来，我们将降落后的站位代入规划模型中，规划出时间最短的舰载机调运路径，进而确定舰载机完成维修保障任务后的起飞顺序与站位，制定出包括四个降落阶段、三个起飞阶段的调度计划。

对于问题四，为在两类不确定事件的影响下，对问题二和问题三的调度计划进行调整，首先，我们将复飞次数和故障记录数据进行 MATLAB 数据处理，并绘制拟合曲线，建立对两类不确定性因素（复飞、故障发生）的敏感性分析；然后，引入 D_{ij} 值描述不确定性对舰载机调度路径规划的影响，在原有模型的基础上进行改进；最后，建立新的混

---

① 本文为2017年军队院校军事建模邀请赛 A 题特等奖论文，作者中国人民武装警察部队学院消防工程系二队：刘昶（中国人民警察大学研究生院二队）、刘官昊（湖北省襄阳市消防救援支队）、陈天豪（浙江省宁波市消防救援支队），指导教师李育安。

合优化算法，利用算法对问题二和问题三的调度计划进行调整，制定出在不确定性环境下的最优舰载机调度方案。

【关键词】舰载机调度；最优方案；路径规划；微分动力学；Dijkstra算法；不确定性

1　问题重述

航母舰载机在甲板上的实时移动路径规划问题，是解决快速有效地调度舰载机执行作战任务的关键。而舰载机实时的布列调运，实质上是为舰载机安排合理的停机位，方便其出动或进行各项维修补给作业，并实时规划舰载机移动路径，在避免碰撞事故的前提下，尽量缩短移动距离、减少作业时间，为舰载机的起降及各项作业做好准备。但由于航母机库甲板及飞行甲板狭小，舰载机调运时，作业周围会停有密集的舰载机及舰面保障车辆等装备和设备，所以，牵引移动路径会直接影响舰载机起飞、维修等任务完成的效率，怎样规划合理的移动路径，是解决快速有效地调度舰载机执行作战任务的必要前提。

（1）在问题一中，题目给出了某型号航母飞行甲板站位的布局图，并给出了舰载机的等待站位（1—20）、保障站位（21—39）、着舰站位（44）、放飞站位（40—43）这四个站位的位置。针对特定的航母舰载机做甲板布列调运，题目给出了舰载机的机身数据以及作业时间数据，在这些数据的基础上，问题一需要根据图中给出的甲板站位图，建立数学模型，为舰载机在各类站位之间的移动进行实时规划路径。

（2）问题二提出了在特定的任务需求条件下进行舰载机调运规划。舰载机连续出动模式下，每个飞行周期仅需放飞 1 架舰载机，相邻 2 架舰载机的飞行周期（"着舰>保障>放飞"）首尾交错重叠。题目给出了实时甲板舰载机停放情况及站位占用情况，要求根据实时站位情况，达到每 90 min 放飞 8 架战斗机和 2 架攻击机的任务目标，并在完成起飞任务的基础上规划最优调度方案。

（3）问题三提出了在舰载机分波出动的模式下，舰载机群采取集中降落、集中保障、集中放飞的方式，并且提出了新的任务和要求，即现有 24 架舰载机在空中，其中 18 架位攻击（编号 1—18），6 架为制空战斗机（19—24），部分舰载机有故障需要维修。其中维修时间为额外的航空保障时间，最大等待时间为可以维持飞行等待降落的最长时间，无故障舰载机的最大等待时间为 60 min，考虑飞行甲板当前无舰载机，规划出该波次舰载机着舰至放飞调度计划。

（4）在实际工作中，舰载机的作业环境更加复杂恶劣，其调度过程存在大量不确定因素，如作业环境的动态性（复飞在降落的问题）以及作业中各类随机扰动（舰载机保障过程中被检查出故障，需要额外的修理时间）。问题 4 给出了 47 位飞行员历次训练中的复飞次数以及在保障作业过程中的故障检测维修记录。要求在以上两种不确定因素的影响下，对问题二和问题三中的调度计划做出调整。

2 问题分析

考虑到实际中的航母舰载机调运行动存在较多的不确定因素，例如，舰载机在着舰后需要进行保障作业，需要从着陆点进入保障区。这时，若保障区有其余舰载机正在进行保障维修工作，刚着陆的舰载机需要选择合适的保障区进入，而保障区的工作人员也需要时间准备保障工作，这就造成了较多的时间浪费；另外，甲板上若没有科学的舰载机调度，会存在较多的舰载机同时行进，对刚着陆的舰载机会造成较多的行驶障碍，有造成碰撞的危险。从以上分析可得出，较多的不确定因素会对舰载机调运产生影响，因此，调度指挥中心需要从避免障碍碰撞、最短调运时间、最短路径等方面，充分运用多种手段，建立科学正确的数学模型，为舰载机在各站位之间的移动进行实时路径规划。

2.1 对问题一的分析

对于问题一，由于航母甲板是舰载机调运的实体平面，舰载机是平面上的具体质点，所以，可在甲板平面上建立平面直角坐标系，采用几何法对飞行甲板和舰载机进行模型建立。将舰载机表示为几何机构模型，模型为舰载机实体边界的简单平面多边形，并以多边形的几何中心作为旋转中心 $p(x_0, y_0)$ 确定，则其他平面站位点模型即可用坐标标注确定。

在上述甲板平面坐系的基础上，将舰载机调运的路径半径大于舰载机宽作为必要条件，使用甲板平面坐标系规划出可行路径网络图，然后对路径网络图进行赋权处理，进而使用 Dijkstra 算法从避免障碍碰撞、最短调运时间、最短路径等几个方面求出最优路径。

2.2 对问题二的分析

在问题一的基础上，规划在特定的任务需求条件下的舰载机调运方案。首先，应该找出准备起飞的舰载机与题目特定的保障和起飞站位之间的最优路径；其次，为了满足每 90min 放飞 8 架制空战斗机和 2 架攻击机的条件，需在最优路径的基础上，分析攻击机和制空战斗机的保障维修时间，在最优路径模型中加入时间函数；最后，通过最优路径和时间模型，结合实际站位情况，求出最短时间内满足起飞要求的调度计划。

在问题一的解决过程中，我们已经建立了舰载机与站位之间的最优路径移动模型，所以，在问题二解决舰载机与起飞站位的路径选择问题中，可将问题二针对的舰载机与站位模型坐标代入最优路径移动模型中，从而求出最优路径。

2.3 对问题三的分析

问题三与问题二规划任务性质基本相同。在问题二的计算方法基础上，本题需考虑空中故障舰载机和非故障舰载机在最短时间内降落的顺序问题、降落以后舰载机调运至保障站位和放飞站位的最短路径规划问题以及舰载机保障完成后的起飞顺序问题。因此，要解决问题三的着舰至放飞的调度计划，应该将问题限定的条件与本文前面所建立的时间路径规划模型相结合，根据故障舰载机和无故障舰载机的保障维修时间，制定出完成维修保障任务所用时最短的降落顺序，从而将降落站位代入时间路径规划模型中，规划出时间最短的舰载机调运路径，进而制定出舰载机完成维修保障任务后的起飞顺序与站位问题。

2.4 对问题四的分析

前几问所建立的模型中未包含不确定因素对调度计划的影响。其中，调度过程中的不确定性，如果导致调度过程中出现新任务到达的情况（例如复飞、增加额外修理时间），需要引发重新调度，即频繁的再次构建调度模型。所以，在问题四中，需要将两种不确定因素引入调度模型中。

附录中给出了 47 位飞行员历次训练中的复飞次数以及在保障作业过程中的故障检测维修记录。首先，对这些数据先进行一次处理，即计算出 47 位飞行员的复飞概率以及各架舰载机的损耗比率（维修时间/故障前无故障运行时间），再将处理完的数据利用 MATLAB 软件进行拟合，能够建立对舰载机两类不确定性因素（复飞、故障发生）的敏感性分析，从而引入 D_{ij} 值描述不确定性对舰载机调度路径计划的影响，在原有模型的基础上进行优化，建立新的混合优化算法，进而对问题二和问题三的调度计划进行优化。

3 模型假设

1. 假设题目所给的数据真实可靠，误差相对较小；
2. 假设甲板牵引车的加速和减速为瞬时的；
3. 假设舰载机滑行或被牵引时转弯的速度不变；
4. 假设舰载机在着落时是准确停在 44 号站位；
5. 假设舰载机在飞行着陆过程中不受航母航向、航速、风速的影响；
6. 假设舰载机能够稳定停靠在站位，且在下次被调度之前都不会移动；
7. 假设前三问中舰载机飞行员的操作准确无误，不会影响到舰载机的飞行、滑行和牵引过程；
8. 假设飞行甲板上的甲板牵引车数量足够；
9. 假设舰载机进入准备就绪的放飞甲板后能够马上发射。

4 定义与符号说明

d：模型端点距离；

φ：舰载机模型的航向角度；

v：舰载机模型的移动速度；

env：环境；

$\lambda_{\text{env},\varphi}$：坐标系相对角度；

K：目标参数；

v_{edu}：速度设定值；

t_p：甲板牵引车的连接和脱离时间；

t_m：甲板牵引车牵引时间；

t_w：舰载机在放飞站位时可能的等待时间；

δ_i：该舰载机的速度因数；

T_z：最短降落时间；

D：作业规划变量；

D_{ij}：作业任务被执行规划的多状态；

SF：出动成功变量；

LF：未发现故障变量；

Model：可控变量；

R_r：约束条件。

5 模型的建立与求解

5.1 问题一模型的建立与求解

本文采取的航母甲板平面及舰载机模型如图 1 所示。

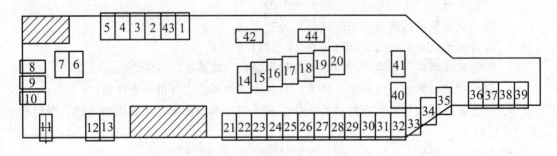

图 1 航母甲板平面示意图

图 2 为利用 MATLAB 绘图功能绘制的飞行甲板站位位置坐标图。

舰载机在着陆后的调运作业中，可能经常在展翼和收翼两种工作状态间切换。因此，为了简化模型坐标计算量，简化模型形状细节，引入舰载机几何机构模型对舰载机进行描述，模型为舰载机实体边界的简单平面多边形，并以多边形的几何中心作为旋转中心

$p(x_0, y_0)$ 确定，则其他舰载机模型端点坐标及平面站位点模型即可用相应坐标标注确定。

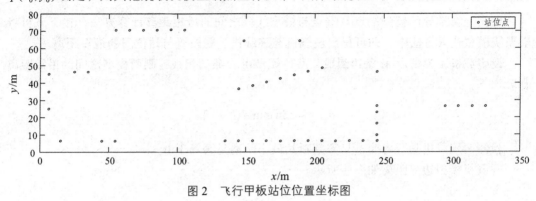

图2　飞行甲板站位位置坐标图

5.1.1　模型边界距离计算

舰载机模型被表示为平面坐标后，欲实现舰载机模型间的距离计算和碰撞检测，需要推导舰载机模型边界间的最短距离计算方法。而表示模型边界线段的相对位置关系包括平行、交叉或其他，但无论存在怎样的相对位置关系，模型边界之间的最短距离都在某一线段端点到另一线段端点间的距离、一线段端点到另一条模型线段间的距离中产生。

假设模型线段1的端点为 $p(x_{p1}, y_{p1})$、$p(x_{p2}, y_{p2})$，模型线段2的端点为 $p(x_{p3}, y_{p3})$、$p(x_{p4}, y_{p4})$，按照以下步骤求模型线段间的最短距离：

（1）计算线段端点间的距离。

计算端点距离，需求出 d_{p1-p3} 至 d_{p2-p4} 的距离，现以计算 d_{p1-p3} 为例：

$$d_{p1-p3} = \sqrt{(x_{p3} - x_{p1})^2 + (y_{p3} - y_{p1})^2}$$

（2）计算模型线段端点间的距离。

求此距离，需要求出各端点间以及模型端点到模型线段的距离。现以 p_1 模型端点到模型线段2的直线距离为例：

$$d_{p1-l2} = \frac{\left| (y_{p4} - y_{p3})x_{p1} - (x_{p4} - x_{p3})x_{p1} + x_{p4}y_{p3} - x_{p3}x_{p4} \right|}{\sqrt{(y_{p4} - y_{p3})^2 + (x_{p4} - x_{p3})^2}}$$

$$x_{p1-l2} = \frac{(x_{p4} - x_{p3})^2 x_{p1} + x_{p4}y_{p3} - x_{p3}x_{p4}}{(y_{p4} - y_{p3})^2 + (x_{p4} - x_{p3})^2} - \frac{(y_{p4} - y_{p3})(x_{p4}y_{p3} - x_{p3}x_{p4})}{(y_{p4} - y_{p3})^2 + (x_{p4} - x_{p3})^2}$$

$$y_{p1-l2} = \frac{(y_{p4} - x_{p3})^2 x_{p1} + x_{p4}y_{p3} - x_{p3}x_{p4}}{(y_{p4} - y_{p3})^2 + (x_{p4} - x_{p3})^2} - \frac{(x_{p4} - x_{p3})(x_{p4}y_{p3} - x_{p3}x_{p4})}{(y_{p4} - y_{p3})^2 + (x_{p4} - x_{p3})^2}$$

求得模型线段端点到线段垂足坐标后，即可判断是否为有效距离。

（3）在上述步骤距离的有效距离中取最小值。

5.1.2 舰载机模型之间的碰撞检验及距离计算

根据上文推导的模型端点及端点与模型线段之间的最短距离计算方法，接下来可将舰载机模型代入方法中，即可得出舰载机与舰载机、舰载机与站位间的最短距离。

设舰载机 1 模型由 M 条边组成，站位模型由 N 条边组成，则两模型之间的最短距离计算如下：

$$d_{p1-2} = \min_{i=1} \min_{i=1} d(l_i \cdot l_{i2j})$$

检测两舰载机是否碰撞，只需判断其最小距离是否等于 0。

舰载机模型边界距离如图 3 所示。

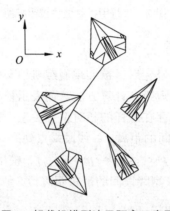

图 3　舰载机模型边界距离示意图

5.1.3 舰载机模型避碰路径网建立

上述方法得出了舰载机模型与站位模型之间的距离计算方法，下面利用上述方法构建舰载机模型调运路径网[2]。

由于舰载机调运是动态环境中的路径规划，其基本行为模式可以通过行为变量的运动微分来实现，即

$$\begin{cases} \varphi = f(\varphi, \mathrm{env}) \\ v = g(\varphi, \mathrm{env}) \end{cases}$$

式中：φ、v 为行为变量；v 为舰载机模型的移动速度；φ 为舰载机模型的航向角度；env 表示环境。在每一个规划周期，可通过 φ、v 的时间历程来描述舰载机的运动轨迹。

对于舰载机模型避障行为下的行驶状态，可用下式表示：

$$f_{\mathrm{env},\varphi}(\varphi) = \lambda_{\mathrm{env},\varphi}(\varphi - v) \times \exp \frac{\lambda_{\mathrm{env},\varphi} d}{2\sigma^2}$$

式中：d 为舰载机模型多边形边界与站位点模型最小距离；$2\sigma^2$ 为路径角度；$\lambda_{\mathrm{env},\varphi}$ 为坐标系相对角度。

对于舰载机模型避障行为下的航向状态，可用下式表示：

$$\varphi = f_{\text{env},\varphi}(\varphi) + \sum_{i=1}^{n} f_{\text{env},\varphi}(\varphi)$$

式中：i 为站位障碍模型的序号；$\lambda_{\text{env},\varphi}$ 为坐标系相对角度。

对于舰载机模型避障行为下的速度状态，可用下式表示：

$$f_{\text{env},\varphi}(\varphi) = -\lambda_{\text{env},\varphi}(v_{\text{edu}} - v) = \begin{cases} -\lambda_{\text{env},\varphi}(v - v_{\text{edu}}) \\ -\lambda_{\text{env},\varphi}(v - kv_{\text{edu}}) \end{cases}$$

式中：k 为目标参数，v_{edu} 为速度设定值。

将上述微分方程应用到舰载机整体运动路径上，可得出行为变量的运动微分方程：

$$\begin{cases} \varphi = f(\varphi, \text{env}) \\ v = g(\varphi, \text{env}) \end{cases}$$

通过以上舰载机在站位障碍环境下移动的微分方程，可将实际模型数据代入模型进行计算，即可得到可行路径网络图。

5.1.4　Dijkstra 算法找出最优路径

对得出的路径网络图进行最优路搜索，必要时可先对路径赋权值，然后进行路径搜索。下面以调运时间为优化指标，设置舰载机沿模型直线调运的单位距离 t_1，线段距离为 s，转弯角 θ，将时间长短作为权值进行赋值。

舰载机调运路径网络图经过赋值后，便可用 Dijkstra 算法求解[3]。

Dijkstra 算法求解：

设 $G = (V, E)$ 为带权向量图，把图中端点模型集合 V 分为两组，第一组为最短路径端点模型集合，第二组为其余未确定最短路径的端点模型，按最短路径长度的递增路径长度的递增次序依次把第二组的顶点加入 S 中。在加入的过程中，总保持从原始端点模型 v 到 S 中各端点的路径长度不大于从源点 v 到 u 中任何端点的最短路径长度。

根据 Dijkstra 算法，在当前赋权网络中可以求出一条最短路径，称为舰载机调运最优候选路径[4]。

相关 MATLAB 程序代码如下：

```
function [ distance path] = Dijk( W,st,e )
n=length(W);
D = W(st,:);
visit= ones(1:n); visit(st)=0;
parent = zeros(1,n);
path =[];
for i=1:n-1
    temp = [];
    for j=1:n
```

```
        if visit(j)
            temp =[temp D(j)];
        else
            temp =[temp inf];
        end
    end
    [value,index] = min(temp);
    visit(index) = 0;
    for k=1:n
        if D(k)>D(index)+W(index,k)
            D(k) = D(index)+W(index,k);
            parent(k) = index;
        end
    end
end
distance = D(e);
t = e;
while t~=st && t>0
 path =[t,path];
   p=parent(t);t=p;
end
path =[st,path];
end
```

5.1.5 仿真验证

图 4 对飞行甲板障碍物做出假设，并把被调运舰载机机翼长度的一半扩充为缓冲区。同时，基于 Voronoi 图法进行调运路径规划，并对路径进行赋权处理。扩充后的模型如图 5 所示。

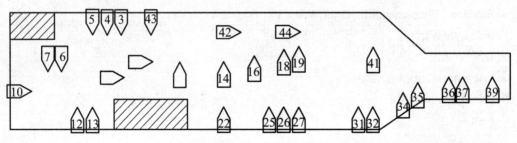

图 4 舰载机飞行甲板布列图

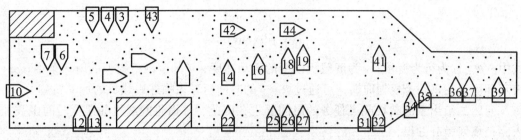

图 5 飞行甲板障碍物缓冲区处理

设定调运舰载机的起始位置为 S，被调运舰载机的目标位置为 G。在 MATLAB 软件中使用 Dijkstra 算法进行路径规划得到如图 6 的候选路径。

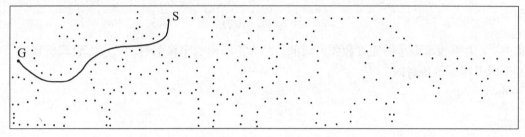

图 6 舰载机调运最短路径

最后，利用 CAD 作图功能在原飞行甲板中将路径结点还原实际的舰载机调运路线关键节点位置，仿真结果调运路线如图 7 所示。

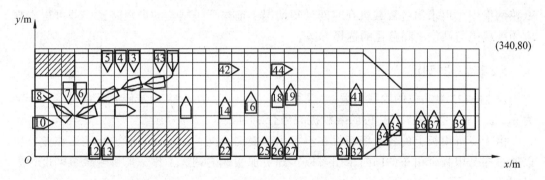

图 7 舰载机调运路径仿真结果

仿真验证的结果表明，利于动力学法和 Dijkstra 算法结合，并辅以 Voronoi 图法进行的舰载机调运路径规划方式简单合理，较为迅速，拥有比较合理的规划效果。

5.2 问题二的求解

5.2.1 模型建立

在问题一中建立了舰载机在站位障碍环境下移动的微分方程，由于舰载机调运是动态环境中的路径规划，其基本行为模式可以通过行为变量的运动微分来实现，即

$$\begin{cases} \varphi = f(\varphi, \text{env}) \\ v = g(\varphi, \text{env}) \end{cases}$$

式中：φ、v 为行为变量；v 为舰载机模型的移动速度；φ 为舰载机模型的航向角；env 表示环境。在每一个规划周期，可通过 φ、v 的时间历程来描述舰载机的运动轨迹。

问题二给出了舰载机起飞任务的时间要求，因此，下面将舰载机的速度时间函数加入路径规划微分方程。

设对于舰载机模型路径 k 的出行时间为

$$T_k = \delta_i \sum_{i=1}^{n} T_i$$

$$T_i = t_p + t_m + (t_w)$$

式中：t_p 为甲板牵引车的连接和脱离时间；t_m 为甲板牵引车牵引时间；t_w 为舰载机在放飞站位时可能的等待时间。

$$\delta_{ik} = \begin{cases} \lambda_{\text{env}, \varphi} v_h \\ \lambda_{\text{env}, \varphi} v_s \end{cases}$$

式中：v_h、v_s 分别为舰载机的滑行速度、线速度；δ_i 为该舰载机的速度因数。

根据模型可知，舰载机对路径 k 的调运时间为 T_k，代入站位障碍环境下移动的微分方程中，可以得出调运路径的最短时间。结合问题一中建立的 Dijkstra 算法模型，在当前赋权网络中可以求出各舰载机在时间最短情况下前往下一站位的最短路径，即可得出相应的舰载机与站位之间路径的选择方案。

5.2.2　方案制定

设 21—23 号站位的舰载机编号分别为 a_1、a_2、a_3，16—18 号站位的舰载机编号分别为 a_4、a_5、a_6，24—27 号站位的舰载机编号分别为 a_7、a_8、a_9、a_{10}。

由于飞行甲板上的各个舰载机在不发生碰撞的情况下，可以同时进行调运作业，所以通过多个甲板牵引车的同时牵引可以实现更加快速的调运工作，加快舰载机调度计划时间。

第一阶段（图 8）：

首先，对于 21、22、23 三个保障站位的舰载机，利用甲板牵引车同步作业，牵引到不同的放飞站位。根据 Dijkstra 算法得出三个舰载机的最优调度方案：a_1 前往 43 号放飞站位，a_2 前往 42 号放飞站位，a_3 前往 40 号放飞站位。则，考虑到甲板牵引车的连接和脱离过程，通过 Dijkstra 算法计算可得，这三组舰载机调运时间 t_{a1}、t_{a2}、t_{a3} 分别约为 168 s、136 s、193 s。

与此同时，a_4、a_5、a_6 可以在 a_1、a_2、a_3 过程中同时被牵引到 21—23 号站位进行航空保障。设定 a_4、a_5 两架舰载机进行作为攻击机的常规航空保障，a_6 进行作为制空战斗机的常规航空保障。为了时间上能追求最优化，a_4、a_5 分别前往 22、23 号保障站位，t_{a4}、

t_{a5} 计算可得 106s、109s，a_6 前往 21 号保障站位，t_{a6} 计算可得 145 s。到此时，便完成了调度计划的第一阶段，此时时间为 3 min 13 s。

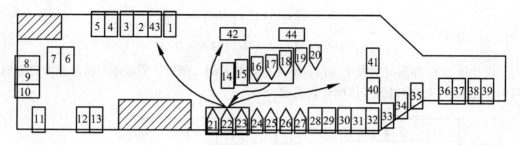

图 8　第一阶段调度计划示意图

第二阶段（图 9）：

35 min 时，24—27 号保障站位的舰载机完成了常规制空战斗机保障，同时开始分别前往 43、42、41、40 号放飞站位进行放飞。通过 Dijkstra 算法计算可得，t_{a7}、t_{a8}、t_{a9}、t_{a10} 分别为 198 s、146 s、160 s、130 s。

由于

$$t_{a7} - t_{a8} = 52\,\text{s} > 30\,\text{s}$$

所以，不用考虑等待时间，42、43 号放飞站位正常放飞。a_7、a_8、a_9、a_{10} 放飞完毕后，第二阶段调度计划完成，此时时间为

$$35\,\text{min} + t_{a7} = 38\,\text{min}\,18\,\text{s}$$

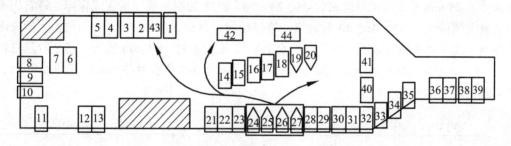

图 9　第二阶段调度计划示意图

第三阶段（图 10）：

由于 a_6 舰载机进行的是常规制空战斗机保障，因此较 a_4、a_5 舰载机更早完成保障，安排其调度前往最近的 42 号放飞站位，通过 Dijkstra 算法计算可得

$$t_{a6} = 145\,\text{s} + 35\,\text{min} + 139\,\text{s} = 39\,\text{min}\,44\,\text{s}$$

a_4、a_5 两架舰载机完成常规攻击机保障时间分别为

$$t_{a4} = 106\,\text{s} + 40\,\text{min} = 41\,\text{min}\,46\,\text{s}$$

$$t_{a5} = 109\,\text{s} + 40\,\text{min} = 41\,\text{min}\,49\,\text{s}$$

安排其分别被调度前往最近的 43、42 号放飞站位进行放飞作业，通过 Dijkstra 算法计算可得

$$t_{a4}=106 \text{ s}+40 \text{ min}+175 \text{ s}=44 \text{ min } 41 \text{ s}$$

$$t_{a5}=106 \text{ s}+40 \text{ min}+136 \text{ s}=44 \text{ min } 02 \text{ s}$$

由于 t_{a4}、t_{a5} 间隔时间大于 30 s，不考虑等待时间。所以，完成第三阶段调度计划时间为 44 min 41 s，此时所有调度计划完成。

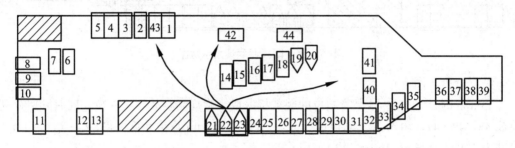

图 10　第三阶段调度计划示意图

5.2.3　结论

根据以上分析，我们制订出最优的调度计划。第一阶段，三架制空战斗机由保障站位 21、22、23 牵引至放飞站位 40、42、43，与此同时，将位于等待站位 16、17、18 的两架攻击机和一架制空战斗机牵引至保障站位 22、23、21，开始保障。第二阶段，在进行保障了 35 min 后，位于保障站位 24、25、26、27 上的制空战斗机完成保障，将它们牵引至放飞站位 43、42、41、40 后放飞。第三阶段，等待保障站位 21、22、23 上的攻击机和制空战斗机保障完成后，前后分别牵引至放飞站位 42、42、43 放飞。三个阶段总用时为 44 min 41 s，小于 90 min，且为最短时间。调度计划流程时序图及流程图如图 11、图 12 所示。

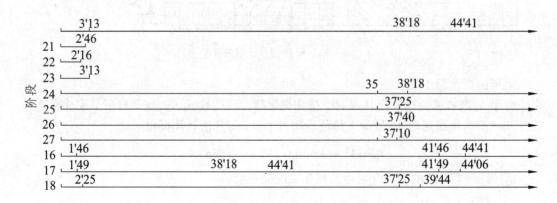

图 11　调度计划流程时序图

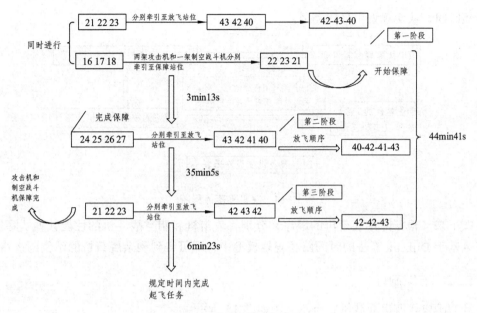

图 12   调度计划流程图

5.3   问题三的求解

5.3.1   模型建立

根据空中 24 架舰载机的故障情况，将维修时间作为考虑降落顺序的主要因素，代入时间函数

$$T_z = \sum_{i}^{n} \min_{i} t_w$$

式中：T_z、t_w 分别表示最短降落时间和单架舰载机等待时间。

根据此函数可得出在保证舰载机着陆、起飞时间最短的着陆顺序，经过计算、根据舰载机编号，最先降落的故障舰载机的具体降落顺序如图 13 所示。

顺序	1	2	3	4	5	6	7	
编号	23	11	5	12	1	8	13	故障舰载机降落顺序
站位	23	26	27	22	25	28	24	

图 13   故障舰载机降落顺序

在得到最初的故障舰载机降落顺序后，结合 T_z 时间函数，即可计算出无故障舰载机的着陆顺序，如图 14 所示。

舰载机降落后需要找到最优的站位调运路径，在问题一和问题二的解决过程中，已经建立了基于 Dijkstra 算法的时间路径规划模型。先假设舰载机对路径 k 的调运时间为 T_k，将降落后的舰载机坐标数据代入站位障碍环境下移动的微分方程中，可以得出调运路径的最短时间，从而规划出最优路径。

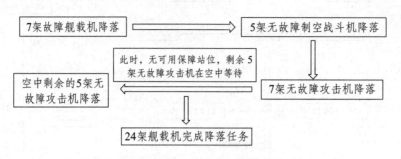

图 14　飞机降落流程图

接下来，根据降落舰载机的顺序，分别将攻击机和制空战斗机的性能数据、降落时间代入基于 Dijkstra 算法的时间路径规划模型中，即可得到剩余舰载机的站位调运路径。

5.3.2　方案制订

开始阶段该波次舰载机状态示意图如图 15 所示。

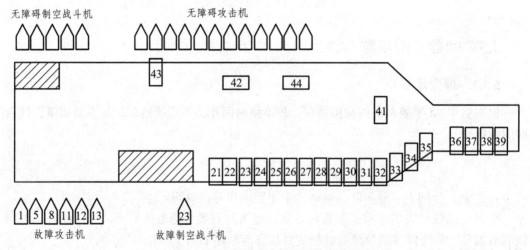

图 15　开始阶段该波次舰载机状态示意图

（1）降落阶段。

第一阶段：首先按照故障飞机的最大等待时间进行安排降落先后顺序，则降落顺序为 23、11、5、12、1、8、13，通过 Dijkstra 算法进行最短路径规划，则最优站位依次为 23、26、27、22、25、28、24；开始保障的时刻依次为 67 s、88 s、118 s、162 s、179 s、210 s、242 s。

第二阶段：在所有故障飞机全部降落后，便可开始安排其他飞机的降落。根据 Dijkstra 算法得出，应当优先安排编号为 2、3、4、6、7 的无故障制空战斗机降落滑行至 29—33 站位进行保障作业。计算可得，滑行至相应的保障站位时刻为 274 s、308 s、344 s、380 s、408 s。

第三阶段：将 7 架编号为 9、10、14、15、16、17、18 的无故障攻击机安排降落，并分别滑行至 21、34、35、36、37、38、39 号保障站位进行保障。通过 Dijkstra 算法计算可得，这些飞机滑行至相应的保障站位时刻为 439 s、464 s、563 s、602 s、642 s、682 s。

降落前三阶段舰载机状态示意图如图 16 所示。

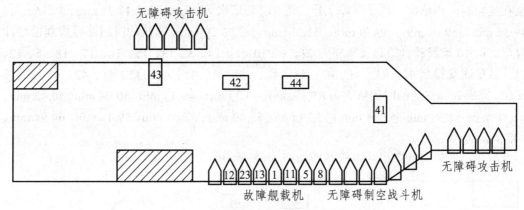

图 16　降落前三阶段舰载机状态示意图

第四阶段：此时，空中还剩下 19、20、21、22、24 的无故障攻击机未降落。在其他所有飞机进行保障过程中，编号为 2、3、4、6、7 的无故障制空战斗机优先完成保障，可以进入放飞作业。经过 Dijkstra 算法可得最优规划路径依次是 41、42、41、42、41、42 号放飞站位，放飞时刻依次为 41.61 min、43.47 min、42.55 min、45.14 min、43.49 min。随后，29—33 号保障站位空出，可供剩下的无故障攻击机降落停靠。经计算可得出，最优的保障站位依次是 29、30、31、32、33，滑行至相应的保障站位时刻为 46.19 min、47.33 min、47.43 min、47.54 min、47.50 min。

降落第四阶段舰载机状态示意图如图 17 所示。

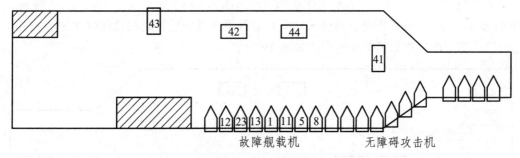

图 17　降落第四阶段舰载机状态示意图

（2）起飞阶段。

第一阶段：第一批完成保障工作的舰载机是无故障的制空战斗机 2、3、4、6、7，完成保障的时刻分别为 39.56 min、40.14 min、40.74 min、41.35 min、41.81 min。

在经过 Dijkstra 算法的时间路径规划模型计算后，这些飞机被依次安排进入 41、42、41、42、41 号放飞站位进行起飞，起飞时刻依次为 41.61 min、43.47 min、42.55 min、

42.55 min、45.14 min、43.49 min。

第二阶段：由于部分舰载机需要经过维修，而且维修时长不一致，经计算可得 23、11、5、12、1、8、13 号舰载机的保障完成时刻依次为 46.11 min、71.46 min、56.97 min、62.71 min、47.99 min、48.50 min、49.04 min。而在降落的第三阶段的 7 架无故障攻击机也在这段时间内依次完成了保障工作，完成时刻依次为 47.31 min、47.73 min、48.16 min、49.38 min、50.04 min、50.70 min、51.36 min。经过 Dijkstra 算法的时间路径规划模型计算后，这 14 架舰载机的起飞顺序为 23、9、10、1、14、8、13、15、16、17、18、5、12、11，被依次安排至 42、43、41、42、41、42、43、41、41、41、42、41、42、42 号放飞站位，完成放飞作业的时刻依次为 48.39 min、49.23 min、49.48 min、50.08 min、50.42 min、51.41 min、51.55 min、52.34 min、53.39 min、55.40 min、57.04 min、59.41 min、64.98 min、74.03 min。

起飞第二阶段舰载机状态示意图如图 18 所示。

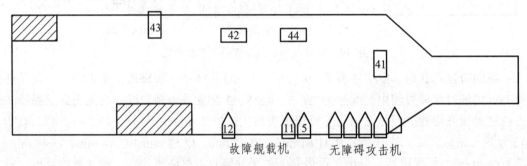

图 18　起飞第二阶段舰载机状态示意图

第三阶段：最后一批起飞的舰载机为编号为 19、20、21、22、24 的无故障攻击机，在经过 Dijkstra 算法的时间路径规划模型计算后，这 5 架舰载机被依次安排至 41、42、43、42、41 号放飞站位，完成放飞作业的时刻依次为 87.03 min、88.93 min、89.99 min、89.41 min、88.11 min。因此，该波次舰载机着舰至放飞调度计划的总用时为 89.99 min。

降落第三阶段舰载机状态示意图如图 19 所示。

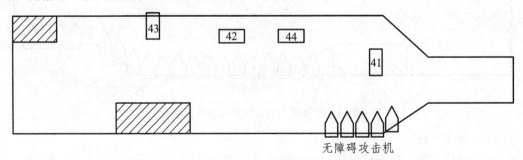

图 19　降落第三阶段舰载机状态示意图

5.3.3　结论

在经过 Dijkstra 算法的时间路径规划模型计算后，得出了 24 架舰载机的站位调运路径以及放飞顺序，该波次舰载机着舰至放飞调度计划如表1和图20、图21所示。

表1 某波次舰载机由着舰至起飞的调度计划表

	编号	保障站位	降落点至保障站位距离	滑行时间	实际时刻	完成保障时刻/min	放飞站位	滑行时间	放飞时刻/min
第一阶段舰载机									
L1	23	23	66.76	66.76	66.76	46.11	42	136.81	48.39
L2	11	26	57.83	57.83	87.83	71.46	42	153.80	74.03
L3	5	27	58.09	58.09	118.09	56.97	41	146.72	59.41
L4	12	22	72.30	72.30	162.30	62.71	42	136.39	64.98
L5	1	25	59.29	59.29	179.29	47.99	42	145.84	50.42
L6	8	28	60.03	60.03	210.03	48.50	42	174.58	51.41
L7	13	24	62.34	62.34	242.34	49.04	43	198.16	52.34
第二阶段舰载机									
L8	2	29	63.50	63.50	273.50	39.56	41	123.33	41.61
L9	3	30	68.28	68.28	308.28	40.14	42	199.68	43.47
L10	4	31	74.10	74.10	344.10	40.74	41	108.72	42.55
L11	6	32	80.75	80.75	380.75	41.35	42	227.36	45.14
L12	7	33	78.40	78.40	408.40	41.81	41	101.11	43.49
第三阶段舰载机									
L13	9	21	78.73	78.73	438.73	47.31	43	165.89	50.08
L14	10	34	73.93	73.93	463.93	47.73	41	90.00	49.23
L15	14	35	69.82	69.82	489.82	48.16	41	78.91	49.48
L16	15	36	112.95	112.95	562.95	49.38	41	129.75	51.55
L17	16	37	122.42	122.42	602.42	50.04	42	321.87	55.40
L18	17	38	131.97	131.97	641.97	50.70	41	161.34	53.39
L19	18	39	141.58	141.58	681.58	51.36	42	340.75	57.04
第四阶段舰载机									
L20	19	29	63.50	63.50	46.19	86.19	41	50.00	87.03
L21	20	30	68.28	68.28	47.33	87.33	42	95.81	88.93
L22	21	31	74.10	74.10	47.43	87.43	43	153.96	89.99
L23	22	32	80.75	80.75	47.54	87.54	42	112.42	89.41
L24	24	33	78.40	78.40	47.50	87.50	41	36.67	88.11

①降落阶段

顺序	1	2	3	4	5	6	7
编号	23	11	5	12	1	8	13
站位	23	26	27	22	25	28	24

故障舰载机降落顺序

顺序	8	9	10	11	12
编号	2	3	4	6	7
站位	29	30	31	32	33

5架无故障制空战斗机降落顺序

此时，无可用保障站位，剩余5架无故障攻击机在空中等待

顺序	13	14	15	16	17	18	19
编号	9	10	14	15	16	17	18
站位	21	34	35	36	37	38	39

7架无故障攻击机降落顺序

站位29~33中的制空战斗机完成保障，离开保障站位准备起飞

顺序	20	21	22	23	24
编号	19	20	21	22	24
站位	29	30	31	32	33

空中剩余的5架无故障攻击机降落顺序

24架舰载机完成降落任务

图20 舰载机降落顺序图

351

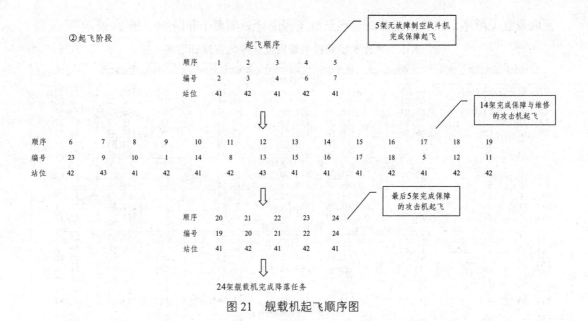

图 21　舰载机起飞顺序图

5.4　问题四模型的建立与求解

5.4.1　不确定因素敏感分析

对 47 位舰载机飞行员历次训练中的复飞概率利用 MATLAB 绘制出折线图，如图 22 所示。

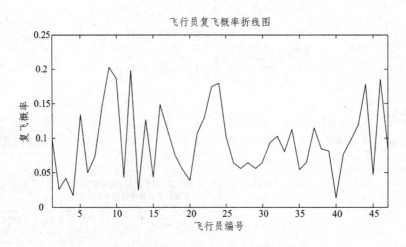

图 22　舰载机飞行员复飞概率图

对飞行员复飞概率数据进行数据拟合，得出拟合曲线如图 23 所示。

对在保障作业过程中的故障检测维修记录时间进行数据处理，利用 MATLAB 绘制出损耗比率折线图如图 24 所示。

对此数据进行数据拟合，绘制出拟合曲线如图 25 所示。

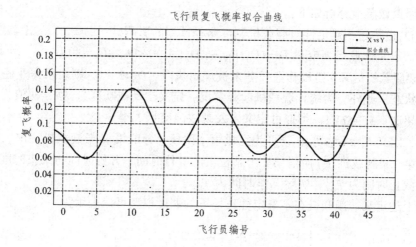

图 23　舰载机飞行员复飞数据拟合图

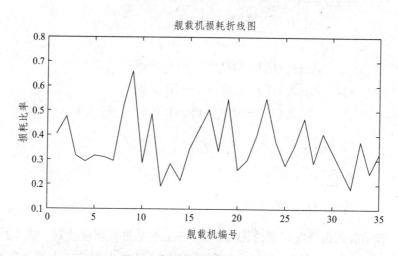

图 24　舰载机损耗比率折线图

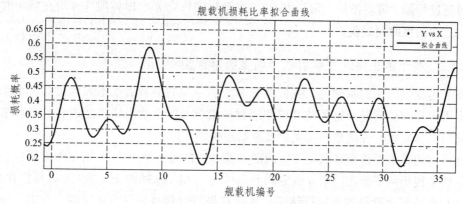

图 25　舰载机损耗比率拟合图

由此，可以建立舰载机两类不确定性因素[1]（复飞、故障发生）的敏感性分析。两类不确定性因素敏感性分析如下：

引入 D_{ij} 值描述不确定性对舰载机调度路径计划的影响。

首先，定义作业规划变量 $D = \{D_{i1}, D_{i2}, \cdots, D_{in}\}$，$\forall j < n$，$D_{ij} = \{0, 1, \cdots, k \mid k > 1\}$，$D_{ij} = 0$ 表示第 i 架舰载机的第 j 阶段作业任务未被规划执行。$D_{ij} = 1 \sim k$，则表示作业任务被执行规划的多状态。此外，为统计舰载机起降情况，定义出动成功变量 SF，初值为 0，每成功出动一架次，$SF = SF + 1$。类似可定义未发现故障变量 LF。

其次，定义 $F_{ij} = \{F_{i1}, F_{i2}, \cdots, F_{in}\}$ 为完成第 j 阶段任务的第 n 架舰载机，W_{ijk}、S_{ijk}、E_{ijk} 分别表示第 i 架舰载机在 j 阶段第 k 个站位上的等待时间、开始时间与结束时间。最后，定义调度截止时间为 T_{end}，实际工作时间为 T_{real}。

按照上述定义，舰载机在不确定性环境下的调度模型可以表示为

$$\max G = \begin{cases} G_1 = Sg = SF / T_{real} \\ G_2 = Lg = LF / T_{real} \\ G_4 = \sum_{i=1}^{n} \sum_{j=1}^{m} \sum_{k=1}^{l} 1 / W_{ijk} \end{cases} \tag{1}$$

$$\text{s.t.} \quad R_C : \begin{cases} R_C(D_{ij}) = \wedge(D_{ij} = 0) \vee (F_{ij} \neq \varphi) \\ R_C(D_{ij}) = \wedge(D_{ij} = 0) \vee (B_{ij} \neq \varphi) \\ R_C(D_{ij}) = \wedge(D_{ij} = 0) \vee (T_{ij} \neq \varphi) \end{cases} \tag{2}$$

$$R_B : \quad R_B(A_i) = \wedge(E_{ijk} < S_{i(j+1)}) \tag{3}$$

$$R_M : \sum M_q < M_{max} \tag{4}$$

$$R_T : 0 < (E_{ijk} - S_{ijk}) < T_{real} \tag{5}$$

式（1）表示舰载机调度问题的优化目标，$\max G$ 为最优调度计划；式（2）表示任务未被执行；式（3）表示时间上的任务分配；式（4）表示调度站位上限，各站位调配计划不得超过保障、等待站位上限；式（5）表示时间约束 R_T，即各项任务均在规定时间内完成，且总调度时间最优。

5.4.2 基于多主体的舰载机动态调度仿真模型

在上述变量定义的基础上，我们结合基于多主体的舰载机动态调度仿真模型来解决不确定因素存在的问题。这种仿真模型通过一组分布式自治主体之间的有效协调来求解复杂问题，具有实时性高且不需要频繁重新建模的优点。

此模型的基本思路是将问题二、问题三模型中的可控变量作为 Model 的属性，同时将问题四中提出的不确定因素导致的限制条件写入 Model 间的交互规则，以便优化结果，通过仿真来分析调度过程的运行结果，从而获得符合题目条件的最佳调度方案。按照这

一思路，我们提出了基于多主体的舰载机动态调度模型。

模型包括系统协调 Model、作业管理 Model、作业 Model、舰载机 Model 等多个部分。其中，系统协调 Model 是整个系统的核心，负责将一个大任务解析为一组具体任务，并与作业管理 Model 共同组成控制层。作业管理 Model 负责具体作业环节（如保障作业等）的控制。作业 Model 与舰载机 Model 处于执行层，负责保障、维修、放飞等过程的实施。

该模型的交互模式包含控制协商及自动协商的两种协商模式。控制协商主要负责任务出现变动时的调整；自动协商主要负责调度中的扰动或作业时的扰动出现时对调度计划的细微调整。考虑到舰载机调度过程中导致扰动的各种因素，模型的求解可以依靠扩展合同（CNP）机制实现。

下面以包含扰动（复飞及保障中发现故障）的飞行周期为例说明基于 CNP 的 Model 协商过程。

（1）舰载机 Model 发布初始任务 R_i。

$R_i = (a_i \mid R_r / R_m / R_s)$，其中 a_i 表示作业 Model 回应的截止期限；R_r、R_m、R_s 表示完成该任务所需要满足的约束条件。

（2）作业 Model 执行任务，给出反馈。

作业 Model 首先评估执行过程是否能够满足约束条件。如果能，则执行任务；如果作业 Model 不能满足 R_r、R_m、R_s 的约束，则放弃执行任务并反馈。

（3）舰载机 Model 评估反馈。

舰载机 Model 评估所有反馈，对反馈不能执行任务的作业 Model 进行调整，并针对不确定因素调整作业任务。

（4）作业 Model 重新进行执行过程的评估。

如满足以上约束条件，执行任务，并在结束后将所需资源消耗反馈给舰载机 Model；否则，重新循环操作。

5.4.3 调度过程的混合优化算法

调度过程中没有出现重调度时（故障扰动或新任务到达），可视为优化求解静态资源分配问题。因此，我们在 CPN（本身亦具备寻优能力）的基础上，通过遗传算法（GA）求解静态环节的混合优化算法，使得模型的整体求解能力提高。

当调度过程中未发生两类不确定性因素（复飞、故障发生），可视为静态调度规划模型进行优化求解。

当发生故障时，动态调度规划模型算法的 MATLAB 程序代码如下：

```
function [ distance path] = Dijk( W,st,e )
n=length(W);
D = W(st,:);
visit= ones(1:n); visit(st)=0;
parent = zeros(1,n);
```

```
path =[];
for i=1:m
    temp = [];
    for j=1:n
            for k=1:l
            if visit(j)
                temp =[temp D(j)];
            else
                temp =[temp inf];
            end
        end
    end
    [value,index] = min(temp);
    visit(index) = 0;
    update A(a);
    for k=1:n
        if D(k)>D(index)+W(index,k)
            D(k) = D(index)+W(index,k);
            parent(k) = index;
        end
    end
end
distance = D(e);
t = e;
while t~=st && t>0
  path =[t,path];
   p=parent(t);t=p;
end
path =[st,path];
end
```

下面将问题二和问题三中的条件代入混合优化算法，得出针对各种故障情况出现的最优调度方案。

5.4.4 问题二和问题三优化调度方案

问题二调度优化方案如图 26 所示。

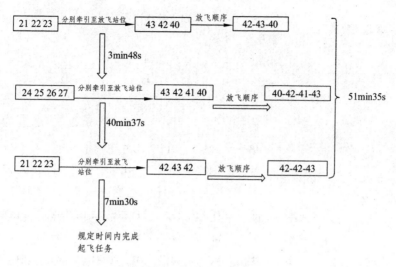

图 26　优化调度流程图

问题 3 调度优化方案如图 27、图 28 所示。

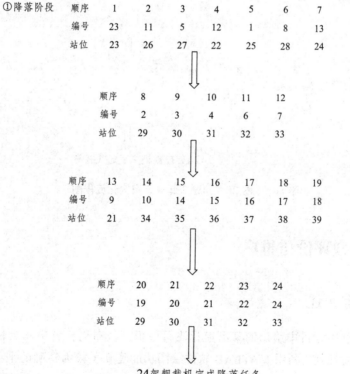

图 27　问题 3 降落方案优化流程图

②起飞阶段

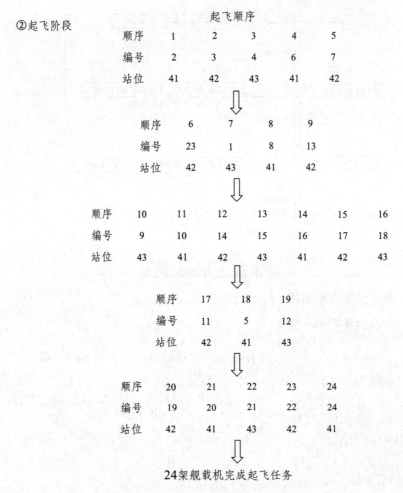

起飞顺序

顺序	1	2	3	4	5
编号	2	3	4	6	7
站位	41	42	43	41	42

顺序	6	7	8	9
编号	23	1	8	13
站位	42	43	41	42

顺序	10	11	12	13	14	15	16
编号	9	10	14	15	16	17	18
站位	43	41	42	43	41	42	43

顺序	17	18	19
编号	11	5	12
站位	42	41	43

顺序	20	21	22	23	24
编号	19	20	21	22	24
站位	42	41	43	42	41

24架舰载机完成起飞任务

图 28   问题 3 起飞方案优化流程图

6   模型评价与推广

6.1   综   述

本文为解决题目中给出的某型航母飞行甲板站位布局，解决满足特定作战任务的舰载机合理调度规划，利用 MATLAB 软件绘图功能建立了较为精确的平面参考系，利用舰载机行为变量建立了微分动力学模型，并结合 Dijkstra 算法，建立了实时路径规划数学模型。在问题四中，引入不确定事件的敏感性分析，优化路径规划数学模型。以上模型都能够得出相应问题的解决方案，但也存在优点和不足。

6.2 模型的优点

（1）本文模型建立的创新点是将舰载机的行为变量利用甲板平面坐标系的坐标描述，建立了微分动力学模型，并结合 Dijkstra 算法，建立了实时路径规划数学模型。

（2）模型在条件不苛刻的情况下具有良好的适用性，并且可根据实际情况，对模型进行更改与优化，能够针对不同情况做出灵活应用。

（3）模型计算简单，容易接受并且可受众广泛。

（4）本文对问题论述翔实准确，有理有据，结果可靠，可操作性强。

6.3 模型的缺点

（1）模型在问题一中忽略了甲板牵引车的长度，与实际情况相比可能会产生误差。

（2）模型在问题二中忽略了舰载机在空中作业的时间问题，与实际工作情况相比会产生误差。

（3）模型在问题三中忽略了舰载机降落后的滑行时间，与实际工作情况相比会产生误差。

6.4 模型的推广

对于解决舰载机的调运布列问题，可以将今后的研究方向重点放在舰载机工作的不确定性对调度计划的影响方面。可将模型与计算机模拟和仿真技术相结合，编写舰载机的调运布列辅助决策软件，使今后此类问题的求解更加简便快捷。

参考文献

[1] 冯强，曾声奎，康锐. 不确定条件下舰载机动态调度仿真与优化方法[J]. 系统仿真学报，2011（23）：1497-1506.

[2] 李晓杰，谢君. 基于赋权 Voronoi 图的舰载机飞行甲板调运路径规划[J]. 舰船电子工程，2016（36）：42-47.

[3] 司维超，齐玉东，韩维. 基于融合 Dijkstra 的凸壳算法的舰载机机库调运规划[J]. 系统工程与电子技术，2015（37）：583-588.

[4] 张智，林圣琳，夏桂华，等. 舰载机甲板调运过程避碰路径规划研究[J]. 哈尔滨工程大学学报，2014（35）：9-15.

基于状态参数模型仿真模拟水面舰艇
防御鱼雷问题[①]

【摘　要】随着鱼雷智能化方向的发展，水面舰艇面临着严重的水下威胁，如何有效地防御鱼雷攻击，对水面舰艇水下自防御系机动方案进行设计与优选，成为各国海军水下防务的重点。本论文基于状态参数模型，针对鱼雷攻击水面舰艇最佳参数模型的建立、水面舰艇机动防御逃避鱼雷攻击等问题进行仿真模拟计算分析。首先，以舰艇鱼雷报警时位置为原点利用平面解析几何正余弦定理和弧长公式、距离公式建立舰艇—鱼雷状态参数模型，利用 Autodesk Computer Aided Design（CAD）软件和 GeoGebra 软件绘制平面几何图，辅以考虑舰艇辐射噪声（STL）和舰艇反射强度（TS）对鱼雷自导作用距离的估计误差，建立鱼雷捕获、命中舰艇参数判断模型，并带入数据，基于 Haken 协同神经网络算法的迭代计算，给出最优方案结果。其次，转而以鱼雷发现目标点并进入锁定攻击时刻建立鱼雷—舰艇状态参数模型，求解声自导鱼雷攻击最佳攻击提前角。在不考虑舰艇防御机动措施的情况下，通过采用模拟退火法最优化模型计算法，运用 Lingo 软件计算之后，认为声自导鱼雷扇面前段中心弹道点与目标构成相遇三角形时计算所得提前角为最佳攻击提前角，用编程软件 VB 制作了最优提前角的计算软件模型，并且考虑到实际情况，利用极限思维模型对最优提前角模型进行优化，进一步得到了能量消耗最小时鱼雷的最优提前角。再次，考虑到舰艇鱼雷报警后可能采取的规避机动策略（转向、加速、转向的同时加速），分别采用解析法模型中的 K 系数分段法和型心法对比优劣分析得出最优提前角的选择模型方案。最后，采用蒙特卡洛模型统计试验的方法，利用软件 MATLAB、插件 Simulink 以及办公软件 Excel 进行仿真模拟计算，结合舰艇和鱼雷的速度、位置等物理关系以及舰艇的三种防御机动措施等影响因素，定量定性综合分析影响舰艇规避鱼雷的因素，利用模拟法得出各因素对舰艇规避鱼雷概率的影响，从反向建立鱼雷可攻性判断模型。

【关键词】水面舰艇；声自导鱼雷；机动防御；发现概率；状态参数模型；Simulink 仿真模拟；K 系数分段法；型心法；基于 Haken 协同神经网络算法；蒙特卡洛模型；模拟退火法模型

---

① 本文为2018年全国大学生军事数学建模一等奖论文，作者中国人民武装警察部队学院边防系二队：孙毅（辽宁出入境边防检查总站）；孙嘉亮（浙江出入境边防检查总站）；梁建龙（辽宁出入境边防检查总站）。指导教师 杨建华。

1 问题的提出与分析

未来海战中,水面舰艇面临的来自水下主要威胁是鱼雷攻击。水面舰艇面临着严重的水下威胁,如何有效地利用现有武器防御鱼雷攻击,对水面舰艇水下自防御系统作战配置方案进行设计与优选,成为各国海军水下防务的重点。鉴于此,世界各国纷纷投入巨资开展水面舰艇防御鱼雷的装备和方法研究,包括研制对抗鱼雷的各种高性能软硬武器。但无论武器装备如何发展,水面舰艇对抗鱼雷的过程中一般都是舰艇机动和对鱼雷的拦截(或干扰、诱骗等)两种措施配合实施。所以,舰艇的机动方案优化计算在鱼雷防御方案计算中至关重要。

本文以鱼雷—舰艇平面解析几何图为基础,基于状态参数模型,结合舰艇和鱼雷的速度、位置等物理关系以及舰艇的三种防御机动措施等影响因素,定量定性建立最优提前角模型并综合分析影响舰艇规避鱼雷的因素。

本论述中用到的模型和计算方法有:状态参数模型、Simulink 仿真模拟、解析法模型中的 K 系数分段法和型心法、蒙特卡洛模型、基于 Haken 协同神经网络算法;模拟退火法、极限思维模型。

(1)根据题中表格所提供的数据,提取有关数据,进行整理、整合、分析。统一度量单位详见图 1。

(2)根据不同的问题选取不同的原点建立不同的坐标系,根据参数方程的知识及平面解析几何公式,得到鱼雷、舰艇的状态参数方程模型。

(3)根据所得到的不同方程,针对不同的问题,采用不同的数字模型,分别完成舰艇防御机动方案优化、鱼雷攻击提前角优化以及鱼雷可攻性概率判断。

(4)根据所建立的数学模型,综合分析得出舰艇机动防御规避鱼雷的有效措施,有效地应用于未来实际海战之中。

2 相关数据的提取、整合及分析

不同航速下舰艇转向半径				
航速(单位:节)	12	18	26	30
航速(单位:米/小时)	22 230	33 345	48 165	55 575
转向半径(米)	300	500	1 200	1 400
舰船加速时间和冲距				
起始速度(单位:节)	1	1	6	
起始速度(单位:米/小时)	1 852.5	1 852.5	11 115	
终止速度(单位:节)	6	10	10	
终止速度(单位:米/小时)	11 115	18 525	18 525	
变速时间(分、秒)	3分50秒	5分50秒	4分20秒	
冲距(单位:米)	780	1 280	1 580	

舰船和鱼雷探测性能数据							
舰艇速度（单位：节）	舰艇速度（单位：米/小时）	鱼雷速度（单位：节）	鱼雷速度（单位：米/小时）	舰艇对鱼雷探测距离（单位：链）	舰艇对鱼雷探测距离（单位：米）	鱼雷对舰艇探测距离（单位：链）	鱼雷对舰艇探测距离（单位：米）
8	14 820	35	6 4837.5	30	5 557.5	8	14 820
8	14 820	45	8 3362.5	40	7 410	5	9 262.5
12	22 230	35	6 4837.5	30	5 557.5	10	18 525
12	22 230	45	8 3362.5	40	7 410	7	12 967.5
16	29 640	35	6 4837.5	30	5 557.5	12	22 230
16	29 640	45	8 3362.5	40	7 410	10	18 525
22	40 755	35	6 4837.5	30	5 557.5	15	27 787.5
22	40 755	45	8 3362.5	40	7 410	11	20 377.5
水面舰艇防御鱼雷问题参数							
水面舰艇速度（单位：节）	水面舰艇速度（单位：米/小时）	鱼雷速度（单位：节）	鱼雷速度（单位：米/小时）	鱼雷搜索扇面角	鱼雷可用航程（单位：海里）	鱼雷可用航程（单位：米）	
22	40 755	35	64 837.5	60°	6	1 111.5	
鱼雷发射平台解算目标运动要素误差分析							
目标距离误差均方差（单位：海里）	目标距离误差均方差（单位：米）	目标舷角误差均方差	目标速度误差均方差（单位：节）	目标速度误差均方差（单位：米/小时）			
1	1 852.5	5°	2	3 705			

图 1　统一数据度量单位

3　问题一模型的建立与分析

3.1　问题重述

问题一：假定鱼雷按照正常提前角攻击，考虑实战中对鱼雷自导作用距离的估计存在误差以及鱼雷后续可能进行的机动搜索，只考虑转向机动，设计合理的舰艇防御机动方案优化指标，建立舰艇机动方案优化模型，针对所给数据，给出最优方案结果。

3.2　平面解析几何分析

根据问题一假设，我们规定问题一中，提前角 Φ、舷角 θ 以及舰艇到鱼雷的距离 D，舰艇速度 V_m、鱼雷速度 V_t 均为已知量并用相应的字母表示。

根据内角和定理分析 $\angle MNW=180°-\Phi-\theta$，结合正弦定理和余弦定理得以下结论：

$$MN=\frac{D\sin\Phi}{\sin(\theta+\Phi)}$$

$$AN=MN-V_m\cdot t$$

$$NW=\frac{D\sin\theta}{\sin(\theta+\Phi)}$$

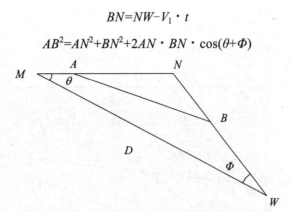

$$BN = NW - V_1 \cdot t$$

$$AB^2 = AN^2 + BN^2 + 2AN \cdot BN \cdot \cos(\theta + \Phi)$$

图2 舰艇—鱼雷简易平面几何图

分析可知，当 $AB=D$ 舰艇探测距离时，舰艇开始采取机动措施，问题一限定机动措施为转向，即舰艇开始匀速圆周运动，此时从开始解算出舰艇运动要素计算鱼雷攻击参数并发射鱼雷到舰艇开始采取机动措施经历时间为 t，由于题中规定鱼雷可用航程是指鱼雷可用于搜索目标的航程，其值等于鱼雷总航程减去鱼雷已消耗航程和鱼雷追击目标所需的航程。所以，以下状态参数方程模型的建立分析时段是从 t 时刻开始，即从舰艇开始采取机动措施开始。

3.3 鱼雷状态参数模型

鱼雷状态参数方程主要包括鱼雷的位置参数方程、运动参数方程。其中位置参数方程又包括航程参数方程、航向参数方程。

以舰艇鱼雷报警时位置为原点利用平面解析几何正余弦定理（the law of sines and cosines）和弧长公式（arc length formula）、距离公式建立舰艇—鱼雷状态参数模型（state-parameter model），利用 autodesk computer aided design（CAD）软件和 GeoGebra 软件绘制平面几何图如图3所示。

3.3.1 鱼雷初始状态参数

舰艇开始采取机动措施时，鱼雷初始位置坐标为

$$\begin{cases} X = D_0 \cdot \sin(C_0 + \theta) \\ Y = D_0 \cdot \cos(C_0 + \theta) \end{cases}$$

式中：D_0 为舰艇开始采取机动措施时舰艇到鱼雷的距离预估；C_0 为初始航向；θ 为舷角。

鱼雷航向由下式确定：

$$C_1 = C_w + Q_t + 180°$$

式中：Q_t 为潜射鱼雷目标舷角；V_1 为潜射鱼雷航行速度；C_w 为舰艇航向；V_w 为舰艇速度；鱼雷在左舷取"−"号，鱼雷在右舷取"+"号。

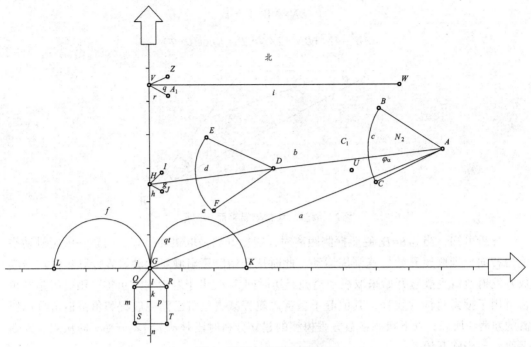

图 3 舰艇—鱼雷报警情况

3.3.2 鱼雷报警后鱼雷状态参数

$$\begin{cases} x_t = x_{t_0} + \int_{t_0}^{t} V_{tc} \\ y_t = y_{t_0} + \int_{t_0}^{t} V_{tc} \end{cases}$$

$$\begin{cases} C_t = \begin{cases} C_0 \text{鱼雷跟踪前或预定命中点前} \\ C_{ts} \text{鱼雷跟踪舰艇后} \end{cases} \\ V_t = V_{tc} \end{cases}$$

其中，C_{ts} 分 6 种情况讨论如下：

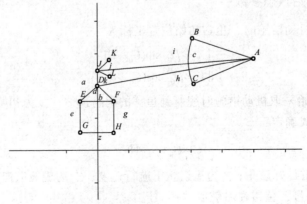

图 4 C_{ts} 分情况讨论（情况 1：$X_s - X_t \geqslant 0$；$Y_s - Y_t > 0$）

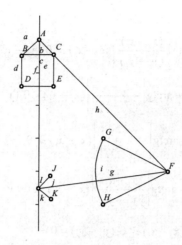

图 5 C_{ts} 分情况讨论（情况 2：$X_s-X_t<0$；$Y_s-Y_t>0$）

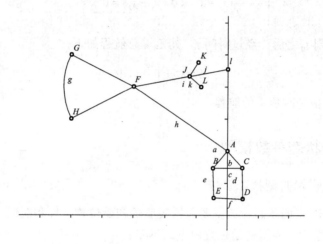

图 6 C_{ts} 分情况讨论（情况 3：$X_s-X_t\geq0$；$Y_s-Y_t<0$）

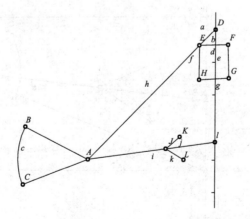

图 7 C_{ts} 分情况讨论（情况 4：$X_s-X_t\leq0$；$Y_s-Y_t<0$）

综上，C_{ts} 分段公式如下：

$$C_{ts}=\begin{cases}\operatorname{arctg}\left[\dfrac{(x_s-x_t)}{(y_s-y_t)}\right](x_s-x_t)\geqslant 0,(y_s-y_t)>0\\[2mm]2\pi-\operatorname{arctg}\left[\dfrac{|x_s-x_t|}{(y_s-y_t)}\right](x_s-x_t)<0,(y_s-y_t)>0\\[2mm]\pi-\operatorname{arctg}\left[\dfrac{(x_s-x_t)}{|y_s-y_t|}\right](x_s-x_t)\geqslant 0,(y_s-y_t)<0\end{cases}$$

$$C_{ts}=\begin{cases}\pi+\operatorname{arctg}\left[\dfrac{|x_s-x_t|}{|y_s-y_t|}\right](x_s-x_t)\leqslant 0,(y_s-y_t)<0\\[2mm]\dfrac{\pi}{2}(x_s-x_t)\geqslant 0,(y_s-y_t)=0\\[2mm]\dfrac{3\pi}{2}\cdot\dfrac{\pi}{2}(x_s-x_t)<0,(y_s-y_t)=0\end{cases}$$

鱼雷报警时刻 t_0 之后，经过时间 t，其鱼雷总航程如下：

$$S_t=S_{r0}+\int_{t_0}^{t_0+t}V_t\,\mathrm{d}t$$

式中：S_{r0} 为鱼雷报警时鱼雷的航程。

3.4 舰艇状态参数模型

3.4.1 舰艇初始时刻状态参数

舰艇初始时刻 t_0 的状态参数主要包括舰艇的初始位置坐标和航向、航速参数，建立上述图 8 的坐标系后，舰艇初始位置由下式确定：

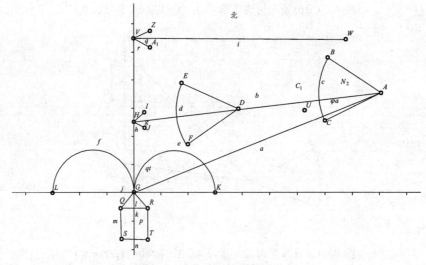

图 8　舰艇—鱼雷报警情况

$$\begin{cases} x_{s0} = 0 \\ y_{s0} = 0 \end{cases}$$

舰艇在鱼雷报警时，以一定航速、航向前进，其初始航向、航速为

$$\begin{cases} C_{s0} = 0 \\ V_{s0} = V_{sc} \end{cases}$$

3.4.2 鱼雷报警后舰艇状态参数和航程的确定

舰艇初始时刻（鱼雷报警时刻）t_0 之后，经过 dt 时间段之后，其状态参数如下的方程所示：

$$\begin{cases} x_s = x_{s0} + bs\sin(C_0) \\ y_s = y_{s0} + bs\cos(C_0) \end{cases}$$

$$\begin{cases} C_s = C_s \pm U_s \\ V_s = V_{sc} + V_a\, \mathrm{d}t \end{cases}$$

$$U_s = \begin{cases} 0, & \text{舰艇直航时} \\ \dfrac{V_s}{R_s}\,\mathrm{d}t, & \text{舰艇规避时} \end{cases}$$

$$B_s = \begin{cases} V_{sc}\,\mathrm{d}t, & \text{舰艇直航时} \\ 2R_s\sin\left(\dfrac{U_s}{2}\right), & \text{舰艇规避时} \end{cases}$$

式中：V_s，R_s，V_a 分别为舰艇速度、规避旋回半径和舰艇速度的加速度；U_s 为航向；B_s 为航程。

舰艇初时刻 t_0 之后，经过时间 t，其航程 S 为

$$S_s = \int_{t_0}^{t} V_{tc}\,\mathrm{d}t\sin(C_t)$$

3.5 舰艇辐射噪声（STL）和舰艇反射强度（TS）对鱼雷自导作用距离的估计误差

舰艇在机动时，如果舰艇加速，则增加了舰艇的辐射噪声（STL）；如果舰艇转向，则改变了舰艇反射强度（TS），因此，根据鱼雷主、被动声纳方程，舰艇速度和转向角的选择直接决定了鱼雷对舰艇的捕获概率。水面舰船的辐射噪声（STL）公式为

$$STL = 60\lg V_s + 9\lg T - 20\lg f + 35.8\ (\mathrm{dB})$$

式中：V_s 为舰艇速度；T 为舰艇排水量；f 为舰艇噪声频率。

鱼雷噪声隐蔽下的主动声自导声纳方程：

$$\begin{cases} TL = 20\lg R + UR \times 10^{-3} \\ DT = SL + DI + TS - 2TL - NL \end{cases}$$

$$\begin{cases} TL = 20\lg R + UR \times 10^{-3} \\ DT = SL + DI + TS - 2TL - NL \end{cases}$$

鱼雷被动声自导声呐方程：

$$\begin{cases} TL = 20\lg R + UR \times 10^{-3} \\ DT = STL + DI - TL - NL \end{cases}$$

舰艇辐射噪声（STL）和舰艇反射强度（TS）模拟示意图如图 9 所示。

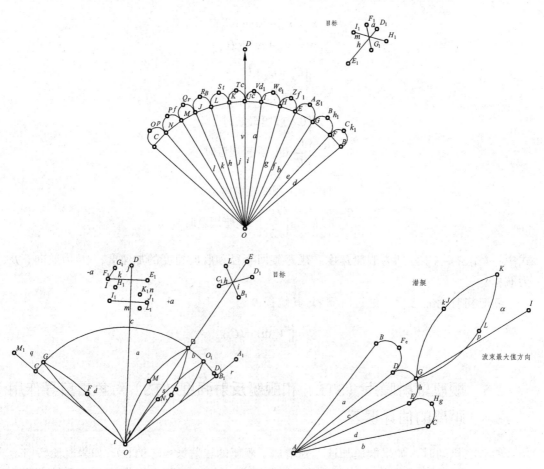

图 9　舰艇辐射噪声（STL）和舰艇反射强度（TS）模拟示意图

对于攻击目标来说，舰艇作为被攻击方，对抗声自导鱼雷的一个行之有效的方法是尽量减少有效反射面积，对于最佳的规避转向角度问题，将在后续的模型中根据具体情况具体分析。

3.6 建立鱼雷捕获、命中舰艇参数判断模型

鱼雷被动检测到目标后，鱼雷进入追踪跟踪阶段，当未检测到目标时，鱼雷自动转入主动工作方式，根据以上计算后，若满足以下条件，则认为鱼雷捕获舰艇：

$$\begin{cases} DT \geqslant DT_0 \\ Q_s \leqslant \lambda/2 \end{cases}$$

式中：DT_0 为鱼雷换能器检测阈；Q_s 为舰艇相对鱼雷的舷角；λ 为鱼雷搜索扇面角。若满足舰艇与鱼雷距离 d_{st} 小于 30 m 时，则认为鱼雷命中舰艇。若鱼雷在预定命中点附近未捕捉到舰艇，则进行环行再搜索，预计鱼雷与舰艇相遇航程（Sh）和时间（th）为

$$\begin{cases} Sh = \dfrac{D_a \sin qt}{\sin(qt + ha)} \\ th = \dfrac{Sh}{v_t} \end{cases}$$

如捕捉到舰艇并能追上舰艇，则命中舰艇；否则直至鱼雷航程耗尽，未命中舰艇，则认为舰艇规避成功。

鱼雷在报警后的剩余航程由经验公式求出：

$$S_r = S_t/3 + 1.2D_a$$

式中：S_r 为鱼雷在报警后的剩余航程；S_t 为鱼雷总航程。鱼雷在报警后的剩余航程的航行时间（tr）为

$$tr = \frac{S_r}{V_t}$$

3.7 基于 Haken 协同神经网络算法的迭代计算

3.7.1 Haken 协同神经网络算法概念

在哈肯协同网络（HCN）中，只要待识别模式 A 和众多性 质相同的原型模式中的某个原型模式 B 综合后形成的序参量通过演化，趋向 1，就可以认为待识别模式 A 和原型模式 B 相符合，从而达到识别分类的目的。

设 q_i 为其中第 i 个原型模式，含有 m 个属性，记

$$q_i = (a_1, a_2, \cdots, a_m), \ i=1, 2, \cdots, n$$

其中：a_j 表示 q_i 的第 j 个属性；v 表示待识别模式，记

$$v = (b_1, b_2, \cdots, b_m)^{\mathrm{T}}$$

$$q = (q_1, q_2, \cdots, q_n)^{\mathrm{T}}$$

式中：q 为 $n \times m$ 矩阵；$\xi_i(T)$ 表示序参量；T 表示迭代次数。

根据基本协同网络模型，可以确定 HCNM 算法如下：

（1）如果 q_i 不是一维向量（如二维图像像素等），则将 q_i 化为一维向量方式，其维数为 m。

（2）求 q_i 的均值，并将其零均值化，记

$$a_j = a_j - \frac{1}{m}\sum_{k=1}^{m} a_k, \quad j = 1, 2, \cdots, m$$

$$q_i = \frac{q_i}{\|q_i\|_2}, \quad i = 1, 2, \cdots, n$$

（3）将 $\boldsymbol{q} = (q_1, q_2, \cdots, q_n)^T$ 进行施密特正交化处理，记新 T 的原型模式向量为 $\boldsymbol{r}$，$\boldsymbol{r} = (r_1, r_2, \cdots, r_n)$，$\boldsymbol{r}$ 为 $n \times m$ 矩阵，则

$$r_1 = q_1,$$

$$r_2 = q_2 - (q_2, r_1)r_1 / (r_1, r_1),$$

$$r_3 = q_3 - (q_3, r_1)r_1 / (r_1, r_1) - (q_3, r_2)r_2 / (r_2, r_2),$$

$$\cdots\cdots\cdots\cdots$$

$$r_n = q_n - (q_n, r_1)r_1 / (r_1, r_1) - \cdots - (q_n, r_{n-1})r_{n-1} / (r_{n-1}, r_{n-1})$$

（4）求 $\boldsymbol{q}^+$，即 $\boldsymbol{r}$ 的伴随矩阵满足以下条件：$\boldsymbol{q}^+ \boldsymbol{r} \boldsymbol{q}^+ = \boldsymbol{q}^+$；$\boldsymbol{q}^+ \boldsymbol{r} = \boldsymbol{I}$，其中 $\boldsymbol{q}^+$ 为 $m \times n$ 矩阵，$\boldsymbol{I}$ 为 $m \times m$ 单位阵。

（5）待识别模式 $v = (b_1, b_2, \cdots, b_m)^T$ 进行归一化和零均值化处理：

$$b_i = b_i - \frac{1}{m}\sum_{k=1}^{m} b_k, i = 1, 2, \cdots, m$$

$$v = \frac{v}{v_2}$$

（6）计算初始序参量向量 $\xi_i(0) = (\boldsymbol{q}^{+T} v)$，$\xi_i(0)$ 为列向量。

（7）设置初始值，令 $B = 1$，$C = 1$，$\gamma = 1/D$，其中

$$D = (B + C)\sum_{j=1}^{m} \xi_j^2$$

（8）令 $n = 0$，根据离散公式迭代：

$$\xi_k(n+1) - \xi_k(n) = \gamma(C - D + B\xi_k^2(n))\xi_k(n), \quad K = 1, \cdots, m$$

如果 $\xi_i(n)$ 趋向 1，停止迭代，输出第 i 个原型模式为胜出模式，否则令 $n = n+1$，转到第（8）步。

3.7.2 针对所给数据，迭代得出优化模型

假设鱼雷速度 35 节（64 837.5 米/时），鱼雷对舰艇探测距离 15 链（27 787.5 米），水面舰艇速度 22 节（40 755 米/时），搜索扇面角为 60°，舰艇对鱼雷探测距离为 30 链（5 557.5

米），得到原型向量为

$$\rho=（15，30，145） \quad 背雷减速$$

依据其态势，类推可以得到：

$$\rho=（10，40，145） \quad 背雷加速$$
$$\rho=（20，30，45） \quad 向雷减速$$
$$\rho=（25，40，45） \quad 向雷加速$$

对原型模式直接进行归一化、零均值和正交化处理，再进行迭代计算，得到序参量的演化过程。开始迭代计算后，寻求胜出序参量，对应的原型模式为胜出模式，即此时水面舰艇防御策略应采用"背雷减速"态势。

4 问题二模型的建立与分析

4.1 问题重述

问题二：考虑到鱼雷攻击发起方进行鱼雷攻击提前角计算时，使用的目标运动要素值存在误差，在不考虑舰艇防御措施的情况下，建立声自导鱼雷攻击最佳攻击提前角的计算模型，并对计算结果进行分析，针对图 4 和图 5 所给出的数据，给出计算结果，并对结果进行分析。

4.2 模拟仿真退火模型快速逼近模型参数

1953 年，Metropolis 等首先提出了模拟退火的思想。1983 年，Kirkpatric 等将 SA 引入组合优化领域，由于模拟退火法能有效解决 NP 难的问题，避免陷入局部最优，对初始值没有强依赖关系等，已经在很多领域得到了广泛的应用。现代的模拟退火算法形成于 20 世纪 80 年代初，其思想源于固体退火过程，将固体加热至足够高的温度，再缓慢冷却；升温时，固体内部粒子随着温度的升高变为无序状，内能增大，而缓慢冷却时粒子又缓慢趋于有序，从理论上讲，如果冷却的过程足够缓慢，那么冷却中的任一温度时刻固体都能达到热平衡，而冷却到低温时将达到这一低温下内能的最小状态。

算法基本步骤如下：

（1）设置一个初始温度 $T=T_0$，一个初始解并计算相应的目标函数值 $E(x_0)$。

（2）令 T 等于冷却进度表中的下一个值 T_i。

（3）根据当前解 x_i 进行扰动，产生一个新解 x_j，计算相应的目标函数值，得到 $\Delta E=E(x_j)-E(x_i)$。

（4）若 $\Delta E < 0$，则新解 x_i 被接受，作为新的当前解；若 $\Delta E > 0$，则新解 x_i 按概率 $\exp(-\Delta E)/T_i$ 被接受，T_i 为当前温度。

（5）在温度 T_i 下，重复 L_k，次的扰动和接受过程，即执行步骤（3）和（4）。

（6）判断 T 是否已经达到了 T_f，如果是，终止算法；如果否，则转到步骤（2）继续执行。

4.3　鱼雷—舰艇状态参数模型

由于声自导鱼雷中自导装置的存在，当潜艇按照直航鱼雷发射声自导鱼雷时，其发现舰艇概率并非最高，根据模拟仿真退火模型，运用 LINGO 软件计算得知，只有当鱼雷自导扇面的前端中点与目标构成相遇三角形的时候，声自导鱼雷捕获目标概率最高，对应的 φ 就为最有利的提前角，因此潜射声自导鱼雷通常按照有利提前角射击。不考虑鱼雷二次转角射击，以及旋回搜索的情况。

潜射声自导鱼雷射击示意图如图 10 所示，分析图 10 中 $\triangle WBC$，可以得到

$$\sin\varphi = (V_w / V_t)\sin(X_w - \beta)$$

由 $\triangle WTB$ 得

$$\sin\varphi = (D_t / TB)\sin\beta$$

其中，由自导扇面重心公式，得扇面重心到扇心的距离

$$TB = \frac{2\sin\lambda}{3\lambda} \cdot R_{zd}$$

式中：λ 为声自导鱼雷自导扇面半角。

将以上三个式子合并化简之后，我们可以得到以下式子：

$$\beta = \arctan\left[\sin X_w \cdot \left(\frac{3D_t \cdot V_t \cdot \lambda}{2\sin\lambda} + \cos X_w\right)^{-1}\right]$$

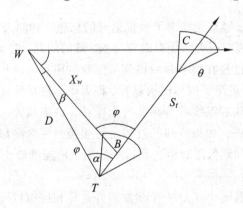

图 10　潜射声自导鱼雷射击示意图

则声自导鱼雷有利攻击提前角为

$$\varphi_\alpha = 0.8 \cdot (\varphi - \beta) = 0.8 \cdot \left\{\arcsin\left(\frac{3\lambda \cdot D_t \cdot \sin\beta}{2r \cdot \sin\lambda}\right) - \arctan\left[\sin X_w \cdot \left(\frac{3D_t \cdot V_t \cdot \lambda}{2r \cdot \sin\lambda} + \cos X_w\right)\right]^{-1}\right\}$$

考虑误差影响：式中 $D=\pm1$（单位：海里），$X_w=\pm5°$，$V_w=\pm2$（单位：节），根据误差

范围可以取得提前角的范围，则最优提前角属于所求提前角的范围之内。

4.4 鱼雷攻击舰艇最佳提前角 VB 计算程序

（1）仿真参数设定（表1）。

表 1　仿真参数设定

	理论值	误差值(偏小 "−")	误差值(偏大 "+")
舷角 X_w	60°	55°	65°
距离 D_t	60°	59	61
鱼雷速度 V	35	33	37
扇面角	60°	60°	60°

（2）利用 Microsoft Visual Basic（VB）计算程序计算最佳提前角（图 11）。

（3）输入数据得到仿真结果，计算得到最佳提前角（图 12、图 13）。

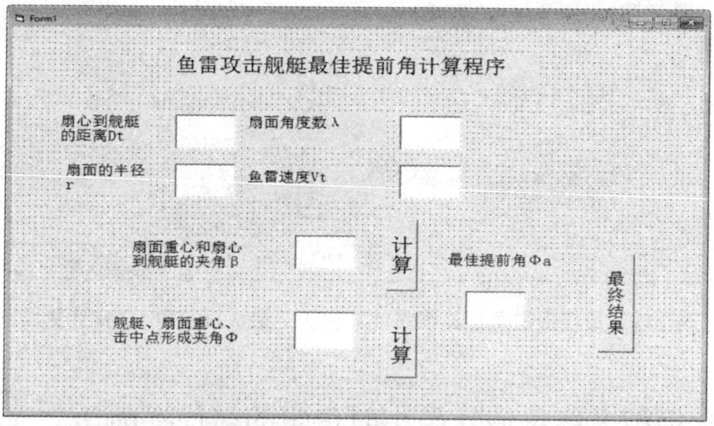

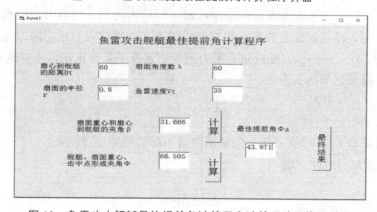

图 11　鱼雷攻击舰艇最佳提前角计算程序界面

图 12　鱼雷攻击舰艇最佳提前角计算程序计算理论最优提前角

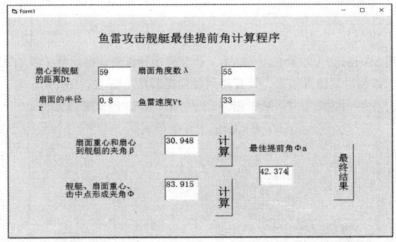

图 13　鱼雷攻击舰艇最佳提前角计算程序计算误差下最优提前角（VB 计算程序代码略）

4.5　优化模型—能量消耗最小时鱼雷的最优提前角

鱼雷能量消耗可表示为鱼雷瞬时功率在攻击时间内的积分或推力对航程的积分。采用最简单的模型，设鱼雷推力的大小和方向始终不变，且推力与鱼雷阻力相等，鱼雷稳速航行。设 $WC=L_1$，$TC=L_2$，此时鱼雷阻力与鱼雷速度平方成正比，鱼雷航速 V_2、航程 L_2 和消耗的能量 E 之间的关系为

$$E = kL_2V_2^2$$

由此，能量消耗与 L_2，V_2^2 成正比，能量消耗最小即需使 $L_2V_2^2$ 最小。

设 t 为鱼雷航行时间，则

$$L_2V_2^2 = L_2^3 / t^2$$

根据三角形公式得

$$\frac{D}{\sin(180°-x_w)}=\frac{L_1}{\sin\varphi}=\frac{L_2}{\sin(180°-x_w)}$$

$$L_2=\frac{D\sin x_w}{\sin(180°-x_w)}$$

$$t=\frac{L_1}{V_1}=\frac{D\sin\varphi}{V_1\sin(180°-x_w)}$$

$$L_2 V_2^2=\frac{L_2^3}{t^2}=\frac{\dfrac{D\sin 3x_w}{\sin 3(180°-x_w)}}{\dfrac{D^2\sin 2\varphi}{V_1^2\sin 2(180°-x_w)}}=\frac{V_1^2 D\sin 3x_w}{\sin(180°-x_w)\sin 2\varphi}$$

上式即为优化对象，优化目标使其最小，在鱼雷目初始距离、目标速度、目标舷角确定的情况下，它是提前角 φ 的函数。利用极限思维模型，使优化目标最小等效于使上式分母最大，也就有：

$$\frac{\mathrm{d}[\sin(180°-x_w)\sin 2\varphi]}{\mathrm{d}\varphi}=0$$

即

$$\frac{\mathrm{d}(\sin x_w\sin 2\varphi\cos\varphi-\cos x_w\sin 3\varphi)}{\mathrm{d}\varphi}=0$$

求导后

$$2\sin x_w\sin\varphi\cos 2\varphi-\sin x_w\sin 3\varphi-3\cos x_w\sin 2\varphi\cos\varphi=0$$

变换后

$$\tan x_w\tan 2\varphi+3\tan\varphi-2\tan x_w=0$$

解 $\tan\varphi$ 的一元二次方程，因 $\tan\alpha$ 为正值，得

$$\tan\varphi=\frac{\sqrt{9\cot 2x_w+8}-3\cot x_w}{2}$$

最终进一步可以得到能量消耗最小时鱼雷最优提前角为

$$\varphi=\tan^{-1}\left(\frac{\sqrt{9\cot 2x_w+8}-3\cot x_w}{2}\right)$$

5 三模型的建立与分析

5.1 问题重述

问题三：考虑舰艇鱼雷报警后可能采取的规避机动策略（转向、加速、转向的同时

加速），建立相应的声自导鱼雷攻击提前角优化计算模型，并针对图 4 和图 5 给出的数据，给出最优方案结果。

5.2 建立鱼雷—舰艇参数模型

鱼雷对舰艇探测跟踪，于 T 时刻在有利射击阵位对处于点的舰艇使用声自导鱼雷进行单雷射击。此时目标距离 D_m，方位 B_m，目标舷角 Q_m，攻击提前角 φ。鱼雷出管后直航接近，自导开机后进入直航搜索弹道，发现舰艇经确认即转入跟踪。若鱼雷到达预期相遇点 N 时没有发现舰艇，则转入角速度 ω 的环形弹道搜索，发现重新转入跟踪，若不能发现，鱼雷以环形搜索弹道航行至航程耗尽。T 时刻 M 点的舰艇以航速 V_m 直航，当航行至 M 点时，如果航行至 P 点的鱼雷进入其声呐报警范围，则舰艇依据报警要素采取以下规避方式进行机动。

机动规避方式：① 保持原航向低速机动；② 加速转向后将鱼雷置于舰艇尾部一定舷角后高速机动；③ 先加速转向置鱼雷于舰艇尾部一定舷角航行，再继续转向以低速脱离。

以鱼雷出管位置 O 为坐标原点建立参数方程系（图 14），舰艇初始方位 B_m，舷角 Q_m。

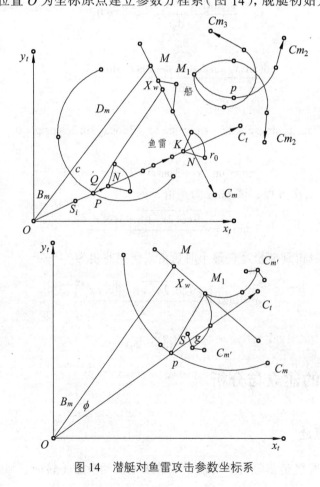

图 14 潜艇对鱼雷攻击参数坐标系

5.2.1 鱼雷直航搜索运动模型

任意 t 时刻鱼雷位置坐标：

$$\begin{cases} x_{t(t)} = x_{t(t-1)} + V_t \cdot \Delta t \cdot \sin C_t \\ y_{t(t)} = y_{t(t-1)} + V_t \cdot \Delta t \cdot \cos C_t \end{cases}$$

式中：$x_{t(t-1)}$、$y_{t(t-1)}$ 是上一时刻鱼雷位置坐标；V_t 是鱼雷航速；C_t 是鱼雷航向；Δt 是时间间隔（仿真步长）。

5.2.2 舰艇巡航运动模型

舰艇初始位置坐标：

$$\begin{cases} x_{m(0)} = D_m \cdot \sin B_m \\ y_{m(0)} = D_m \cdot \cos B_m \end{cases}$$

任意 t 时刻舰艇位置坐标：

$$\begin{cases} x_{m(t)} = x_{m(t-1)} + V_m \cdot \Delta t \cdot \sin C_m \\ y_{m(t)} = y_{m(t-1)} + V_m \cdot \Delta t \cdot \cos C_m \end{cases}$$

式中：$x_{t(t-1)}$、$y_{t(t-1)}$ 是上一时刻舰艇位置坐标；V_m 是舰艇航速；C_m 是舰艇航向；Δt 是时间间隔（仿真步长）。

5.2.3 鱼雷回旋搜索与舰艇旋回机动模型

以鱼雷开始旋回搜索时位置为坐标原点，其搜索主航向为 x 轴正方向建立坐标系（图 15），鱼雷向左或者向右环形搜索。

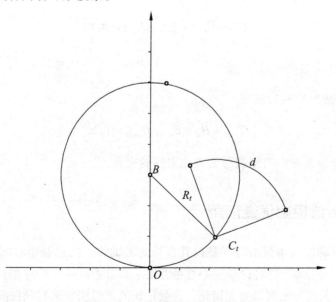

图 15　鱼雷旋回弹道示意图

则鱼雷旋回搜索时位置坐标：

$$C_t = C_{t-1} + \omega_t \cdot \Delta t$$

$$R_t = \left| \frac{V_t}{\omega_t} \right|$$

$$x_t = x_{t-1} + \omega_t \cdot R_t \cdot \Delta t \cdot \sin C_{t-1}$$

$$y_t = y_{t-1} + \omega_t \cdot R_t \cdot \Delta t \cdot \cos C_{t-1}$$

式中：C_t 是任意 t 时刻鱼雷航向；X_t、Y_t 是任意 t 时刻鱼雷位置坐标；ω 是鱼雷旋回角速度；R_t 是鱼雷旋回半径；V_t 是鱼雷航速；Δt 是时间间隔（仿真步长）。同理可求得舰艇旋回机动模型位置坐标。

5.2.4　鱼雷与舰艇的位置关系

任意 t 时刻鱼雷与舰艇的距离：

$$D_{tm} = \sqrt{(x_{t(t)} - x_{m(t)})^2 + (y_{t(t)} - y_{m(t)})^2}$$

任意 t 时刻鱼雷与舰艇的相对方位（以鱼雷为参考系）：

$$B_{tm} = \arctan\left(\frac{x_{m(t)} - x_{t(t)}}{y_{m(t)} - y_{t(t)}} \right), \quad B_{tm} \in [0, 2\pi]$$

任意 t 时刻舰艇相对于鱼雷的舷角：

$$Q_{tm} = B_{tm} - C_{t(t)}, \quad Q_{tm} \in [-\pi, \pi]$$

5.2.5　舰艇旋回后运动模型

任意 t 时刻舰艇旋回后航向：

$$C'_{m(t)} = B_{mt} \mp \theta_m, \quad C'_{m(t)} \in [0, 2\pi]$$

式中：θ_m 是舰艇规避航向与来袭鱼雷方位之间的夹角。

5.3　解析法模型优提前角

当鱼雷以有利提前角射击时，是以其自导扇面轴线上的遮盖中心与目标相遇，如果能先知道遮盖中心位置，即将遮盖中心系数 η 用一个常数或一个简单的函数来表示，则计算有利提前角 φ 的过程就可以大大简化，这就是研究近似法求解有利提前角的出发点。下面用两种方法对比优劣分析得出最优提前角的选择模型方案——K 系数分段法和型心法。

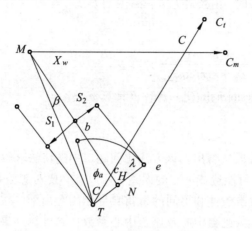

图16 K系数分段法计算有利提前角

5.3.1 K 系数分段法

当 $\varphi \leqslant \lambda$ 时，设相对移动线过自导扇面边缘点 be 连线与波束轴线的交点，则有

$$K(\eta)=\cos\lambda$$

当 $\varphi > \lambda$ 时，设相对移动线过自导扇面右边线的中点 N，则有

$$\frac{\sin(\varphi_\alpha+\beta)}{0.5r}=\frac{\sin(\varphi_\alpha+\beta+\lambda)}{K_r}$$

即

$$K=\frac{\sin(\lambda+\varphi)}{2\sin\varphi}$$

由相遇三角形 $\triangle BMC$ 可得

$$\varphi=\varphi_\alpha+\beta=\arcsin[m\sin(Q_m-\beta)]$$

$$\varphi_\alpha=\arcsin[m\sin(Q_m-\beta)]-\beta$$

在 $\triangle TMB$ 中，

$$\frac{\sin\beta}{K_r}=\frac{\sin(\varphi_\alpha+\beta)}{D_\delta}=\frac{m\sin(Q_m-\beta)}{D_\delta}$$

整理可得

$$\tan\beta=\frac{K_r m\sin Q_m}{D_\delta+K_r m\cos Q_m}$$

上述公式构成了 K 系数分段法求解有利提前角的模型。

其求解步骤：

（1）由布标诸元 D_δ、Q_m、V_m 计算正常提前角 φ。

379

（2）判别：当 $\varphi \leqslant \lambda$ 时，由公式 $K(\eta)=\cos\lambda$ 计算 K；当 $\varphi > \lambda$ 时，由公式 $K=\dfrac{\sin(\lambda+\varphi)}{2\sin\varphi}$ 计算 K。

（3）由公式 $\tan\beta=\dfrac{K_r m\sin Q_m}{D_\delta + K_r m\cos Q_m}$ 计算 β。

（4）由公式 $\varphi_\alpha=\arcsin[m\sin(Q_m-\beta)]-\beta$ 计算 φ_α。

5.3.2 型心法

从上面的 K 系数分段法看出，该方法比问题二中迭代法求解要方便得多，只是 K 系数的取值不一定合理，可能造成一定的误差，所以有必要对遮盖系数作更进一步的研究。具体方法是：在各种射击条件和不同的鱼雷自导作用距离下，按递推公式求得准确的有利提前角，并求得对应的遮盖中心及遮盖中心系数；将计算结果进行统计处理，得到当取 $\lambda=45°$ 及垂直扇面角 $\lambda=25°$ 时，遮盖中心系数统计值为 0.69，即相当于以自导扇面轴线上距雷头 $0.69r$ 的点与目标相遇。由扇面重心公式知，扇面重心到扇心的距离为

$$G_0=\frac{2\sin\lambda}{3\lambda}\cdot r$$

取 $\lambda=45°$ 时，有 $G_0=0.6r$。可见，该点与统计上的遮盖中心很接近，由此推广得到以鱼雷自导扇面重心与目标相遇，简化求得有利提前角的方法——型心法。由型心法求得的有利提前角也称型心提前角。计算公式如下：

$$\begin{cases} K=\dfrac{2\sin\lambda}{3\lambda} \\[2mm] \beta=\arctan\dfrac{K_{mr}\sin Q_m}{D_\delta + K_{mr}\cos Q_m} \\[2mm] \varphi_\alpha=\arcsin[m\sin(Q_m-\beta)]-\beta \end{cases}$$

对机动目标射击的有利提前角 φ_α 取决于目标机动模式与机动参数，这些都是未知量。因此可以肯定，不可能有一固定的模型对所有机动方式和机动参数都适用。只能对目标机动先做出假定，再针对某一或某几种特定机动方式讨论其具体有利提前角求解问题，或者分析各种条件下有利提前角的变化，再根据统计规律近似求解。

综合上述，从理论与实际应用的角度分析，对各种有利提前角求解方法有如下观点：

（1）正常提前角的求解十分简单，只需要鱼雷发射平台指挥仪提供两个目标要素（V_m，Q_m）即可组织射击，但射击效果最差。仅当鱼雷具有较大的自导扇面和射距较近时或是紧急情况下，可考虑使用，这时也会达到一定的效果，但理论仿真时通常很少使用。

（2）通过迭代计算求得的有利提前角准确，鱼雷按此射击有最好的攻击效果。但是该法解算复杂，要占据计算机更多的内存，有时战术上是不允许的，因此该法一般多用于理论分析和模式仿真时使用。特别是在分析某一阵位条件下鱼雷各参数变化对作战使用效果影响时，通常应该用精确求解的有利提前角，以免产生错误的结果。

（3）K系数分段法和型心法解算简单，利用该法求得的提前角射击与精确有利提前角相比对射击效果影响很小。特别是型心法计算φ_α，判别条件少，简单迅速，易于抓住战机，并且只要求鱼雷发射平台指挥仪提供三个目标要素（V_m，Q_m，D_i），因而在大中小各型舰艇的武器系统中，多使用型心法或K系数分段法。使用该法不但能满足系统要求，而且使指挥系统简化。在鱼雷作战效能分析计算中，这两种方法也经常使用。

6 问题四模型的建立与分析

6.1 问题重述

问题四：假设鱼雷攻击要求捕获目标的概率不小于最小捕获概率P，建立鱼雷可攻性判断模型，并针对前述参数，给出可攻性分析结论。

6.2 问题分析

问题四主要基于仿真模拟法计算概率，采用蒙特卡洛模型（Monte-Carlo Method）统计试验的方法，利用软件Matrix Laboratory（MATLAB）、插件Simulink以及软件Microsoft Excel进行仿真模拟计算，结合舰艇和鱼雷的速度、位置等物理关系以及舰艇的三种防御机动措施等影响因素，定量定性综合分析影响舰艇规避鱼雷的因素，利用模拟法得出各因素对舰艇规避鱼雷概率的影响，从而反向建立鱼雷可攻性判断模型。

6.3 仿真模拟法概念及应用

设目标的真实速度V_{m0}，舷角Q_{m0}，距离D_{P0}。经过多次观测，可得到不同的观测量V_{mi}、Q_{mi}、D_{si}。根据每一次观测得到的一组目标要素，舰艇指挥仪及发控设备可以解算出鱼雷射击参数，确定一有利提前角φ_{ai}，对目标进行鱼雷攻击。假设舰艇进行了多次射击，每次射击可能命中目标，也可能不命中目标。若在N次射击中命中了M次，根据蒙特卡洛法的基本原理，鱼雷命中概率就是命中次数M与总射击的次数N之比，即

$$P = \frac{M}{N}$$

用数学表达式描述该思想，即

$$D_{s0} + \Delta D_{si}, \quad i=1, 2, \cdots, N \begin{cases} V_{mi} = V_{m0} + \Delta V_{mi} \\ Q_{mi} = Q_{m0} + \Delta Q_{mi} \\ V_{mi}、 Q_{mi}、 D_{si} \to \varphi_{ai} \end{cases}$$

其中：ΔV_{mi}、ΔQ_{mi}、ΔD_{si}为每次观测误差，φ_{ai}为由观测值V_{mi}、Q_{mi}、D_{si}求带的有利提前角。每一组V_{mi}、Q_{mi}、D_{si}、φ_{ai}组成一次射击，对于每次射击引入随机变量ξ，有

$$\xi_i = \begin{cases} 1, & \text{该次射击命中目标} \\ 0, & \text{该次射击没有命中目标} \end{cases}$$

式中：每次射击是否命中目标要通过仿真确定。令

$$M = \sum_{i=1}^{N} \xi_i$$

则 M 即命中次数，带入公式即可得到命中概率。

在实际作战使用时，我们所能知道的只是解算出的目标云顶要素值和观测系统的误差分布情况，并不知道目标实际运动要素值。所以，要通过式子反过来求解真实的目标运动要素，一遍对每一次射击进行仿真模拟。即先设定观测值 V_m、Q_m、D_s，通过剔除其中的观测误差 Δ_i 求解真值，即

$$D_{s0i} = D_s - \Delta D_{si}, \quad i=1, 2, \cdots, N \begin{cases} V_{m0i} = V_m - \Delta V_{mi} \\ Q_{m0i} = Q_m - \Delta Q_{mi} \\ V_m、Q_m、D_s \to \varphi_a \end{cases}$$

其结果是：假设每一次观测值相同，但观测误差不同，则可求得不同的目标要素真值。这种情况下组织的 N 次射击的射击参数是一样的，即由观测量 V_m、Q_m、D_s 决定的同一有利提前角，但每次射击的效果不同，因为实际上对应着不同的目标运动要素。这时，所谓某距离上攻击某一航速目标，实际上是指观测值为某一距离上攻击观测速度为某一值的目标。可以把它们看成是两个不同的概念。但从命中概率计算的角度讲，当仿真（射击）次数足够多时，真实的目标速度统计值就趋向于其均值——观测值，两种不同的思路计算的命中（发现）概率值在保证仿真次数的条件下是十分接近的。这是模拟法计算命中概率的两种不同分析方法。如此灵活地运用误差项、真值、观测值之间的关系正是模拟法的长处所在。

（1）应用模拟法计算命中（发现）概率，需要输入的初始参数与解析法相同。其计算一般按下列步骤进行：① 确定试验次数 N；② 选定计算条件，并由给定观测值计算有利提前角 φ_a；③ 按各随机量的误差分布规律产生随机数，随机组合产生 N 次射击实际阵位关系；④ 对 N 次射击进行计算机仿真模拟，统计命中目标的次数 M；⑤ 按 $P=M/N$ 计算命中概率值。

（2）以上各步中，第④项为计算工作的核心，主要进行如下工作：① 对要计算的鱼雷自导、控制、动力等系统的性能和工作全过程加以分析掌握，尤其要搞清楚攻击过程的全弹道特征及自导检测过程；② 建立该型鱼雷自导检测模型，真实模拟鱼雷自导检测目标的实际过程；③ 建立鱼雷航行过程的运动方程，真实模拟鱼雷不同航行阶段的实际运动情况；④ 编制大型鱼雷攻击全过程模拟仿真程序，仿真计算每次射击结果。

（3）试验次数的确定。

在用模拟法计算概率时，只有试验次数 N 趋于无穷大时，事件出现的频率才与概率相等。但试验次数 N 取无穷大时是不可能的。工程实践中通常以一定的置信度 γ、模拟

精度 Δ 作为选择试验次数的依据。

在给定 γ、Δ 以及事件在每次试验中出现的频率 P 时，有

$$N \gg \frac{P(1-P)}{(1-\gamma)\Delta^2}$$

根据该式确定的试验次数是偏大的。利用随机变量具有渐近正态分布的统计特性，在 N 足够大时，有

$$N = \frac{P(1-P)}{\Delta^2} \cdot t_\gamma^2$$

式中：t_γ 为置信区间的临界值，可根据置信度 γ 由数学用表查出。按通常使用蒙特卡洛法的惯例，取 $\gamma = 0.95$，则 $t_\gamma = 2$，因此上式变为

$$N = \frac{4P(1-P)}{\Delta^2}$$

根据该式，就可结合给定的模拟精度 Δ 以及模拟得到的命中概率（发现概率）值 P 来确定试验次数 N 了。

（4）模拟法在水面舰艇防御鱼雷问题中的应用流程图（图 17）。

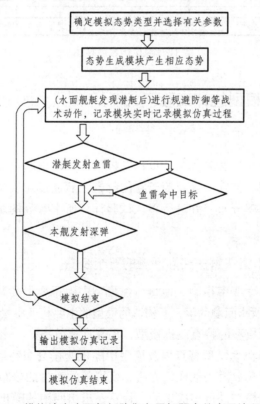

图 17 模拟法在水面舰艇防御鱼雷问题中的应用流程图

6.4　问题四模拟仿真流程图

问题四模拟仿真流程图如图 18 所示。

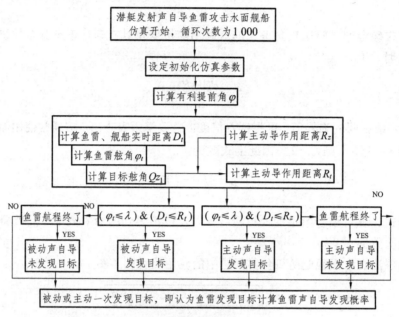

图 18　模拟仿真流程图

6.5　蒙特卡洛模型统计试验

6.5.1　基本思想

蒙特卡洛模型称为统计试验方法，也称随机抽样技术或随机模拟方法。其基本思想是建立一随机概率模型，使它的参数等于它的解，之后通过对模型或过程的采样，产生随机数模拟模型中的概率分布，并进行多次试验计算所求参数的统计特征，最后给出所求解的近似值。

6.5.2　应用蒙特卡洛法解决实际问题的五个步骤

（1）建立合适的数学概率模型，使得所建模型中随机变量的某些特征（如概率、数学期望和方差等）等于所求问题的解，所构造的模型的主要特征参量与实际问题保持一致。

（2）根据概率统计模型的特点改进模型，提高计算效率。

（3）基于所建数学概率模型特点以及模型中随机变量分布特性，产生随机变量的分布特征，产生随机数并选取随机抽样的方法，模拟随机变量的分布特征。

（4）按照所建立的模型进行多次试验、计算，求出问题的随机解。

（5）统计分析试验结果，给出问题的概率解以及其精度估计。

6.5.3 蒙特卡洛法的优点

同普通的计算方法相比，蒙特卡洛法的优点在于，它基于随机试验原理，能够逼真地描述具有随机性质的事物特点以及物理实验过程，且受几何条件限制影响不大，几何越复杂，它的相对优点越明显。同时其收敛速度与问题的维数无关，维数越高越能体现它的优势。

6.6 影响舰艇规避鱼雷的因素

物理位置因素：鱼雷速度 V_y、舰艇速度 V_m、舷角 Q_m、鱼雷-舰艇距离 D、鱼雷自导作用距离 $R_{b0}(R_{z0})$、舰艇航向 C_m。

舰艇三种机动措施：变速、转向、同时变速和转向。

6.7 利用 Simulink 仿真影响舰艇规避鱼雷的因素综合分析

6.7.1 物理位置因素影响分析

（1）设定仿真计算的初始条件。

水面舰艇速度 $V_m = 20$ kn，鱼雷航速 $V_y = 50$ kn，鱼雷射击距离 D=（4 000 ~ 9 000）m，鱼雷声自导作用距离（参考值）$R_{b0}(R_{z0})$=（500 ~ 1 500）m，鱼雷声自导扇面开角 $\lambda = 60°$，攻击目标舷角 Q_m=(40 ~ 140)°，鱼雷射击距离误差为 $\sigma D = 1$ 海里，目标的速度误差为 $\sigma V_m = 2$ kn，目标的航向误差为 σC_m=（0.5 ~ 1.5）°。

（2）数据分析。

随着鱼雷射击距离 D、水面舰艇速度变化 v_m 变化时，仿真计算声自导鱼雷对水面舰船的发现概率。分析鱼雷声自导作用距离（参考值）$R_{b0}(R_{z0})$=1 000 m、攻击目标舷角 Q_m=130°、目标方位误差 σC_m=1°时的仿真结果。当 D 由 4 000 m 变化至 9 000 m 时，发现概率由 100%下降至 80%左右；v_m 为 20 kn 时，高于 10 kn 时的发现概率，低于 15 kn 时的发现概率。

随着鱼雷声自导作用距离 $R_{b0}(R_{z0})$、鱼雷射击距离 D 变化时，仿真计算声自导鱼雷对水面舰船的发现概率。分析水面舰船的速度 v_m=15 kn、攻击目标舷角 Q_m=130°、目标方位误差 σC_m=1°时的仿真结果。鱼雷射击距离 D 分别为 4 000 m、6 000 m 和 8 000 m 的情况下，当 $R_{b0}(R_{z0})$ 由 500 m 变化至 1 500 m 时，发现概率分别由 84.8%、63.0%和 48.2%上升至 100%、99.8%和 97.6%。

随着攻击目标舷角 Q_m、鱼雷声自导作用距离 $R_{b0}(R_{z0})$ 变化时，仿真计算声自导鱼雷对水面舰船的发现概率。分析水面舰船的速度 v_m=15 kn、鱼雷射击距离 D=6 000 m、目标方位误差 σC_m=1°时的仿真结果。声自导作用距离 $R_{b0}(R_{z0})$ 分别为 600 m、800 m 和 1 200 m 的情况下，当 Q_m 由 40°变化至 140°时，发现概率分别由 85.5%、91.1%和 99.4%以下降的趋势变化为 73.5%、85.6%和 98.2%。

随着航向误差 σC_m =1°变化时，仿真计算声自导鱼雷对水面舰船的发现概率。分析水面舰船的速度 v_m=15 kn、鱼雷射击距离 D=6 000 m、鱼雷声自导作用距离 $R_{b0}(R_{z0})$=800 m 时的仿真结果。当 σC_m 由 0.5°变化至 1.5°时，发现概率由 91.2%下降至 82.6%。

6.7.2 舰艇三种机动措施影响分析

（1）设定仿真计算的初始条件。

舰艇初始方位 45°，巡航航速取 22 kn，以 4 kn 一个间隔，机动规避航速 12～30 kn，旋回角速度 1°/s～2°/s。报警舷角 30°～150°，报警距离 1 500～6 500 m。鱼雷航速 35 kn，自导扇面角 60°。

（2）近距离、小舷角态势下，低航速舰艇采用不同规避方式对鱼雷攻击效果的影响。

巡航速度(kn)/ 目标距离(m)	目标舷角 $P_1/P_2/P_3$	30°~60°	60°~90°	90°~120°
18~22/2 000		0.63/0.91/0.71	0.54/0.88/0.64	0.43/0.76/0.52
18~22/3 000		0.55/0.83/0.64	0.44/0.76/0.53	0.37/0.69/0.40
18~22/4 000		0.41/0.79/0.44	0.33/0.67/0.37	0.27/0.58/0.25

图 19　仿真结果概率图 1

结合图 19 的同等条件下：① 潜艇在目标小舷角鱼雷攻击要比大舷角更易命中目标，并且距离越近，命中概率越大；② 近距离、小舷角态势下，低航速舰艇采用规避方式①和③机动要比采用方式②对鱼雷命中概率的影响要大，其命中概率下降较快。如潜艇在目标距离 3 000 m，目标舷角 30°～90°时对巡航速度 18 kn～22 kn 的舰艇射击，鱼雷的命中概率 P_1 和 P_3 平均达到 0.50 和 0.58。而 P_2 达到 0.79。这表明鱼雷此态势下对采用方式①和③规避的舰艇攻击效果不理想。而对舰艇防御作战而言，这说明舰艇应最大限度控制辐射噪声的强度；同时，可以选择合适的规避转角以规避鱼雷自导扇面为主进行机动。

（3）远距离、打舷角态势下，高航速舰艇采用不同规避方式对鱼雷攻击效果的影响。

结合图 20，分析潜艇在目标距离 5 000 m，目标舷角 120°，舰艇巡航速度 26 kn 的态势下对采用前述方式①和②、③机动规避的舰艇鱼雷攻击的部分次数仿真图，舰艇声呐报警后按方式①机动。尽管采用了减速措施，但由于舰艇航速初始航速高，并且受限于系统反应和操作时间，其辐射噪声并不会得到及时控制，而鱼雷又能凭借其航速高、自导作用距离远的优势短时间内捕捉到舰艇。因此，鱼雷命中舰艇的次数较多，若舰艇声纳报警后分别采用加速转向置鱼雷于舰尾较大舷角高速机动和先加速转向置鱼雷于舰尾一定舷角航行几分钟，再变向低速脱离的机动方式。两种态势下，由于舰艇声呐报警距离较远，舰艇和鱼雷的初始距离又大于鱼雷自导作用距离，舰艇有充分的反应时间转向机动，在初始阶段就逃离了鱼雷自导系统的搜索，即便鱼雷经旋回再搜索捕捉到舰艇，其剩余航程也所剩无几，最终航程耗尽。因此，鱼雷命中舰艇次数较少。

目标舷角	30°~60°	60°~90°	90°~120°
巡航速度(kn)/　　　 $P_1/P_2/P_3$ 目标距离(m)			
26~30/5 000	0.61/0.20/0.24	0.53/0.17/0.20	0.42/0.11/0.11
26~30/6 000	0.51/0.17/0.20	0.40/0.11/0.15	0.32/0.05/0.09
26~30/7 000	0.30/0.10/0.12	0.17/0.01/0.01	0.07/0.00/0.00

图 20　仿真结果概率图 2

6.7.3　结论

以上仿真结果表明，在给定的仿真条件下，随着鱼雷射击距离的增大、声自导作用距离的变小、目标方位误差的变大，潜艇使用声自导鱼雷攻击水面舰船时的发现概率会明显变小；攻击目标舷角变大时，声自导鱼雷的发现概率也有变小的趋势。水面舰船的航速变大时，目标航向误差会减小、鱼雷的被动声自导作用距离会变大，同时追击态势下鱼雷与水面舰船的相对运动速度也会降低。潜艇在目标大舷角鱼雷攻击要比在小舷角更难命中目标，并且距离越远，命中概率越小；中、远距离、大舷角态势下，高航速舰艇采用规避方式②和③机动要比采用方式①对鱼雷命中的概率影响较大，对舰艇防御而言，这说明舰艇应尽可能及时拉开与鱼雷的距离，同时选择合适的规避转角以规避鱼雷自导作用距离为主进行机动。舰艇要尽量避免对近距离、小舷角态势下的来袭鱼雷进行防御，并且此态势下要严格控制辐射噪声，不能盲目加速；如果有条件使用对抗器材对鱼雷抗击，可酌情在使用方式①的基础上先使用武器后再以方式③寻求规避逃脱。舰艇力争在远距离发现来袭鱼雷的同时应选择置鱼雷于舰尾较大舷角迅速逃脱；如果有条件使用对抗器材对鱼雷抗击，可酌情在使用方式②和③的基础上先寻求机动规避后再使用武器。

高温作业专用服装设计[①]

【摘　要】本文针对提出的三个问题，采用两种不同的思路。第一种为解析式法，即通过列出温度与各参数之间的关系，直接求出温度分布的解析式；第二种为仿真模拟，即通过差分方程求出温度随时间的递推关系，使用迭代法，建立仿真系统，从而求出无数个温度 T 的离散值。

针对问题一，运用微积分法和量纲分析法，根据非稳态导热边界条件，建立模型一，进一步优化，建立模型二。首先用傅立叶公式，列出温度分布的函数式，再将衣服的热传导转化为非稳态第三类边界导热的情况，使用微积分法，引入无量纲数，分别求出四层温度分布解析式。其次进一步优化，将不同层次转化为非稳态导热第一、二类边界条件，使用相同算法，求出四层温度分布解析式。

针对问题二，运用线性规划，建立模型三。又进一步优化，使用差分法和迭代法建立仿真模拟模型。首先，将新的参数值代入模型一中的解析式中，得到温度 T 关于 t、x、δ_2 的新解析式，列出约束条件与目标函数，再使用 MATLAB 工具，求出 δ_2 的范围，得出最优解。后又为简化求解过程，建立差分方程，求出 T_i 随着 t 的迭代关系，接着使用 C++ 编程，建立仿真模拟，运用逐次逼近法，分别代入不同的 δ_2，求出最优解。

针对问题三，运用线性规划和仿真模拟，建立模型五和模型六。思路同问题二，首先，求得温度 T 关于 t、x、δ_2、δ_4 的解析式，列出约束条件与目标函数，求得 δ_2、δ_4 的关系和范围，得出最优解。后又使用模型四中的编程，可先固定 δ_2，分别求出 $\min(\delta_2)$，得出 δ_2 与 δ_4 的离散图，再用 MATLAB 拟合函数，得到 δ_2 与 δ_4 的关系式，求出最优解。

【关键词】微积分；非稳态导热；线性规划；仿真模拟；C++；逐次逼近

1　问题重述

高温作业专用服装由三层织物材料构成，记为Ⅰ、Ⅱ、Ⅲ层，Ⅲ层与皮肤之间还存在空隙记为Ⅳ层。为设计专用服装，将体内温度控制在 37 ℃ 的假人放置在高温环境中，测量假人皮肤外侧的温度。为了降低研发成本、缩短研发周期，我们需要建立数学模型

---

① 本文为2018年高教社杯全国大学生数学建模竞赛河北省一等奖论文，作者系武警学院消防工程系九队：李优（河南总队洛阳消防支队）、杨振鑫（安徽总队淮南消防救援支队）、于焱琪（内蒙古总队呼伦贝尔消防救援支队），指导教师 李育安。

以确定假人皮肤外侧的温度变化情况，解决以下问题：

问题一：在环境温度为 75 ℃、Ⅱ层厚度为 6 mm、Ⅳ层厚度为 5 mm、工作时间为 90 min 的情形开展实验，根据专用服装材料的参数，测量得到假人皮肤外侧的温度，建立数学模型，计算温度分布，生成温度分布的 Excel 文件。

问题二：当环境温度为 65 ℃、Ⅳ层的厚度为 5.5 mm 时，为确保工作 60 min 时，假人皮肤外侧温度不超过 47 ℃，且超过 44 ℃ 的时间不超过 5 min，求 Ⅱ层最优厚度。

问题三：当环境温度为 80 ℃ 时，为确保工作 30 min 时，假人皮肤外侧温度不超过 47 ℃，且超过 44 ℃ 的时间不超过 5 min，求 Ⅱ、Ⅳ层最优厚度。

2　问题分析

题目提出的三个问题相互影响，第一问求得的温度分布是基础，后两问在第一问的解析式上稍作改动，便可求解。

针对问题一，我们首先应熟知传热学公式，利用基本公式，列出温度分布与热传导率 K、比热容 c、密度 ρ、厚度 δ 等参数的关系，再使用 MATLAB 对微积分方程求解。如果方程难以求解，便可换个思路，使用迭代法，先用误差方程找出迭代关系，便可用编程模拟，求出一点对应的温度，只不过求出的温度是离散值。

针对问题二、三，可视其为同种题型，将厚度视为常数，代入问题一的解析式中，得到温度分布是带有厚度的解析式。题中最优厚度 δ 可解读为在约束范围内，厚度越小越好。因此可以进行线性规划，列出约束条件与目标函数进行求解；也可进行仿真模拟运用逐次逼近法，将厚度 δ 先以 1 mm 为单位将范围进行划分，求出满足条件的大致范围后，继续以 0.1 mm 细分带入，最终逐渐逼近最小值即可。

3　基本假设

1. 假设服装的初始温度 $T_0=25$ ℃；
2. 假设其为无限大平板；
3. 假设第四层空气同前三层一样处理，不存在对流换热；
4. 假设外部环境温度恒定；
5. 假设各层材质均匀。

4　数据预处理

4.1　热传导的基本状态

热传导定律，也称傅立叶定律，描述了热量在介质中的传导规律。

傅立叶定律的微分形式关注局部的能量传导率，即在导热体内部，沿特定方向的热流密度正比沿相同方向上的温度梯度。其数学表达式为

$$\dot{q}''_x = -K \frac{\mathrm{d}T}{\mathrm{d}x}$$

式中：$\dot{q}''_x$ 是热通量，指单位时间经单位面积传递的热量，单位 $W \cdot m^{-2}$；$\dfrac{\mathrm{d}T}{\mathrm{d}x}$ 是沿 x 方向的温度梯度，单位 $°C \cdot m^{-1}$；K 是材料的导热系数，单位 $W \cdot m^{-1} \cdot °C^{-1}$，其值随温度变化，但变化微小，可忽略不计，视为常数。

4.2　稳态导热状态的分析

无限大复合平壁如图 1 所示。

$$\dot{q}''_x = -K \frac{\mathrm{d}T}{\mathrm{d}x} = \frac{K}{L}(T_1 - T_2)$$

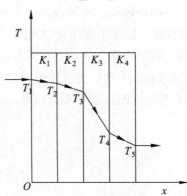

图 1　无限大复合平壁

达到稳态时，通过各层的热通量相等，即

$$\dot{q}''_x = \frac{K_1}{L_1}(T_1 - T_2) = \frac{K_2}{L_2}(T_2 - T_3) = \frac{K_3}{L_3}(T_3 - T_4) = \frac{K_4}{L_4}(T_4 - T_5)$$

进一步，有

$$T_1 - T_2 = \dot{q}''_x \cdot \frac{L_1}{K_1}$$

$$T_2 - T_3 = \dot{q}''_x \cdot \frac{L_2}{K_2}$$

$$T_3 - T_4 = \dot{q}''_x \cdot \frac{L_3}{K_3}$$

$$T_4 - T_5 = \dot{q}''_x \cdot \frac{L_4}{K_4}$$

将 T_1=75 °C， T_5=48.08 °C， K_1=82W · mm^{-1} · °C^{-1}， K_2=370 W · mm^{-1} · °C^{-1}， K_3= 45 W ·mm^{-1} · °C^{-1}，K_4=28W ·mm^{-1} · °C^{-1}，L_1=0.6 mm，L_2=6.0 mm，L_3=3.6 mm，L_4=5.0 mm 代入上式，得

$$\dot{q}''_x = \frac{T_1 - T_5}{\sum_{i=1}^{4} L_i / K_i} = 95.425\ 6\ (\text{W} \cdot \text{mm}^{-2})$$

从而得

$$T_1 = 74.999\ 9\ °\text{C}$$
$$T_2 = 74.301\ 7\ °\text{C}$$
$$T_3 = 72.754\ 3\ °\text{C}$$
$$T_4 = 65.120\ 3\ °\text{C}$$

4.3　人体皮肤外侧温度处理

可知在 t=16 s 时，人体外侧表皮温度升高，系统都达到非稳态正规导热状态。t=1 645 s 时，系统达到稳态导热状态，此后各部分的温度不再变化。用 MATLAB 模拟函数得

$$T_5 = 48.08 + 14.953 \text{e}^{-0.006416t} + 5.561 \text{e}^{-0.5991t}$$

假人皮肤外侧的温度曲线如图 2 所示。

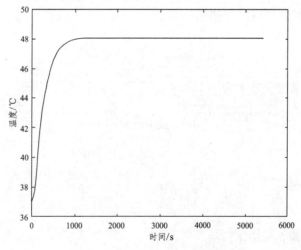

图 2　假人皮肤外侧的温度曲线

5 问题一的求解

5.1 理论基础

在题目所述的过程中，主要是以热传导的形式进行热量传递，可将其看作一维的导热过程。此时，以高温作业专用服装的最外层为原点，垂直于服装表面向里建立 x 轴，并将 x 轴上服装的厚度转换为微元的形式，如图 3 所示。

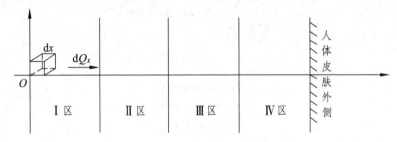

图 3 服装微元示意

导热微分方程表示导热过程中，物体内部微观能量的平衡关系。假设图 3 微元体的导热系数 K、比热 c 和密度 ρ 均为常数，根据傅里叶定律，单位时间内沿 x 轴方向从微元体左右两壁面导入和导出能量分别为

$$dQ_x = -K\frac{\partial T}{\partial x}dydz$$

$$dQ_{x+dx} = -K\left(\frac{\partial T}{\partial x} + \frac{\partial^2 T}{\partial x^2}dx\right)dydz$$

因此，沿 x 轴向微元体净得的导热热量为

$$dQ_x - dQ_{x+dx} = K\frac{\partial^2 T}{\partial x^2}dxdydz$$

又因为微元体的内能变化速率为

$$dE = \rho c dxdydz\frac{\partial T}{\partial t}$$

所以 $dE = dQ$，即

$$K\left(\frac{\partial^2 T}{\partial x^2} + \frac{\partial^2 T}{\partial y^2} + \frac{\partial^2 T}{\partial z^2}\right) = c\rho\frac{\partial T}{\partial t}$$

由于这里使用一维傅立叶定律，故

$$K\frac{\partial^2 T}{\partial x^2} = \rho c\frac{\partial T}{\partial t} \tag{1}$$

5.2　模型——非稳态第三类边界模型

5.2.1　模型一的建立

式（1）是一维物体非稳态导热方程，我们可以把偏微分方程转化为全微分方程求解。在该非稳态导热过程中，可将服装看作是一个无限大的平板，当平板的一侧突然受到某种扰动时，紧靠表面的区域温度会发生变化，从而向平板内部传递热量。无限大平板的表面热扰动主要有三种情况：① 温度的突然变化；② 热流密度的突然变化；③ 流体传热状况的突然变化。它们分别对应三种边界条件，在这一问中，外部环境是气体，比较符合第③种边界条件，求解步骤如下。

假设有一块厚为 2δ 的无限大平板，初始温度为 T_0，如图 4 所示。初始瞬间置于温度为 T_∞ 的流体中，平板两端对称受热，板内温度以其中心截面为对称面分布，这样就只需要研究厚为 δ 的半块平板的情况即可。

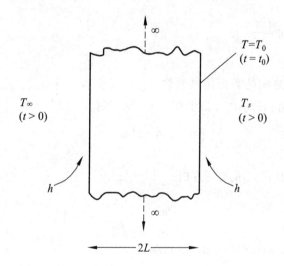

图 4　无限大平板内部的非稳态导热

定解条件为

当 $x = 0$ 时，$\dfrac{\partial T(x,t)}{\partial x} = 0$；

当 $x = \delta$ 时，$K \cdot \dfrac{\partial T(x,t)}{\partial x} = h[T(\delta,t) - T_\infty]$；

$t = 0$ 时，$T(x,0) = T_0$。

5.2.2　模型一的求解

此时，引入 $\theta = T(x,t) - T_\infty$，则

$$\frac{\partial \theta}{\partial t} = a \cdot \frac{\partial^2 \theta}{\partial x^2}$$

式中：$0 < x < \delta$，$t > 0$，$a = \dfrac{K}{\rho c}$。

$$\theta(x,0) = \theta_0$$

其中：$0 < x < \delta$。

$$\left.\frac{\partial \theta(x,t)}{\partial x}\right|_{x=0} = 0$$

$$h \cdot \theta(s,t) = -\lambda \left.\frac{\partial(\theta,t)}{\partial x}\right|_{x=\delta}$$

采用分离变量法可得分析解：

$$\frac{\theta(\theta,t)}{\theta} = \sum_{n=1}^{\infty} C_n \exp(-\mu_n^2 Fo)\cos(\mu_n \eta) \tag{2}$$

其中：$Fo = \dfrac{Kt}{\rho c \delta^2}$，$\eta = \dfrac{x}{\delta}$。

（1）求解 h。

h 为流体与平板之间的表面传热系数，它与温度和材料有关。我们采用经验公式，综合换热系数，$h = 11.6 + 0.7\sqrt{W}$。由于 $W = 0$，所以取

$$h = 11.6$$

（2）求解 μ。

利用 MATLAB 软件，求超越方程

$$\tan \mu_n = \frac{B_i}{\mu_n}$$

的解，其中两项为 $\mu_1 = 0.2873$，$\mu_2 = 3.1684$。

（3）求解方程。

当 $0 < x \leqslant 0.6$ 时，将所求的 μ 的数值代入式（2）中，得

$$\frac{\theta(x,t)}{\theta_0} = 1.0137\mathrm{e}^{-0.1309t} \cdot \cos(0.4788x) - 0.0168\mathrm{e}^{-15.9175t} \cdot \cos(5.2807x)$$

故

$$\theta(x,t) = \theta_0 \cdot [1.0137\mathrm{e}^{-0.1309t} \cdot \cos(0.4788x) - 0.0168\mathrm{e}^{-15.9175t} \cdot \cos(5.2807x)]$$

$$T_1(x,t) = 75 - 50 \cdot [1.0137\mathrm{e}^{-0.1309t} \cdot \cos(0.4788x) - 0.0168\mathrm{e}^{-15.9175t} \cdot \cos(5.2807x)]$$

同理可得 T_2，T_3 和 T_4 的方程式。

当 $0.6 < x \leqslant 6.6$ 时，

$$T_2(x,t) = 74 - 49 \cdot [1.1061\mathrm{e}^{1.3388 \times 10^{-3}t} \cdot \cos(0.1348(x-0.6)) - 0.4651\mathrm{e}^{-23.4497 \times 10^{-3}t} \cdot \cos(0.5645(x-0.6))]；$$

当 $6.6 < x \leqslant 10.2$ 时，

$$T_3(x,t) = 71.85 - 47.75 \cdot [1.1131e^{-2.4616\times10^{-3}t} \cdot \cos(0.2325x) - 0.1433e^{-40.7858\times10^{-3}t} \cdot \cos(0.9464x)] ;$$

当 $10.2 < x \leqslant 15.2$ 时，

$$T_4(x,t) = 48.08 + 16.85e^{-0.006416t} \cdot \cos(5.49x) + 6.243e^{-0.5991t} \cdot \cos(5.408x)$$

5.3 模型二——非稳态第一、二类边界模型

5.3.1 优化模型二的建立

在这一问中，由于Ⅱ、Ⅲ层材料未与环境直接接触，若仍使用上述方法计算，则误差较大。我们采用以下算法进行优化。

在该非稳态导热过程中，可将服装转化为半无限大的平板，当平板的一侧突然受到某种扰动时，紧靠表面的区域温度会发生变化，从而向平板内部传递热量。半无限大平板的表面热扰动主要有三种情况：① 温度的突然变化，② 热流密度的突然变化，③ 流体传热状况的突然变化。它们分别对应三种边界条件。又因为外部环境温度恒为 75 ℃，故我们在第①种情况下求解。

对于情况①的半无限大平板，设初始温度为 T_0，当 $t=0$ 时，在 $x=0$ 处的边界温度突然升高至 T_∞ 并保持恒定，则描述半无限大平板温度分布的导热微分方程为

$$a \cdot \frac{\partial^2 T}{\partial x^2} = \frac{\partial T}{\partial t}$$

对应的边界条件和初始条件分别为

$$x = 0 , \quad T = T_\infty$$
$$t = 0 , \quad T = T_0$$

5.3.2 模型二的求解

（1）Ⅰ层温度与时间坐标关系式的求解。

引入无因次过余温度 $\Theta\left(\Theta = \dfrac{T - T_0}{T_\infty - T_0}\right)$，控制方程和定解条件分别变为

$$a \cdot \frac{\partial^2 \Theta}{\partial x^2} = \frac{\partial \Theta}{\partial t} \tag{3}$$

$$x = 0 , \quad \Theta = 1$$
$$t = 0 , \quad \Theta = 0$$

为了求解上述导热问题，引入新的变量 $\eta\left(\eta = \dfrac{x}{2\sqrt{at}}\right)$，导热微分方程（3）的左边项变为

$$\frac{\partial \Theta}{\partial x} = \frac{d\Theta}{d\eta}\frac{\partial \eta}{\partial x} = \frac{1}{2\sqrt{at}}\frac{d\Theta}{d\eta}$$

$$\frac{\partial^2 \Theta}{\partial x^2} = \frac{\partial}{\partial x}\left(\frac{1}{2\sqrt{at}}\frac{d\Theta}{d\eta}\right) = \frac{d^2\Theta}{4at \cdot d\eta^2}$$

右边项变为

$$\frac{\partial \Theta}{\partial t} = \frac{d\Theta}{d\eta}\frac{\partial \eta}{\partial t} = -\frac{x}{2\sqrt{a}}\frac{1}{2t\sqrt{t}}\frac{d\Theta}{d\eta} = -\frac{\eta}{2t}\frac{d\Theta}{d\eta}$$

将上述各式代入导热微分方程（3），可得如下常微分方程：

$$\frac{d^2\Theta}{d\eta^2} + 2\eta\frac{d\Theta}{d\eta} = 0$$

对应的定解条件变为

$$\eta = 0 ， \Theta = 1 \tag{4}$$

$$\eta \to \infty ， \Theta = 0 \tag{5}$$

直接对常微分方程式（5）积分两次，可得温度分布通解为

$$\Theta = c_1 + c_2\int_0^\eta e^{-\eta^2}d\eta$$

利用定解条件（4）和（5），易得

$$c_1 = 1 ， c_2 = -\frac{2}{\sqrt{\pi}}$$

再代入通解，得

$$\Theta = 1 - \frac{2}{\sqrt{\pi}}\int_0^\eta e^{-\eta^2}d\eta$$

引入误差函数 $\mathrm{erf}(\eta) = \frac{2}{\sqrt{\pi}}\int_0^\eta e^{-\eta^2}d\eta$，则温度分布亦可表示为

$$\frac{T_\infty - T}{T_\infty - T_0} = 1 - \Theta = \mathrm{erf}(\eta) = \mathrm{erf}\left(\frac{x}{2\sqrt{at}}\right)， \quad 0 < x \leqslant 0.6$$

其中：$T_\infty = 75\,^\circ\mathrm{C}$，$T_0 = 25\,^\circ\mathrm{C}$，$a = 1.985 \cdot 10^{-4}$。代入得

$$T = 75.038\,2 - 31.8 \cdot \int_0^{\frac{x}{0.028\,2\sqrt{t}}} e^{-\frac{x^2}{7.94\times10^{-4}t}}d\frac{x}{0.028\,2\sqrt{t}}， \quad 0 < x \leqslant 0.6$$

（2）Ⅱ、Ⅲ、Ⅳ层温度与时间坐标关系式的求解。

此时，在区间 $(0, 0.6]$ 内，任意截面处的热流密度

$$\dot{q}_x{}'' = -K\frac{\partial T}{\partial x} = K\frac{T_\infty - T_0}{\sqrt{a\tau\pi}}\cdot e^{-\frac{x^2}{4a\tau}}$$

可求出Ⅰ层和Ⅱ层分界处 $x = 0.6$ 时，

$$\dot{q}_1'' = 1.6418\cdot 10^5\cdot\frac{1}{\sqrt{t}}\cdot e^{\frac{-2.8583\times 10^{-4}}{t}}$$

则热量向Ⅱ层的传导可近似看作第二类边界条件，任意时刻 t_i 对应的 $\dot{q}_1''$ 唯一确定。由于在第二类边界条件时，得到的温度为

$$T_1 - T_0 = \frac{2q_1''}{K}\sqrt{a\tau/\pi}\cdot e^{-\frac{x^2}{4a\tau}} - \frac{q''}{\lambda}\cdot\mathrm{erf}\left(\frac{x}{2\sqrt{a\tau}}\right)$$

则本小问就可以转化为

$$T_2 - T_0 = \int_{t_2}^{t}\left[q_1'' e^{\frac{-1223.1081x^2}{t}}\times 0.0143\sqrt{t} - \frac{q_1''x}{370}\cdot\mathrm{erf}(34.9730x)\right]\mathrm{d}t，\quad 0.6{<}x{\leqslant}6.6$$

同理可得

$$T_3 - T_0 = \int_{t_2}^{t}\left[q_2'' e^{\frac{-711.4956x^2}{t}}\times 4.7111\times 10^{-4}\sqrt{t} - \frac{q_2''x}{45}\cdot\mathrm{erf}(26.6739x)\right]\mathrm{d}t，\quad 6.6{<}x{\leqslant}10.2$$

$$T_4 - T_0 = \int_{t_3}^{t}\left[q_3'' e^{\frac{-338.6922x^2}{t}}\times 61.923\times 10^{-4}\sqrt{t} - \frac{q_3''x}{28}\cdot\mathrm{erf}\left(5.7675\frac{x}{\sqrt{t}}\right)\right]\mathrm{d}t，\quad 10.2{<}x{\leqslant}15.2$$

其中，$t_1 = 0.12\,\mathrm{s}$，$t_2 = 0.89\,\mathrm{s}$，$t_3 = 3.78\,\mathrm{s}$。

我们使用 MATLAB 软件，分别把 $x_1 = 0$，$x_2 = 0.6$，$x_3 = 6.6$，$x_4 = 10.2$，$x_5 = 15.2$ 代入上式，得到此五处的温度 T 随时间变化的图像如图5所示，具体数据见温度分布的 Excel 文件（problem1.xlsx）。

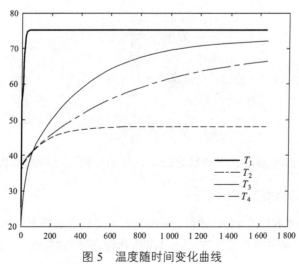

图5 温度随时间变化曲线

6 问题二的求解

6.1 模型三——线性规划模型

6.1.1 线性规划模型一

设 II 层厚度为 δ_2，该问题转化为最优解问题。考虑到要在题目要求的范围内，服装越轻薄越好，所以以 δ_i 的厚度为目标，求最优解。

$$\text{s.t.} \begin{cases} \text{假人皮肤外侧温度} T \leqslant 47\,^{\circ}\!\text{C} \text{恒成立} \\ t(T=44) \leqslant t(T=47)-5\times 60 \end{cases}$$

目标函数 $\omega = \min(\delta_2)$

先采用模型二中较为准确的解析式，得方程组

$$T = 75.0382 - 31.8 \times \int_0^{\frac{x}{0.0282\sqrt{t}}} \mathrm{e}^{-\frac{x^2}{7.94\times 10^{-4}t}} \mathrm{d}\frac{x}{0.0282\sqrt{t}}, \quad (0 < x \leqslant 0.6)$$

$$\dot{q}_1'' = 1.6418 \times 10^5 \cdot \frac{1}{\sqrt{t}} \cdot \mathrm{e}^{\frac{-2.8583\times 10^{-4}}{t}}$$

$$T_2 - T_0 = \int_{t_2}^{t} \left[q_1'' \mathrm{e}^{\frac{-1223.1081x^2}{t}} \times 0.0143\sqrt{t} - \frac{q_1''x}{370} \cdot \mathrm{erf}\,(34.9730x) \right] \mathrm{d}t, \quad (0.6 < x \leqslant 0.6+\delta_2)$$

$$q_1'' = -K\frac{\partial T}{\partial x}$$

$$T_3 - T_0 = \int_{t_2}^{t} \left[q_2'' \mathrm{e}^{\frac{-711.4956x^2}{t}} \times 4.7111\times 10^{-4}\sqrt{t} - \frac{q_2''x}{45} \cdot \mathrm{erf}\,(26.6739x) \right] \mathrm{d}t, \quad (0.6+\delta_2 < x \leqslant 4.2+\delta_2)$$

$$q_2'' = -K\frac{\partial T_3}{\partial x}$$

$$T_4 - T_0 = \int_{t_3}^{t} \left[q_3'' \mathrm{e}^{\frac{-338.6922x^2}{t}} \times 61.923\times 10^{-4}\sqrt{t} - \frac{q_3''x}{28} \cdot \mathrm{erf}\left(5.7675\frac{x}{\sqrt{t}}\right) \right] \mathrm{d}t, \quad (4.2+\delta_2 < x \leqslant 9.2+\delta_2)$$

$$q_3'' = -K\frac{\partial T_4}{\partial x}$$

式中含有超越方程，过于复杂，求解较为困难，便采用模型一中的解析式进行简化求解。

6.1.2 线性规划模型二

因为人体外侧温度不超过 47 ℃ 即可，所以我们可先认为其稳态导热时的温度即 47 ℃。这里采用数据处理中相同的原理与方法，得出达到稳态导热时，分界面的温度值为

$$T_1 = 65\ ^\circ\mathrm{C}$$

$$T_2 = 65 - \frac{46.4651}{98.383 + \delta_2}\ ^\circ\mathrm{C}$$

$$T_3 = 65 - \frac{46.4651 - 18 \cdot \delta_2}{98.383 + \delta_2}\ ^\circ\mathrm{C}$$

$$T_4 = 47 + \frac{1189.2857}{98.383 + \delta_2}\ ^\circ\mathrm{C}$$

$$T_5 = 47\ ^\circ\mathrm{C}$$

采用模型一的求解方法，我们可得人体的外侧温度 T 与时间的关系为

$$T = 0.99 \exp\left(\frac{-0.0064t}{\delta_2}\right) \cdot \cos(5.49\delta_2 + 50.5) + \left[0.37 \exp\left(\frac{-0.5991t}{\delta_2}\right) \cdot \cos(5.408\delta_2 + 46.44)\right] \times$$

$$\frac{36\delta_2 + 528}{\delta_2 + 98} + 47$$

对其求导可得

$$T' = -\left[0.006336\mathrm{e}^{\frac{-0.0064t}{\delta_2}} \cos(5.49\delta_2 + 50.5) + 0.2217\mathrm{e}^{\frac{-0.5991t}{\delta_2}} \cos(5.408\delta_2 + 46.44)\right] \times \frac{36\delta_2 + 528}{\delta_2 + 98}$$

令 $T'=0$，整理得

$$t = 10^4 \cdot \log\left[-0.0286 \cdot \frac{\cos(5.49\delta_2 + 50.5)}{\cos(5.408\delta_2 + 46.66)}\right] \tag{6}$$

将式（6）代入原式，$T < 47\ ^\circ\mathrm{C}$ 恒成立，求出

$$5.70 \leqslant \delta \leqslant 9.48$$

将 $T = 44\ ^\circ\mathrm{C}$ 代入式（6）得

$$t = t_1$$

将 $T = 47\ ^\circ\mathrm{C}$ 代入式（6）得

$$t = t_2$$

若 $t_2 - t_1 < 300$ 恒成立，求出

$$8.76 \leqslant \delta \leqslant 9.51$$

综上可得

$$\delta_2 = \min\delta = 8.51$$

6.2 模型四——仿真模拟模型

6.2.1 模型的理论分析

尽管解析法便于理解，但式中含有超越方程，过于复杂，无法求解，因此我们用另外一种解题思路。

先用差分方程，将每一层细分为 n_i 个小正方形，可求出相邻两个正方形之间 T_i 的关系，求出前几个小正方形的温度，再用牛顿迭代法，便可以求出任意时刻、任意位置的温度 T。

（1）差分方程的建立。

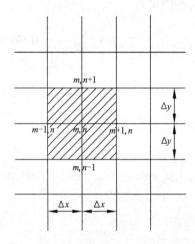

图 6　二维非稳态导热体内部节点分布

对图 6 中的二维非稳态导热体进行网格划分，得到一系列节点。在 x 和 y 方向上，节点之间的距离分别用 Δx 和 Δy 表示。每个节点的位置用一对有序整数$(m，n)$表示。

在导热体内部，温度分布服从非稳态导热方程：

$$K\left(\frac{\partial^2 T}{\partial x^2}+\frac{\partial^2 T}{\partial y^2}\right)=\rho c\frac{\partial T}{\partial t}$$

按照图 5 中的网格分布，在节点$(m，n)$与周围节点之间的中间界面上的空间温度梯度可近似表示为

$$\left.\frac{\partial T}{\partial x}\right|_{m+1/2,n}\approx\frac{T_{m+1,n}-T_{m,n}}{\Delta x};\left.\frac{\partial T}{\partial x}\right|_{m-1/2,n}\approx\frac{T_{m,n}-T_{m-1,n}}{\Delta x}$$

$$\left.\frac{\partial T}{\partial y}\right|_{m,n+1/2}\approx\frac{T_{m,n+1}-T_{m,n}}{\Delta y};\left.\frac{\partial T}{\partial y}\right|_{m,n-1/2}\approx\frac{T_{m,n}-T_{m,n-1}}{\Delta y}$$

因此，在节点$(m，n)$处有

$$\frac{\partial^2 T}{\partial x^2}\bigg|_{m,n} \approx \frac{\frac{\partial T}{\partial x}\big|_{m+1/2,n} - \frac{\partial T}{\partial x}\big|_{m-1/2,n}}{\Delta x} \approx \frac{T_{m+1,n} + T_{m-1,n} - 2T_{m,n}}{(\Delta x)^2}$$

$$\frac{\partial^2 T}{\partial y^2}\bigg|_{m,n} \approx \frac{\frac{\partial T}{\partial y}\big|_{m,n+1/2} - \frac{\partial T}{\partial y}\big|_{m,n-1/2}}{\Delta y} \approx \frac{T_{m,n+1} + T_{m,n-1} - 2T_{m,n}}{(\Delta y)^2}$$

微分方程中的非稳态项可近似表示为

$$\frac{\partial T}{\partial t} \approx \frac{T_{m,n}^{p+1} - T_{m,n}^{p}}{\Delta t}$$

又此题只考虑一维，所以可简化为

$$\frac{T_{m+1}^{p} + T_{m-1}^{p} - 2T_{m}^{p}}{(\Delta x)^2} = \frac{T_{m}^{p+1} - T_{m}^{p}}{\alpha \cdot \Delta t}$$

$$T_{m}^{p+1} = \frac{\alpha \cdot \Delta t}{(\Delta x)^2} \cdot (T_{m+1}^{p} + T_{m-1}^{p} - 2T_{m}^{p}) - T_{m}^{p}$$

（2）迭代法求解差分方程。

迭代法又称辗转法，是一种不断用变量的旧值递推新值的过程。与迭代法相对应的是直接法，即一次性解决问题。迭代算法是用计算机解决问题的一种基本方法。它利用计算机运算速度快、适合做重复性操作的特点，让计算机对一组指令重复执行，在每次执行这组指令时，都从变量的原值推出它的一个新值。

一般可以做如下定义：对于给定的线性方程组

$$x = Bx + f$$

（x、B、f 同为矩阵，任意线性方程组都可以变换成此形式），用公式

$$x_{k+1} = Bx_k + f$$

逐步带入求近似解的方法称为迭代法。其中 x_k 代表迭代 k 次得到的 x，初始时 $k=0$。若 $\lim\limits_{k\to\infty} x_k$ 存在，记为 x^*，称此为迭代法收敛。显然 x^* 就是此方程组的解，否则称迭代法发散。

利用迭代算法解决问题，需要做好以下三个方面的工作：

① 确定迭代变量：在可以用迭代算法解决的问题中，至少存在一个可直接或间接地不断由旧值递推出新值的变量，这个变量就是迭代变量。

② 建立迭代关系式：所谓迭代关系式，指如何从变量的前一个值推出其下一个值的公式（或关系）。迭代关系式的建立是解决迭代问题的关键，通常可以使用递推或倒推的方法来完成。

③ 对迭代过程进行控制：清楚在什么时候结束迭代过程，不能让迭代过程无休止地执行下去。迭代过程的控制通常可分为两种情况，一种是所需的迭代次数是个确定的值，

可以计算出来；另一种是所需的迭代次数无法确定。对于前一种情况，可以构建一个固定次数的循环来实现对迭代过程的控制；对于后一种情况，需要进一步分析得出可用来结束迭代过程的条件。本题中属于第一种情况。

6.2.2 仿真模拟

本题中变量为 T，迭代关系为 T。如图 7 所示，当假设厚度为 δ 时，对于 T_i 在时间 t 上的循环规律，可近似于斐波那契数列，即 $\mathrm{fib}(1)=0$；$\mathrm{fib}(2)=1$；$\mathrm{fib}(n)=n-1+\mathrm{fib}(n-2)$（ $n>2$ ）。因此，本题中的主要编程过程如下：

```
int T1 = 65，T2 = 65，Tn；/*迭代变量*/
int t；
for（t=3600；++t）/*用 t 的值来限制迭代的次数*/
{
T /*迭代关系式*/
Ti = T（i-1）；//Ti 和 T（i-1）迭代前进
}
return Ti；
}
if（Ti > 45）/*求 t 的界限*/
printf ti；
```

我们可以先选用 δ_2=0.6，代入上述编程中，输入 t=3 600，i=15 200 后，得到 T_i=53.66 ℃，说明当第二次厚度为 1 mm 时，时间到达 60 min 时，人体外侧温度为 53.66 ℃，已经超过 47 ℃，不符合要求。

再选用 δ_2=2，代入上式编程，输入 t=3 600，i=15 200 得到 T_i=46.89 ℃，说明满足条件一；但最终输出的 t_i<55 min，则说明不超过 44 ℃ 的时间小于 55 min，也不符合要求。

运用逐次逼近法，先将 δ_2 以 1 mm 为单位依次代入，求出大致的区间后，再将 δ_2 以 0.1 mm 为单位依次代入，由于有优化指标的约束，最终得 δ_2=8.60 mm。

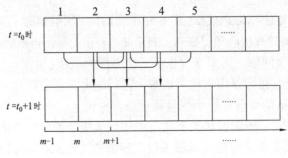

图 7　迭代法图解

7 问题三的求解

7.1 模型六——线性规划模型

同问题二中的解题思路,因为人体外侧温度不超过 47 ℃ 即可,所以我们可先认为其稳态导热时的温度即 47 ℃。这里采用数据处理中相同的原理与方法,得出达到稳态导热时,分界面的温度值为

$$T_1 = 80\text{℃}$$

$$T_2 = 80 - \frac{495}{179 + 5.5405\delta_2 + 73.2143\delta_4} \text{℃}$$

$$T_3 = 80 - \frac{495 + 182.8378\delta_2}{179 + 5.5405\delta_2 + 73.2143\delta_4} \text{℃}$$

$$T_4 = 80 - \frac{5412}{179 + 5.5405\delta_2 + 73.2143\delta_4} \text{℃}$$

$$T_5 = 47\text{℃}$$

采用模型一的求解方法,我们可得人体的外侧温度 T 与时间的关系为

$$T = 14 + \frac{5412 \cdot \left\{ 1.01 \cdot [5.49(\delta_2 + \delta_4) + 23.058] \cdot e^{\frac{-0.3208t}{\delta_4}} + 2.7022 \cdot \cos[5.408(\delta_2 + \delta_4) + 22.7136] \cdot e^{\frac{-2.3t}{\delta_4}} \right\}}{5.5405\delta_2 + 73.2143\delta_4 + 179}$$

$$T' = \frac{\frac{5412}{\delta_4} \cdot \left\{ 0.324 \cdot [5.49(\delta_2 + \delta_4) + 23.058] \cdot e^{\frac{-0.3208t}{\delta_4}} + 6.2151 \cdot \cos[5.408(\delta_2 + \delta_4) + 22.7136] \cdot e^{\frac{-2.3t}{\delta_4}} \right\}}{5.5405\delta_2 + 73.2143\delta_4 + 179}$$

令 $T' = 0$,整理得

$$t = 0.4354\delta_4 \cdot \ln\left\{ -19.1821 \cdot \frac{\cos[5.408(\delta_2 + \delta_4) + 22.7136]}{\cos[5.49(\delta_2 + \delta_4) + 23.058]} \right\}$$

$T < 47$ ℃ 恒成立,将 $T = 44$ ℃ 代入上式得

$$t = t_1$$

将 $T = 47$ ℃ 代入上式得

$$t = t_2$$

则 $t_2 - t_1 < 300$ 恒成立即可。

7.2 模型七——差分方程模型

模型七解析思路同模型五,可先固定 $\delta_4 = 5$ mm,按照模型五中的方法,将 δ_2 分区段

依次代入，求出 $\min(\delta_2)$，再改变 δ_4，求出 $\min(\delta_2)$，记录 δ_4 与 $\min(\delta_2)$ 如表 1 所示。

表 1　δ_4 与 $\min(\delta_2)$

δ_4	4.00	4.70	4.80	5.00	5.20	5.40	5.50	5.60	5.80	6.00	6.20	6.40
δ_2	22.97	25.00	24.56	23.18	21.23	18.87	17.60	16.29	13.64	11.09	8.75	6.70

使用 MATLAB，将此散点图拟合得 δ_2 与 δ_4 的关系式：

$$\delta_2 = 25.33 \cdot e^{-\left(\frac{\delta_4-4.512}{1.637}\right)^2}$$

拟合曲线函数如图 8 所示。

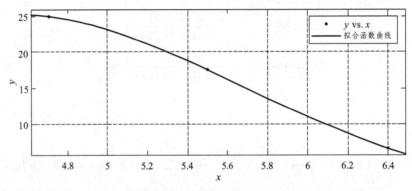

图 8　拟合曲线函数图像

此时可根据不同的情况，设定不同的优化指标，为了行动方便、经济节约，我们认为衣服的厚度宜薄宜轻，但与此同时，空气的厚度太大时，便不合身，因此最优厚度

$$\delta_2 = 9.7 \text{ mm}，\quad \delta_4 = 6.2 \text{ mm}$$

8　模型的评价

8.1　模型的优点

（1）将解析式法与仿真模拟结合，综合考虑。
（2）有模型的优化，使数据更准确科学。

8.2　模型的缺点

（1）解析式法方程较为复杂，求解有些阻碍。
（2）仿真模拟求出的温度分布是离散值，没有具体解析式。

参考文献

[1] 杨世铭，陶文铨. 传热学[M]. 3 版. 北京：高等教育出版社，1998.

[2] 辛荣昌，陶文铨. 非稳态导热充分发展阶段的分析解[J]. 工程热物理学报，1993，14（1）：80-83.

[3] 司马俊华，张世联. 非稳态导热温度场及热应力的有限元计算[J]. 船舶力学，2006（4）：98-104.

[4] 乔春珍，吴照云，项新耀. 一维非稳态导热过程传递的规律及计算[J]. 热科学与技术，2003（1）：42-46.

[5] 奥西波娃. 传热学实验研究[M]. 北京：高等教育出版社，1982.

[6] 罗棣庵. 传热应用与分析[M]. 北京：清华大学出版社，1989.

[7] 赵金洲，彭瑀，李勇明，等. 基于双层非稳态导热过程的井筒温度场半解析模型[J]. 天然气工业，2016，36（1）：68-75.

[8] 皇甫孝东. 阻燃防火服装防护性能研究[D]. 上海：东华大学，2014.

关于网络评论情感倾向分析的合理性研究[①]

【摘　要】随着网络世界的不断发展，公共危机事件爆发时，信息在极短时间内迅速传播开来，引起群众的广泛关注。针对问题一，采用感情色彩分析法，用 Python 脚本语言进行相关分值计算；针对问题二，采用 Python 爬虫方法解决；针对问题三，采用 BP 神经网络预测方法解决；针对问题四，采用层次分析法解决。

对于问题一，我们首先建立了关键字爬取模型。首先选取所需主题；其次将所选主题的关键字、词、句、段进行整合；再利用 Python 的第三方库 jieba 库对其进行分词，和相关的感情色彩分析进行数据爬取，使与主题有关的评论设为"1"，无关为"0"，将"1"全部整合，完成筛选任务。并借助 0-1 整数规划法和 Pycharm 软件得出关键字爬取的筛选方法。

对于问题二，我们首先建立了层次分析模型。首先查找舆情评论数据，记录所有评论的发表时间、关注人数、评论人数及具体内容价值；再将四个因素分别以 0.1997、0.3343、0.2167、0.2493 为指标权重，计算每个评价的最终得分；最后将所有评价得分从高到低依次排列，抓取得分较高的评论。并借助层次分析法和 MATLAB 软件得出抓取方法。

对于问题三，我们首先建立了 BP 神经网络模型。首先利用 Python 爬虫对所有评论数据进行关键字爬取，即通过"感情色彩"软件，确定感情倾向与程度；再通过适当降低负面评论在抓取时的最终分数，增加正面评论的最终分数得出抓取的最终分数，完成干预。并借助 BP 神经网络预测和 MATLAB 得出干预方法。

对于问题四，我们首先建立了层次分析模型。首先查找舆情数据，记录全部舆情的传播时间、规模及网民情感倾向；再将传播时间、规模及网民情感倾向分别以 0.44、0.22、0.34 为指标权重，计算每个舆情的最终得分；最后依据得分，分为 1、2、3 等级，实行不同等级的干预方法。并借助层次分析法和 MATLAB 软件得出处理等级的划分方法。

在研究时间允许的情况下，针对关键字爬取模型进行适当的修改与优化，将所用的关键点进行无主观性的重新选取，提高得出结论的科学性，并可以在教育、绿植规划、网警巡检等方面进行模型推广。

【关键词】感情色彩分析；层次分析法；BP 神经网络模型；Python 爬虫

---

① 本文为2020年第五届"数维杯"大学生数学建模竞赛一等奖论文，作者原中国人民武装警察部队学院消防指挥三队，现中国人民警察大学救援指挥四队：郑兆瑞、付佳旺、吴炳林，指导教师王立冬。

1 问题重述

1.1 问题一重述

随着网络中信息的迅速传播，网民评论的数量剧增，负面报道或主观片面的一些失实评判常在一定程度上激发人们的危机感，甚至影响到政府及公共单位的公信力，影响到企业的形象及口碑。而舆情的情感倾向分析的首要任务是从繁多的评论中筛选出针对某一主题的舆情评论。需要解决的问题有：

（1）从企业、政府角度出发，在所有主题中确定一个寻找主题。

（2）从市民、企业、政府角度出发，在所有主题评论中找出与此主题相关的所有评论，从而得出针对某一主题的舆情筛选方法。

1.2 问题二重述

网络信息的迅速传播，在网民的主观评断后，常影响到社会风气与企业、政府的形象。于是相关数据的抓取显得尤为重要。而影响抓取的因素也有许多，如发表时间、关注人数、评论人数及具体内容价值等。需要解决的问题有：

（1）在筛选后所确定的评论范围内，通过数据整理，总结出所有数据的发表时间、关注人数、评论人数及具体内容价值。

（2）对数据的发表时间、关注人数、评论人数及具体内容价值进行总体分析，得出适合的全新数据抓取方法。

1.3 问题三重述

不同的舆情对不同的人群存在着不同的价值，不同的人员在舆情传播过程中起到不同的作用。对于舆情的处理方式也就成为一大难题，稍有不慎舆情风波将会掀起更高的巨浪。因此对网民们情感倾向进行引导，逐步转向对政府或企业有利的方向成为工作之重。需要解决的问题有：

（1）预测舆情的情感倾向和发展趋势。

（2）对所有评论和报道进行感情色彩分析，并以是否对政府或企业有利为标准进行正负面感情程度分类。

（3）对所有评论进行人为干预，从而使感情倾向与趋势逐步转向对政府或企业有利的方向，并得出所需的干预方法。

1.4 问题四重述

不同舆情的传播速度具有一定的差异，管理部门检测到的舆情时间点并不固定，对于政府或企业而言，对处于不同阶段的舆情需要进行干预的等级不同，划分等级问题成为一大难题。需要解决的问题有：

（1）统计舆情评论的疫情传播时间、规模及网民情感倾向。

（2）确定三个因素对舆情需要进行干预的等级的影响程度大小。

（3）结合舆情的评论数据，对舆情进行等级划分。从而得出舆情处理等级的划分方法。

2 问题分析

2.1 对于问题一的分析

基于重述中的两个问题，问题一所要研究的即为数据的筛选法方法，好的筛选方法可以更好地让企业、政府得知网民对舆情的观点与态度，从而更以进行后续工作，避免无关数据的影响，节约时间、提高效率。

问题一属于归类判别问题，对于此类问题应利用统计学对所给数据进行统计，并规定判断标准完成分类任务。对于题目所给附件数据可以得知，众多的网络评论数据涉及社会生活中的方方面面，因此应确定一企业、政府相关程度较大的单一主题，对应此主题，对所有评论进行符合判断标准的筛选。问题一所要结果为一种筛选方式，因此针对特定主题的筛选思路与应用的数学方法是本题的关键所在。

由于以上原因，我们首先可以建立一个关于附件关键字、词、句、段的关键字爬取模型，然后将附录中的评论数据放入模型，利用 0-1 整数规划法去确定某一评论是否关于这一主题。

2.2 对于问题二的分析

基于问题重述中的问题，问题二所研究的是数据的随机抓取方法，抓取方法可以更好地让阅读者了解此舆情的发展情况，并自我预测其发展方向，也可以使企业、政府更好地做出应对方案。

问题二属于最优化问题，对于此类问题可以利用多因素综合分析解方程组的方法完成。对于本题，评论的抓取已经在完成与主题相关评论筛选的背景下进行，而影响此类抓取的因素众多，如发表时间、评论人数、关注人数及具体内容等。因此，在忽略评论内容长短、切题的程度、评论的引申和可研究度问题的情况下，对发表时间、评论人数、关注人数及具体内容进行综合分析。问题二所求结果为一种新型抓取方法，所以如何去取得综合性较为优秀的评论为本题重点。

由于以上原因，我们首先可以建立层次分析模型，然后将已经筛选好的评论数据按发表时间、评论人数、关注人数及具体内容四个因素进行综合分析，利用层次分析决定抓取的评论。

2.3 对于问题三的分析

针对上述三个问题，舆情的处理方式一旦不符合大众的意向，便会导致舆情的另一种传播途径的产生与更负面的影响。对于问题三的探究，可以较好地解决此类问题，使舆情更容易转向对企业和政府有利的方向，更好地度过舆情。

问题三属于预测模块类问题，对于此类问题可以利用 BP 神经网络进行舆情的发展预测和实行方法后的发展预测。对于本题，应对评论进行情感分析，做出其正、负面程度的判定，然后进行发展趋势的预测。问题三所求结果为一种合理的干预方式，因此预测的结果以及选区的干预方式为本题的关键。

由于以上原因，我们首先建立关键字爬取模型，利用感情色彩分析对评论进行正、负面程度的判定，再利用 BP 神经网络预测进行干预方式的选取。

2.4 对于问题四的分析

针对上述三个问题，问题四研究的是针对舆情的处理等级的划分方法，好的等级划分方法可以将等级较高的舆情进行及时的干预，并且避免对等级较低的舆情进行无必要的干预，节约了人力、物力和财力。

问题四属于层次分析问题，对于此类问题可以利用层次分析将舆情传播时间、规模及网民情感倾向作为判定的因素进行综合分析。对于本题，在干预措施已经完备的情况下，由于可以影响划分等级的因素较多，在忽略其他条件下，以舆情传播时间、规模及网民情感倾向为判定标准，进行综合分析。问题四所求结果为一种划分方法，如何判定某一个舆情的等级成为本题关键。

由于以上原因，我们可以首先建立层次分析模型，以舆情传播时间、规模及网民情感倾向为判定标准，再计算等级，得出最终的等级划分方法。

3 模型假设

1. 假设题目所给信息真实可靠；
2. 忽略除所考虑因素以外的对所求方法有影响的因素；
3. 对于情感分析问题，将情感词的表达程度以定性问题转化为定量问题，关键字、词、句、段的分数标准大小充斥一定的主观意见，假设每个关键字的程度均相同，词、句、段也即此假设；
4. 假设个人所整理使用的评论数据足够大，可忽略偶然性的发生。

4 定义与符号说明（表1）

表1 定义与符号说明

符号定义	符号说明
A	矩阵
CI	一致性指标
CR	一致性比例
MSE	均方误差
Epoch	所有训练样本的一个正向传递和一个反向传递。
Epochs	所有训练样本的多个正向传递和反向传递。

5 模型的建立与求解

数据的预处理：

（1）将过长评论或在一条评论中重复多次的相同评论语言进行删除、整理。

（2）在所给附件中选取部分关键字、词、句、段，使选取的关键字、词、句、段与"大学排名的定制内容"主题相关程度较大。

（3）在抖音、新浪微博等软件选取关于疫情的网民评论和热点，统计、整理其评论量、关注量、点赞量、发表时间、具体内容价值等信息，并且评论随机取样，共采用了500组评论与180组相关舆情。

（4）对问题四中的信息，将舆情的传播规模以评论量代替；传播时间以舆情的发表时间至统计时的时间间隔来代替；网民情感倾向以点赞量的数量来代替。

5.1 问题一的模型建立与求解

5.1.1 关键字爬取模型的建立

通过对问题的分析与假设，我们对问题的关键与筛选思路有了一定的认识。我们需要解决的问题是如何得出一种针对某一主题的舆情筛选方法，题目的要求是结合附件 1（略）中给出的数据进行方法确定，剔除重复与不相关的评论数据后选用关键字爬取模型进行分析。具体步骤如下：

（1）将题目所给附件中关于"大学排名的定制内容"这一主题所涉及的关键字、词、句、段进行大致总结，例如"某某大学""高考成绩要求""男女比例""学习风气"等。

（2）将关键字、词、句、段为寻找标准，寻找全部数据内包含此类标准的舆情评论，并将符合标准的评论设为"1"，不符合标准的评论设为"0"。

（3）将所有的"1"进行整合，完成筛选。

（4）具体见程序框架图1。

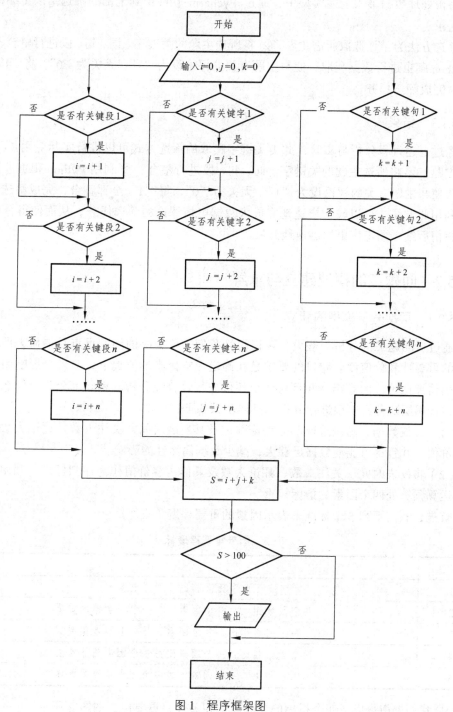

图1　程序框架图

5.1.2 关键字爬取模型的求解

将预处理数据带入上述模型中，通过 Pycharm 软件得到全部的筛选结果（编程代码详见附录）。

筛选方法为：① 选取所需主题；② 将所选主题的关键字、词、句、段进行整合；③ 利用 Python 爬虫进行数据爬取，使与主题有关的评论设为"1"，无关为"0"，将"1"全部整合，完成筛选任务。

5.1.3 结果

经过上述过程分析与实验，此类关键字爬取的筛选方式可以进行实际应用：① 选取所需主题；② 将所选主题的关键字、词、句、段进行整合；③ 利用 Python 爬虫进行数据爬取，使与主题有关的评论设为"1"，无关为"0"，将"1"全部整合，完成筛选任务。

利用此方法，可以较为快速地完成大数据舆情评论的筛选任务，从而使得企业、政府对舆情后续干预工作更加迅速地开展。

5.2 问题二的模型建立与求解

5.2.1 层次分析模型的建立

通过对问题二的分析与假设，可以得知我们需要解决的问题重点是如何去评定舆情评价的重要性和价值度。题目的要求是在确定影响因素的前提下，对各个影响因素进行其对舆情评论价值的影响，并且对各个评价进行综合性分析。剔除部分具有偶然性的数据后，选用层次分析模型进行分析。具体步骤如下：

（1）查找数据，随机选取部分评论并记录其发表时间、关注人数、评论人数及具体内容价值，并且尽可能使数据足够大，减少数据偶然性的影响。

（2）将发表时间、关注人数、评论人数及具体内容价值作为评判标准，利用一致性指标运算预算处四个因素的指标权重。

首先，利用下列 5 个标准来表示因素的重要程度（表 2）。

表 2 因素重要程度标准

标度	含义
1	两个因素相比，同样重要
2	两个因素相比，一个因素比另一个因素稍微重要
3	两个因素相比，一个因素比另一个因素重要
4	两个因素相比，一个因素比另一个因素明显重要
5	两个因素相比，一个因素比另一个因素重要得太多了

① 我们先衡量以下四个指标的关联度、相关性、重要性，如图 2 所示。

发表时间、评论人数、关注人数、价值重要程度				
	发表时间	评论人数	关注人数	价值
发表时间	1	2/3	4/3	1/2
评论人数	3/2	1	2	4/3
关注人数	3/4	1/2	1	3/2
价值	2	3/4	2/3	1

图2　发表时间、评论人数、关注人数、价值重要程度

输入矩阵

A=[1 2/3 4/3 1/2；3/2 1 2 4/3；3/4 1/2 1 3/2；2 3/4 2/3 1]

特征值法求权重的结果为

$$0.199\,7$$
$$0.334\,3$$
$$0.216\,7$$
$$0.249\,3$$

得出一致性指标为

$$CI=0.062\,4$$

一致性比例为

$$CR=0.070\,2$$

因为 CR<0.10，所以该判断矩阵 A 的一致性可以接受。

② 在发表时间的影响下，选取随即三个评论，以评论1、2、3作为指标，建立图3。

发表时间与评论1、2、3指标图			
发表时间	评论1	评论2	评论3
评论1	1	1/2	3
评论2	2	1	5
评论3	1/3	1/5	1

图3　发表时间与评论1、2、3指标图

输入矩阵

$$A=[1\ 1/2\ 3；2\ 1\ 5；1/3\ 1/5\ 1]$$

特征值法求权重的结果为

0.309 0

0.581 6

0.109 5

得出一致性指标为

$$CI=0.001\ 8$$

一致性比例为

$$CR=0.003\ 6$$

因为 CR<0.10，所以该判断矩阵 A 的一致性可以接受。

③ 在关注人数的影响下，以评论 1、2、3 作为指标，建立图 4。

关注人数与评论 1、2、3 指标图			
关注人数	评论1	评论2	评论3
评论1	1	1/5	2
评论2	5	1	8
评论3	1/2	1/8	1

图 4　关注人数与评论 1、2、3 指标图

输入矩阵

$$A=[1\ 1/5\ 2；5\ 1\ 8；1/2\ 1/8\ 1]$$

特征值法求权重的结果为

0.161 8

0.751 0

0.087 2

得出一致性指标为

$$CI=0.002\ 8$$

一致性比例为

$$CR=0.005\ 3$$

因为 CR<0.10，所以该判断矩阵 A 的一致性可以接受。

④ 在评论人数的影响下，以评论 1、2、3 作为指标，建立图 5。

评论人数与评论1、2、3指标图			
评论人数	评论1	评论2	评论3
评论1	1	1/4	1/7
评论2	4	1	1/2
评论3	7	2	1

图 5　评论人数与评论 1、2、3 指标图

输入矩阵

$$A=[1\ 1/4\ 1/7；4\ 1\ 1/2；7\ 2\ 1]$$

特征值法求权重的结果为

0.082 3

0.315 0

0.602 6

得出一致性指标为

CI=9.907 5e−04

一致性比例为

CR=0.001 9

因为 CR<0.10，所以该判断矩阵 A 的一致性可以接受。

⑤ 在评论价值的影响下，以评论 1、2、3 作为指标，建立图 6。

评论价值与评论1、2、3指标图			
价值	评论1	评论2	评论3
评论1	1	1/4	1/5
评论2	4	1	2/3
评论3	5	3/2	1

图 6　评论价值与评论 1、2、3 指标图

输入矩阵

$$A=[1\ 1/4\ 1/5；4\ 1\ 2/3；5\ 3/2\ 1]$$

特征值法求权重的结果为

$$0.099\ 2$$
$$0.373\ 5$$
$$0.527\ 2$$

得出一致性指标为

$$CI=0.001\ 8$$

一致性比例为

$$CR=0.003\ 6$$

因为 CR<0.10，所以该判断矩阵 A 的一致性可以接受。

（3）再以指标权重乘以每个评价相对应的指标等级，得到评价的最终得分，以最终得分。

（4）比较每个评价的最终得分，得出抓取的标准。

5.2.2 层次分析模型的求解

将预处理的数据带入上述模型中，通过 MATLAB 软件用一致性指标运算出每个影响因素的指标权重，并计算出每条舆情评论的最终得分，依据得分的高低抓取所需的评论。

最后通过归一化进行数据的汇总分析（见图7）。

发表时间、评论人数、关注人数、评论价值与评论1、2、3权重指图标			
权重指标	评论1	评论2	评论3
发表时间 0.1997	0.3090	0.5816	0.1095
评论人数 0.3345	0.0823	0.3150	0.6026
关注人数 0.2167	0.1618	0.7510	0.0872
价值 0.2493	0.0992	0.3735	0.5272

图7 发表时间、评论人数、关注人数、评论价值与评论1、2、3权重指标图

得出最终得分：评论1得分0.15，评论2得分0.47，评论3得分0.38。

因此三条评论相较之下，评论2最应先被抓取，其次评论3，再次评论1。

得出如下抓取方法：① 查找舆情评论数据，在筛选完成的背景下，记录所有评论的发表时间、关注人数、评论人数及具体内容价值；② 将发表时间、关注人数、评论人数

及具体内容价值分别以 0.199 7、0.334 3、0.216 7、0.249 3 为指标权重，计算每个评价的最终得分；③ 将所有评价得分从高到低依次排列，抓取得分较高的评论。

5.2.3　结论

经过上述的实验分析，此类利用层次分析模型得出的抓取方法可行：① 查找舆情评论数据，在筛选完成的背景下，记录所有评论的发表时间、关注人数、评论人数及具体内容价值；② 将发表时间、关注人数、评论人数及具体内容价值分别按 0.199 7、0.334 3、0.216 7、0.249 3 为指标权重，计算每个评价的最终得分；③ 将所有评价得分从高到低依次排列，抓取得分较高的评论。

利用此抓取方法，可以更好地让企业、政府了解此舆情的发展情况，并自我预测其发展方向，也可以使企业、政府更好地做出应对方案，避免更严重的损失，完成自我干预。

5.3　问题 3 的模型建立与求解

5.3.1　BP 神经网络模型的建立

通过对问题三的分析与假设得知，我们需要解决的问题是：影响网民情感倾向和趋势的影响程度众多，而情感的分析更多的是一种定性的分析，因此需先将定量分析引入感情程度的划分，再将舆情评论的情感程度带入预测，决定所需要的干预方法。在剔除问题二中部分无意义的评论数据后，进行感情分析，并预测干预前后的网民感情倾向。

具体步骤如下：

（1）将已经抓取好的评论数据内容进行情绪关键字、词、句、段抓取，用 Python 的第三方库 jieba 库进行文本情感分析，并通过合理的算法对其进行评分，以确定评论的情感倾向与程度评分。

具体思路与流程，见程序框图 8。

（2）将已经划分好程度的评论进行 BP 神经网络预测，来确定在干预前网民的网络倾向与趋势。

通过传播时长、规模、网民情感来衡量一个舆论，热点的价值，我们用（1，4）来量化价值，越接近于 4 说明其价值量越大，越接近于 1 表明其越无价值。我们用 160 组数据作为神经网络模型的训练组进行训练，综合三种训练方法，考虑到莱文贝格-马夸特方法能提供数非线性最小化（局部最小）的数值解，选择了其中比较快的莱文贝格-马夸特方法进行训练。

其中共训练了 15Epochs，其中在第 Epoc9 的时候 MSE=0.147 78 达到最小误差，其具体训练结果如图 9 所示。

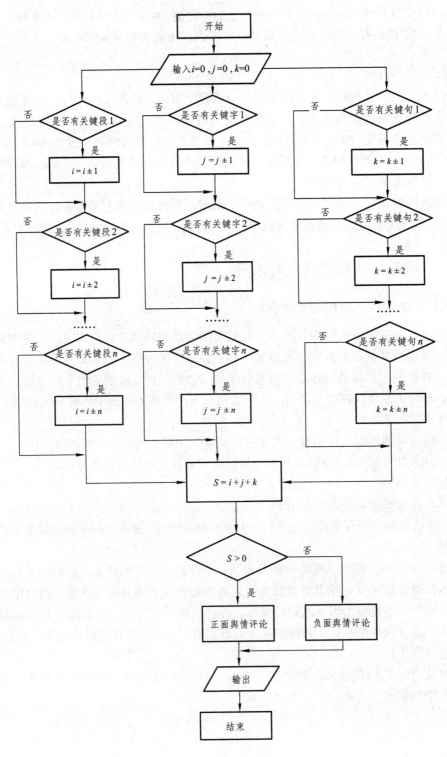

图 8　程序框架图

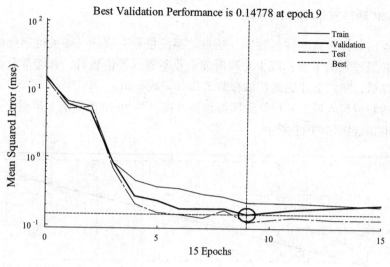

图 9　具体训练结果

其回归分析图如图 10 所示。

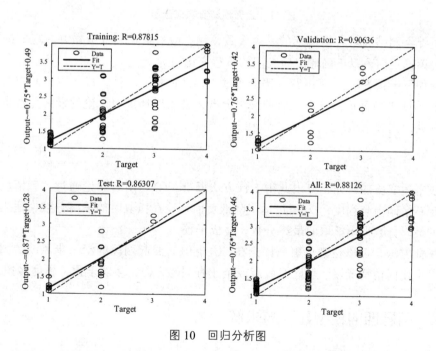

图 10　回归分析图

由此可见，Training，Validation，Test 组的 R 值都接近于 1，然后综合 "All" 的结果，$R=0.881\,26$，结果相对比较准确。

（3）进行企业、政府干预，再对干预后的情况进行 BP 神经网络预测，通过将干预前后的两种情况进行比较，得出干预方式。

5.3.2　BP 神经网络模型的求解

将预处理的数据带入上述模型中，通过"感情色彩"软件，即关键字爬取模型确定情感倾向，并通过人为干预，减少对政府或企业不利的评论数目，并将部分负面评论在抓取时分数降低，将正面评论的抓取分数升高，完成干预。

预处理的数据带入后，进行神经网络预测，得出共 20 组预测值（预测代码见附录），全部预测值的拟合图如图 11 所示。

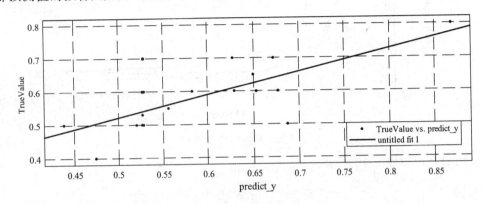

图 11　全部预测值的拟合图

通过神经网络的对人们情感的一个大致预测，政府机关、社会做好相应的准备，来应对这种舆论走向，以正确地引导人们的情感变化。

得出如下干预方法：① 将所有评论通过"感情色彩"软件，确定感情倾向与程度；② 通过适当降低负面评论在抓取时的最终分数，适当增加正面评论的最终分数得出抓取的最终分数，完成干预。

5.3.3　结论

经过上述实验的研究，得出此种干预方法可行：① 将所有评论通过"感情色彩"软件，确定感情倾向与程度；② 通过适当降低负面评论在抓取时的最终分数，适当增加正面评论的最终分数得出抓取的最终分数，完成干预。

利用此方法，可以在避免舆情评论在一并删除时激起网民的深一步风波的同时，在一定程度上使舆情情况逐步转向对政府或企业有利的方向，多次干预，程度多次加深。

5.4　问题四的模型建立与求解

5.4.1　层次分析模型的建立

通过对问题四的分析与假设，我们需要解决的问题是：统计舆情评论的疫情传播时间、规模及网民情感倾向；确定三个因素对舆情需要进行干预的等级的影响程度大小；结合舆情的评论数据，对舆情进行等级划分，从而得出一种舆情处理等级的划分方法。

具体步骤如下：

（1）查找一部分舆情数据，统计所有舆情的传播时间、规模及网民情感倾向。将传播时间、规模及网民情感倾向通过一致性检验预算出其权重等级。

其相应的传播时间、规模、网民情感倾向的相关指标权重经大数据调研得出，我们将干预分为三个等级，级别越高，则干预越强。为了达到这个目标，我们评价的指标有疫情传播时间、规模以及网民情感倾向三个指标。因此我们采取"分而治之"的思想，两个两个指标进行比较，最终根据两两比较的结果来推算出权重。

首先，我们利用下列5个标准来表示因素的重要程度（表3）。

表3　因素重要程度标准表

标度	含义
1	两个因素相比，同样重要
2	两个因素相比，一个因素比另一个因素稍微重要
3	两个因素相比，一个因素比另一个因素重要
4	两个因素相比，一个因素比另一个因素明显重要
5	两个因素相比，一个因素比另一个因素重要得太多了

其次，根据大量数据的调研，得出如下判断矩阵（图12）。

传播时间、规模、情感倾向重要程度			
	传播时间	传播规模	情感倾向
传播时间	1	1/2	2/3
传播规模	2	1	4/3
情感倾向	2/3	3/4	1

图12　传播时间、规模、情感倾向重要程度

图12为一个3×3方阵，记为A。

但是目前并不确定这个数值指标是否有很大的可信度，因此需要利用MATLAB进行一致性检验。

一致性检验的分析如下：

① 以传播时间、规模、网民情感倾向为指标得出图12，将一致性检验代码输入矩阵（代码见附录），得出特征值法求权重结果为

$$0.2222$$

$$0.4444$$

$$0.333\,3$$

得出一致性指标为

$$CI=-6.661\,3e\text{-}16$$

一致性比例为

$$CR=-1.281\,0e\text{-}15$$

其中我们需要查询的平均随机一致性指标 RI 如表 4 所示。

表 4　平均随机一致性指标 RI

n	1	2	3	4	5	6	7	8	9
RI	0	0	0.52	0.89	1.12	1.26	1.36	1.41	1.46

因为 CR<0.10，所以判断矩阵 A 的一致性可以接受。

② 在传播规模的影响下，以干预等级 1、2、3 作为指标，建立图 13。

舆情传播规模与干预等级 1、2、3 指标图			
传播规模	干预等级 1	干预等级 2	干预等级 3
干预等级 1	1	1/4	1/2
干预等级 2	4	1	3/2
干预等级 3	2	2/3	1

图 13　舆情传播规模与干预等级 1、2、3 指标图

通过将一致性检验代码输入矩阵（代码见附录），得出特征值法求权重结果为，

$$0.146\,3$$
$$0.531\,7$$
$$0.322\,0$$

得出一致性指标为

$$CI=0.004\,6$$

一致性比例为

$$CR=0.008\,8$$

因为 CR<0.10，所以该判断矩阵 A 的一致性可以接受。

③ 在传播时间的影响下，以干预等级 1、2、3 作为指标，建立图 14。

舆情传播时间与干预等级1、2、3指标图			
传播时间	干预等级 1	干预等级 2	干预等级 3
干预等级1	1	3/2	3
干预等级2	2/3	1	2
干预等级3	3/1	1/2	1

图 14　舆情传播时间与干预等级1、2、3指标图

通过将一致性检验代码输入矩阵（代码见附录），得出特征值法求权重结果为

$$0.500\,0$$
$$0.333\,3$$
$$0.166\,7$$

得出一致性指标为

$$CI = -2.220\,4e\text{-}16$$

一致性比例为

$$CR = -4.270\,1e\text{-}16$$

因为 CR<0.10，所以该判断矩阵 A 的一致性可以接受。

④ 在情感倾向的影响下，以干预等级1、2、3作为指标，建立图15。

网民情感倾向与干预等级1、2、3指标图			
情感倾向	干预等级 1	干预等级 2	干预等级 3
干预等级1	1	1/3	1/5
干预等级2	3	1	2/3
干预等级3	5	3/2	1

图 15　网民情感倾向与干预等级1、2、3指标图

通过将一致性检验代码输入矩阵，得出特征值法求权重结果为，

$$0.111\,9$$
$$0.347\,8$$

$$0.540\ 3$$

得出一致性指标为

$$CI=6.167\ 8e-04$$

一致性比例为

$$CR=0.001\ 2$$

因为 CR<0.10，所以该判断矩阵 A 的一致性可以接受。

（1）预算出某一舆情在传播时间、规模及网民情感倾向下分别所得的权重得分。

（2）计算本舆情的最终得分，依据得分，划分等级。

5.4.2　层次分析模型的求解

将预处理的数据带入上述层次分析模型，通过 MATLAB 软件用一致性指标预算出传播时间、规模及网民情感倾向的指标权重，并计算出每条舆情评论的最终得分，依据得分将舆情等级划分为 1、2、3 三个等级。

通过归一化，带入某一评论相应的权重指标分数，最后进行数据汇总与最终得分计算（图 16）。

传播规模、时间、网民情感倾向与干预等级层次分析			
	权重指标	干预等级 1	干预等级 2	干预等级 3
传播规模	0.44	0.15	0.53	0.32
传播时间	0.22	0.5	0.33	0.17
情感倾向	0.34	0.11	0.35	0.54

图 16　传播规模、时间、网民情感倾向与干预等级层次分析

得出最终得分：干预等级 1 得分 0.213 4；干预等级 2 得分 0.424 8；干预等级 3 得分 0.361 8。

因此，我们对当前的疫情舆情的最佳干预等级为干预等级 2。

同理，对类似的舆情，我们要首先做一个数据调研，然后根据计算出的各个指标的权重，用层次分析法得出最佳干预方案。

划分方法如下：① 查找舆情数据，记录每一条舆情的传播时间、规模及网民情感倾向。② 将传播时间、规模及网民情感倾向分别以 0.44、0.22、0.34 为指标权重，计算每个舆情的最终得分。③ 依据得分，将最终得分在为 1、2、3 等级，实行不同等级的干预方法。

5.4.3　结论

经过上述过程的分析，可知此种划分方法可行：① 查找舆情数据，记录每一条舆情

的传播时间、规模及网民情感倾向。② 将传播时间、规模及网民情感倾向分别以 0.44、0.22、0.34 为指标权重，计算每个舆情的最终得分。③ 依据得分，将最终得分在为 1、2、3 等级，实行不同等级的干预方法。

利用此方法，可以避免风波已过的舆情被再次干预，造成不必要的人力、物力、财力的浪费，也可以将当下舆情依照等级大小划分，更好地进行人为干预，快速止损，引导网民感情倾向与趋势，使其向对企业、政府有利方向进行。

6 模型的评价及优化

6.1 误差分析

6.1.1 针对问题一的误差分析

问题一中数据主要为所给附件的筛选过程，又筛选时关键字、词、句、段的选取会产生人为主观认识的差异，因此可能造成了一些舆情评论的筛入或筛出。在程序框图中添加或减少一组或几组关键词，就会造成总评论数据库所筛选出的相关评论的数量变化。因此，问题一中的筛选方法，可以依据利用此方法的企业、政府等其在发展过程中接触较多的关键字、词、句、段进行有特色的筛选，可以将与自身关系较大的评论进行筛选。

6.1.2 针对问题二的误差分析

问题二中误差容易出现在数据的选取中，本次解决问题共涉及 500 组发表时间、评论人数、关注人数及具体内容的舆情评论，虽是随机选取，但因时间问题数据较少，无法避免偶然性的影响，减少的偶然性影响也较为有限。因此，在时间充足的实际社会生活中，可以在筛选舆情评论完成的背景条件下选取更多组数据，设置更多的影响因素，更好地减少偶然性的影响。

6.1.3 针对问题三的误差分析

因问题三涉及问题一和问题二的模型建立方法，因此问题三拥有问题一与问题二分别存在的误差。感情分析中关键字、词、句、段的选取也存在人为主观因素的差异，可能造成了情感倾向程度的误差；而数据选取量的较少问题，也无法成功使得数据偶然性的发生降到最低。基于上述问题，可以使用现市场中的"感情色彩"软件，在情感分析较为成熟的分析软件中判定网民舆情评论的倾向和程度；同时，在时间允许下，选取更多数据进行分析预测，使得预测结果可以更为准确、更具有说服力。

6.1.4 针对问题四的误差分析

因问题四中所使用的影响因素为舆情传播时间、规模及网民情感倾向，因时间原因，本题选用了 180 组数据进行探究，虽然 180 组均为随机取样，但受到的偶然性影响仍然较大，减弱的偶然性影响较为有限。因此将此方法运用到生活实际时，因受到的时间限制较少，可以选取更多组数据，并选取更多可以影响舆情等级的因素进行划分。

6.2　模型的优点

（1）四个问题的模型建立，均得到了针对舆情有效的应对方法，较好地解决了筛选、抓取、干预、划分方法的使用问题。

（2）利用程序框图使关键字、词、句、段的分析简化，使模型更简单易懂、使用原理显而易见。

（3）将情感分析这一定性分析转化为数值上的定量分析，使模型得到了简化，方法易于使用。

（4）利用层次分析，选取较为优质的评论，实用性强。

6.3　模型的缺点

（1）选用的数据总量较少，得出的结论受到偶然性影响较大。

（2）在关键字、词、句、段选取过程中，因人为主观性影响，选择出来的关键点主观性较强，而不同的人也有着不同的选取认知，差异性较大。

（3）因数据较少问题，得出的最终数值有一定偏差。

（4）层次分析模型中，通过一致性检验后得出的不同因素的指标权重数值并非准确值，是一个大概值。

6.4　模型的推广

6.4.1　针对关键字爬取模型

问题一以及问题三中的关键字爬取模型在数学建模类型中是一种新的思路，其对一系列特定数据的寻找和分类有着极大的便利，但是也存在一定的范围限制和主观性，对待某一特定数据的不同关键词理解就会导致得到的结果不同。但 App "感情分析" 就是此种方法的一种系统性运用。因此证明，此种方法是可以推广至众多区域。例如：在教育方面，可以作为作文评定时，是否切题时的一种标准；在环境保护方面，建筑绿植选取合适地域时范围规划问题；网警查阅违规评论，利用程序快速搜索不正当语言时，加快效率。

6.4.2　针对层次分析模型

问题二及问题四涉及的层次分析模型，是在数学建模过程中经常用到的算法模型，其对多因素、多标准、多方案的综合评价及趋势预测相当有效，并且可以将多因素问题进行综合评价，逐层分解变为多个单准则评价问题。但其缺点也非常明显，其需要进行一致性检验，因此一旦检验不成功，便失去了使用意义；其次还需要专家的数据支撑，若给出的指标不合理，所得结果自然也并不准确。但也因为他的多因素综合分析，推广意义更为重要：

（1）依据层次分析的综合得分，可以将最终得出的分数进行等级判定，综合体现某一研究对象的优劣。

（2）在日常生活中，可以利用层次分析去选择适合自己的商品、大学、科研成果的价值等。

6.4.3　针对 BP 神经网络模型

问题三涉及 BP 神经网络模型，BP 神经网络模型具有高度的自我学习力和自适应能力，其泛化能力和容错能力一流。但是其依赖数据的样本选择、预测能力与实际问题的矛盾也是存在的。因此如何把握好其学习、预测的度，成为此类模型的关键难题。不过BP 神经网络近几年的迅猛发展也是肉眼可见，其推广的范围更加广阔：

（1）人工智能的自我学习，自我感知与预测；

（2）对于农业生产中，对天气状况的预测，以判断农业劳动者的下一步行动，避免因雨雪天降低收成量。

参考文献

[1] 刘金硕，李哲，叶馨，等. 文本情感倾向性分析方法：bfsmPMI-SVM[J]. 武汉大学学报，2017，63（3）.

[2] 徐小星. 网络舆情的倾向性分析及应用研究[D]. 成都：电子科技大学，2015.

[3] 姜启源，谢金星，叶俊. 数学建模（第五版）[M]. 北京：高等教育出版社，2006.

[4] 赵东方. 数学建模与计算[M]. 北京：科学出版社，2007.

[5] 王根，赵军. 基于多重标记 CRF 的句子情感分析研究[C]. 全国第九届计算语言学学术会议，2007.

参考文献

[1] 贾俊平,何晓群,金勇进. 统计学[M]. 6 版. 北京:中国人民大学出版社,2014.

[2] 贾俊平. 统计学——基于 SPSS[M]. 2 版. 北京:中国人民大学出版社,2016.

[3] 王丙参,等. 统计学[M]. 成都:西南交通大学出版社,2015.

[4] 吴喜之. 统计学:从数据到结论[M]. 4 版. 北京:中国统计出版社,2013.

[5] 吴喜之,刘超. 统计学:从概念到数据分析[M]. 2 版. 北京:高等教育出版社,2018.

[6] 司守奎,孙玺菁. 数学建模算法与应用[M]. 北京:国防工业出版社出版,2017.

[7] 盛骤,谢式千,潘承毅. 概率论与数理统计[M]. 4 版. 北京:高等教育出版社,2010.

[8] 王济川. Logistic 回归模型:方法与应用 [M]. 北京:高等教育出版社,2001.

[9] [美]Scott Menard. 应用 Logistic 回归分析[M]. 3 版. 李俊秀,译. 上海:格致出版社;上海人民出版社,2018.

[10] 王燕,等. 应用时间序列分析[M]. 3 版. 北京:中国人民大学出版社,2012.

[11] [美]Jonathan D CryerKung,等. 时间序列分析及应用 R 语言[M]. 2 版. 潘红宇,等,译. 北京:机械工业出版社,2011.

[12] 符想花. 多元统计分析方法与实证研究 [M]. 北京:经济出版社,2017.

[13] 李洪成,姜宏华. SPSS 数据分析教程[M]. 北京:人民邮电出版社,2012.

[14] 薛薇. SPSS 统计分析方法及应用[M]. 3 版. 北京:电子工业出版社,2017.

[15] 张文彤,董伟. SPSS 统计分析高级教程[M]. 3 版. 北京:高等教育出版社,2018.

[16] [美]McCain R A. 博弈论战略分析入门[M]. 原毅军,等,译. 北京:机械工业出版社,2006.

[17] [美]Joseph E Harrington. 哈林顿博弈论[M]. 韩玲,等,译. 北京:中国人民大学出版社,2012.

[18] 王则柯,李杰. 博弈论教程[M]. 3 版. 北京:中国人民大学出版社,2019.

[19] 罗云峰. 博弈论教程[M]. 北京:清华大学出版社,2007.

[20] 谢识予. 经济博弈论[M]. 4 版. 上海:复旦大学出版社,2017.